中等职业学校"十三五"规划教材

精细化工概论

向杰 录华 主编

第三版

化学工业出版社
·北京·

本书在论述精细化学品生产中常见的单元反应的基础上，对生产中的分离提纯技术和不同精细化工行业产品的性能、特点以及主要产品一并做了介绍。在绪论中介绍了精细化学品的概念、特点、分类、生产特点、经济特性及在国民经济中的作用和发展；第一章介绍主要单元反应和其在精细化学品生产中的应用；第二章介绍精细化学品生产中常用的分离提纯技术；第三章至第十七章分别介绍了表面活性剂、涂料、胶黏剂、化妆品、香料、食品添加剂、合成材料助剂、染料与颜料、电子材料化学品、油田化学品、皮革化学品、水处理剂、感光材料、纸张化学品、药物和农药等十几个行业的产品性能、特点、发展趋势以及典型产品的生产工艺及应用。

本书可作为全日制普通中等职业学校化工类专业教材，适用于工科类专业学生的选修学习，也可供精细化工各行业工程技术人员及相关专业人员、管理人员参考使用。对于文科类学生的常识性学习也会有所帮助。

图书在版编目（CIP）数据

精细化工概论/向杰，录华主编．—3版．—北京：化学工业出版社，2016.8（2024.9重印）
ISBN 978-7-122-27495-3

Ⅰ.①精⋯ Ⅱ.①向⋯②录⋯ Ⅲ.①精细化工-高等学校-教材 Ⅳ.①TQ062

中国版本图书馆CIP数据核字（2016）第148031号

责任编辑：蔡洪伟　于　卉　王　可　　　　加工编辑：李　玥
责任校对：王　静　　　　　　　　　　　　装帧设计：张　辉

出版发行：化学工业出版社（北京市东城区青年湖南街13号　邮政编码100011）
印　　装：涿州市般润文化传播有限公司
787mm×1092mm　1/16　印张17½　字数465千字　2024年9月北京第3版第6次印刷

购书咨询：010-64518888　　　　　　　　　　售后服务：010-64518899
网　　址：http://www.cip.com.cn
凡购买本书，如有缺损质量问题，本社销售中心负责调换。

定　价：46.00元　　　　　　　　　　　　　　　　　版权所有　违者必究

前言

《精细化工概论》一书自1999年11月正式出版发行以来，得到了全国各相关院校师生和广大读者的好评；我们于2006年对原书进行了第二版修订。根据社会经济发展的需要，作者对第二版进行再次修订，以满足新形势下的读者需求。

第三版教材在保持前两版特色的基础上，对内容和结构进行了补充和完善，尤其是补充了绿色环保方面的新知识。针对当前的食品安全问题，书中强化了食品添加剂的作用、危害和安全使用。本次修订，还对油田化学品和水处理剂章节的目录按照新的分类方法进行调整，同时，新增涂料、化妆品、合成材料助剂、颜料、农药章节，以满足不同领域、不同专业学生和老师的需求。

本书第三版由广东省石油化工职业技术学校向杰和北京联合大学录华共同主编。参加新版编写的人员有广东省石油化工职业技术学校向杰（绪论、第十三章）、梁晨（第四、十五、十六章）、廖文通（第八、十章）、程锴（第十一、十二、十四章），重庆工业学校白昌建（第一、二、三章），沈阳市化工学校霍佳平（第六、十七章），广州市白云化工实业有限公司陈精华（第五、七章），广东邦达实业有限公司洪河谋（第九章）。在编写过程中，广东省石油化工职业技术学校储则中主任和化学工业出版社的编辑对编者给予了大力支持和帮助，特在此一并感谢！

本书可供全日制普通中等职业学校相关专业作为教材，也适用于工科类专业学生的选修学习，还可供相关专业的工作人员参考使用。

由于编者水平有限，书中难免有不妥之处，恳请广大读者给予批评指正。

编者
2016年4月

第一版前言

精细化工产品以其批量小、品种多、应用广和易于适应市场多变的特点及技术性、专用性和商品性强的特性，在国民经济中占有重要的地位，在我国化学工业中得到长足发展。

由于精细化工行业涉及面广、产品种类繁多，要在不多的篇章里以概论的形式介绍给读者，对编者来说确是不易圆满完成之事。本书依据全国化工中专教学指导委员会1996年5月颁发的化学工艺专业、有机化学工艺专业、无机化学工业专业《精细化工概论》教学大纲的要求编写，内容分为三大部分：绪论主要介绍精细化学品的概念、特点、分类、生产特点、经济特性以及在国民经济中的作用和发展；第一部分单元反应原理，主要介绍精细化工产品生产中经常涉及的几种单元反应，其中包括磺化、硝化、卤化、缩合、氨基化、羟基化、烷基化和重氮化等反应，并介绍了上述单元反应在精细化学品生产中的应用；第二部分主要介绍产品分离提纯技术；第三部分为产品部分，分别介绍表面活性剂、食品添加剂、胶黏剂、油田化学品、皮革化学品、电子材料化学品、香料、染料、水处理剂、感光材料、纸张化学品的发展趋势、产品性能、特点以及典型产品的生产方法及应用等。

本书由北京市化工学校录华主编，广州化工学校关贤广校长任主审，北京市化工学校潘茂椿副校长参与编写并对本书提出了许多宝贵意见。参加本书审稿的人员有兰州石油化工学校刘兴勤，上海化工学校李文原，天津化工学校梁凤凯，常州化工学校李耀中、陈群，南宁化工学校王燕飞，吉林化工学校李雨铭，北京市化工学校朱宝轩，泸州化工学校胡健、叶昌伦，广州化工学校冯少玉，他们对本书也提出了许多宝贵意见。在编写过程中，湖南省化工学校舒均杰老师和化学工业出版社何曙霓编审对编者给予了大力支持和帮助，特在此一并致谢！

本书可供全日制普通化工中等专业学校作为教材使用，也可供有关专业人员参考使用。由于编者水平有限，书中存在的不足和错误，恳请广大读者给予批评指正。

编者

1999 年 6 月

第二版前言

《精细化工概论》一书自 1999 年 11 月正式出版发行以来，受到全国各中专学校师生和广大读者的好评，并多次重印。为了能让读者更好地使用本书，回馈广大读者对本书的厚爱，作者对原书进行了新版修订，以更好地满足广大读者的使用需求。

修订后的教材在保持原书特色的基础上，从当前中等职业教育的培养目标出发，结合生产实际，在编写过程中贯彻了"理论紧密联系生产实际、产品生产紧密结合先进技术"的原则，对近年来精细化工领域的新进展、新技术、新产品和发展趋势进行了补充和完善。同时应广大读者的要求，增加了"药物"一章（第十四章）。该章主要介绍药物的定义、起源及分类，医药工业现状及发展趋势；天然药物化学成分、天然药物分离提取；化学合成制药、生物技术制药；药物制剂的定义、作用及分类，液体制剂、固体制剂及其他制剂。

本书由北京市化工学校录华、河北化工医药职业技术学院李璟共同修订，北京市化工学校潘茂椿任主审。

本书可供全日制普通化工中等职业学校作教材使用，也可供有关专业人员参考使用。由于编者的水平有限，书中难免有不妥之处，恳请广大读者给予批评指正。

编者

2006 年 10 月

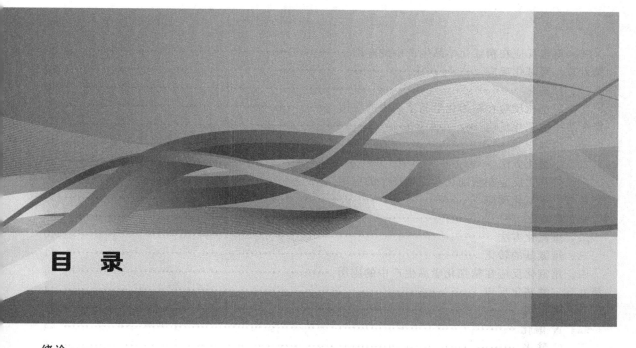

目 录

绪论 ······ 1
  一、精细化学品概念、特点及分类 ······ 1
  二、精细化工生产的特点 ······ 2
  三、精细化工的经济特性 ······ 3
  四、精细化工在国民经济中的作用及发展趋势 ······ 4
  五、着眼绿色节能、推动技术进步 ······ 5
  六、本课程的性质、任务与基本内容 ······ 5
  思考题 ······ 6

第一章 单元反应原理 ······ 7
  第一节 磺化反应 ······ 7
    一、磺化 ······ 7
    二、磺化方法 ······ 10
    三、磺化反应在精细化学品生产中的应用 ······ 11
  第二节 硝化反应 ······ 11
    一、硝化 ······ 11
    二、硝化方法 ······ 14
    三、硝化反应在精细化学品生产中的应用 ······ 15
  第三节 卤化反应 ······ 16
    一、氯化 ······ 16
    二、溴化 ······ 18
    三、碘化 ······ 18
    四、氟化 ······ 19
  第四节 缩合反应 ······ 20
    一、缩合 ······ 20
    二、缩合反应在精细化学品生产中的应用 ······ 24
  第五节 氨解反应 ······ 25
    一、氨解 ······ 25
    二、氨解方法 ······ 26

  三、氨解反应在精细化学品生产中的应用 …………………………………………………… 29
 第六节 羟基化反应 ……………………………………………………………………………… 30
  一、羟基化 ……………………………………………………………………………………… 30
  二、羟基化反应在精细化学品生产中的应用 …………………………………………………… 33
 第七节 烷基化反应 ……………………………………………………………………………… 34
  一、烷基化 ……………………………………………………………………………………… 34
  二、烷基化方法 ………………………………………………………………………………… 35
  三、烷基化反应在精细化学品生产中的应用 …………………………………………………… 39
 第八节 重氮化反应 ……………………………………………………………………………… 39
  一、重氮化 ……………………………………………………………………………………… 39
  二、重氮化方法 ………………………………………………………………………………… 40
  三、重氮基的转化 ……………………………………………………………………………… 41
  四、重氮化反应在精细化学品生产中的应用 …………………………………………………… 44
 第九节 酰基化反应 ……………………………………………………………………………… 44
  一、酰化剂 ……………………………………………………………………………………… 44
  二、N-酰化 ……………………………………………………………………………………… 44
  三、C-酰化 ……………………………………………………………………………………… 46
  四、酰基化反应在精细化学品生产中的应用 …………………………………………………… 48
 思考题 …………………………………………………………………………………………… 49

第二章 分离提纯技术
 第一节 分离提纯与精细化工 …………………………………………………………………… 51
  一、作用及目的 ………………………………………………………………………………… 51
  二、分离提纯基本工艺过程 …………………………………………………………………… 52
  三、分类 ………………………………………………………………………………………… 52
 第二节 精细化学品生产中常用的分离提纯技术 …………………………………………… 52
  一、过滤 ………………………………………………………………………………………… 52
  二、沉淀和共沉淀 ……………………………………………………………………………… 53
  三、溶剂萃取 …………………………………………………………………………………… 54
  四、精馏 ………………………………………………………………………………………… 56
  五、膜分离技术 ………………………………………………………………………………… 60
  六、结晶 ………………………………………………………………………………………… 62
  七、离子交换技术 ……………………………………………………………………………… 63
  八、干燥 ………………………………………………………………………………………… 66
 第三节 分离提纯技术发展近况 ………………………………………………………………… 69
 思考题 …………………………………………………………………………………………… 72

第三章 表面活性剂
 第一节 导言 ………………………………………………………………………………………… 73
  一、表面活性剂的定义及用途 ………………………………………………………………… 73
  二、表面活性剂的结构 ………………………………………………………………………… 73
  三、表面活性剂的分类 ………………………………………………………………………… 73
  四、表面活性剂工业的现状及发展趋势 ……………………………………………………… 75
 第二节 表面活性剂的性质与应用 ……………………………………………………………… 75
  一、表面活性剂的物理性质 …………………………………………………………………… 75
  二、表面活性剂的亲水亲油平衡（HLB）值 …………………………………………………… 77

三、表面活性剂的作用 ………………………………………………………… 77
　　四、表面活性剂性质的应用 …………………………………………………… 78
　第三节　烷基苯磺酸钠的合成方法及应用 ………………………………………… 82
　思考题 ………………………………………………………………………………… 83

第四章　涂料 ………………………………………………………………………… 84
　第一节　导言 ………………………………………………………………………… 84
　　一、涂料的定义及作用 ………………………………………………………… 84
　　二、涂料的分类及组成 ………………………………………………………… 85
　　三、涂料工业的展望 …………………………………………………………… 86
　第二节　水性印刷涂料 ……………………………………………………………… 86
　　一、水性上光油 ………………………………………………………………… 86
　　二、水性油墨 …………………………………………………………………… 93
　第三节　水性工业涂料 ……………………………………………………………… 98
　　一、水性建筑涂料 ……………………………………………………………… 98
　　二、其他水性工业涂料 ………………………………………………………… 102
　思考题 ………………………………………………………………………………… 104

第五章　胶黏剂 ……………………………………………………………………… 105
　第一节　导言 ………………………………………………………………………… 105
　　一、胶黏剂的定义、组成及作用 ……………………………………………… 105
　　二、胶黏剂的分类 ……………………………………………………………… 106
　　三、粘接原理与工艺 …………………………………………………………… 106
　　四、胶黏剂工业的现状及发展趋势 …………………………………………… 107
　第二节　常用合成胶黏剂 …………………………………………………………… 108
　　一、树脂型胶黏剂 ……………………………………………………………… 108
　　二、橡胶型胶黏剂 ……………………………………………………………… 111
　　三、复合型结构胶黏剂 ………………………………………………………… 112
　　四、特种胶黏剂 ………………………………………………………………… 112
　第三节　聚醋酸乙烯酯胶黏剂的合成方法及应用 ………………………………… 113
　思考题 ………………………………………………………………………………… 114

第六章　化妆品 ……………………………………………………………………… 115
　第一节　导言 ………………………………………………………………………… 115
　　一、化妆品的性能要求 ………………………………………………………… 115
　　二、化妆品的分类 ……………………………………………………………… 115
　　三、化妆品的原料 ……………………………………………………………… 116
　第二节　化妆品生产的主要工艺 …………………………………………………… 118
　　一、混合与搅拌 ………………………………………………………………… 118
　　二、乳化技术 …………………………………………………………………… 119
　　三、分离与干燥 ………………………………………………………………… 119
　第三节　皮肤用化妆品 ……………………………………………………………… 119
　　一、清洁皮肤用化妆品 ………………………………………………………… 120
　　二、保护皮肤用化妆品 ………………………………………………………… 120
　　三、营养皮肤用化妆品 ………………………………………………………… 120
　　四、祛斑美白化妆品 …………………………………………………………… 120
　　五、抗衰老化妆品 ……………………………………………………………… 121

第四节　毛发用化妆品 …………………………………………………………………… 121
　　一、洗发化妆品 ……………………………………………………………………… 122
　　二、护发化妆品 ……………………………………………………………………… 122
　　三、整发化妆品 ……………………………………………………………………… 122
　　四、染发化妆品 ……………………………………………………………………… 122
　　五、烫发化妆品 ……………………………………………………………………… 123
　　六、剃须化妆品 ……………………………………………………………………… 123
　第五节　美容化妆品 …………………………………………………………………… 123
　　一、脸部美容化妆品 ………………………………………………………………… 123
　　二、眼部美容化妆品 ………………………………………………………………… 123
　　三、唇部美容化妆品 ………………………………………………………………… 124
　　四、指甲美容化妆品 ………………………………………………………………… 124
　思考题 …………………………………………………………………………………… 124
第七章　香料 ………………………………………………………………………………… 125
　第一节　导言 …………………………………………………………………………… 125
　　一、香料的定义及种类 ……………………………………………………………… 125
　　二、香料工业的现状及发展趋势 …………………………………………………… 126
　第二节　天然香料 ……………………………………………………………………… 127
　　一、动物性香料 ……………………………………………………………………… 127
　　二、植物性香料 ……………………………………………………………………… 128
　第三节　合成香料 ……………………………………………………………………… 129
　　一、合成香料的分类 ………………………………………………………………… 129
　　二、各类香料的基本特征 …………………………………………………………… 129
　第四节　调和香料 ……………………………………………………………………… 132
　　一、基本组成 ………………………………………………………………………… 132
　　二、食用香精 ………………………………………………………………………… 132
　　三、日用香精 ………………………………………………………………………… 133
　第五节　洋茉莉醛的合成方法及应用 ………………………………………………… 134
　思考题 …………………………………………………………………………………… 135
第八章　食品添加剂 ………………………………………………………………………… 136
　第一节　食品添加剂的定义和分类 …………………………………………………… 136
　　一、食品添加剂的定义 ……………………………………………………………… 136
　　二、食品添加剂的分类 ……………………………………………………………… 137
　第二节　食品添加剂的作用及危害 …………………………………………………… 138
　　一、食品添加剂的有益作用 ………………………………………………………… 138
　　二、食品添加剂的危害性 …………………………………………………………… 139
　第三节　食品添加剂的安全使用 ……………………………………………………… 140
　　一、食品添加剂的一般要求 ………………………………………………………… 140
　　二、食品添加剂的选用原则 ………………………………………………………… 140
　　三、食品添加剂的毒理学评价 ……………………………………………………… 141
　　四、食品添加剂的使用标准 ………………………………………………………… 141
　第四节　食品添加剂的现状与发展趋势 ……………………………………………… 142
　第五节　食品生产过程中使用的添加剂 ……………………………………………… 143
　　一、乳化剂 …………………………………………………………………………… 143

  二、增稠剂 …………………………………………………………………………… 143
  三、膨松剂 …………………………………………………………………………… 144
 第六节 提高食品品质用的添加剂 ………………………………………………………… 144
  一、防腐剂 …………………………………………………………………………… 144
  二、抗氧化剂 ………………………………………………………………………… 145
  三、调味剂 …………………………………………………………………………… 146
  四、食用色素 ………………………………………………………………………… 148
  五、营养强化剂 ……………………………………………………………………… 148
 第七节 特定食品生产过程中使用的添加剂 …………………………………………… 149
  一、酿造剂 …………………………………………………………………………… 149
  二、品质改良剂 ……………………………………………………………………… 150
 第八节 山梨酸的合成方法及应用 ………………………………………………………… 150
 思考题 ……………………………………………………………………………………… 151

第九章 合成材料助剂 ……………………………………………………………………… 152
 第一节 导言 ………………………………………………………………………………… 152
  一、合成材料助剂概念 ……………………………………………………………… 152
  二、合成材料助剂分类 ……………………………………………………………… 152
 第二节 功能助剂 …………………………………………………………………………… 153
  一、功能助剂的作用 ………………………………………………………………… 153
  二、常用功能助剂 …………………………………………………………………… 153
 第三节 工艺助剂 …………………………………………………………………………… 159
  一、工艺助剂的作用 ………………………………………………………………… 159
  二、化学合成工艺助剂 ……………………………………………………………… 159
  三、物理成型工艺助剂 ……………………………………………………………… 161
 思考题 ……………………………………………………………………………………… 164

第十章 染料与颜料 ………………………………………………………………………… 165
 第一节 导言 ………………………………………………………………………………… 165
  一、染料的定义及分类 ……………………………………………………………… 165
  二、染料的命名 ……………………………………………………………………… 166
  三、染料工业的现状及发展趋势 …………………………………………………… 167
 第二节 纺织工业用染料 …………………………………………………………………… 168
  一、羊毛用染料 ……………………………………………………………………… 168
  二、纤维素纤维用染料 ……………………………………………………………… 169
  三、合成纤维用染料 ………………………………………………………………… 173
 第三节 染料的其他应用 …………………………………………………………………… 174
  一、液晶显示染料 …………………………………………………………………… 174
  二、压、热敏染料 …………………………………………………………………… 174
  三、有机光导材料用染料 …………………………………………………………… 174
  四、近红外吸收染料 ………………………………………………………………… 174
  五、荧光增白剂 ……………………………………………………………………… 174
 第四节 合成方法及应用示例 ……………………………………………………………… 174
  一、分散红 3B ……………………………………………………………………… 174
  二、活性艳红 X-3B ………………………………………………………………… 175
 第五节 颜料概述 …………………………………………………………………………… 175

一、颜料的定义及其分类 175
　　二、颜料性能 176
　　三、颜料工业的现状与发展趋势 177
　第六节　有机颜料的应用 177
　　一、偶氮类颜料 177
　　二、非偶氮类颜料 179
　第七节　无机颜料的应用 182
　　一、二氧化钛 182
　　二、炭黑 182
　　三、镉系颜料 182
　　四、氧化铁颜料 182
　　五、铬系颜料 182
　　六、金属氧化物混相颜料 183
　思考题 183

第十一章　电子材料化学品 184
　第一节　导言 184
　　一、电子材料化学品的定义和种类 184
　　二、电子材料化学品工业的国内外现状及发展趋势 185
　第二节　半导体材料 186
　　一、概述 186
　　二、半导体材料的分类 187
　　三、重要的半导体材料及其发展现状 188
　第三节　打印材料化学品 189
　　一、油墨 189
　　二、清洗剂 190
　　三、导电胶 191
　　四、光刻胶 192
　　五、贴片胶 192
　第四节　电子工业用塑料 193
　　一、概述 193
　　二、绝缘材料用塑料 193
　　三、导电塑料 194
　　四、压电塑料 194
　　五、磁性塑料 195
　第五节　其他电子材料化学品 195
　　一、导电涂料 195
　　二、磁性记录材料 196
　　三、显示材料 197
　思考题 200

第十二章　油田化学品 201
　第一节　导言 201
　　一、油田化学品的定义及种类 201
　　二、油田化学品的工业现状及发展趋势 201
　第二节　采油输油添加剂 202

一、钻浆添加剂 202
　　二、清蜡防蜡剂 202
　　三、强化采油添加剂 203
　第三节　油田水处理化学剂 204
　　一、破乳剂 204
　　二、缓蚀剂 204
　　三、杀菌剂 204
　　四、阻垢剂 205
　第四节　油品添加剂 205
　　一、燃料油添加剂 205
　　二、润滑油添加剂 206
　第五节　抗氧化剂——2,6-二叔丁基对甲苯酚的合成方法及应用 209
　思考题 210

第十三章　皮革化学品 211
　第一节　导言 211
　　一、皮革化学品的定义、种类及作用 211
　　二、皮革化学品工业的现状及发展趋势 212
　第二节　合成鞣剂 213
　　一、合成鞣剂的分类 213
　　二、酚醛类合成鞣剂 213
　　三、萘醛类合成鞣剂 214
　　四、木质素合成鞣剂 214
　　五、合成树脂鞣剂 214
　　六、磺酰氯鞣剂 216
　第三节　金属鞣剂 216
　　一、金属鞣剂的特征 216
　　二、单金属鞣剂 216
　　三、金属络合鞣剂 217
　第四节　涂饰剂 217
　　一、涂饰剂的组成和分类 217
　　二、乳酪素涂饰剂 218
　　三、丙烯酸涂饰剂 218
　　四、硝化纤维涂饰剂 219
　　五、聚氨酯涂饰剂 219
　第五节　酚醛鞣剂的合成方法及应用 219
　　一、砜桥型酚醛鞣剂 219
　　二、亚甲基桥型酚醛鞣剂 220
　思考题 220

第十四章　水处理剂 221
　第一节　导言 221
　　一、水处理剂的定义和分类 221
　　二、水处理剂的工业现状及发展趋势 221
　第二节　给水处理剂 222
　　一、阻垢剂及分散剂 222

二、缓蚀剂 …… 224
　　三、复合水处理剂 …… 227
　第三节　废水处理剂 …… 228
　　一、絮凝剂 …… 228
　　二、杀菌灭藻剂 …… 230
　第四节　合成方法及应用示例 …… 231
　　一、聚合氯化铝 …… 231
　　二、马来酸酐-丙烯酸共聚物 …… 231
　思考题 …… 232

第十五章　感光材料 …… 233
　第一节　导言 …… 233
　第二节　常见感光材料简介 …… 234
　　一、银盐感光材料 …… 234
　　二、重氮感光材料 …… 236
　　三、光致变色成像材料 …… 237
　　四、自由基成像材料 …… 238
　　五、光聚合成像材料 …… 238
　　六、静电复印材料 …… 239
　思考题 …… 239

第十六章　纸张化学品 …… 240
　第一节　导言 …… 240
　第二节　纸张用添加剂 …… 241
　　一、功能性添加剂 …… 241
　　二、过程添加剂 …… 242
　　三、涂布剂 …… 242
　　四、废纸处理用化学品 …… 244
　　五、功能纸用化学品 …… 244
　思考题 …… 245

第十七章　药物和农药 …… 246
　第一节　导言 …… 246
　　一、药物的定义、起源及分类 …… 246
　　二、医药工业的现状及发展趋势 …… 246
　第二节　天然药物 …… 248
　　一、天然药物化学成分 …… 248
　　二、天然药物分离提取 …… 248
　第三节　人工合成药物 …… 250
　　一、化学合成制药 …… 250
　　二、生物技术制药 …… 254
　第四节　药物制剂 …… 255
　　一、定义、作用及分类 …… 255
　　二、液体制剂 …… 256
　　三、固体制剂 …… 257
　　四、其他制剂 …… 258
　第五节　农药 …… 258

一、定义、作用及分类 …………………………………………………………………… 258
　　二、杀虫剂 ………………………………………………………………………………… 259
　　三、杀菌剂 ………………………………………………………………………………… 261
　　四、除草剂 ………………………………………………………………………………… 261
　　五、植物生长调节剂 ……………………………………………………………………… 262
　思考题 ………………………………………………………………………………………… 262
参考文献 …………………………………………………………………………………… 263

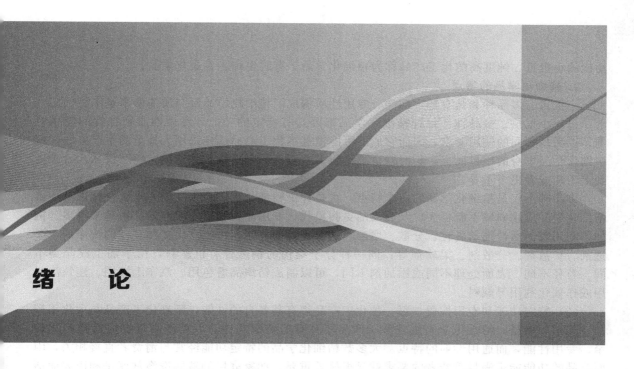

绪 论

精细化工是精细化学品工业（fine chemical industry）的简称，是石油和化学工业领域的新兴产业，具有投资效益高、利润率高、附加价值高、大量应用高新技术的特点。由于精细化学品具有特定的功能性和专用性，因此精细化工在促进工农业发展、提高人民生活水平方面起着重要作用。精细化率（精细化工产品产值率的简称，是指精细化工产品产值占化工总产值的百分率）在相当大程度上反映着一个国家的发达水平、综合技术水平和化学工业集约化的程度。我国精细化工起步于20世纪五六十年代，在20世纪80年代后，由于政府的高度重视发展迅速，目前已经形成了医药、农药、涂料、染料、化学试剂、表面活性剂等三十几个独立的门类。

但与发达国家相比，我国精细化工行业在量和质两个方面都有不小的差距。虽然单个门类或品种有一些还可圈可点，比如涂料、染料等，但整体上比较落后。发达国家精细化工行业总体上在产品品种、数量、质量、档次等方面比我们强很多。2014年我国精细化工产品产值约3.5万亿元，当年全国化学工业产值约8.8万亿元，精细化率约为40%，而美国、欧盟和日本的精细化率已达到70%以上。我国精细化工产品品种也较少，目前全球精细化工产品大概有10万种，而我国大概有2万种，仅为全球品种的20%左右。总量不足，质量也不稳定，专业化、功能化、高性能的产品欠缺，难以满足各个市场领域的需要，也制约了下游行业尤其是战略性新兴产业的发展。例如高端电子化学品领域，几乎全部被国外产品垄断。我国精细化工厂约2万家，但许多工厂仅生产1~2个品种，而德国巴斯夫公司的精细化工产品达1500多个，市场占有率极高，竞争力极强。

我国精细化工的发展水平亟待提高，且空间巨大。"十三五"时期，精细化工行业应立足科技创新，加强关键共性技术、产品和装备的研发及产业化应用。

一、精细化学品概念、特点及分类

1. 精细化学品概念

到目前为止，对精细化学品还没有一个公认的、比较严格的定义。欧美一些国家把产量小、按不同化学结构进行生产和销售的化学物质，称为精细化学品（fine chemicals）；把产量小、经过加工配制、具有专门功能或最终使用性能的产品，称为专用化学品（specialty chemicals）。在我国将精细化学品定义为：凡能增进或赋予一种产品以特定功能，或本身拥有特定功能的小批量、纯度高的化工产品称为精细化学品，有时也称为专用化学品。

2. 精细化学品的特点

小批量、多品种和具有特定功能、专用性质构成了精细化学品量与质的两个基本特性。

（1）小批量、多品种　每种精细化学品都因其有特定的功能、专用性质和独特的应用范围，以满足不同的使用要求，因而它们不可能像基本化工产品那样采用大批量的生产方法。就精细化学品本身的用量而言，相对来讲不是很大，对每一个具体品种来说，年产量从几百千克到上千吨或者更多不等。

多品种不仅是精细化学品的一个特点，也是评价精细化工综合水平的一个重要标志。随着精细化学品应用领域不断扩大以及商品的更新换代，专用品种和特定生产的品种越来越多。例如，利用表面活性剂的乳化、分散、增溶、润湿等表面性能，可生产出多种多样的洗涤剂、渗透剂、扩散剂、分散剂、柔软剂等；同一种分子结构的铜酞菁有机颜料，由于加工成晶型不同、粒径不同、表面处理不同或添加剂不同，可以制成纺织品着色用、汽车上漆用、建筑涂料用或作催化剂用等颜料。

（2）特定功能和专用性质　每一种化工产品都有其各自的性能，精细化工产品与大化工产品性能不同的是，精细化学品更着重于产品所具有的特定功能，因而产品具有应用范围比较窄、专用性能，而通用性弱的特点。大多数精细化学品的特定功能经常与消费者直接相关，因而产品的功能能否满足消费者的要求就显得格外重要。如家庭用的液体洗涤剂就是利用表面活性剂复配而成的，若用于洗衣服，则要求在自动化洗衣机所规定的洗涤时间内必须有良好的洗涤效果；若用于清洗餐具，就要求具有较强的去油污能力，无毒且对皮肤无刺激。另外，有些精细化学品是针对专门的消耗者而设计的，例如医药和农药。

精细化学品的特定功能还表现在其使用上的小变化即可产生显著的效果上。例如在PVC塑料中，采用耐温增塑剂代替普通增塑剂，就可提高使用温度达40℃的温差。精细化学品的特定功能依赖于应用对象的要求，而且这些要求会随着社会生产水平的提高而不断变化。

3. 精细化学品的分类

精细化工产品品种繁多，所包括的范围很广。各国精细化工的范围是根据本国化工生产技术水平和生活水平等综合因素而确定的，不完全相同，而且随着科学技术的发展不断加以调整。1994年我国将精细化学品分为12大类，即化学农药、涂料、油墨、颜料、染料、化学试剂及各种助剂、专项化学品、信息化学品、放射化学品、食品和饲料添加剂、日用化学品、化学药品，其中各种助剂包括催化剂、塑料助剂、橡胶助剂、印染助剂等；专项化学品系指水处理化学品、造纸化学品、皮革化学品、油田化学品，生物化工、工业用表面活性剂，碳纤维、化学陶瓷纤维，胶黏剂及功能高分子化工产品等。

二、精细化工生产的特点

精细化学品生产的全过程不同于基本化工产品，它由化学合成、剂型加工和商品化三部分组成。在每一个过程中又包含有各种化学的、物理的、生理的、技术的、经济的要求。由于其产品的专用性以及更新换代快，故精细化工行业是高技术密集型的产业。其生产特点主要表现在以下几个方面。

1. 高技术密集

技术密集是精细化工的一个重要特点。精细化工是综合性强的技术密集型工业，精细化学品是以商品的综合功能出现的。首先在合成过程中要筛选不同的化学结构；在剂型生产中应充分发挥精细化学品自身功能与其他物料配合的协同作用；在商品化上又有一个复配过程，以更好地发挥产品的优良性能。以上三个过程是相互联系又相互制约的。这就是精细化工生产技术密集度高的一个主要原因。

另外，由于精细化工产品的开发成功率低，时间长，研究开发的投资多，因此，它一方面要求资料密集、信息快，以适应市场的需要和占领市场；另一方面也反映在精细化工生产中技术保密性强、专利垄断性强和竞争激烈。

技术密集还表现在生产过程中的工艺流程组织上，由于单元反应多，原料复杂且经过深度加工才能获取，中间过程控制严格，产品质量要求高以及性能稳定等方面的要求，整个生产过程从原料到商品，涉及诸如合成、分析测试、复配技术、商品化、应用开发、技术服务等众多领域、多种学科和专业技能。由于合成反应步骤多，因而对反应的终点控制和产品提纯就成为精细化学品生产的关键之一。为此在生产上常常采用大量的各种近代仪器和测试手段，这就需要掌握先进的技术和科学的管理。

2. 综合生产流程和多功能生产装置

精细化学品的品种多、批量小，反映在生产过程上需要经常更换和更新品种。加之多数精细化学品由基本原料出发，需要经过多工序、长流程的深度加工才能制得。为了适应精细化学品的这些生产特点，近年来广泛采用多品种综合生产流程及用途广、功能多的间歇生产装置。这种做法取得了很好的经济效益，但同时对生产管理和操作人员的素质也提出了更高的要求。

3. 大量采用复配技术

复配技术被称为 1+1＞2 的技术。由两种或两种以上主要组分或主要组分与助剂经过复配，获得使用时远优于单一组分性能的效果。精细化学品在生产中广泛使用复配技术，获取各种具有特定功能的商品以满足各种专门用途的需要。许多合成的化学产品，除了要求加工成多种剂型（如粉剂、粒剂、液剂等）外，还常常加入多种其他制剂进行复配，既满足了特殊的使用性能，又扩大了使用范围。例如黏合剂配方中，除以基料为主外，还要加入固化剂、促进剂、增塑剂、防老剂等。在一些经过复配的商品化产品中，其组成甚至有十多种。因此，经过剂型加工和复配技术所制成的商品数目，远远超过由合成得到的单一产品数目。仅就化妆品而言，常用的脂肪醇不过几种，但经过复配而衍生出来的商品却品种繁多。采用复配技术所得到的商品，具有增效、改性和扩大应用范围的功能，其性能也往往超过单一结构的产品。所以，掌握复配技术是使精细化工产品具有市场竞争力的一个重要手段，也是发展精细化工的一个极应重视的环节。

4. 商品性强

由于精细化学品品种繁多，商品性强，用户对商品选择性很高，市场竞争十分激烈，开发应用技术和开展技术服务是组织精细化学品生产的两个重要环节。因此，精细化工生产企业应在技术开发的同时，积极开发新产品和开展技术服务，以增强竞争机制，开拓市场，提高信誉。同时，还要及时把市场信息反馈到生产计划中去，以增加企业的经济效益。国外精细化工企业非常重视技术开发、技术应用和技术服务这些环节的协调，反映在技术人员配备的比例上，技术开发、生产经营管理和产品销售（含技术服务）人员的比例大体为 2∶1∶3，这一比例是值得借鉴的。

三、精细化工的经济特性

精细化工企业的高经济效益概括起来主要表现在以下几个方面。

1. 附加价值高

附加价值是指在产品的产值中扣去原材料、税金、设备和厂房的折旧费后剩余部分的价值，这部分价值是指产品生产从原料开始经加工到最终产品的过程中实际增加的价值。它包括利润、工人劳动、动力消耗以及技术开发等费用，所以称为附加价值。附加价值不等于利润，因为某种产品加工深度大，则工人劳动和动力消耗也大，技术开发的费用也会增加。附加价值高可以反映出产品在加工中所需的劳动、技术利用情况以及利润高低等。一般大宗化工产品原材料费率（原材料费与产值的比率）为 60%～70%，附加价值率（附加价值与产值的比率）为 20%～30%；而精细化工产品的原材料费率则为 30%～40%，附加价值率约达 50%。

2. 投资效率高、利润率高

投资效率是指附加价值与固定资产的比率。精细化工投资少、投资效率高。仅从利润的观点来看，精细化学品的利润高。据 1977～1980 年世界 100 家大型化工公司的统计资料看，销售利润率在 15% 以上的有 60 家公司，均系生产精细化学品的。利润率高的原因在较大程度上来自技术垄断；另外产品质量是否能达到要求也十分重要，这些都是高利润不可忽视的因素。

四、精细化工在国民经济中的作用及发展趋势

精细化工是当今世界各国化学工业发展的战略重点，也是一个国家综合技术水平的重要标志之一。精细化工产品种类多、附加值高、用途广、产业关联度大，直接服务于人民日常生活，广泛应用于国民经济的诸多行业和高新技术产业的各个领域。大力发展精细化工已成为世界各国调整化学工业结构、提升化学工业产业能级和扩大经济效益的战略重点。发展精细化工对我国化学工业调整产业结构、产品结构，提高经济效益、社会效益和环境效益，建设小康社会具有十分重要的意义。今后世界精细化工的发展速度将高于一般化工产品，精细化工率将不断提高。

提高创新能力，不断开发新品种，采用新技术改进生产工艺，在单元设备上采用近代先进技术装备，重视石油化工深加工及副产品的综合利用是今后精细化工发展的主要趋势。

1. 开发新品种

精细化学品新品种的研究开发已经从经验方法走向分子设计定向开发的阶段。通过定向开发可以缩短时间，减少费用，制造性能优异的新品种。特别是在功能高分子材料、复合材料、电子材料、生化制品等一些新的领域中，新品种的开发是重点的发展方向。

2. 采用新技术

由于精细化学品的结构复杂，纯度要求高，合成工序长，在今后的生产过程中应重视采用新的技术，向更高的智密区发展，即向更高的化学功能、更高的物理性质与物理效应以及更高的生物活性方向发展。生物工程技术将更多地应用于医药、农药、营养品中；计算机技术和组合化学技术应用于分子设计；相转移催化技术、不对称合成技术用于有机合成；应用超微粒化技术、膜分离技术、激光分离技术、超临界萃取分离技术等，可以缩短工艺流程，提高收率，节约能耗，生产出高质量产品。

3. 改进生产工艺

在品种定型的条件下，生产工艺的改进成为技术竞争的重要手段。在原工艺基础上提高某些步骤的收率，提高溶剂的回收率，剔除某些步骤，改用价廉易得的安全系数更高的原料，寻找更简易的物理处理方法，使生产工艺有重大的突破。在这方面的技术进步，不仅会大幅度地降低生产成本，而且会收到较显著的经济效益。

4. 采用先进的生产装置和设备

目前，精细化工生产中广泛采用了单元反应设备。这些设备在传热、传质等工程技术上有了许多改进，可以适应不同反应条件和不同原料及生产工艺的要求，使小批量、多品种生产中一个品种一套流程的矛盾得以解决。在单元反应设备上可以采用现代先进的技术和装备，以使反应的控制精密化。

5. 重视环境保护

精细化学品合成的反应步骤多，生产一吨产品往往需要几倍甚至更多的有机原料。经济发达国家在发展精细化工过程中，因排放"三废"而严重污染环境，走了一条先污染后治理的路子，付出了沉重的代价。保护环境是人类生存和发展的第一大问题，因此精细化学品的生产要

大力推广绿色技术，采用清洁生产工艺，即从研究开发工作一开始就采用优化的合成技术路线，减少反应步骤；选用无毒、低毒原料和溶剂；采用"无盐"生产技术；加强工艺控制，提高收率；搞好副产品的开发利用和溶剂的回收利用等，从源头把"三废"降到最低限度。目前，环保工作的重点转向着力研究解决废弃产品的回收利用、臭氧层破坏、温室效应、大面积酸雨、土地沙漠化等全球性环境保护问题，进入以保持生态平衡为目标的新阶段，这也为发展新型精细化学品提供了机遇。

五、着眼绿色节能、推动技术进步

随着社会的发展和进步，需要协调经济发展和资源短缺的矛盾，这对精细化工及中间体在高性能、功能化、资源节约和环境友好等方面提出了更高的要求。"十三五"期间，精细化工行业应重点开发一系列共性关键技术，缩短与国外先进水平的差距。

一是绿色催化技术。开发有别于传统化工催化、资源利用率高、绿色环保、能耗低、安全性高的新的绿色催化技术，适合品种多、批量小、流程长的精细化工中间体生产的高效绿色的催化技术。尤其是通过攻关有机硅上、中、下游产品的催化核心技术，提升有机硅精细化学品的合成技术、聚合技术、制备技术的水平。

二是现代合成反应的原位控制技术。现代合成反应正朝向复杂化、多样化的方向发展，因此理解反应的内在规律对更深入地开展原创的、重要的合成反应具有重要的意义，现代仪器技术的发展为此提供了很好的前提条件。同时对提高化学反应的可持续性，了解原料产物的时间关系、反应活性中间体的结构和在反应过程中的变化关系以及提高反应的效率都具有极其重要的指导意义。

三是纳米技术。不论是应用到无机精细化学品，还是有机、高分子及复合精细化学品，纳米技术都可以发挥其独特的优势。

四是超临界流体技术。超临界萃取、超临界合成、超临界干燥、超临界结晶等技术在精细化工中间体中得到应用，不仅可以得到更好的产品，还可以使生产过程绿色化。

五是微反应器技术。微反应器具有十分理想的混合效率和换热效率，能很好地控制反应物料和反应温度的配比，应用于精细化工中间体的生产将有利于反应效率的提高，有效解决试验工艺放大效应，精确控制生产过程，而且具有操作简便、安全性高的特点，这对于精细化工中间体新产品的开发、传统产品的技术改造、产品质量提高和提升安全环保水平具有十分积极的意义。

六是生物工程技术。将生物工程技术与精细化工相结合，可有更多种类的精细化工产品开发出来，对许多精细化工中间体及产品的研究将是质的提升，能将精细化工行业的发展推向一个更高的阶段。

七是可再生资源利用技术。利用取之不尽、用之不竭的可再生动植物资源发展我国精细化工是实现可持续发展和循环经济长远战略目标的重要举措，也是绿色高新精细化工行业的主要研究方向。从动植物到微生物，尤其是从动植物废弃物料中提取有用化合物，并将其开发成精细化工中间体，可实现原料绿色化，而且对人体和环境友好，可以开辟出天然精细化工中间体发展之路。

六、本课程的性质、任务与基本内容

精细化工概论是化学工艺专业的选设课，是有机化学工艺专业和无机化学工艺专业的选修课。通过本课程的学习，使学生了解精细化工的概貌，初步掌握精细化学品的分类、性能、用途及典型产品的基本化学反应原理、生产工艺、分离提纯技术、产品性能与应用等有关知识，为学生将来从事精细化学品生产打下一定的基础。

本课程以单元反应、分离提纯技术、表面活性剂、涂料、胶黏剂、化妆品、香料、食品添加剂、合成材料助剂、精细高分子材料、染料与颜料、电子材料化学品、油田化学品、皮革化学品、水处理剂、感光材料、纸张化学品、药物和农药为主要内容。

在教学过程中，教师可结合当地精细化工发展的情况选择讲授各产品章节，并可运用录像、参观等教学手段提高教学效果。学生在学习过程中应灵活应用以前所学过的有机化学、物理化学、化工原理等知识，并通过每章后的思考题来巩固课堂所学的内容。

由于精细化工与高新技术密切相关，因而课程内容力求反映出其科学性、先进性和实用性，强调工程技术观点，注重理论和实践的结合。通过本课程的学习能让学生了解精细化工概貌，拓宽学生的知识面，提高其分析和解决问题的能力。

思 考 题

1. 我国对精细化学品的定义是什么？
2. 我国将精细化学品分为哪些类？
3. 精细化工产品有哪些主要特点？
4. 精细化工生产有哪些主要特点？
5. 精细化工的经济特性表现在哪些方面？
6. 你所在地区主要生产哪些精细化工产品？其发展趋势如何？

第一章 单元反应原理

精细化工涉及面广，品种在数万种以上。但就其生产过程来讲，归纳起来主要是卤化、磺化、酯化、氧化、还原、烷基化、酰化、缩合、羟基化、硝化、氨解等单元反应。本章介绍精细化工生产中常见的几种单元反应及其在生产中的应用。

第一节 磺 化 反 应

磺化反应是指向有机分子的碳原子上引入磺酸基（—SO_3H）的反应。产物是磺酸化合物 RSO_2OH 或 $ArSO_2OH$，分子中硫原子直接与碳原子相连。

一、磺化

1. 磺化剂

常用的磺化剂有三氧化硫、硫酸、发烟硫酸、氯磺酸、亚硫酸盐、硫酰氯等。

（1）硫酸和发烟硫酸　使用稀硫酸作磺化剂，由于反应活性低、速度慢、转化率低，目前已较少使用；现更多是用浓硫酸和发烟硫酸进行磺化。

用浓硫酸作磺化剂时，每生成 1mol 磺化产物便会生成 1mol 水，这将使硫酸的浓度下降，反应速率减慢。当浓度下降到一定程度时，磺化反应便不能进行。因此生产中要保持高转化率则需要使用过量的硫酸，一般生成 1mol 磺化产物用 3~4mol 硫酸，过量的硫酸可以作为热载体并降低物料黏度。由于浓硫酸作磺化剂反应温和，副反应少，易于控制，故应用范围仍很广。但过量的硫酸在反应完成后要用碱中和，这将耗用大量的碱，同时产物中会含有较多的硫酸盐杂质。

工业上作为磺化剂使用的发烟硫酸通常为含 SO_3 20%~25% 和 60%~65% 两种规格。这两种发烟硫酸凝固点低，常温下为液体，便于使用和储运。用发烟硫酸作磺化剂时，反应易于控制，但反应生成的磺酸与硫酸形成混酸，需加强后处理。

（2）三氧化硫　三氧化硫是活泼的磺化剂。当采用三氧化硫作磺化剂时，反应易进行并可进行等物质的量反应，所得产物纯度高。

$$R—H + SO_3 \longrightarrow R—SO_3H$$

以 SO_3 为磺化剂的优点是反应速率快，反应完全，无须外加热量，设备小，投资少，且不需要废酸浓缩过程；缺点是反应放热量大，易导致物料分解或副反应发生，物料黏度高，传质较困难。因此可通过设备设计、反应条件优化和选择适当的溶剂等加以克服。近年来，SO_3磺化的应用范围不断扩大。

（3）氯磺酸 氯磺酸是一种较常见的磺化剂，根据其用量不同可以制备芳磺酸或芳磺酰氯，反应是分阶段进行的。

$$ArH + ClSO_3H \longrightarrow ArSO_3H + HCl\uparrow$$
$$ArSO_3H + ClSO_3H \rightleftharpoons ArSO_2Cl + H_2SO_4$$

当用等物质的量或稍过量的氯磺酸时，产物是磺酸，当氯磺酸用量大于 2mol 时，产物是磺酰氯，且后一个反应是可逆的。为提高收率，用 4～5mol 氯磺酸。加入适量的添加剂除去硫酸，也可提高收率。如在制苯磺酰氯时，加入适量的氯化钠，氯化钠与硫酸反应生成硫酸氢钠和氯化氢，使平衡向产物方向移动，收率由 76% 提高到 90%。

用氯磺酸作磺化剂的优点是反应活性较强，生成的 HCl 可以及时排出，有利于反应进行完全。其缺点是氯磺酸的价格较贵，且反应中产生的氯化氢腐蚀性强，故工业上以氯磺酸作磺化剂的相对较少。

（4）其他磺化剂 亚硫酸盐，如亚硫酸钠和亚硫酸氢钠都可用来作磺化剂。它们适用于以亲核取代为主的一系列磺化反应。氯磺化剂 $Cl_2 + SO_2$ 和氧磺化剂 $O_2 + SO_2$，也可用于引入磺酸基（—SO_3H），但工业上仅用于一些难以磺化的饱和烷烃。各种常用的磺化剂的比较如表1-1所示。

表 1-1 各种常用的磺化剂

试剂名称	分子式	物理状态	主要用途	应用范围	活泼性	备注
三氧化硫（液）	SO_3	液态	芳香族化合物的磺化	很窄	高	易氧化、焦化，需加溶剂调节
三氧化硫（气）	SO_3	气态	广泛用于有机化合物	日益增加	极高	需加入干燥空气稀释成2%～8%的SO_3气体
发烟硫酸	$H_2SO_4 \cdot SO_3$	液态	烷基芳烃磺化，洗涤剂和染料	很广	高	
氯磺酸	$ClSO_3H$	液态	醇类，染料，医药	中等	极高	放出 HCl 必须设法回收
浓硫酸	H_2SO_4	液态	芳香族化合物的磺化	广泛	低	
二氧化硫和氯气	$SO_2 + Cl_2$	气体混合物	饱和烃的氯磺化	很窄	低	需催化剂除水
二氧化硫和氧气	$SO_2 + O_2$	气体混合物	饱和烃的氧磺化	很窄	低	需催化剂
亚硫酸钠	Na_2SO_3	固态	卤烷的磺化	较多	低	需在水介质中加热
亚硫酸氢钠	$NaHSO_3$	固态	木质素的磺化	较多	低	需在水介质中加热

生产中选用何种试剂作磺化剂，要根据具体情况作出选择。

2. 反应原理

磺化剂浓硫酸、发烟硫酸及三氧化硫中可能存在 SO_3、H_2SO_4、$H_2S_2O_7$、HSO_3^+、$H_3SO_4^+$ 等亲水质点。这些亲水质点均可参加磺化反应，但是它们之间的反应活性差别很大，一般认为 SO_3 是主要的磺化质点。在硫酸中主要活泼质点是 $H_2S_2O_7$ 和 $H_3SO_4^+$，两者相比 $H_3SO_4^+$ 的活性较低，而选择性较好；$H_2S_2O_7$ 的活性较高，但其选择性差。

当芳香化合物用硫酸或发烟硫酸磺化时，反应分成两步进行。首先是亲电质点向芳环进行亲电攻击，形成 σ 络合物；然后在 HSO_4^- 的存在下脱去质子得到苯磺酸。

$$\text{C}_6\text{H}_6 + SO_3 \rightleftharpoons \text{[σ-complex with } H, SO_3^-\text{]}$$

$$\text{[σ-complex]} + HSO_4^- \rightleftharpoons \text{C}_6\text{H}_5\text{-}SO_3^- + H_2SO_4$$

$$\text{C}_6\text{H}_5\text{-}SO_3^- + H_3O^+ \rightleftharpoons \text{C}_6\text{H}_5\text{-}SO_3H + H_2O$$

在一定温度条件下，芳基磺酸在含水酸性介质中会发生脱磺水解反应，即磺化的逆反应。

$$ArSO_3H + H_2O \rightleftharpoons ArH + H_2SO_4$$

磺基不仅能够发生水解反应，而且在一定的条件下还可以从原来的位置转移到其他位置上，通常是转移到热力学更稳定的位置上，这称为磺基的异构化。

磺化、水解、再磺化、磺基异构化的共同作用，使芳烃磺化的最终产物含有邻、间、对位的各种异构体。

3. 反应影响因素

（1）被磺化物的结构　被磺化物的结构对磺化反应的难易程度有很大影响。饱和烷烃的磺化比芳烃的磺化难得多；而当芳环上存在供电子基团时，磺化易进行；当芳环上存在吸电子基团时，则反应较难进行。

芳环上已有取代基的体积大小对磺化速率也有影响，体积越大，磺化速率越慢。例如，烷基苯用硫酸磺化，其速率大小如下：

邻二甲苯＞甲苯＞乙苯＞异丙苯＞叔丁苯

这是由于磺基的体积较大，若环上已有的取代基体积也较大，占据了较大空间，则磺基便难以进入。

（2）反应温度与时间　温度升高，可以缩短磺化反应时间，但是在升温的同时，副反应也随之增加，产品质量下降。所以在实际生产中大多数采用较低的温度和较长的反应时间。这样产物纯度高、色泽浅，而且也能保证产率。温度除对反应速率有影响以外，还会影响磺化基的引入位置。所以正确选择反应温度和时间，对保证反应速率和产物组成十分重要。

（3）磺化剂的浓度和用量　在用硫酸作磺化剂时，每引入一个磺基同时生成 1mol 水。随反应的进行，硫酸浓度不断降低，反应速率也随之急剧下降，当酸的浓度降低到一定程度时，反应就自行停止。

在对产品质量和收率都无影响的前提下，使用较高浓度的酸可以节省酸的用量。使用过量酸的重要原因是反应生成的水对酸有稀释作用。为了保持酸的浓度，可采用物理脱水方法，如利用高温带出水分；或采用化学脱水方法，如向磺化物中加入能与水作用的物质，如 $BF_3 \cdot SOCl_2$；或用三氧化硫磺化，保证反应顺利进行。

（4）辅助剂　在磺化过程中加入少量辅助剂，往往对反应有明显的影响，其表现在以下几个方面。

① 抑制副反应。磺化反应的主要副反应是生成砜、多磺化、氧化或异构体。当磺化剂的浓度和温度都较高时，有利于砜的生成；而加入无水硫酸钠，可以抑制砜的生成。在萘酚磺化时，加入硫酸可使羟基变为硼酸酯基，抑制氧化副反应。

② 改变定位。蒽醌用发烟硫酸磺化时，在汞盐存在下主要生成 α-蒽醌磺酸；没有汞盐时主要生成 β-蒽醌磺酸。除汞以外，钯、铊和锗也对蒽醌磺化有较好的 α 定位效应。

③ 使反应易于进行。加入催化剂，可以降低反应温度，提高反应速率和收率。例如用发烟硫酸或 SO_3 磺化吡啶时，加入少量汞可使收率从 50% 提高到 71%。

二、磺化方法

1. 三氧化硫磺化法

用 SO_3 作磺化剂，由于其活性大，反应迅速，反应时不生成水，三废少，其用量接近理论量，经济合理，故近年来越来越受到重视，应用日益增多。它不仅可以用于脂肪醇、烯烃的磺化，而且可直接用于烷基苯的磺化。三氧化硫既是活泼的磺化剂，又是氧化剂，因此在生产中要注意控制温度等工艺条件，及时移走反应热，避免因局部过热而造成焦化；同时还要防止氧化、过磺化等副反应发生。

三氧化硫磺化有以下几种方式：用干燥空气将三氧化硫稀释成含量为 4%～7% 的混合气体，如由十二烷基苯制十二烷基苯磺酸钠便是采用此法磺化；以液体三氧化硫作磺化剂，不活泼液态芳烃常常采用此法磺化，如硝基苯在液态三氧化硫中磺化制间硝基苯磺酸；三氧化硫溶剂法磺化，适用于被磺化物或者磺化产物为固态的过程，该方法反应温和且易于控制，其所用溶剂分为无机溶剂和有机溶剂，无机溶剂有二氧化硫、硫酸，有机溶剂有二氯甲烷、1,2-二氯乙烷、1,1,2,2-四氯乙烷、石油醚、硝基甲烷等，如萘的二磺化就采用此法。

2. 过量硫酸磺化法

该法是指被磺化物在过量硫酸或发烟硫酸中进行磺化的方法。当反应物在磺化温度下是液态时，一般先向磺化锅中加入被磺化物，然后再慢慢加入磺化剂，以免生成过多的二磺化物。若被磺化物在反应温度下是固态的，则先加磺化剂，然后在低温下加入被磺化物，再升温至反应温度。该方法的优点是适用范围广，缺点是硫酸过量较多，得到较多的酸性废液或废渣，且生产能力也较低。萘、萘酚、蒽醌均可采用此法磺化，且反应条件不同，得到的产物不同。

3. 共沸去水磺化法

共沸去水磺化法只适用于沸点较低、易挥发的芳烃，如苯和甲苯的磺化。苯的一磺化若采用过量硫酸法，则需要使用 10% 发烟硫酸，且用量较多。工业生产中为了克服这一缺点，采用了共沸去水磺化法。其原理是将过量的苯蒸气通入浓硫酸中，利用共沸原理由未反应的苯蒸气带走反应生成的水，以保证磺化剂的浓度不至于下降太多，使磺化剂得到充分的利用。苯蒸气和水蒸气的混合物经冷凝分离后可回收苯，回收的苯经干燥后又可循环使用。生产中应注意的是，当磺化液中游离硫酸的含量下降到 3%～4% 时，便应停止通苯，否则会生成大量副产物二苯砜。

4. 氯磺酸磺化法

氯磺酸是一种仅次于 SO_3 的强磺化剂，用氯磺酸作磺化剂，通常是将反应物慢慢加入到氯磺酸中。若反过来加料，将会产生较多的砜类副产品。该法可用来制备芳香族磺酸或磺酰氯，醇的硫酸酯和氨基磺酸盐。

5. 亚硫酸盐磺化法

亚硫酸盐的磺化是一种亲核取代引入磺基的方法。用于将芳环上的卤素或硝基取代成磺基。例如 2,4-二硝基氯苯与亚硫酸氢钠作用，可制得 2,4-二硝基苯磺酸钠：

$$2 \underset{\text{2,4-二硝基氯苯}}{\underset{}{\begin{array}{c}\text{Cl}\\ \diagdown\\ \text{NO}_2\\ \diagup\\ \text{NO}_2\end{array}}} + 2NaHSO_3 + MgO \xrightarrow{60\sim65\text{℃}} 2 \underset{\text{2,4-二硝基苯磺酸钠}}{\underset{}{\begin{array}{c}\text{SO}_3\text{Na}\\ \diagdown\\ \text{NO}_2\\ \diagup\\ \text{NO}_2\end{array}}} + MgCl_2 + H_2O$$

该类反应在表面活性剂和染料中间体合成中常有应用。芳香族硝基化合物中，不同位置的硝基被—SO_3Na 取代的速度不同，利用这一特性可以分离异构体。如二硝基苯和三硝基苯（TNT）的精制均可采用此法。

三、磺化反应在精细化学品生产中的应用

磺化反应在有机合成中应用广，在精细化工生产中占有重要地位。例如，当有机化合物分子引入磺酸基后，便具有了乳化、润湿、发泡等多种表面活性，故被广泛用于合成表面活性剂。磺酸盐是目前应用最广、产量最大的阴离子表面活性剂。合成洗涤剂的主要成分是十二烷基苯磺酸钠。同时磺化反应还广泛用来合成水溶性染料、皮革加脂剂、药物等。

由于磺化可赋予有机化合物水溶性和酸性，故工业上用以改进染料、指示剂等的溶解度和提高酸性。如在染料工业中靛蓝磺化后制得的5,5-靛蓝二磺酸为可溶性酸性染料。

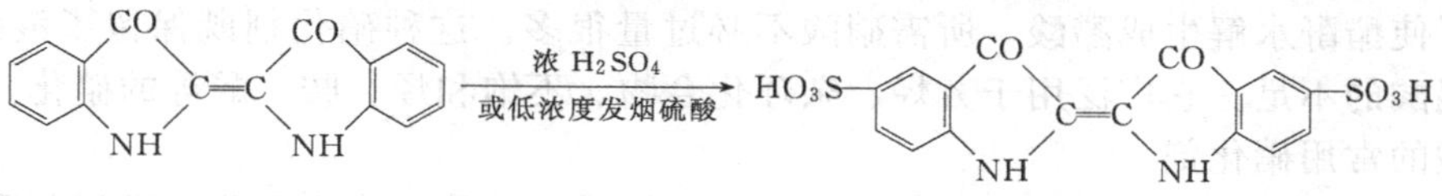

靛蓝
还原染料

5,5-靛蓝二磺酸
可溶性酸性染料

当药物中引入磺酸基后易被人体吸收，并可提高水溶性。配制成针剂，其生理药理作用改变不大，故常被应用，如

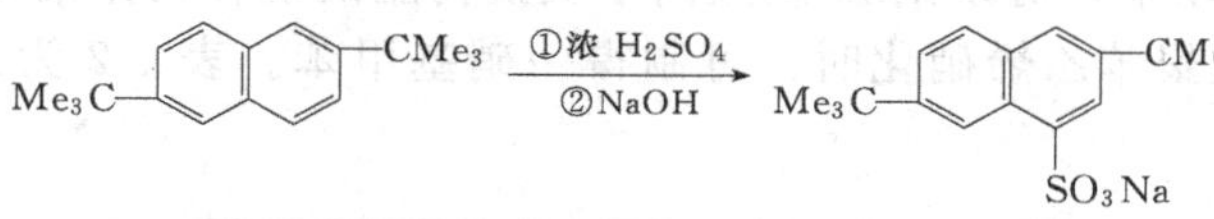

2,6-二叔丁基萘

地布酸钠

选择性磺化常用来分离异构体。如二甲苯有邻位、对位、间位三种异构体，且三者沸点十分接近，难以用分馏法分离。若将它们磺化，则间二甲苯最先磺化并溶于水层中，使之与邻、对位二甲苯分离。

另外，引入磺酸基还可得到一系列的中间产物，如磺酸基可以进一步被取代成羟基、氨基或氰基，或将其转化为磺酸的衍生物，如磺酰胺、磺酰氯等。磺化反应还可用于磺酸型离子交换树脂的制备、香料的合成等多种精细化工产品的生产。

第二节 硝化反应

向有机分子中的碳原子上引入硝基的反应称为硝化反应，生成的产物为硝基化合物。

$$ArH + HNO_3 \longrightarrow ArNO_2 + H_2O$$

在硝化反应中，硝基往往取代有机化合物中的氢原子，除氢原子外，有机化合物中的卤素、磺基、酰基和羧基等也可以被硝基取代。这些产物中有 C-硝基、N-硝基、O-硝基化合物。

在精细化工生产中，芳香族化合物的硝化反应得到广泛的应用，对其理论和生产工艺的研究也比较深入。故本节将重点讨论芳香族化合物的硝化反应。

一、硝化

1. 硝化剂

硝酸是主要的硝化剂，单独使用硝酸作硝化剂时，硝化反应产生的水会使硝酸稀释，甚至失去硝化能力。除非是反应活性较高的酚、酚醚、芳胺及稠环芳烃的硝化，一般很少采用单一的硝酸作硝化剂。

由于被硝化物的性质和活泼性不同，硝化剂常是硝酸与各种质子酸、有机酸、酸酐及各种路易斯酸的混合物。如混酸是浓硝酸或发烟硝酸与浓硫酸按一定比例组成的混合物，混酸是应

用得最为广泛的硝化剂。

氮的氧化物除 NO_2 以外，都可以作为硝化剂。如三氧化二氮（N_2O_3）在路易斯酸存在的情况下，在一定条件下具有硝化能力，能将硝基引入芳环；四氧化二氮（N_2O_4）在 45% 的发烟硫酸中能将苯硝化为二硝基苯，将 2,4-二硝基甲苯硝化为 2,4,6-三硝基甲苯；五氧化二氮（N_2O_5）在高介电常数的溶剂（如硫酸）中会离子化，其溶液是很有效的硝化剂。

$$N_2O_5 + 2H_2SO_4 \rightleftharpoons 2NO_2^+ + 2HSO_4^- + H_2O$$

用硝酸的醋酐溶液作硝化剂，硝化反应可在低温下进行，适用于易被氧化和易被混酸所分解的物质的硝化。一些容易被混酸中的硫酸破坏的有机物，可用此硝化剂进行硝化。硝化反应生成的水可使醋酐水解生成醋酸，所需硝酸不必过量很多。这种硝化剂既保留了混酸的优点，又弥补了混酸的不足。它广泛用于芳烃、杂环化合物、不饱和烃、胺、醇等的硝化，是仅次于硝酸和混酸的常用硝化剂。

在酸性或碱性条件下，用有机硝酸酯（通常使用硝酸乙酯）作为硝化剂进行芳香族化合物的硝化，反应可在非水介质中进行。如在碱性介质中用硝酸乙酯硝化那些在酸性条件下不能进行硝化的酮、腈、酰胺、甲酸酯等有机物。

自 20 世纪 60 年代以来，对以硝酸-磺酸离子交换树脂的混合物作硝化剂的研究逐渐增多。例如当甲苯用硝酸-磺酸聚苯乙烯硝化时，可制得一硝基甲苯。表 1-2 为几种硝化剂的硝化能力顺序表。

表 1-2 几种硝化剂硝化能力的强弱顺序

硝化剂	硝化反应时的存在形式	X^-	HX
硝酸乙酯	$C_2H_5ONO_2$	$C_2H_5O^-$	C_2H_5OH
硝酸	$HONO_2$	HO^-	H_2O
硝酸-醋酐	CH_3COONO_2	CH_3COO^-	CH_3COOH
五氧化二氮	$NO_3 \cdot NO_2$	NO_3^-	HNO_3
氯化硝酰	NO_2Cl	Cl^-	HCl
硝酸-硫酸	$NO_2^+OH_2$	H_2O	H_3O^+
硝酰硼氟酸	$NO_2 \cdot BF_4$	BF_4^-	HBF_4

（硝化剂栏：硝化能力增强↓；X^- 栏：吸电子能力增强↓）

2. 反应原理

硝化反应中必须存在一个活泼的进攻质点，依靠该质点与芳香族化合物反应，才能完成硝化。前面所介绍的硝化剂都是可以生成这种质点的试剂。最常见的活泼质点是 NO_2^+：

$$X\text{—}NO_2 \longrightarrow X^- + NO_2^+$$

硝化剂的离解能力越大，硝化能力越强。而离解能力的大小取决于硝化剂分子中 X 的吸电子能力的大小，即 X 部分形成共轭酸后的酸度强弱。

当用浓硝酸或混酸作硝化剂时，以苯的硝化为例，其反应机理如下：

$$\text{C}_6\text{H}_6 + NO_2^+ \rightleftharpoons [\text{C}_6\text{H}_6\text{-}NO_2] \xrightarrow{慢} \left[\begin{array}{c}+\\ H\\ NO_2\end{array}\right] \xrightarrow{快} \text{C}_6\text{H}_5NO_2 + H^+$$

在芳烃硝化过程中，首先是 NO_2^+ 向芳烃进行亲电攻击生成 π 络合物，然后再转变为 σ 络合物，最后脱去质子得到硝化产物。其中转变成 σ 络合物的一步速率最慢，是反应速率的控制步骤。

3. 反应影响因素

影响硝化反应的因素较多，主要有反应物的性质、介质的性质、催化剂、反应温度、硝化剂、副反应的发生等。对于非均相硝化，搅拌也是主要的影响因素之一。为了控制反应顺利进行，应了解上述各因素对硝化反应的影响。

(1) 被硝化物的性质　被硝化物的性质和结构对硝化剂的选择、硝化反应速率大小以及产物组成有十分重要的影响。例如，芳烃硝化的难易程度就取决于芳核上取代基的性质。当苯环上存在供电子基时，硝化反应速率快，较易进行，可选择较温和的硝化剂和反应条件，其产物分布常以邻、对位硝基化合物为主；而当苯环上存在强吸电子基时，则硝化速度慢，需选择较强的硝化剂和剧烈的硝化条件，产物分布常以间位异构体为主，其次是邻位异构体。这是由于带有—NO_2、—CHO、—SO_3H 等吸电子取代基的芳烃，其间位上的原子更易与硝基形成 σ 络合物。但卤苯的情况例外，引入卤素虽使苯环钝化，得到的产品却几乎都是邻、对位异构体。

(2) 硝化剂　不同的被硝化物质，所采用的硝化剂亦不同。而当相同的被硝化物质采用不同硝化剂时，则会得到不同的产物组成。例如乙酰苯胺用不同的硝化剂硝化时，产物组成相差很大，如表 1-3 所示。

表 1-3　乙酰苯胺用不同硝化剂一硝化的产物组成

硝化剂	温度/℃	邻位/%	间位/%	对位/%	邻位/对位
$HNO_3 + H_2SO_4$	20	19.4	2.1	78.5	0.25
HNO_3（90%）	−20	23.5		76.5	0.31
HNO_3（80%）	−20	40.7		59.3	0.69
HNO_3（在醋酐中）	20	67.8	2.5	29.7	2.28

在用混酸作硝化剂时，混酸的组成是重要的影响因素，其中含硫酸越多，硝化能力越强。对于极难硝化的物质，可采用三氧化硫与硝酸的混合物作硝化剂，以提高硝化反应速率，用三氧化硫代替硫酸，可使硝化废酸量大幅度下降。

不同的硝化介质，常常能够改变异构体组成的比例。例如，1,5-萘二磺酸在浓硫酸中硝化，其主要产品是 1-硝基萘-4,8-二磺酸；在发烟硫酸中硝化，其主要产品则是 2-硝基萘-4,8-二磺酸。带有强供电子基的芳烃，如苯甲醚、乙酰苯胺，在非质子化溶剂中硝化时，常生成较多的邻位异构体；而在可质子化的溶剂中硝化时，则得到较多的对位异构体。这是由于在可质子化溶剂中硝化时，电子富有的原子容易被溶剂化，从而增大了取代基的体积，使邻位进攻受到空间障碍。

某些添加剂也能够改变异构体的组成比例，如甲苯硝化时，向混酸中加入适量的磷酸，可增加对位异构体的比例。

(3) 温度　对于均相硝化反应，温度不仅影响生成异构体的相对比例和反应速率，而且还涉及安全生产问题。一般对于易硝化和易被氧化的活泼芳烃，如酚、酚醚、乙酰芳胺可在低温下硝化；而不易硝化的稳定芳烃，如硝基芳烃、磺基芳烃则应在较高温度下硝化。

对于非均相硝化反应，温度对芳烃在酸相中的溶解度、乳化液的黏度、界面张力和总反应速率都有影响。但由于非均相反应过程复杂，温度对其影响是不规则的。

硝化反应是强放热反应。用混酸硝化时，反应生成的水稀释硫酸还有稀释热放出。例如苯的一硝化反应，其总热效应达 134kJ/mol。所以在生产中要及时移出热量，严格控制硝化反应温度，这一点至关重要。否则温度过高会引起多硝化、氧化等副反应，严重时会发生硝酸大量分解，造成生产事故。因此在硝化设备中一般都带有夹套或蛇管等大面积的换热装置。

(4) 搅拌　大多数硝化过程属于非均相硝化，搅拌对非均相硝化十分重要。良好的搅拌不仅有利于两相的分散，增大两相接触面积，减少传质阻力，而且可以提高转化率。

在硝化过程中，特别是在间歇硝化反应的加料阶段，停止搅拌或由于搅拌器桨叶脱落而导致搅拌失效是非常危险的。因为这时两相会很快分层，大量活泼的硝化剂在酸相积累，一旦搅拌再次开动，就会发生激烈反应，瞬间释放大量的热，使温度失去控制，从而导致事故发生。

因此要求在硝化设备上配有自控装置，一旦设备停止搅拌或温度超过规定范围就报警，并自动停止加料。

(5) 相比与硝酸比　相比是指混酸与被硝化物的质量比，也称酸油比。非均相硝化选择适当的相比十分重要。增大相比，被硝化物在酸相中的溶解量增大而容易分散，有利于提高反应速率；但是相比过大，设备生产能力下降，废酸量增多，相比太大时反应初期酸的浓度太高，导致反应激烈，温度不易控制。在生产中采用定量循环部分废酸的办法来调节相比，有利于反应热的分散和传递。

硝酸比是指硝酸和被硝化物的物质的量，也叫硝酸过量百分率。若使硝化反应进行完全，硝酸的实际用量往往高于理论量。通常，当用混酸作硝化剂时，对于易硝化的物质硝酸过量1%～5%，对于难硝化的物质则应过量10%～20%。20世纪70年代开发的绝热硝化法是使芳烃过量的一种方法，其特点是硝酸利用率高，并且能降低多硝基物的生成，该工艺已越来越受到人们的重视。

(6) 硝化的副反应　硝化过程若副反应多，则产品收率低，分离精制费用增加，产品质量低，同时还会增加不安全生产因素和造成环境污染。

在副反应中，影响最大的是氧化副反应。活泼芳烃较易发生氧化副反应，主要生成硝基酚。例如，甲苯硝化时副产硝基甲酚，萘硝化时副产2,4-二硝基萘酚等。硝化过程中另一主要的副反应是生成有色络合物，该络合物的生成可使反应在后期接近终点时，出现硝化液颜色变深、发黑发暗的现象。其原因一般是硝酸用量不足。这可用在45～55℃下及时补加硝酸的办法将络合物破坏掉。

许多副反应的发生是因为体系中存在氮的氧化物，因此生产中应设法减少氮氧化物的含量，严格控制反应条件，以防止硝酸分解，减少副反应的发生。

二、硝化方法

硝化方法按不同的分类方法有间歇和连续方法或气相、气-液相、液相硝化方法。对每一个工艺过程，根据生产方式和被硝化物的性质不同，都有不同的工艺要求和操作方法。

1. 混酸硝化

工业上芳烃的硝化常用混酸作硝化剂。其优点是硝化能力弱，反应速率快，产率高；硝酸用量接近理论量，硝化后废酸可回收利用；硫酸的比热容大，可吸收硝化反应热，且硫酸还能溶解有机物，使硝酸与被硝化物接触好，有利于反应顺利进行。

对不同的硝化过程，要求混酸有适当的硝化能力。硝化能力弱，反应慢且反应不完全；硝化能力太强，易发生多硝化副反应，且硫酸耗量增大。目前常用来表示混酸硝化能力的技术指标有两种，即硫酸脱水值和废酸计算浓度。有关计算方法可参阅其他文献，此处不作赘述。混酸硝化的过程如图1-1所示。妥善处理硝化后的废酸是硝化生产要解决的重要问题。废酸中含有大量硫酸及少量未反应的硝酸和硝基化合物，通常是利用原料芳烃先在一定温度下对废酸进行萃取，再加以脱硝，然后蒸发浓缩，使硫酸的质量分数增到92.5%～95%后，再用于配制混酸。

2. 硝酸硝化

硝酸硝化的优点是不需要处理废酸，且硝酸浓度越高，硝化反应进行得越好，副反应越少，但反应生成的水会使硝酸浓度降低，故生产上必须解决保持硝酸浓度的问题。常采用的方法是让硝酸过量许多倍。硝酸硝化的方法有气相法、液相法和高分子薄膜法。由于单独使用硝酸硝化对设备要求高，设备投资大，故目前工业上应用得并不普遍。

3. 氮的氧化物硝化

由于传统的混酸硝化存在废酸浓缩问题，硝酸硝化又存在设备腐蚀和安全问题，近来以氮

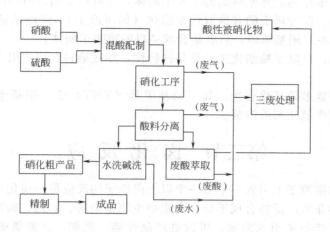

图 1-1　混酸硝化的过程

的氧化物为硝化剂的研究很受重视,并已取得一定成绩,只是目前还未能付诸工业化生产。

4. 有机硝酸酯硝化

单一的有机硝酸酯没有硝化能力,硝化反应必须在酸性介质或碱性介质中进行。例如甲苯与乙酰硝酸酯混合,在搅拌下逐渐加入浓硫酸,保持反应温度在40℃,得到一硝基甲苯的收率接近理论量。但应注意的是纯乙酰硝酸酯易发生剧烈爆炸,故严禁制取和使用纯乙酰硝酸酯。

5. 硝酸与磺酸离子交换树脂硝化

该法是以硝酸和磺酸离子交换树脂混合物为硝化剂。例如,甲苯用该法硝化,与其他方法相比,所得到的对硝基甲苯比例更高。

6. 间接硝化法

(1) 磺酸基的取代硝化　处在活化位置的磺酸基很容易被硝基取代,利用此性质来制备所需要的硝基化合物,比无磺酸基的直接硝化法更为有利。酚类化合物用该法可以减少副产物。例如,2,4-二硝基萘酚的制备。

$$\underset{\text{1-萘酚}}{\text{OH}} \xrightarrow[\text{加热}]{H_2SO_4} \underset{\text{2,4-二磺酸-1-萘酚}}{\text{OH, SO}_3\text{H, SO}_3\text{H}} \xrightarrow[\text{加热}]{\text{稀 HNO}_3} \underset{\text{2,4-二硝基-1-萘酚}}{\text{OH, NO}_2, NO_2}$$

当由 α-萘酚直接硝化时,很难获得质量好的二硝基萘酚,主要是容易发生氧化副反应。

(2) 重氮基取代硝化　芳烃的重氮盐用亚硝酸钠处理,可分解生成芳烃硝基化合物。

$$ArN_2Cl + NaNO_2 \longrightarrow ArNO_2 + N_2\uparrow + NaCl$$

一些特殊取代位的硝基化合物可采用此法硝化,如邻二硝基苯和对二硝基苯的制取均可用此法。

三、硝化反应在精细化学品生产中的应用

硝化反应是精细化学品生产中重要的单元反应之一,其应用范围极广,芳烃、烷烃、烯烃及它们的胺、酰胺、醇等衍生物可在适当的条件下进行硝化。其主要用于以下方面。

硝化反应是制备氨基化合物的一条主要途径。例如由苯硝化制硝基苯,硝基苯再还原制取苯胺,苯胺在农药、医药和染料工业中都有广泛的应用;用混酸进行甲苯的连续二硝化,制二

硝基甲苯，二硝基甲苯是制二异氰酸酯的重要中间体，后者用于制聚氨酯泡沫塑料。

利用硝基的极性，使芳环上的其他取代基活化（如卤原子），促进亲核取代反应。例如由 2,4-二硝基氯苯制 2,4-二硝基苯酚，后者是合成染料的重要中间体。

利用硝基的极性，可赋予精细化工产品某种特性，如在染料合成中引入硝基，常常可以加深染料的颜色。

此外，有的芳香族多硝基化合物，如三硝基甲苯（TNT）或三硝基苯酚是烈性炸药。有的硝基化合物还可用作氧化剂或溶剂。

第三节 卤化反应

向有机分子中的碳原子上引入一个或一个以上卤原子的反应称为卤化反应。卤化是在制备卤素衍生物中的应用非常广泛的合成手段。卤素衍生物是染料、农药、医药、香料的重要中间体。在某些精细化工产品中引入卤素，可改进产品性能。例如，含氟氯嘧啶活性基的活性染料，具有优异的染色性能。

引入卤原子的方法主要是加成和取代。卤族元素 F、Cl、Br、I 中，各元素性质相近，但其化学活性存在着较大差异，故在卤化方法上也有很大区别，下面分别予以介绍。

一、氯化

1. 氯化剂

氯化反应最重要的氯化剂是氯气，也可采用盐酸加氧化剂、光气、硫酰氯等化合物作氯化剂。

2. 取代氯化

取代氯化是合成有机氯化物最重要的途径，主要包括脂肪烃取代氯化、芳烃侧链取代氯化和芳环取代氯化。被取代的氢的位置与 C—H 键断键的能量有关，其能量顺序如下：

$$CH_2=CH—H > Ar—H \gg 伯\ C—H > 仲\ C—H > 叔\ C—H \gg CH_2=CHCH_2—H > ArCH_2—H$$

而取代氢的相对活泼性顺序正好相反。

(1) 脂肪烃的取代氯化　脂肪烃的取代氯化为自由基反应，包括链引发、链传递、链终止三步。烷烃氯化生成一氯代烷的同时，氯自由基还可以与一氯代烷继续反应，生成二氯代烷、三氯代烷、四氯代烷等。随氯浓度的增加或氯转化率的提高，多氯化物的含量将逐渐增加。由于上述的反应特点，氯化产物为各种一氯代烷、二氯代烷、多氯代烷的混合物。工业生产中为提高一氯代烷的选择性，必须控制氯化深度。氯化深度用参加氯化反应的原料百分数表示。

(2) 芳烃侧链的取代氯化　芳烃侧链取代氯化也是自由基反应。以甲苯侧链氯化为例，其产品有苯氯甲烷也称之为苄基氯（$C_6H_5—CH_2Cl$），苯二氯甲烷（$C_6H_5—CHCl_2$）和苯三氯甲烷（$C_6H_5—CCl_3$）。苄基氯是常用的烷基化剂。苯二氯甲烷和苯三氯甲烷可以用来制苯甲醛和苯甲酰氯，它们是合成香料、染料等的重要中间体。由于其属于自由基反应，在生产中要求被氯化的原料尽可能纯净，且要求采用搪瓷、搪玻璃或衬镍的设备。另外，进行侧链氯化时，能产生环上加成氯化副反应，低温时尤为明显，因此一般侧链氯化均在高温下进行。

(3) 芳环上的取代氯化　芳环上的取代氯化是在催化剂存在下，芳环上的氢原子被氯原子取代的反应，通常是以路易斯酸为催化剂，如 $FeCl_3$、$AlCl_3$、$ZnCl_2$ 等，向芳烃中通入氯气进行的。芳香化合物的性质对氯化条件和产物组成有直接影响。而对胺类和酚类的氯化，则不需要加催化剂，反应可以在水介质中室温条件下完成。多数氯化反应是在溶剂存在下完成的。除原料和产物在反应温度下都是液态、可直接进行氯化外，在进行氯化时选择适当的介质亦十分重要，较常用的介质有水、硫酸和有机溶剂。

3. 加成氯化

（1）**烯烃的加成氯化** 烯烃与卤素或卤化氢加成，是制备卤代烷的一种方法。加成氯化是在溶剂存在的条件下进行的。当烯烃与氯反应时，氯原子与双键的两个相邻碳原子连接；若与氯化氢作用，则服从马尔科夫尼科夫（Markovnikov）规则，即卤原子连接在含氢较少的不饱和碳上，氢加到双键另一端的不饱和碳原子上，并常以 $AlCl_3$、$FeCl_3$ 或 $ZnCl_2$ 为催化剂。例如：

$$CH_3CH=CH_2 + Cl_2 \longrightarrow CH_3CHClCH_2Cl$$
1,2-二氯丙烷

$$CH_3CH=CH_2 + HCl \longrightarrow CH_3CHClCH_3$$
2-氯丙烷

由乙烯氯化制 1,2-二氯乙烷，有液相法和气相法。液相法是以产物二氯乙烷为介质，以 $FeCl_3$ 为催化剂，于 40℃ 进行反应。气相法是在铜或铁的存在下，于 80～100℃ 进行气相反应。将乙烯、氯化氢和空气在高温下一同通过 $CuCl_2/KCl$ 催化剂，使氯化氢氧化成氯，随之发生氯化反应。该方法称为氧氯化法，该法是目前制备 1,2-二氯乙烷的重要工业方法。

（2）**苯环的加成氯化** 苯环的加成氯化是通过在光照下产生氯自由基而实现的。它与侧链取代氯化的主要区别是苯与氯自由基反应时，一般不会停止在中间阶段，即当自由基的攻击一旦破坏了环的芳香性，反应便会迅速进行下去，直到生成六氯环己烷为止。

4. 取代已有取代基的氯化

利用卤原子取代已有取代基是合成有机卤化物的另一条重要途径。可被取代的基团较多，常见的有羟基、磺酸基、硝基和重氮基等。

（1）**取代羟基** 醇羟基、酚羟基和羧羟基都能被氯取代，但后两者需用较强的氯化剂。常用的氯化剂有 HCl、$SOCl_2$、PCl_3、$POCl_3$、$COCl_2$ 等。氯化亚砜（$SOCl_2$）是进行醇羟基取代的优良卤化剂。另外，用 $SOCl_2$ 与 PCl_3 或 PCl_5 与羧酸反应是制取酰氯最常用方法。

$$RCOOH + SOCl_2 \longrightarrow RCOCl + SO_2 + HCl$$

在用氯化亚砜作氯化剂时，反应生成的副产物都是气体，容易从酰氯中除去；同时氯化亚砜的沸点低，未参与反应的可以蒸馏回收，故在生产上被广泛采用。

（2）**取代磺酸基** 蒽醌磺酸的稀盐酸溶液与氯酸盐作用，磺酸基可被氯取代，工业上常采用这一方法制 1-氯蒽醌以及由相应的蒽醌磺酸制备 1,5-二氯蒽醌和 1,8-二氯蒽醌。该反应速率较慢，但在光或引发剂的存在下可加快反应速率。

蒽醌磺酸钾 + $NaClO_3$ + $3HCl$ ⟶ 1-氯蒽醌 + $3KHSO_4$ + $NaCl$

（3）**取代硝基** 间二硝基苯在 222℃ 时与氯反应可制得间二氯苯，由于属自由基反应，故通氯的反应器应当是搪瓷或搪玻璃的。若反应在铁制容器内进行，由于生成的 $FeCl_3$ 为极性催化剂，将使离子型反应与自由基型反应同时发生，会得到一部分环上取代氯化产物。

（4）**取代重氮基** 用卤原子取代重氮基是制取芳香卤化物的方法之一。先由芳胺制取重氮盐，再在亚铜盐催化剂作用下得到卤化物，该反应称作桑德迈耳（Sandmeyer）反应。

$$ArNH_2 \xrightarrow{NaNO_2 + HX} ArN_2^+ X^- \xrightarrow{CuX} ArX + N_2\uparrow \qquad (X=Cl、Br)$$

在反应过程中同时有偶氮化合物和联芳基化合物生成，芳香氯化物的生成速率与重氮盐及一价铜的浓度成正比。增加氯离子浓度可减少副产物生成。

5. 氯化反应在精细化学品生产中的应用

卤化反应在染料、医药、农药等有机合成中占有重要地位。在卤化反应中氯化反应是应用最广的。例如，石蜡氯化是脂肪烃取代氯化的一个重要应用，其中氯含量为12%～14%的氯化石蜡，是由煤油或石油中的 C_{12}～C_{16} 馏分氯化得到的，用于合成烷基芳基磺酸盐型表面活性剂；液体氯化石蜡的氯含量在 40%～49%，用作塑料的增塑剂和润滑油的添加剂；固体氯化石蜡的含氯量在 70%～72%，用作塑料和合成橡胶的阻燃添加剂。

芳环的取代氯化是合成芳烃氯衍生物的重要方法。例如，苯氯化制氯苯是制农药、染料和其他有机产品的重要中间体，也可作溶剂。苯酚的氯化产物中最重要的是 2,4-二氯苯酚和五氯苯酚，前者是制备除草剂和植物生长激素的中间体，后者及其钠盐被广泛用作抗菌剂。

用卤原子置换重氮基制得的重要卤素衍生物 1-氯-8-萘磺酸是合成染料硫靛黑的中间体。

$$\text{1-氨基-8-萘磺酸} \xrightarrow[\text{HCl}]{HNO_2} \text{(重氮盐)} \xrightarrow[\text{HCl}]{CuCl} \text{1-氯-8-萘磺酸}$$

二、溴化

1. 溴化剂

常用的溴化剂有溴、溴化物、溴酸盐和次溴酸的碱金属盐等，溴化剂的活性顺序如下：

$$Br^+ > BrCl > Br_2 > BrOH$$

由于溴的价格较高，为了充分利用，一种方法是捕集生成的溴化氢，将其再生成溴以继续使用；另一种方法是直接向反应器中加入氧化剂，使生成的溴化氢直接得到利用，常用的氧化剂有 Cl_2、$NaClO$、$NaClO_3$ 等。例如：

$$3ArH + 3HBr + NaClO_3 \longrightarrow 3ArBr + NaCl + 3H_2O$$

2. 溴化反应

溴化反应原理与氯化基本相同，且环上溴化与氯化所用的催化剂也基本相同。由于溴的活泼性比氯低，它的反应较缓和且选择性好。在溴化时常需加入溶剂，所用的溶剂有水、稀碱、冰醋酸、浓硫酸、甲醇、氯仿等。使用溶剂可以改善反应状况，溶剂的选择与原料的性质及原料在溶剂中的活泼性有关。

3. 溴化反应在精细化学品生产中的应用

溴化合物的合成技术近年来取得了许多新进展。溴化合物作为精细化工产品，其主要用途是合成系列含溴阻燃剂，溴化物系列阻燃剂主要有四溴双酚A、十溴二苯醚、聚二溴苯醚、四溴邻苯二甲酸酐等。另外，溴化反应在合成农药、药物、染料及高分子化合物等方面也有广泛应用。例如，溴丁橡胶具有优良的应用性能，含溴染料色泽鲜艳。由于溴原子较活泼，在有机合成中还可利用溴化物来制取其他衍生物。

四溴邻苯二甲酸酐是性能良好的反应型阻燃剂，可用于多种聚氨酯和聚酯高分子材料。其反应式为：

$$\text{邻苯二甲酸酐} + 4Br_2 \xrightarrow[\text{Fe}+I_2]{65\%\text{发烟}H_2SO_4} \text{四溴邻苯二甲酸酐} + 4HBr$$

三、碘化

1. 碘化剂

在芳香族取代反应中碘是活性最低的反应剂，除了十分活泼的芳香化合物（如苯酚）可直接采用碘作碘化剂外，通常均需要加入氧化剂，常用的氧化剂有硝酸、碘酸、过氧化氢、三氧化硫等，如：

$$\text{C}_6\text{H}_6 \xrightarrow[80℃]{I_2, HNO_3} \text{C}_6\text{H}_5\text{I}$$

采用较强的碘化剂如ICl，可使反应顺利进行，因为$I^{\delta+}$—$Cl^{\delta-}$较碘分子更易离解，其活泼性较碘大：

$$I_2 + Cl_2 \longrightarrow 2ICl$$
$$ICl \rightleftharpoons I^+ + Cl^-$$

2. 碘化反应

芳香族化合物的直接碘化反应与氯化、溴化反应不同。由于C—I键的平均键能小（162.0kJ/mol），生成的碘化氢具有还原性，因而碘化反应是可逆的。为制备芳香取代碘化物，应避免可逆反应发生，因此要设法不断除去反应中生成的碘化氢，并使用亲电性较强的碘化剂。除去碘化氢的方法是加入氧化剂，使碘化氢氧化成碘而重新参加反应。

3. 碘化反应在精细化学品生产中的应用

由于碘的价格昂贵，使碘化产物的实际应用受到很大限制，仅在医药、染料工业中有少数几种碘化产品。如采用对碘苯胺作重氮组分所制得的含碘偶氮染料，具有耐晒、耐洗等优良性能。对碘苯胺的制取，其反应过程如下：在100℃时向碘化亚铜、浓氨水、氯化铵和碘化铵的混合物中通入空气，使其氧化成碘，然后将其加到苯胺与氨水的混合物中，在65℃反应，得产品对碘苯胺。

$$\text{C}_6\text{H}_5\text{NH}_2 \xrightarrow{I_2} \text{I-C}_6\text{H}_4\text{-NH}_2$$

四、氟化

1. 氟化剂

常用的氟化剂是金属氟化物，尤其是氟化钾。另外两种常用的氟化剂是HF和SF_4，氟化氢相对来讲不是活泼的氟化剂，只能置换活泼的卤原子，SF_4可置换羰基氧及羟基。

2. 氟化反应

（1）与卤原子交换　与卤原子交换是广泛采用的一种氟化方法。芳环上有吸电子基存在有利于与卤素的交换。其顺序是：I＞Br＞Cl。

$$CHCl_2CH_2OH \xrightarrow{KF} CHF_2CH_2OH$$

$$\text{2,4-二硝基氯苯} \xrightarrow[200℃]{KF} \text{2,4-二硝基氟苯}$$

（2）取代氢　有三种取代氢原子的方法：用F与C—H键反应的直接氟化法，用金属氟化物与C—H键反应的方法和电解氟化法。

直接氟化法目前在工业上改用了高价金属氟化物作氟化剂。其主要优点是反应热效应小，收率高。实际应用的金属氟化剂有两种，即AgF和CoF_3。进行氟化反应的过程是让氟在升温下通过装有AgCl或CoF_2的床层，使反应生成高价氟化物，然后将需要氟化的原料在150~300℃以蒸气态与氮气流一同通入反应器中。反应完成后，再通入F_2使CoF_2再生。

$$2CoF_2 + F_2 \longrightarrow 2CoF_3$$
$$RH + 2CoF_3 \longrightarrow RF + 2CoF_2 + HF$$

将有机原料在无水 HF 的液体中,在低于释放氟的电压下电解,即可在阳极发生氟化反应。该方法受温度和反应物在 HF 中的溶解度的限制。将 $C_7 \sim C_8$ 的脂肪酰氯溶于无水氢氟酸中,经电解可得到全氟化产物。

$$n\text{-}C_7H_{15}COCl \xrightarrow{HF} n\text{-}C_7H_{15}COF + HCl$$

$$n\text{-}C_8H_{17}SO_2Cl \xrightarrow{HF} n\text{-}C_8F_{17}SO_2F + HCl$$

(3) 间接氟化法　许多芳香族氟衍生物是由间接氟化法制得的,其中加热重氮硼氟酸盐是向芳环上引入氟原子的常用方法,称之为希尔曼(Schiemann)反应。例如,由苯胺重氮盐可制得氟苯。氟苯及其衍生物可作为医药、农药的原料。

Ph-N₂⁺Cl⁻ + HBF₄ ⟶ Ph-N₂⁺BF₄⁻ + HCl

Ph-N₂⁺BF₄⁻ ⟶ Ph-F + N₂ + BF₃

3. 氟化反应在精细化学品生产中的应用

向有机分子中引入氟有两个重要作用：一是提高有机物的化学稳定性;二是由于强的诱导效应,可使分子中其他官能团的活泼性增大。由于氟衍生物具有优异的物理性质和化学性质,因而它的应用十分广泛,如制造新型药物、新型表面活性剂、合成制冷剂及各种牢度优异的染料新品种等。举例如下。

间氯三氯甲苯与无水氟化氢(摩尔比为 1∶4)在高压釜中于 100～110℃、2.5MPa 压力下反应,制得间氯-ω-三氟甲苯。间氯-ω-三氟甲苯是合成冰染染料的重要中间体。

间氯三氯甲苯 + 3HF ⟶ 间氯三氟甲苯 + 3HCl

2,4,6-三氟-5-氯嘧啶是合成活性染料的重要中间体,它是由 2,4,5,6-四氯嘧啶与氟化钠在环丁砜中回流制得的。

2,4,5,6-四氯嘧啶 + 3NaF $\xrightarrow{环丁砜}$ 2,4,6-三氟-5-氯嘧啶 + 3NaCl

第四节　缩　合　反　应

缩合反应是指两个或两个以上分子间通过形成新的碳—碳键、碳—杂原子键或杂原子—杂原子键而生成较大的单一分子,同时析出小分子化合物的反应。

一、缩合

1. 酯缩合反应

在碱性催化剂存在下,具有 α-氢的酯和另一酯分子反应,脱去一分子醇,生成 β-羰基化合物。这个反应叫酯缩合反应,即克莱森(Claisen)反应。酯缩合反应相当于一个酯的 α-活泼氢被另一个酯的酰基所取代，凡含有 α-活泼氢的酯都有类似的反应性质。酯缩合是制取 β-酮酸酯和 β-二酮的重要方法。

（1）酯-酯缩合　参加反应的酯可以是相同的酯，也可以是不同的酯。相同酯之间的缩合称为酯的自身缩合，不同酯之间的缩合称为异酯缩合。

酯的自身缩合典型的例子是两分子乙酸乙酯在乙醇钠作用下脱去一分子乙醇而生成乙酰乙酸乙酯。

$$CH_3COOC_2H_5 + HCH_2COOC_2H_5 \xrightarrow{C_2H_5ONa} CH_3CCH_2COOC_2H_5 + C_2H_5OH$$

异酯缩合是用两个不同的、但都含有 α-活泼氢的酯进行缩合。异酯缩合理论上可得到四种不同的产物，且不容易分离，一般无实用价值。因此异酯缩合通常只限于一个含有 α-氢的和另一个不含 α-氢的酯之间的缩合，这样可得到单一的产物。常用的不含 α-活泼氢的酯有甲酸酯、苯甲酸酯和乙二酸酯等。

（2）酯酮缩合　酮与酯在碱性催化剂作用下，进行缩合就得到 β-二酮类化合物。

$$CH_3COOC_2H_5 + CH_3COCH_3 \xrightarrow{C_2H_5ONa} CH_3COCH_2COCH_3 + C_2H_5OH$$
$$\text{2,4-戊二酮}$$

酯酮缩合中，在碱性催化剂下酮比酯更易形成负碳离子，产物中还会混有酮自身缩合的副产物，故产物收率不高。若用酮与不含 α-活泼氢的酯进行混合缩合，能提高产物的收率。

（3）分子内酯-酯缩合　二元酸酯可以发生分子内和分子间的酯-酯缩合反应。当分子内的两个酯基被三个以上的碳原子隔开时，就会发生分子内的缩合反应，形成五元环或六元环的酯，这种环化酯缩合反应又称为狄克曼（Dieckmann）反应。此类反应常用来合成某些环酯酮或甾体激素的中间体等。例如，己二酸二乙酯在金属钠和少量乙醇存在下缩合，再经酸化便得 α-环戊酮甲酸乙酯。

当分子内两个酯之间只被三个或三个以下的碳原子隔开时，就不能发生环化酯缩合反应，而会形成四元环或小于四元环的体系。但可以利用这种二元酸酯与不含 α-活泼氢的二元酸酯进行分子间缩合，同样可获得环状羰基酯。例如在合成樟脑时，其中就是用 β-二甲基戊二酸酯与草酸酯缩合，得到五元环的二-β-羰基酯。

2. 醛酮缩合反应

（1）羟醛缩合　在稀酸或稀碱催化剂的作用下（常用稀碱催化剂），醛的 α-氢原子加成到另一分子醛的氧原子上，其余部分加成到羰基碳原子上，生成 β-羟基醛，这个反应称作羟醛或醇醛缩合。羟醛缩合反应有同分子醛酮的自身缩合和异分子醛酮间的交叉缩合两类。乙醛在碱催化下的缩合反应如下：

$$\text{β-羟基丁醛}$$

羟醛缩合产物 β-羟基丁醛分子中的 α-氢原子同时受 β-碳原子上羟基和邻近羰基的影响，性质很活泼，稍加热或在酸的作用下，即发生分子内脱水，生成 α,β-不饱和醛。

$$CH_3\overset{OH}{\underset{|}{CH}}-CH_2-\overset{O}{\underset{\|}{C}}-H \longrightarrow CH_3-CH=CH-\overset{O}{\underset{\|}{C}}-H + H_2O$$

丁烯醛

（2）曼尼茨（Mannich）反应　甲醛与含有活泼氢的化合物以及胺进行缩合反应，结果活泼氢被氨甲基所取代，该反应称为曼尼茨反应，也称为氨甲基化反应。其反应通式如下：

$$R^2H + HCHO + R_2^1NH \longrightarrow R^2CH_2NR_2^1 + H_2O$$

反应生成的产物称曼尼茨碱。该缩合反应一般是在水、醇或醋酸溶液中进行的。

3. 醛酮与羧酸缩合反应

（1）珀金（Perkin）缩合　芳香醛与脂肪酸酐在碱性催化剂作用下缩合，生成 β-芳基丙烯酸类化合物的反应称为珀金反应。该反应所用的碱性催化剂一般是与酸酐相应的脂肪酸盐，有时用三乙胺可获得更好的收率。本反应一般仅适用于芳醛或不含 α-氢的脂肪醛，反应式可表示如下：

$$ArCHO + (RCH_2CO)_2O \xrightarrow{RCH_2COOK;\text{加热}} ArCH=C(R)COOH + RCH_2COOH$$

反应中的脂肪酸酐是活性较弱的次甲基化合物，催化剂脂肪酸盐又是弱碱，所以要求较高的反应温度和较长的反应时间。若芳醛的芳环上含有吸电子基团，如 $-NO_2$、$-X$ 等，则反应容易进行，收率较高；相反，若含有给电子基团，如 $-CH_3$ 等，则反应难于进行，收率较低。香料肉桂酸的合成就是按珀金方法制备的，其反应如下：

$$\text{C}_6\text{H}_5-CHO + (CH_3CO)_2O \xrightarrow{CH_3COONa} \text{C}_6\text{H}_5-CH=CH-COOH$$

苯甲醛　　　醋酸酐　　　　　　　　　　β-苯丙烯酸（肉桂酸）

该反应收率较低，若采用芳醛和丙二酸在有机碱的催化作用下进行缩合，则由于丙二酸中次甲基上的氢原子较活泼，故可在较低温度下进行缩合，收率也较高。例如，胡椒醛与丙二酸在吡啶及六氢吡啶的催化作用下生成胡椒丙烯酸。

$$\text{胡椒醛-CHO} + CH_2(COOH)_2 \xrightarrow{\text{吡啶及六氢吡啶}} \text{胡椒丙烯酸-CH=CH-COOH}$$

胡椒醛　　　　　　　　　　　　　　　　　胡椒丙烯酸

（2）达村斯（Darzens）缩合　醛或酮在强碱催化作用下和 α-卤代羧酸酯反应，缩合生成 α,β-环氧羧酸酯的反应称为达村斯缩合反应。反应通常用氯代酸酯，有时亦可用 α-卤代酮为原料。本缩合反应对于大多数脂肪族和芳香族的醛或酮均可获得较好的收率。常用的强碱催化剂为 $RONa$、$NaNH_2$、$t\text{-}C_4H_9OK$，其中以 $t\text{-}C_4H_9OK$ 的催化效果最好。

α,β-环氧羧酸酯的酯基在很温和的条件下通过皂解和酸化，生成相应的 α,β-环氧酸。该酸很不稳定，受热后失去二氧化碳转变为醛或酮的烯醇。

$$C_6H_5\overset{CH_3}{\underset{|}{C}}=O + ClCH_2COOC_2H_5 \xrightarrow{NaNH_2} C_6H_5\overset{CH_3}{\underset{|}{C}}\overset{}{\underset{O}{-}}CH-COOC_2H_5 \xrightarrow{C_2H_5ONa;C_2H_5OH}$$

$$C_6H_5\overset{CH_3}{\underset{|}{C}}\overset{}{\underset{O}{-}}CH-COONa \xrightarrow{HCl;H_2O} C_6H_5\overset{CH_3}{\underset{|}{C}}\overset{}{\underset{O}{-}}CH-COOH \xrightarrow{-CO_2} C_6H_5-\overset{CH_3}{\underset{|}{C}}=CHOH \longrightarrow C_6H_5-\overset{CH_3}{\underset{|}{CH}}-CHO$$

4. 醛酮与醇缩合反应

醛或酮在酸性催化剂作用下，很容易和两分子醇缩合，并失水变为缩醛或缩酮类化合物。其反应通式如下：

$$R^1-\underset{R^2}{\underset{|}{C}}=O + 2R^3CH_2OH \rightleftharpoons R^1-\underset{R^2}{\underset{|}{\overset{OCH_2R^3}{\overset{|}{C}}}}-OCH_2R^3 + H_2O$$

当 $R^2=H$ 时称缩醛；$R^2=R^1$ 时称缩酮。这种缩合反应需用无水醇类和无水酸作催化剂，常用的是干燥氯化氢气体或对甲苯磺酸。上述反应虽在酸催化下可以生成缩醛，但缩醛也可被酸分解为原先的醛和醇。通常为了使平衡有利于向缩醛生成的方向进行，必须及时除去反应生成的水。酮在上述条件下，一般不生成缩酮，主要是因为平衡反应偏向于反应物方向。为了制备缩酮，应设法把反应生成的水除去，使平衡向产物缩酮方向移动。除此之外，另一种制备缩酮的方法是不用醇，而用原甲酸酯进行反应，可以得到较高产率。例如，酮和原甲酸三乙酯的反应如下：

$$R-\underset{R}{\underset{|}{C}}=O + HC(OC_2H_5)_3 \longrightarrow R-\underset{R}{\underset{|}{\overset{OC_2H_5}{\overset{|}{C}}}}-OC_2H_5 + HCOOC_2H_5$$

5. 缩合反应影响因素

(1) 反应物结构　羰基化合物和含 α-活泼氢化合物的反应活性有两个主要影响因素：电子效应和空间效应。当亲电性羰基碳原子上的正电荷较大，空间位阻较小，而亲核试剂碳原子上的负电荷较大，空间位阻较小时，在适当条件下均易发生加成、缩合反应，所得产物收率较高，反之，则难于甚至不发生反应。活化基团的强弱次序如下：

$$-NO_2 > -COCl > -CHO > -C=O > -COOR > -CN$$

羰基化合物的活性顺序如下：醛＞酮＞酯。

(2) 催化剂　缩合反应催化剂一般有碱性催化剂和酸性催化剂两类。碱性催化剂应用广泛，种类较多，包括碱金属的弱酸盐类、碱金属和碱土金属的氢氧化物和烷氧化物、伯胺、仲胺和叔胺类。此外，异丙醇铝，强碱性的氨基钠、氢化钠、卤化氨基镁及碱性离子交换树脂等亦可用作碱性催化剂。其中以碱金属的氢氧化物和烷氧化物以及伯胺和仲胺等较为常用。酸性催化剂以氯化氢、硫酸和醋酸等较为常用。

催化剂的种类及其浓度、活性对反应和产品的收率影响甚大。例如，在特定浓度的氢氧化钾乙醇液催化下，乙醛和丙酮加成得到 4-羟基-2-戊酮的最高收率达到 87%，而稍微增高或降低催化剂的浓度都可使收率骤然降低。使用碱性催化剂，因其活性不同，反应历程各异，生成的主要产物亦不同。如苯甲醛与 α-苯基丙酮缩合，当以氢氧化钠作催化剂时，是在甲基位置上缩合；而以呱啶作催化剂时，则在次甲基位置上缩合。

(3) 溶剂　溶剂的选择主要取决于反应物和催化剂的溶解度。用碱金属的烷氧化物催化时常用醇类溶剂；脂肪醛类在氢氧化钠催化下缩合时，常用水和乙醚作溶剂；卤化氨基镁、氢化钠、氨基钠等强碱性催化剂一般使用乙醚、苯或甲苯等非极性溶剂。

在某些反应中，使用不同的溶剂可得到不同的异构体，在这种情况下，选择溶剂更为重要。例如氢化钠作催化剂，苯甲醛与 α-氯乙酸乙酯作用生成反式与顺式结构产物，在非极性溶剂中反式产物占优势，在极性非质子溶剂中反式和顺式产物的比例相同。

(4) 反应温度和时间　缩合反应多为可逆微放热反应。一般来讲，反应温度控制在 10～80℃，反应时间约在 4～24h，可获得较好的收率。对易于进行的反应，时间可缩短、温度可降低；对难于进行的反应，温度可达 150～200℃，个别反应，温度可高达 240℃。某些反应可在较高温度时迅速缩合，收到良好的效果。如在 200℃下，用呱啶催化吲哚-3-醛类与苯乙酮的缩合，在较短的时间内（5min）收率就可达到 70%。

(5) 反应物配比　在醇醛缩合中，一般反应物的配比为 1:1，这时缩合产物的收率较高，醛类的自身缩合反应物的配比也可减少到最小量。活性大的醛类与酮缩合时，一般使用过量的酮，过量的酮在反应条件下不发生自身缩合，且酮可以回收。若缓慢地滴加醛类到含有催化剂的过量酮中，亦可使醛类的自身缩合减少到最低量。

二、缩合反应在精细化学品生产中的应用

缩合反应是精细化学品生产中经常遇到的单元反应,是由简单有机物合成复杂有机物的重要方法。其在医药、农药、染料、香料等精细化工生产中的应用极为广泛。例如,前面讲过的利用酯的自身缩合制得乙酰乙酸乙酯,是重要的精细有机化工产品,广泛用作医药、农药、染料、香料及光化学品的中间体。

用作医药苯巴比妥的中间体苯基丙二酸二乙酯,不能通过溴苯进行芳基化来制取,但可用酯缩合法合成。

$$C_6H_5CH_2COOC_2H_5 + (COOC_2H_5)_2 \xrightarrow{(1)C_2H_5ONa;(2)H^+} \underset{\underset{COCOOC_2H_5}{|}}{C_6H_5CHCOOC_2H_5} \xrightarrow{-CO} \underset{\underset{COOC_2H_5}{|}}{C_6H_5CHCOOC_2H_5}$$
苯基丙二酸二乙酯

反应以乙醇作溶剂,乙醇钠作催化剂,使用的原料均为乙酯,以减少反应中发生的酯交换副反应。为防止酯水解,反应应在无水条件下进行,反应前须将使用的乙酸乙酯作除去游离碱处理。为防止碱性催化剂对酯羰基发生亲核加成的副反应,苯乙酸乙酯或草酸二乙酯均不应事先与催化剂接触,而将两者混合后控制一定反应温度并迅速加入催化剂中,使反应迅速完成。

羟醛缩合反应在工业上有着重要用途。通过醛酮的自身缩合,可以使产物的碳链长度增加1倍。工业上利用这种缩合反应来制备高级醇,如增塑剂 2-乙基己醇就是通过以下反应合成的。

$$CH_3-CH=CH_2 + CO + H_2 \xrightarrow{Co催化剂} CH_3CH_2CH_2CHO \xrightarrow{OH^-} \underset{\underset{OH\ C_2H_5}{|\ \ \ \ |}}{CH_3CH_2CH-CHCHO} \xrightarrow{-H_2O}$$

$$\underset{\underset{C_2H_5}{|}}{CH_3CH_2CH=CCHO} \xrightarrow{+H_2;Ni催化剂} \underset{\underset{C_2H_5}{|}}{CH_3CH_2CH_2CHCH_2OH}$$
2-乙基己醇

即以丙烯为原料,羰基合成为正丁醛后,在碱性催化剂作用下两分子正丁醛进行醇醛缩合,得到 β-羟基醛,再经脱水、催化加氢得到产品 2-乙基己醇。

羟醛缩合反应的更大用途,是利用不同的醛或酮进行交叉缩合,可得到各种不同的 α,β-不饱和醛和酮。其典型反应是用一个芳香族醛和一个脂肪族醛或酮在碱催化下进行混合的缩合反应,得到产率很高的 α,β-不饱和醛或酮,这种反应称为克莱森-斯密特(Claisen-Schmidt)反应。例如,香料肉桂醛就是用这种方法合成的。

$$Ph-CHO + CH_3CHO \xrightleftharpoons{NaOH} [Ph-CH(OH)-CH_2-CHO] \xrightarrow{-H_2O} Ph-CH=CH-CHO$$
β-苯丙烯醛(又名肉桂醛)

利用曼尼茨反应可以在许多含有活泼氢的化合物中引入一个或几个氨甲基,反应条件温和、操作简便。例如,用苯乙酮、多聚甲醛和六氢吡啶盐酸盐经曼尼茨反应,可以制得药物盐酸苯海索的中间体 N-苯丙酮哌啶盐酸盐。

$$Ph-COCH_3 + CH_2O + \underset{}{C_5H_{10}NH \cdot HCl} \xrightarrow[回流]{C_2H_5OH} Ph-COCH_2N(C_5H_{10}) \cdot HCl + H_2O$$
N-苯丙酮哌啶盐酸盐

珀金合成尽管存在一定缺点,但由于原料便宜易得,所以在工业生产上还经常使用。例如,用糠醛和乙酸酐在乙酸钠的催化作用下反应,生成的呋喃丙烯酸是合成呋喃丙胺药物的原料,后者用于医治血吸虫病。

$$\text{furan-CHO} + (CH_3CO)_2O \xrightarrow[150°C]{CH_3COONa} \text{furan-CH=CHCOOH} + CH_3COOH$$

呋喃丙烯酸

又如，香豆素是一种重要的香料，也是利用珀金法合成的。即水杨醛与乙酸酐在乙酸钠催化下，仅一步反应就生成香豆素——香豆酸的内酯。

$$\text{水杨醛} + (CH_3CO)_2O \xrightarrow{CH_3COONa} \text{中间体} \xrightarrow{-H_2O} \text{香豆素}$$

醛和酮与二醇的缩合在工业上有重要意义，如性能优良的合成纤维——维尼纶，就是利用上述缩合原理，使水溶性聚乙烯醇在硫酸催化下与甲醛反应，转变为不溶于水的聚乙烯醇缩甲醛。精细有机合成中也常用此类反应来制备缩羰基化合物，这是一类合成香料。例如柠檬醛和原甲酸三乙酯在对甲苯磺酸催化下可以缩合成二乙缩柠檬醛，该反应收率可达85%～92%。

另外，达村斯反应在合成中应用较多，在医药工业中可用于合成多种药物中间体。

第五节 氨解反应

氨解反应是指含各种不同官能团的有机化合物在胺化剂的作用下生成胺类化合物的反应，也称为氨基化或胺化反应。按被取代基团的不同，氨解反应包括卤素的氨解、羟基的氨解、磺基的氨解、硝基的氨解、羰基化合物的氨解和芳环上的直接氨解等。利用氨解反应可以得到伯、仲、叔胺。

合成胺类的方法很多，按反应的类型可分为：还原、水解、氨解、加成和重排五种类型。

一、氨解

1. 氨解剂

氨解反应的氨解剂有液氨、氨水、溶解在有机溶剂中的氨、气态氨或者由固体化合物如尿素或铵盐中放出的氨以及各种芳胺。

2. 反应原理

（1）脂肪族化合物氨解　由于酯类氨解时只得到酰胺一种产物，因而对酯类的氨解研究较多。酯氨解的反应式如下：

$$R^1COOR^2 + NH_3 \longrightarrow R^1CONH_2 + R^2OH$$

乙二醇是进行酯氨解的较好催化剂，当有水存在时，会有少部分水解副反应发生。烷基的结构对氨解反应速率的影响很大，烷基或芳基的相对分子质量越大，结构越复杂，则氨解反应速率越快。

（2）芳香族化合物氨解

① 氨基取代卤原子。芳香氯化物的氨解反应属亲核取代反应，邻或对硝基氯苯与氨水溶液加热时，氯被氨基取代，其反应方程式如下：

$$NO_2\text{-}C_6H_4\text{-}Cl + 2NH_3 \longrightarrow H_2N\text{-}C_6H_4\text{-}NO_2 + NH_4Cl$$

加入铜催化剂，有利于芳香氯化物的氨解反应。特别是有利于苯环上不带有吸电子基的芳香卤化物的氨解。如氯苯、二氯苯在没有铜催化剂存在时，它们与氨水在高压釜中即使在235℃也不发生氨解反应；然而在铜催化剂存在时，上述氯化物与氨水共热到200℃时，就能反应生成相应的芳胺。

一价铜或二价铜都可以作为氯基氨解时的催化剂，使用时要根据具体条件而定。当低于210℃时，使用一价铜盐的反应速率较快；高于210℃时则使用二价铜盐的反应速率较快。另外，增加氨的浓度可降低副产物酚的生成,增加氨的用量有利于减少二芳胺的生成。

② 氨基取代羟基。氨基取代羟基过去主要用在萘系和蒽醌系芳胺衍生物的合成上,近十几年来发展了在催化剂存在下,通过气相或液相氨解,制取包括苯系在内的芳胺衍生物。

羟基被取代成氨基的难易程度与羟基转化成酮式的难易程度有关。例如,2-萘酚存在以下平衡:

一般来说,转化成酮式的倾向性越大,氨解反应越容易发生。

萘系羟基衍生物在亚硫酸盐存在下转变为氨基衍生物的反应,称为布赫勒(Bucherer)反应。

$$\text{2-Naphthol} + NH_3 \underset{NaHSO_3}{\rightleftharpoons} \text{2-Naphthylamine} + H_2O$$

1-萘酚和2-萘酚中的羟基都能在酸性亚硫酸盐存在下被氨基取代。

③ 氨基取代硝基。近年来利用硝基作为离去基团在有机合成中的应用发展较快。这是因为向芳环上引入硝基的方法早已成熟,它作为离去基团被其他亲核质点取代的活泼性与卤化物相似。氨基取代硝基的反应按加成-消除反应历程进行。硝基苯、硝基甲苯等未被活化的硝基不能作为离去基团发生亲核取代反应。

④ 氨基取代磺酸基。磺酸基的氨解也是亲核取代反应。苯系和萘系磺酸化合物,尤其是当环上不含吸电子取代基时,氨解反应要困难得多,需采用氨基钠和液氨在加压加热条件下反应,其反应通式如下:

$$ArSO_3Na + 2NaNH_2 \longrightarrow ArNHNa + Na_2SO_3 + NH_3$$
$$ArNHNa + H_2O \longrightarrow ArNH_2 + NaOH$$

二、氨解方法

利用氨解方法制胺常常可以简化工艺,降低成本,改进产品质量和减少"三废"。近年来氨解方法的重要性日益提高,应用范围不断扩大。

1. 卤代烃氨解

卤烷与氨、伯胺或仲胺的反应是合成胺的一条重要路线。由于脂肪胺的碱性大于氨,反应生成的胺容易与卤烷继续反应,因此用本法合成脂肪胺时,得到的常常是伯、仲、叔胺的混合物,分离麻烦,而且必须有廉价的原料卤烷,因此除乙二胺等少数品种外,多数脂肪胺产品不采用这种方法生产。

芳香卤化物的氨解反应比卤烷困难得多,往往需要在高温、催化剂和强胺化剂的条件下才能反应。卤化物的结构以及反应条件,对氨解反应速率和所得产物的结构有重要影响,在选择氨解方法时要考虑这些因素。

2. 醇与酚的氨解

(1) 醇类的氨解　多数情况下醇的氨解要求较强烈的反应条件,需要在催化剂和较高的温度下进行反应。

$$ROH + NH_3 \xrightarrow{Al_2O_3;加热} RNH_2 + H_2O$$

该法是目前制备低级胺和一些长链胺类常用的方法。所得到的反应产物也是伯、仲、叔胺的混合物。采用过量的醇,生成较多的叔胺;采用过量的氨,则生成较多的伯胺。催化剂除Al_2O_3外,也可选用其他催化剂。例如,在CuO/Cr_2O_3催化剂及氢气的存在下,一些长链醇与二甲胺反应可得到高收率的叔胺。

（2）**酚类的氨解**　酚类的氨解方法与其结构有密切关系。不含活化取代基的苯系单羟基化合物的氨解，要求十分剧烈的反应条件。工业上有两种实现酚类氨解的方法。一种是气相氨解法，它是在催化剂存在下，气态酚类与氨进行的气固相催化反应；另一种是液相氨解法，它是酚类与氨水在氯化锡、三氯化铝、氯化铵等催化剂存在并于高温高压下制取胺类的过程。

3. 硝基的氨解

这里主要叙述硝基蒽醌氨解为氨基蒽醌。蒽醌分子中的硝基，由于醌阴性基的作用而呈显著活性，所以它能与苯酚盐进行苯氧基化反应，与亚硫酸盐进行磺化反应引入磺基，与氨反应引入氨基。当蒽醌上有第二类定位基存在时，能促进反应的进行。

由 1-硝基蒽醌氨解制 1-氨基蒽醌的反应式如下：

$$\text{1-硝基蒽醌} + 2NH_3 \xrightarrow[130\sim150℃]{25\%NH_3,溶剂} \text{1-氨基蒽醌} + NH_4NO_2$$

由 1-硝基蒽醌制备 1-氨基蒽醌的氨解过程中，如果 NH_4NO_2 大量积累，干燥时会有爆炸危险。采用过量较多的氨水使 NH_4NO_2 溶在氨水中，出料后再用水冲洗反应器，可以防止事故的发生。反应常用的溶剂为醇、醚或芳烃等。

4. 磺酸基氨解

其典型实例是 2,6-蒽醌二磺酸铵氨解制备 2,6-二氨基蒽醌，其反应式如下：

$$3\,\text{(2,6-蒽醌二磺酸铵)} + 12NH_3 + 2\,\text{(间硝基苯磺酸钠)} + 2H_2O \xrightarrow[180\sim184℃,\,3.8\sim4MPa]{24\%NH_3,氨比1:17}$$

$$3\,\text{(2,6-二氨基蒽醌)} + 2\,\text{(间氨基苯磺酸钠)} + 6(NH_4)_2SO_4$$

2,6-二氨基蒽醌为制备黄色染料的中间体。蒽醌磺酸与氨反应时所生成的亚硫酸盐将导致生成可溶性的还原产物，使氨基蒽醌的产率和质量下降，因此在磺基的氨解中需要有氧化剂存在，间硝基苯磺酸是最常用的氧化剂。

5. 芳烃上的直接氨解

通常要在芳烃环上引入氨基，要先引入—NO_2、—SO_3H、—Cl 等吸电子取代基，以降低芳环的碱性，然后再进行亲核取代反应，引入氨基。若能对芳环上的氢直接进行亲核取代引入氨基，就可大大简化工艺过程，这种方法目前正处于探索阶段。比较重要的直接氨化反应是以羟胺为反应剂和以氨基钠为反应剂的方法。

碱性介质中以羟胺为胺化剂的直接氨解是最重要的直接氨解方法，属亲核取代反应。当苯系化合物中至少存在两个硝基，萘系化合物中至少存在一个硝基时，可发生亲核取代生成伯胺。

$$\text{间二硝基苯} \xrightarrow[碱性]{NH_2OH} \text{2,4-二硝基苯胺}$$

$$\text{1-硝基萘} \xrightarrow[\text{碱性}]{NH_2OH} \text{1-硝基-4-氨基萘}$$

向含氮杂环化合物中直接引入氨基的路线被工业上用来合成 2-氨基吡啶和 2,6-二氨基吡啶以及喹啉、嘧啶、咪唑等其他氮杂环氨基化合物。

$$\text{吡啶} \xrightarrow[NH_3]{NH_2OH} \text{2-氨基吡啶}$$

6. 通过水解反应制胺

通过异氰酸酯、脲、氨基甲酸酯以及 N-取代酰亚胺的水解，可以得到纯的伯胺；而由氰酰胺、对亚硝基-N,N-二烷基苯胺和季亚胺盐水解，则可制得纯仲胺。

$$(RNH)_2CO + H_2O \longrightarrow 2RNH_2 + CO_2$$
$$RNCO + H_2O \longrightarrow RNH_2 + CO_2$$
$$R^1NHCOOR^2 + H_2O \longrightarrow R^1NH_2 + CO_2 + R^2OH$$

脲、异氰酸酯和氨基甲酸酯的水解，既可在碱性溶液中进行，也可在酸性溶液中进行，NaOH 溶液和氢卤酸是常用的试剂。

氰酰胺、对亚硝基-N,N-二烷基苯胺和季亚胺盐的水解可以在酸或碱的存在下完成，制得纯净的仲胺：

$$R_2NCN + 2H_2O \longrightarrow R_2NH + CO_2 + NH_3$$

苯甲醛与伯胺反应，可顺利制得席夫碱而无须分离。将席夫碱直接烷基化，再进一步水解是制备某些仲胺的好方法。

$$\text{PhCHO} + CH_2=CHCH_2NH_2 \xrightarrow[80℃]{CH_3I} \text{Ph-CH=N}^+(CH_3)\text{-CH}_2\text{-CH}_2\text{I}^-$$
$$\xrightarrow{NaOH/H_2O} CH_2=CHCH_2NHCH_3$$

7. 通过加成反应制胺

用不饱和化合物与胺反应是制备胺类的一种简便方法。含氧或氮的环构化合物容易与胺反应，生成 α-羟基胺或二元胺。

羰基化合物的氨解是在还原剂存在下发生的氢化氨解反应，分别生成伯胺、仲胺或叔胺。低级脂肪醛的氨解反应，可在气相及加氢催化剂镍上进行；而高沸点的醛和酮则往往在液相中进行。

$$RCHO + NH_3 \longrightarrow RCHOHNH_2 \xrightarrow{-H_2O, +H_2} RCH_2NH_2$$

反应生成的伯胺可与原料醛进一步反应，生成仲胺或叔胺，通过调节原料中氨和醛的比例，可使某一种胺成为主要产物。

环氧乙烷与氨的反应需在压力下进行，生成的氨基乙醇还能继续与环氧乙烷反应，进一步得到二乙醇胺。控制反应物的配比及反应条件，将得到以某一产物为主的产品。由于环氧乙烷与环氧丙烷都是易得的原料，该合成方法对于合成 2-氨基乙醇和 1-氨基-2-丙醇的衍生物十分有用。

8. 通过重排反应制胺

由羧酸及其衍生物转化成减少一个碳原子的胺，霍夫曼（Hofmann）重排是最常用的方法之一。利用该法制胺，产率较高、产物较纯，工业上利用该法制备硫靛染料的中间体邻氨基苯甲酸及对苯二胺就是两个重要的实例。

9. 芳胺基化

使芳胺与含活泼基团的芳族化合物作用制取二芳胺的反应称为芳胺基化。常见的芳胺基化反应主要有四种类型,即芳族卤化物的芳胺基化、芳族羟基化合物的芳胺基化、芳族氨基化合物的芳胺基化和芳族磺酸化合物的芳胺基化。可以用通式来表示:

$$Ar^1Y + Ar^2NH_2 \longrightarrow ArNHAr^2 + HY$$

其中 Ar^1 和 Ar^2 表示芳烃;Y 表示—Cl、—Br、—OH、—NH$_2$ 或—SO$_3$Na。

例如,在少量苯胺盐酸盐的存在下,2-萘酚与苯胺于 200~260℃ 常压回流,得到苯基-2-萘胺,又名防老剂 D。

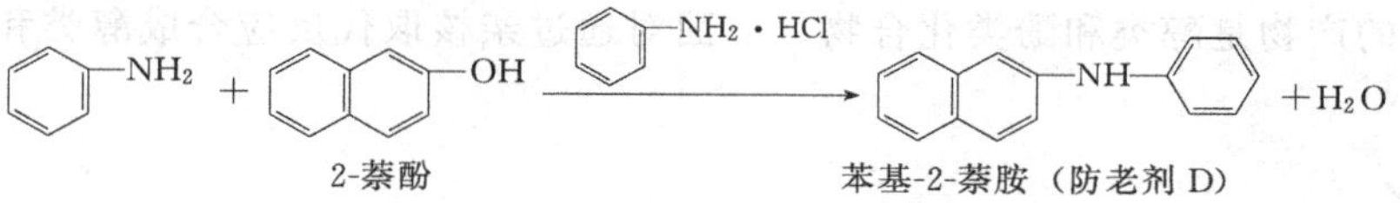

三、氨解反应在精细化学品生产中的应用

氨解反应是制取胺类化合物的重要方法之一,在染料、表面活性剂、农药等领域中有着广泛的应用。例如:

苯酚气相催化氨解制苯胺是典型的、主要的氨解过程。苯胺是一种通用的中间体,其在农药、医药、染料工业中都有广泛应用。

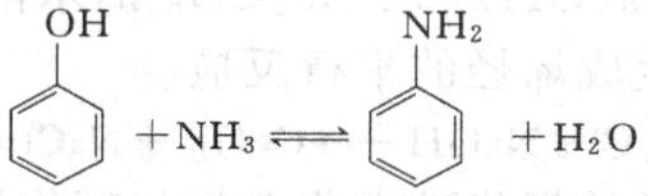

该反应是可逆温和的放热反应,采用较高的氨和苯酚摩尔比以及较低的反应温度是有利的。

氨解反应在染料工业中应用极广,如 1,4-二羟基蒽醌在硼酸、锌粉存在下与过量甲苯胺反应,可制得 1,4-二对甲苯胺基蒽醌,它是酸性染料中间体。

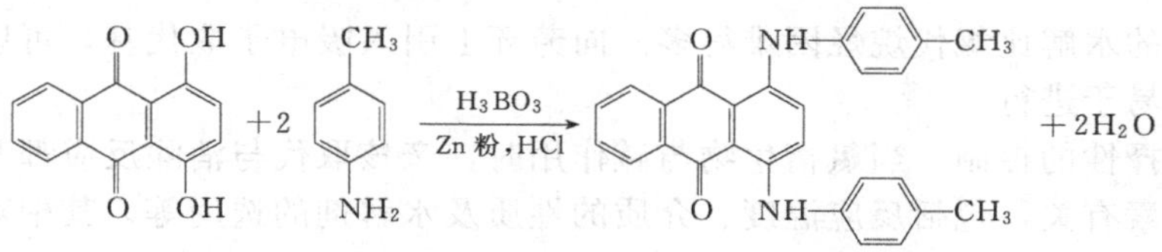

1-氨基蒽醌是染料的重要中间体,除采用由蒽醌经硝化、还原或硝基蒽醌的氨解路线来合成外,还可采用硝基萘醌与丁二烯缩合,再氧化还原的路线。

工业上利用霍夫曼重排制备硫靛染料的中间体对苯二胺是以对二甲苯为原料,经液相空气氧化为对苯二甲酸,再经氨化、霍夫曼重排即得对苯二胺。

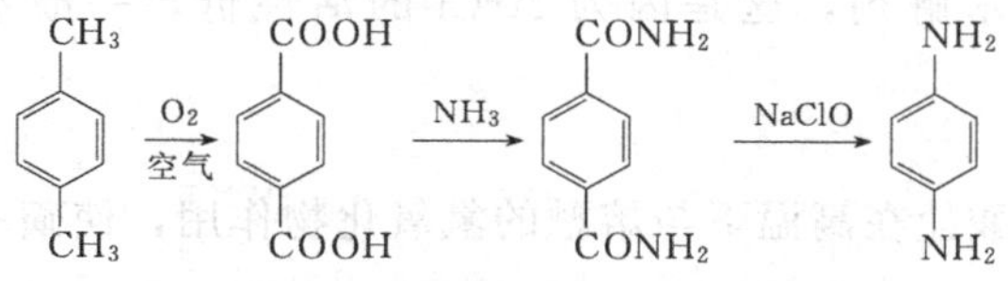

芳香卤化物氨解反应的典型应用是由邻硝基氯苯氨解制备邻硝基苯胺。由邻硝基苯胺还原得到的邻苯二胺是合成多菌灵、托布津等高效低毒农药的重要原料。

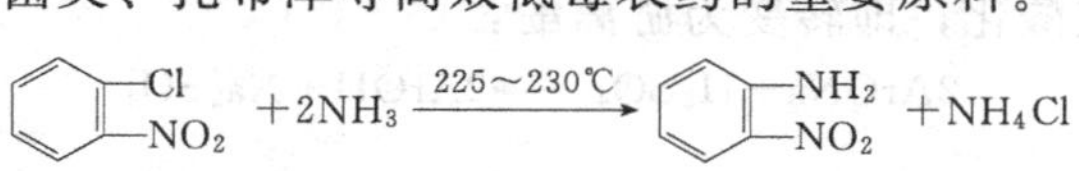

工业生产中通常用间歇和连续两种工艺。用高压管道连续法生产,具有生产能力高、投资

少、生产安全的优点。

第六节 羟基化反应

向有机化合物分子中的碳原子引入羟基的反应称为羟基化反应。分子中引入羟基的方法很多，其中包括还原、氧化、加成、取代、羰基化、缩合和重排等多种类型的化学反应。应用羟基化反应得到的产物是醇类和酚类化合物。下面对通过亲核取代反应合成醇类和酚类的方法加以简介。

一、羟基化

1. 氯化物的水解

(1) 反应原理 由于有机氯化物的制备比较方便，故常被用来作为制取醇和酚的中间产物。与烷基相连的氯原子通常比较活泼，当与水解试剂作用时，即可得到相应的醇类或 α-氧化物。

$$C_5H_{11}Cl + NaOH \longrightarrow C_5H_{11}OH + NaCl$$

常用的水解试剂是 $NaOH$、$Ca(OH)_2$ 及 Na_2CO_3 的水溶液。不过在氯化物碱性水解的同时，也有可能发生碱性脱氯化氢生成烯烃的平行反应。

$$C_5H_{11}Cl + NaOH \longrightarrow C_5H_{10} + NaCl + H_2O$$

当氯原子与羟基处在相邻位置的氯代醇类化合物与碱作用时，存在取代和消除两种反应的可能性，前者生成二元醇，后者生成 α-氧化物。

$$CH_3CHOHCH_2Cl + NaOH \longrightarrow \begin{cases} CH_3-CHOH-CH_2OH + NaCl \\ CH_3-CH-CH_2 + NaCl + H_2O \\ \quad\quad\quad\backslash O \diagup \end{cases}$$

芳香氯化物的水解比氯代烷烃困难得多。向芳环上引入吸电子取代基，可以提高氯原子的活泼性，使水解易于进行。

(2) 反应选择性的控制 当氯衍生物与碱作用时，亲核取代与消除反应都有可能发生。何者为主与许多因素有关，包括反应温度、介质的性质及水解剂的选用等，其中对反应选择性起决定作用的是水解剂的选择。在发生取代反应时，水解剂显示亲核性，进攻碳原子；而在发生消除反应时，则水解剂显示碱的性质，接近 β 位碳上氢原子。因此，进行取代反应要求采用亲核性相对较高的弱碱作水解剂，如 Na_2CO_3；进行消除反应则要求采用低亲核性的强碱，如 $NaOH$、$Ca(OH)_2$。因此，取代 Cl 原子的水解反应宜选用 $NaCO_3$ 作为水解剂，它将阻止发生脱氯化氢的消除反应，以减少生成醚的副反应。而对于芳氯化物的水解，则一般不用 Na_2CO_3，而用 $NaOH$ 作水解剂，这是因为 $ArCl$ 的活性低，一般不会产生脱 HCl 的消除反应。

2. 芳磺酸盐的碱熔

(1) 反应原理 芳磺酸盐在高温下与熔融的氢氧化物作用，使磺基被羟基所取代的反应叫碱熔。可用下列通式表示：

$$ArSO_3Na + 2NaOH \longrightarrow ArONa + Na_2SO_3 + H_2O$$

产生的酚钠用无机酸酸化，即转变为游离酚：

$$2ArONa + H_2SO_4 \longrightarrow 2ArOH + Na_2SO_4$$

(2) 影响因素

① 磺酸的结构。碱熔的难易和反应条件的选择主要取决于磺酸的分子结构。芳环上有吸电子基（主要是另外的磺基和羧基）时，对磺基的碱熔起活化作用；芳环上有供电子基（主要

是羟基和氨基）时，对磺基的碱熔起钝化作用。多磺酸的第一个磺基比第二个磺基容易碱熔，因为在中间产物羟基磺酸分子中羟基会使第二个磺基钝化，因此在多磺酸碱熔时，选择适当的反应条件，可以使分子中的部分磺基或全部磺基转变为羟基。

② 无机盐的影响。磺酸盐中一般都含有无机盐（Na_2SO_4 和 $NaCl$），若无机盐的含量太高，会使反应物变得很黏稠甚至结块，降低物料的流动性，造成局部过热甚至焦化和燃烧。因此，在用熔融碱进行碱熔时，无机盐的含量要控制在磺酸盐质量的 10% 以下。

③ 温度和时间。高温碱熔（300～340℃）所需的时间较短，一般在向熔融碱中加完磺酸盐后，保持数十分钟即可达到终点。温度过高或时间过长，都会增加副反应；但温度太低则会发生凝锅事故。高温碱熔适宜于不活泼的磺酸。

④ 碱的浓度和用量。高温碱熔时一般使用 90% 以上的熔融碱，1mol 磺酸盐实际需要 2.5mol 左右的氢氧化钠；中温碱熔时一般使用 70%～80% 的浓碱液，且碱过量较多，约为理论用量的 3～4 倍或者更多些。

3. 芳伯胺和重氮盐的水解

(1) 羟基取代氨基　羟基取代氨基的反应可看作是羟基氨解反应的逆反应。在酸性介质中和亚硫酸盐存在下，或在碱性介质中，胺类的水解都可发生。

酸性水解一般是在稀硫酸中进行的，若所要求的水解温度太高，为避免高温下硫酸会引起氧化副反应，可采用磷酸或盐酸。

在碱性条件下氨基也能转变为羟基。如 8-氨基萘-1,3,6-三磺酸在氢氧化钠溶液中于 230℃ 碱熔，亦能得到 1,8-二羟基萘-3,6-二磺酸（变色酸）。

$$HO_3S\text{-氨基萘}\text{-}NH_2 \xrightarrow[230℃]{NaOH} HO_3S\text{-}OH\ OH\text{-}SO_3H$$

8-氨基萘-1,3,6-三磺酸　　　1,8-二羟基萘-3,6-二磺酸（变色酸）

某些结构的芳伯胺，在亚硫酸氢钠水溶液中常压沸腾回流（100～104℃），然后再加碱处理，即可完成氨基被羟基取代的反应，此反应也称为布赫尔（Bucherer）反应。该反应是使萘系羟基化合物与氨基化合物相互转换的最重要反应。

(2) 羟基取代重氮基　由芳伯胺重氮化生成的重氮盐经酸性水解即可得到酚。利用此法可将羟基引入指定的位置，以作为碱熔方法的补充。该法对某些结构的酚因定位关系而不易制得时，更有实用价值。

常用的重氮盐是重氮硫酸氢盐，分解反应常在硫酸溶液中进行。重氮盐的水解不宜采用盐酸和重氮盐酸盐，因为氯离子的存在会导致发生重氮基被氯原子取代的副反应。

重氮盐水解成酚的一个改良方法是将重氮盐与氟硼酸作用，生成氟硼酸重氮盐，然后用冰醋酸处理，得乙酸芳酯，再将它水解即得到酚。

$$ArN_2^+Cl^- \xrightarrow{HBF_4} ArN_2^+BF_4^- \xrightarrow{CH_3COOH} ArOCOCH_3 \xrightarrow{H_2O} ArOH$$

重氮盐是很活泼的化合物，水解时会发生各种副反应。为了避免副反应发生，总是将冷的重氮硫酸氢盐溶液慢慢加到热的或沸腾的稀硫酸中，使重氮盐在反应液中的浓度始终很低。水解生成的酚最好随水蒸气一起蒸出。若酚不易随水一起蒸出，可在反应液中加入必要的有机溶剂，如氯苯、二甲苯等，使生成的酚立即从水相转移到有机相，以减少副反应。重氮盐水解时若有硝酸存在，则可制得相应的硝基酚。

4. 烷氧基化与芳氧基化

芳环上的取代基被烷氧基所取代的反应称作烷氧基化反应；被芳氧基所取代的反应称作芳氧基化反应。引入烷氧基与芳氧基的方法常常是以醇和酚的碱金属盐作反应剂。反应可用下列通式表示：

$$Ar—Cl + RONa \longrightarrow ArOR + NaCl$$
$$Ar—Cl + NaOAr \longrightarrow ArOAr + NaCl$$

（1）烷氧基化　烷氧基化是亲核取代反应，无催化剂或加入铜催化剂均能发生反应。当不加催化剂时，生成的烷氧基化产物能够与过量的醇钠继续反应，裂解生成二烷基醚和酚。例如：

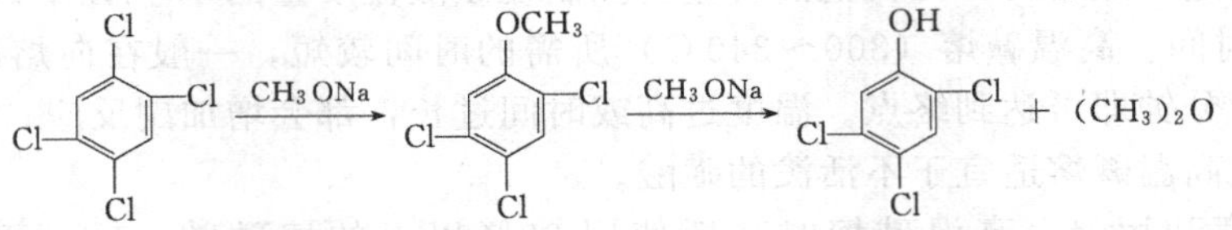

[1,2,4,5-四氯苯 + CH₃ONa → 2,4,5-三氯苯甲醚 + CH₃ONa → 2,4-二氯苯酚 + (CH₃)₂O]

当以甲醇钠为试剂时，最易发生裂解反应；以乙醇钠为试剂较难裂解；以高级醇钠为试剂则更难裂解生成酚；为防止裂解副反应，应尽量选用较低的反应温度，且醇钠应过量。

相转移催化技术已在烷氧基化反应中得到广泛重视，其具有操作简便、常压反应、反应时间短、醇用量少、收率高等优点。若进一步降低相转移催化剂的生产成本，并解决好回收技术，预计该法将逐步取代原有的若干生产方法。

（2）芳氧基化　由芳氧基化制得的产物是二芳基醚。一般是由芳香族卤化物与酚钠盐（或酚钾盐）作用而制得的。反应一般在无水介质及较高的温度下进行。例如：

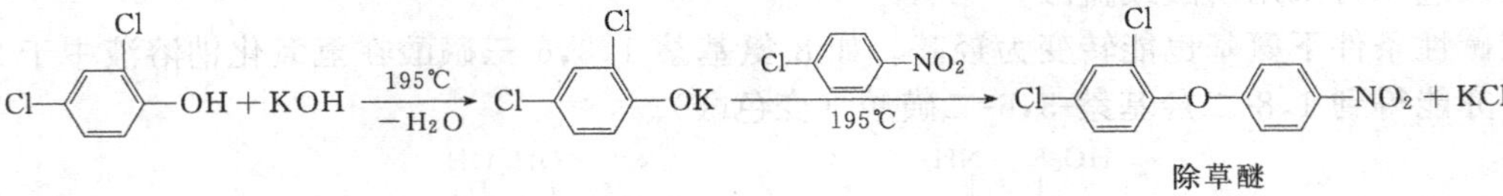

[2,4-二氯苯酚 + KOH $\xrightarrow[-H_2O]{195℃}$ 2,4-二氯苯酚钾 $\xrightarrow[195℃]{对氯硝基苯}$ 除草醚 + KCl]

5. 芳环上直接羟基化

由苯合成苯酚的工业路线都是间接的，为此多年来人们一直力图开发一条在温和条件下由苯直接制苯酚的新路线。从理论上分析，要实现这一目标是相当困难的，因为苯分子在热力学上具有高的稳定性，难以发生加成和氧化；苯环中的碳原子受共轭 π 电子的屏蔽作用，有利于亲电取代，而 OH^- 是亲核基团；产物酚又比苯活泼，一旦生成酚后容易进一步发生反应。目前重点开发的具有工业化前景的新工艺是苯的液相直接羟基化。

在芳环上直接引入羟基的方法，也适用于从对苯二酚制备 2,4-二羟基苯酚，其反应式为：

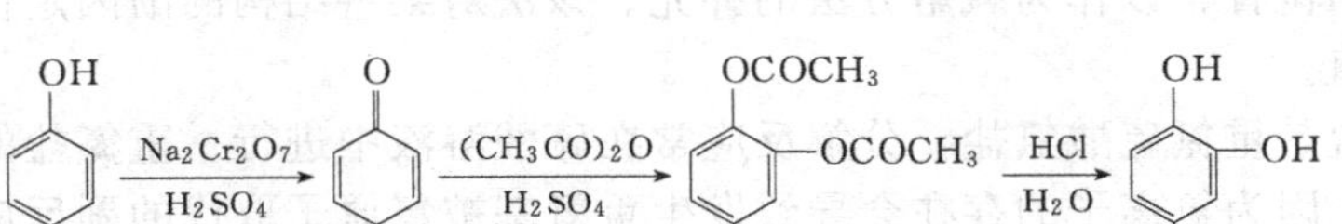

[对苯二酚 $\xrightarrow[H_2SO_4]{Na_2Cr_2O_7}$ 对苯醌 $\xrightarrow[H_2SO_4]{(CH_3CO)_2O}$ 三乙酰氧基苯 $\xrightarrow[H_2O]{HCl}$ 2,4-二羟基苯酚]

6. 由芳羧酸合成羟基化合物

石油化学工业提供的大量廉价的原料甲苯采用空气氧化法可以制得苯甲酸，而由苯甲酸合成苯酚是一个有发展前途的方法。当采用其他不同的芳羧酸为原料时，则可得到一系列其他结构的羟基化合物。本法主要用于苯甲酸的氧化脱羧制苯酚，反应在铜-镁催化剂存在下进行。

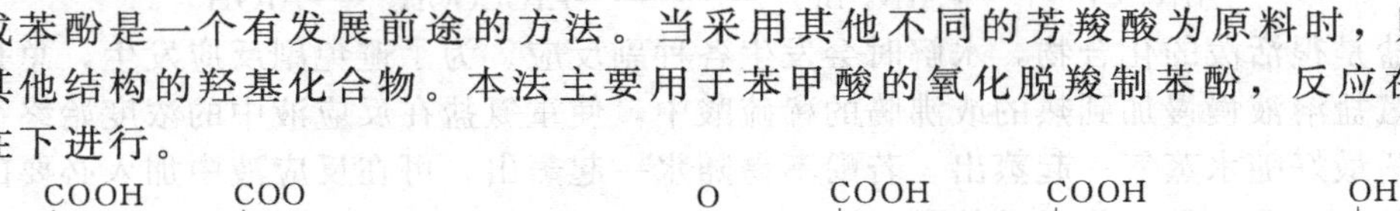

[苯甲酸 $\xrightarrow{CuO}$ 苯甲酸铜 $\xrightarrow{自身氧化还原}$ 苯甲酰基水杨酸 $\xrightarrow{水解}$ 水杨酸 $\xrightarrow{热脱羧}$ 苯酚]

该反应过程虽然复杂，但整个过程是在一个反应塔内完成的，反应在 230～240℃ 和常压下进行。该法的优点是原料充足易得,工艺流程简单,反应条件温和,但不如异丙苯法经济。

7. 烃类氧化法制酚

(1) 异丙苯法合成苯酚　用异丙苯法合成苯酚是当前世界各国生产苯酚的最重要路线。该法的优点是以苯和丙烯为原料,每生产 1t 苯酚,将联产 0.6t 丙酮,不需消耗大量的酸和碱,且"三废"少,连续化生产能力大,成本低。这条路线的发展规模及经济效益与丙酮的销路和价格密切相关。由异丙苯过氧化氢分解为苯酚的反应是在酸催化下完成的,其基本反应过程如下:

$$\text{C}_6\text{H}_6 \xrightarrow{\text{CH}_3\text{CH}=\text{CH}_2} \text{C}_6\text{H}_5\text{CH}(\text{CH}_3)_2 \xrightarrow{\text{O}_2} \text{C}_6\text{H}_5\text{C}(\text{CH}_3)_2\text{OOH} \xrightarrow{\text{酸解}} \text{C}_6\text{H}_5\text{OH} + \text{CH}_3\text{COCH}_3$$

由于酸解是放热反应,若温度过高,异丙苯过氧化氢会按其他方式分解,产生副产物,甚至会发生爆炸事故。因此必须小心控制酸解温度,一般控制在 60~100℃。可以使用不同的酸进行酸分解,如硫酸、磷酸等。

(2) 间甲酚的生产　间甲酚是制取高效低毒农药杀螟松和速灭威的重要中间体。杀螟松是有机磷类杀虫剂,速灭威是氨基甲酸酯类杀虫剂,它们用途广泛,使用安全。间甲酚最重要的合成路线与异丙苯法制苯酚相似,其反应如下:

$$\text{甲苯} + \text{CH}_2=\text{CH}-\text{CH}_3 \xrightarrow{\text{异丙基化}} \text{间异丙基甲苯} \xrightarrow[\text{液相氧化}]{\text{O}_2} \text{过氧化物} \xrightarrow{\text{酸性分解}} \text{间甲酚} + \text{CH}_3\text{COCH}_3$$

按上述方法制得的主要是间甲酚 (2/3) 和对甲酚 (1/3) 的混合物。二者物理性质十分相近,难以用通常的精馏或结晶方法分离。目前工业上采用的分离手段是先用异丁烯烷基化,然后再进行分离,烷基化生成 4,6-二叔丁基间甲酚和 2,6-二叔丁基对甲酚,二者沸点相差较大,可以用一般精馏方法分离。分出的 4,6-二叔丁基间甲酚在催化剂硫酸作用下,脱去叔丁基即得到间甲酚,而副产的 2,6-二叔丁基对甲酚经进一步精制即得到抗氧化剂 BHT(二叔丁基对甲苯酚)。

除了烷基化法外,也可以加入尿素,利用尿素能与间甲酚形成络合物结晶而过滤分离。此络合物在甲苯中加热到 80~90℃,便分解为间甲酚和尿素。此法工艺简单,原料易得,产品纯度可达 98% 以上,适于中小型生产规模。

二、羟基化反应在精细化学品生产中的应用

在精细化工行业中,酚与醇类化合物用途十分广泛,主要用于生产各种助剂、染料、香料、农药、合成树脂和食品添加剂等。由此可见羟基化反应是精细化学品生产中的重要单元反应之一,除上述介绍的应用之外,还主要用于以下产品的生产中。

脂肪水解的方法制取甘油是工业生产甘油的重要方法,而由环氧氯丙烷水解制甘油则是工业生产甘油的一条补充途径。其反应式如下:

$$\text{H}_2\text{C}-\text{CH}-\text{CH}_2\text{Cl} \xrightarrow{\text{H}_2\text{O}} \text{HOCH}_2-\text{CH}-\text{CH}_2\text{Cl} \xrightarrow{0.5\text{Na}_2\text{CO}_3 + 0.5\text{H}_2\text{O}} \text{HOCH}_2-\text{CH}-\text{CH}_2\text{OH} + \text{NaCl} + 0.5\text{CO}_2$$
$$\qquad\qquad\qquad\qquad\qquad\qquad\qquad\quad\;\;\text{OH}\qquad\qquad\qquad\qquad\qquad\qquad\qquad\qquad\;\;\text{OH}$$

磺化-碱熔方法是工业上生产酚类的最早方法,目前其重要性已明显下降,但仍有一定的应用。该法的优点是工艺过程简单,对设备要求不高,适用于多种酚类的制备。缺点是使用大量的酸和碱,"三废"多,工艺落后。碱熔在染料工业中也有应用。如 H 酸 (8-氨基-1-萘酚-3,6 二磺酸) 是生产偶氮染料的重要中间体,其生产就是以萘为原料经磺化、硝化、还原、碱熔等单元反应完成的,其反应过程如下:

布赫尔反应是使萘系羟基化合物与氨基化合物相互转换的最重要反应，通过该反应能制得许多重要的胺类和酚类化合物。工艺上此法用于从 1-氨基-4-萘磺酸制备 1-羟基-4-萘磺酸（NW 酸）。

1-氨基-4-萘磺酸 $\xrightarrow{40\%\text{NaHSO}_3}$ 1-羟基-4-萘磺酸（NW 酸）

含吸电子取代基的芳香卤化物较易发生烷氧基化反应，因而具有工业生产价值。例如，工业上往往由相应的芳香卤化物制取邻硝基苯甲醚与对硝基苯甲醚、对硝基苯乙醚和 2,4-二硝基苯甲醚。

上述硝基酚醚通过还原，还可以制得相应的氨基酚醚。一般工业生产方法是向高压釜中加入相应的醇和浓的氢氧化物溶液，使其反应生成醇钠或醇钾。但该过程中最不利的是在强碱性介质中产生硝基被醇类还原生成氧化偶氮化合物的副反应。为防止此类副反应发生，有效的方法是在反应液面上保持一定数量的空气或加入二氧化锰等弱氧化剂。

芳氧基化的应用虽不如烷氧基化广泛，但在精细化学品合成中仍有一定的重要性。如蒽醌环中处于 α 位和 β 位的卤原子可以被芳氧基取代，这一反应常被应用到蒽醌系染料的生产中。例如，由 1-氨基-2-溴-4-羟基蒽醌制取 1-氨基-2-苯氧基-4-羟基蒽醌（分散红 3B），其反应如下：

1-氨基-2-溴-4-羟基蒽醌 $\xrightarrow{\text{ArONa}}$ 1-氨基-2-苯氧基-4-羟基蒽醌（分散红 3B）

第七节 烷基化反应

在有机化合物分子中的碳、氮、氧等原子上引入烃基的反应称为烃基化反应。所引入的烃基包括烷基、烯基、炔基、芳基等。其中最为重要的是引入烷基，即烷基化反应，尤其以甲基化、乙基化和异丙基化最普遍。广泛的烷基化定义还包括在有机化合物分子中的碳、氮、氧原子上引入羧甲基、羟甲基、氯甲基、氰乙基等基团的反应。

一、烷基化

1. 芳环上的 C-烷基化

在催化剂作用下，用卤烷、烯烃等烷基化剂直接将烷基接到芳环上的反应称为 C-烷基化反应，亦称为傅-克（Friedel-Crafts）烷基化反应。

(1) C-烷基化剂　C-烷基化反应中常用的烷基化剂有卤烷、烯烃和醇类，有时也用醛、酮、环烷烃等。不能用卤代芳烃（如氯苯）等代替卤烷，因为连接在芳环上的卤原子反应活性较低，不能进行烷基化反应。

烯烃是常用的烷基化剂，广泛用于工业上芳烃、芳胺和酚类的 C-烷基化。常用的烯烃有乙烯、丙烯、长链 α-烯烃。

醇、醛和酮都是反应能力较弱的烷基化剂，它们只适合于活泼芳香族衍生物的烷基化。醛、酮常用于合成二芳基或三芳基甲烷衍生物。

(2) 催化剂　C-烷基化反应是在催化剂存在下进行的。经常采用的催化剂有路易斯酸、质子酸、酸性氧化物。其中无水三氯化铝是在各种 Friedel-Crafts 反应中使用最广泛的催化剂。

(3) 反应原理　用各种烷基化剂进行的 C-烷基化反应都属于芳香族亲电取代反应。催化剂的作用是使烷基化剂强烈极化，成为活泼的亲电质点，这种亲电质点进攻芳环生成 σ 络合物，再脱去质子而变成最终产物。以卤烷烷基化的反应为例，其反应如下：

$$R-Cl + C_6H_6 \xrightarrow{AlCl_3} C_6H_5-R + HCl$$

烷基是供电子基团，芳环上引入烷基后因电子云密度增加而被活化，有利于其进一步反应生成二烷基芳烃，甚至多烷基芳烃；但另一方面引入烷基后会产生空间效应，阻碍着第二个烷基化剂的进攻。两种效应的综合结果与催化剂种类和反应条件有关。为了减少二烷基和多烷基化物的生成，必须选择适宜的催化剂和反应条件，其中重要的是控制反应原料芳烃和烷化剂的用量比，常使用芳烃过量较多，反应后再加以回收利用的方法。

C-烷基化反应是可逆反应，当芳烃过量多时，有利于多烷基芳烃向单烷基芳烃转化。利用这一性质，可以使多烷基芳烃与过量芳烃反应，生成单烷基芳烃，以增加单烷基芳烃的总收率。

2. 氨或胺上的 N-烷基化

氨、脂肪族胺或芳香族胺中氨基的氢原子被烷基取代，或者通过直接加成而在氮原子上引入烷基的，均称为 N-烷基化反应。例如

$$NH_3 \longrightarrow R^1NH_2 \longrightarrow R^1NHR^2 \longrightarrow R^1NR^2R^3 \longrightarrow R^1N^+R^2R^3R^4 X^-$$

(1) N-烷基化剂　取代型烷基化剂有醇、醚、卤烷和强酸酯类，如甲醇、乙醇、氯甲烷、碘甲烷、硫酸二甲酯等；加成型烷基化剂有烯烃衍生物和环氧化合物，如丙烯腈、丙烯酸、环氧乙烷、环氧氯乙烷等；缩合-还原型烷化剂是醛和酮。

(2) 反应原理　N-烷基化反应分为取代型、加成型和缩合-还原型三种。

取代型离去基团（Z）主要是卤素离子、羟基和强酸的酸根。

$$R^1NH_2 \xrightarrow[-HZ]{R^2Z} R^1NHR^2 \xrightarrow[-HZ]{R^3Z} R^1NR^2R^3 \xrightarrow{R^4Z} R^1N^+R^2R^3R^4\ Z^-$$

加成型反应如下：

$$R^1NH_2 \xrightarrow{CH_2=CHCOOR^2} R^1NCH_2CH_2COOR^2 \xrightarrow{CH_2=CHCOOR^2} R^1N(CH_2CH_2COOR^2)_2$$

缩合-还原型反应如下：

$$R-\underset{O}{\overset{\|}{C}}-H + NH_3 \xrightarrow{-H_2O} [R-\underset{NH}{\overset{\|}{C}}-H] \xrightarrow{[H]} RCH_2NH_2$$

二、烷基化方法

1. 烯烃的烷基化

(1) C-烷基化　以丙烯和苯生产异丙苯为例，丙烯为烷基化剂，所用的催化剂是三氯化

铝或载于硅藻土的磷酸，也可以用三氟化硼作催化剂，对苯进行烷基化生产异丙苯。

$$\text{C}_6\text{H}_6 + \text{CH}_3\text{CH}=\text{CH}_2 \xrightarrow[95\sim100℃]{\text{AlCl}_3\text{-HCl}} \text{C}_6\text{H}_5\text{CH}(\text{CH}_3)_2$$

由于苯环上引入烷基后使苯环活化，会继续烷基化反应，引入第二甚至第三个异丙基。为了减少多异丙苯的生成，在实际生产中采用过量的苯。由于苯的烷基化是可逆反应，故在过量苯和相同催化剂存在下，多异丙苯又可进行脱烷基化反应，重新生成异丙苯。异丙苯的主要用途是经过氧化和分解来制备苯酚和丙酮。

另外，长碳链烷基苯是生产烷基苯磺酸盐的原料，它除了可用氯烷作烷基化剂制取外，还可用烯烃作烷基化剂来制取。所用烯烃有四聚丙烯（异十二烯）或直链 α-烯烃。

$$\text{C}_6\text{H}_6 + \text{C}_{12}\text{H}_{24} \xrightarrow[\text{或 HF}]{\text{AlCl}_3} \text{C}_6\text{H}_5\text{-C}_{12}\text{H}_{25}$$

（2）N-烷基化　脂肪族或芳香族胺类均能与烯烃发生 N-烷基化反应。此反应是通过烯烃的双键与氨基中的氢加成而完成的。常用的烯烃为丙烯腈和丙烯酸酯，通过烷基化可分别引入氰乙基和羧酸酯基。

伯胺可以引入两个烷基，但在引入第一个烷基后，反应物活性将下降，二烷基化时需要加入催化剂。常用的催化剂是铜盐，如 $CuCl_2$、CuCl、CH_3COOCu，还有极性催化剂如乙酸、三乙胺、三甲胺及吡啶等。

2. 卤烷的烷基化

（1）C-烷基化　卤烷是活泼的 C-烷基化试剂。工业上一般使用氯代烷烃，在 $AlCl_3$ 催化下与苯烷基化制备烷基苯。以氯代烷为烷基化剂合成长碳链烷基苯，其反应式为：

$$R^1\text{-CH}(\text{Cl})\text{-}R^2 + \text{C}_6\text{H}_6 \xrightarrow{\text{AlCl}_3} \text{C}_6\text{H}_5\text{-CH}(R^1)(R^2) + \text{HCl}$$

为了降低物料的黏度和抑制多烷基化，苯与氯代烷的摩尔比为（5～10）:1。

（2）N-烷基化。卤烷是 N-烷基化常用的烷基化剂，其反应活性较醇大，但价格比醇相对要高。卤烷常用于不太活泼的氨基的烷基化或季铵化；但也有些卤烷如苯氯甲烷（苄基氯）、氯乙酸比相应的醇容易制备，因此苄基化或羧甲基化多用该类物质为烷基化剂。如苯胺与氯乙酸在水介质中反应得到羧甲基苯胺，它是合成靛蓝染料的中间体。

$$\underset{\text{苯胺}}{\text{C}_6\text{H}_5\text{NH}_2} \xrightarrow{\text{ClCH}_2\text{COOH}} \text{C}_6\text{H}_5\text{NHCH}_2\text{COOH} \xrightarrow{\text{ClCH}_2\text{COOH}} \underset{N,N\text{-二乙酸基苯胺}}{\text{C}_6\text{H}_5\text{N}(\text{CH}_2\text{COOH})_2}$$

用卤烷进行的胺类烷基化反应是不可逆的，反应中还有卤化氢生成，它会使胺类形成盐，而难于再烷基化，所以反应时要加入一定量的碱性试剂，如 NaOH、Na_2CO_3、$Ca(OH)_2$ 等，以中和卤化氢，使烷基化反应能充分进行。

叔胺用卤烷烷基化后可得到季铵盐。N,N-二甲基十八胺和 N,N-二甲基十二胺的苄基化产物是重要的阳离子表面活性剂和相转移催化剂。

$$\text{C}_{18}\text{H}_{37}\text{N}(\text{CH}_3)_2 + \text{ClCH}_2\text{C}_6\text{H}_5 \longrightarrow \text{C}_{18}\text{H}_{37}\text{N}^+(\text{CH}_3)_2\text{CH}_2\text{C}_6\text{H}_5\text{Cl}^-$$

3. 醇、醛、酮的烷基化

醇、醛和酮是反应能力较弱的烷基化剂，它们只适用于活泼芳香族衍生物的 C-烷基化，如萘、酚和芳胺类化合物。常用的催化剂有路易斯酸和质子酸。醇、醛和酮亦可作烷基化剂对胺类化合物进行 N-烷基化。

(1) 醇的烷基化

① C-烷基化。芳胺在较缓和的条件下先发生 N-烷基化。

$$\text{C}_6\text{H}_5\text{NH}_2 + \text{C}_4\text{H}_9\text{OH} \xrightarrow[210℃,0.8\text{MPa}]{\text{ZnCl}_2} \text{C}_6\text{H}_5\text{NHC}_4\text{H}_9 + \text{H}_2\text{O}$$
　　苯胺　　　　　　　　　　　　　　　　N-正丁基苯胺

若将温度升高至 250~300℃，则氮原子上的烷基将转移到芳环上，得到对位烷基芳胺。

$$\text{C}_6\text{H}_5\text{NHC}_4\text{H}_9 \xrightarrow[250\sim300℃]{\text{ZnCl}_2;2.2\text{MPa}} \text{H}_2\text{N-C}_6\text{H}_4\text{-C}_4\text{H}_9$$
　　N-正丁基苯胺　　　　　　　　　　　对正丁基苯胺

对正丁基苯胺主要用作染料中间体。

萘与正丁醇和发烟硫酸可以同时发生烷基化和磺化反应：

$$\text{C}_{10}\text{H}_8 + 2\text{C}_4\text{H}_9\text{OH} + \text{H}_2\text{SO}_4 \xrightarrow{55\sim60℃} \text{1,2-二正丁基萘-6-磺酸} + 3\text{H}_2\text{O}$$

1,2-二正丁基萘-6-磺酸 (渗透剂 BX)

生成的 1,2-二正丁基萘-6-磺酸即渗透剂 BX，俗称拉开粉。该产品在合成橡胶生产中用作乳化剂，在纺织印染工业中大量用作渗透剂。

② N-烷基化。以醇作烷基化剂进行液相烷基化时多用酸作催化剂，如硫酸、氢卤酸和磷酸。工业生产中多采用浓硫酸作催化剂，例如，制备 N,N-二甲基苯胺的反应

$$\text{C}_6\text{H}_5\text{NH}_2 + 2\text{CH}_3\text{OH} \xrightarrow{\text{H}_2\text{SO}_4;3\text{MPa};210℃} \text{C}_6\text{H}_5\text{N}(\text{CH}_3)_2 + 2\text{H}_2\text{O}$$

N,N-二甲基苯胺是制备染料、橡胶硫化促进剂、炸药和医药的中间体。

(2) 醛和酮的烷基化

① C-烷基化。醛和酮可以与两个芳环缩合，是制备对称的二芳基或三芳基甲烷衍生物的有效途径。该类反应多采用质子酸为催化剂。例如，过量的苯胺与甲醛在盐酸中反应，可以制取 4,4′-二氨基二苯甲烷。该产品是偶氮染料的重要组分，又是制造压敏染料的中间体，亦是聚氨酯树脂的单体。

$$2\text{H}_2\text{N-C}_6\text{H}_4-\text{H} + \text{HCHO} \xrightarrow[100℃]{\text{浓 HCl}} \text{H}_2\text{N-C}_6\text{H}_4-\text{CH}_2-\text{C}_6\text{H}_4-\text{NH}_2 + \text{H}_2\text{O}$$

4,4′-二氨基二苯甲烷

② N-烷基化。氨或胺类化合物与许多醛、酮可发生还原性烷基化，其反应式如下：

$$\text{R-CHO} + \text{NH}_3 \xrightarrow{-\text{H}_2\text{O}} [\text{R-CH=NH}] \xrightarrow{\text{还原剂}} \text{RCH}_2\text{NH}_2$$
　　　　　　　　　　　　　　　亚胺

$$\text{R}^1\text{R}^2\text{C=O} + \text{NH}_3 \xrightarrow{-\text{H}_2\text{O}} [\text{R}^1\text{R}^2\text{C=NH}] \xrightarrow{\text{还原剂}} \text{R}^1\text{R}^2\text{CHNH}_2$$
　　　　　　　　　　　　　　　亚胺

$$\text{R}^1\text{CHO} + \text{R}^2\text{NH}_2 \xrightarrow{-\text{H}_2\text{O}} [\text{R}^1\text{CH=NR}^2] \xrightarrow{\text{还原剂}} \text{R}^1\text{CH}_2\text{NHR}^2$$
　　　　　　　　　　　　　　　亚胺

氨的还原烷基化生成伯胺，伯胺也可进行还原烷基化生成仲胺，生成的仲胺还能进一步与醛或酮反应，最终生成叔胺。

这类还原烷基化中用得最多的是甲醛水溶液，它可以在氮原子上引入甲基。甲酸也是一种

常用的还原剂。例如，脂肪族十八胺用甲醛和甲酸可以还原烷基化生成 N,N-二甲基十八烷胺，该产品是表面活性剂或纺织助剂的重要中间体。

$$C_{18}H_{37}NH_2 + 2HCHO + 2HCOOH \longrightarrow C_{18}H_{37}N(CH_3)_2 + 2CO_2 + 2H_2O$$

4. 环氧乙烷的烷基化

环氧乙烷是一种活性较强的烷基化剂，其分子具有的三元环结构容易开环，不仅可以进行氨基和羟基的烷基化，还可以与酰胺和羧酸发生烷基化反应。

$$RXH + CH_2-CH_2 \xrightarrow{} RXCH_2CH_2OH$$
$$\underset{O}{\diagdown\diagup}$$

其中，X 为 —NH—、—O—、—CONH—、—COO—。

碱性或酸性催化剂均能加速这类加成烷基化反应。反应所生成的羟乙基化合物能继续与环氧乙烷加成生成聚醚：

$$RXCH_2CH_2OH + nCH_2-CH_2 \longrightarrow RXCH_2CH_2O(CH_2CH_2O)_nH$$

(1) N-烷基化　高碳脂肪胺可以在催化剂存在下或无催化剂情况下与环氧乙烷反应：

$$RNH_2 + nCH_2-CH_2 \longrightarrow RNH(CH_2CH_2O)_nH$$

芳胺用环氧乙烷烷基化，首先生成 N-羟乙基苯胺，若再与另一分子环氧乙烷作用，可进一步生成 N,N-二羟乙基苯胺：

$$C_6H_5NH_2 + CH_2-CH_2 \longrightarrow C_6H_5NHCH_2CH_2OH \xrightarrow{CH_2-CH_2} C_6H_5N(CH_2CH_2OH)_2$$
$$N\text{-羟乙基苯胺}N,N\text{-二羟乙基苯胺}$$

氨与环氧乙烷反应，首先生成乙醇胺：

$$NH_3 + CH_2-CH_2 \longrightarrow H_2NCH_2CH_2OH$$
$$\text{乙醇胺}$$

乙醇胺还可继续与环氧乙烷作用，生成二乙醇胺和三乙醇胺：

$$H_2NCH_2CH_2OH \xrightarrow{CH_2-CH_2} HN(CH_2CH_2OH)_2 \xrightarrow{CH_2-CH_2} N(CH_2CH_2OH)_3$$
$$\text{乙醇胺}\text{二乙醇胺}\text{三乙醇胺}$$

三种乙醇胺均是无色黏稠液体，可用减压精馏法收集不同沸程的乙醇胺产品。乙醇胺有碱性，可用于脱除气体中的 SO_2、CO_2 等酸性杂质，以净化多种工业气体。同时乙醇胺也是重要的化工原料，可以制表面活性剂、乳化剂等。

(2) O-烷基化　低级脂肪醇用环氧乙烷烷基化可生成相应的羟基醚，如：

$$CH_3OH + CH_2-CH_2 \longrightarrow CH_3OCH_2CH_2OH$$
$$\text{甲基羟乙基醚}$$

高级脂肪醇、烷基酚与环氧乙烷加成生成的聚醚是非离子表面活性剂的主要品种，反应一般用碱催化剂。例如，以十二醇为原料，通过控制环氧乙烷以控制聚合度为 15~20 的醚，产品是平平加 O。

$$C_{12}H_{25}OH + 18CH_2-CH_2 \xrightarrow{NaOH} C_{12}H_{25}O(CH_2CH_2O)_{18}H$$
$$\text{平平加 O}$$

高级脂肪酸也能与环氧乙烷作用，生成的酯类聚氧乙烯型非离子表面活性剂是一种性能优良的乳化剂：

$$RCOOH + nCH_2-CH_2 \longrightarrow RCOO(CH_2CH_2O)_nH$$

三、烷基化反应在精细化学品生产中的应用

烷基化反应在精细化学品生产中是非常重要的一类反应，其应用广泛。反应生成的产品是塑料、医药、溶剂、合成洗涤剂等的重要原料，且有些产品本身就是医药、染料、香料、催化剂、表面活性剂等功能性产品。例如，前面介绍的用醇的烷基化，除了液相方法外，对于易气化的醇和胺，反应还可以用气相方法进行。工业上大规模生产的甲胺就是由氨和甲醇气相烷基化反应生成的：

$$NH_3 + CH_3OH \xrightarrow{Al_2O_3 \cdot SiO_2; 350\sim500℃} \underset{\text{甲胺}}{CH_3NH_2} + H_2O$$

烷基化反应并不停留在一甲胺阶段，产物是一甲胺、二甲胺和三甲胺的混合物，其中二甲胺的用途最广，一甲胺次之。为了减少三甲胺的生成，烷基化反应时，一般取氨与甲醇的摩尔比大于1，再加适量水和循环三甲胺（三甲胺可与水进行逆向分解反应），使烷基化反应向一烷基化和二烷基化转移。工业上这三种甲胺的产品一般是浓度为40%的水溶液。一甲胺和二甲胺是制造农药、医药、染料、炸药、表面活性剂、橡胶硫化促进剂等的原料，三甲胺可用于制造离子交换树脂、饲料添加剂和植物激素等。

2,2-双(4-羟基苯基)丙烷（俗称双酚A）是人们熟悉的产品，它是制环氧树脂、聚碳酸酯和聚砜等的主要原料，也用于制油漆、抗氧剂和增塑剂等。用苯酚与丙酮在酸催化下反应，即可得到该产品。

$$2HO-\langle\bigcirc\rangle + CH_3COCH_3 \xrightarrow{H^+} HO-\langle\bigcirc\rangle-\underset{CH_3}{\overset{CH_3}{C}}-\langle\bigcirc\rangle-OH + H_2O$$

2,2'-双(4-羟基苯基)丙烷（双酚A）

工业上采用 H_2SO_4、HCl 或阳离子交换树脂为催化剂。前两种无机酸的催化活性高，但对设备腐蚀严重；而后者具有后处理简单、腐蚀性小的优点。

烷基苯是生产洗衣粉的主要活性物烷基苯磺酸钠的原料。烷基苯的合成是 C-烷基化过程，目前主要有烯烃和氯烷两种原料路线，以氟化氢为催化剂的烯烃路线其主反应为：

$$R^1CH_2CH=CHR^2 + \langle\bigcirc\rangle \xrightarrow[30\sim40℃]{HF} \langle\bigcirc\rangle-CH_2CHCH_2R^2 \;(R^1)$$

其中，R^1 和 R^2 为烷基或氢。

使用 HF 为催化剂，有利于反应的连续化，不易产生聚合反应，收率高，产品质量好，催化剂可回收使用；但 HF 腐蚀性大，对设备的材质和设备的严密性要求高。

第八节　重氮化反应

芳香族伯胺在低温和无机酸存在下与亚硝酸钠作用，生成重氮化合物的反应称为重氮化反应。而重氮化产物常以盐的形式存在，故又称重氮盐。反应式如下：

$$ArNH_2 + NaNO_2 + 2HX \longrightarrow ArN_2X + NaX + 2H_2O$$

其中，HX 代表无机酸。

一、重氮化

1. 重氮化剂

亚硝酸为重氮化剂，但由于亚硝酸不稳定，故实际生产时常用亚硝酸钠和盐酸（或硫酸）

来生产，这样可避免重氮化反应时亚硝酸的分解。

2. 反应原理

芳伯胺的重氮化反应可分为两步，首先，游离的芳伯胺与亚硝酸酐或亚硝酰氯等亚硝化试剂（Y—N=O）发生亚硝化反应，生成不稳定的 N-亚硝基芳胺中间产物（Ar—NH—NO）。然后在酸性介质中迅速地发生脱水反应，转化成重氮盐。

$$\underset{\underset{Y}{|}}{\overset{\overset{H}{|}}{Ar-N}}+N=O \xrightarrow{\text{慢}} \underset{N\text{-亚硝基芳胺}}{Ar-NH-NO} + HY$$

$$Ar-NH-NO + H^+ \xrightarrow{\text{快}} \underset{\underset{H}{|}}{Ar-N^+}=N-OH \xrightarrow[-H_2O]{+HCl} Ar-N=N^+Cl^- \rightleftharpoons \underset{\text{芳香族重氮盐酸盐}}{Ar-N^+\equiv NCl^-}$$

第一步 N-亚硝基化反应为亲电子反应，由于反应速率较慢，故对整个重氮化反应起着决定作用。

3. 反应特点

重氮化反应具有下列明显的特点。

（1）反应在低温下进行 重氮盐一般在低温下稳定，温度超过5℃就会引起重氮盐分解，即使在0℃时重氮盐的水溶液也只能保持数小时，因此，必须在应用时临时配制。一般苯环上具有—SO_3H或—NO_2的芳胺，由于所生成的重氮盐的热稳定性较好，所以，也可以在常温或较高一点的温度下进行重氮化。

（2）反应在强酸介质中进行 首先这是因为重氮试剂 HNO_2 只有在酸性介质中才能产生。其次是反应生成的重氮盐只在酸性介质中稳定，否则重氮盐将与未反应的胺发生偶联反应。因此，在反应中酸的用量常为胺的 2.25~4 倍（摩尔比）。其中一份酸与苯胺结合成盐，一份酸与亚硝酸钠作用生成亚硝酸，其余的用来维持溶液的酸性。

（3）亚硝酸不能过量 亚硝酸与胺的用量比应为1:1，亚硝酸过量易使生成的重氮盐分解。当重氮化反应完成后，溶液中应有少量的亚硝酸存在。因此，常以碘化钾淀粉试纸来检验反应是否到达终点。当反应液使试纸变蓝时，表示反应液中已有过量亚硝酸存在，此时重氮化反应已到达终点。

二、重氮化方法

根据胺类和所生成的重氮化合物的性质不同，可采用不同的重氮化方法，现简述如下。

1. 碱性较强的一元胺的重氮化

碱性较强的一元胺，如苯胺、甲苯胺、α-萘胺、甲氧基苯胺、乙氧基苯胺等，分子本身不含有亲电子基，由于它们与无机酸能生成易溶于水且难于水解的胺盐，因而重氮化反应速率较小。

这种胺类的重氮化方法比较简单，通常都是先将胺类在适当温度下溶解于稀无机酸中，然后冷却至反应温度，再慢慢加入亚硝酸钠溶液，若有必要时加入溴化物以加速反应。

2. 硝基和多氯苯胺类的重氮化

硝基和多氯苯胺类，如邻、间、对位硝基苯胺，2,5-二氯苯胺等，它们的特点是：①较难与无机酸生成胺盐；②它们的胺盐很容易水解为游离胺，因而重氮化过程进行得较快；③生成的重氮盐容易与未反应的游离胺生成重氮胺基化合物。

对于这种胺类，一般是先把它们溶于浓度较高的热无机酸中，而在重氮化之前再加冰，使胺盐溶液迅速冷却以形成极细的沉淀，然后迅速将需要量的亚硝酸钠溶液一次加入，使所有的芳胺都能很快地进行重氮化反应，以避免重氮胺基化合物的生成。为使反应顺利进行，亚硝酸钠的过剩量要比第一种情况多些，而且反应液中要有较多的无机酸，以阻止重氮胺基化合物的生成。在某些情况下，若加热也不能使芳胺完全溶解，则可将其研成微粒，放在稀无机酸中进行搅拌，制成悬浮体，再进行重氮化。

3. 碱性很弱的胺类的重氮化

碱性很弱的胺类，如 2,4-二硝基苯胺、4-氯-2-硝基苯胺、α-氨基蒽醌等，它们的特点是：碱性很弱、不溶于稀酸中，而能溶于含水很少的无机酸（H_2SO_4、HNO_3、H_3PO_4）或有机溶剂（乙酸或吡啶等）中；它们与无机酸所生成的盐非常容易水解，所以它们在浓酸中的溶液不能用水稀释。

对于这种胺类，一般是先将它们溶解于 4～5 倍的浓硫酸中，然后再加入亚硝基硫酸（亚硝酸钠在浓硫酸中的溶液）或将研磨得很细的胺类加入亚硝基硫酸中进行重氮化。

对于氨基蒽醌类，也可将它们溶于浓硫酸中，然后加入干燥的亚硝酸钠，或是先将这类氨基蒽醌转变为其隐色体的酸性硫酸酯，然后在盐酸介质中进行重氮化。

4. 难溶于水的氨基二苯胺衍生物的重氮化

难溶于水的氨基二苯胺，如对氨基二苯胺、4-烷氧基-4'-氨基二苯胺等，它们的特点是：胺盐的溶解度不大，水解困难，因此分子中的氨基难于重氮化；而分子中的仲胺基在遇到亚硝酸时却能发生亚硝化反应。对于这种胺类，可以将胺盐在浓盐酸中研成细粉末状态，然后将胺盐的悬浮体用冰和水稀释，再加入亚硝酸钠溶液进行重氮化。

5. 氨基磺酸和氨基羧酸的重氮化

氨基磺酸和氨基羧酸，如氨基苯磺酸、氨基萘磺酸等。对于大多数的氨基单磺酸以及某些氨基二磺酸来讲，它们本身都难溶于水，但其钠盐则很容易溶解，因此可以先将它们溶解于碳酸钠溶液中，然后加入盐酸，使氨基磺酸成为极细的沉淀析出，最后再加入亚硝酸钠溶液进行重氮化。

对于某些溶解度极小的氨基磺酸，如 1-氨基萘磺酸，则可以先将氨基磺酸钠盐溶液与亚硝酸钠溶液混合在一起，然后将该混合液慢慢地加到冷的稀盐酸中进行重氮化。

某些氨基二磺酸以及氨基羧酸能溶解于稀无机酸中，这就可以采用通常的方法进行重氮化反应。

三、重氮基的转化

1. 重氮基被氢取代的反应

重氮化合物在还原时可以放出氮原子而使重氮基被氢所取代。

$$ArN_2Cl + C_2H_5OH \longrightarrow ArH + N_2 + HCl + CH_3CHO$$

在使用乙醇时，重氮基除被氢原子所取代外还会被乙氧基取代：

$$ArN_2Cl + C_2H_5OH \longrightarrow ArOC_2H_5 + N_2 + HCl$$

由于乙醇作还原剂的不可靠性，以及受必须使用干燥的或含水很少的重氮化合物等的限制，该反应还可以使用其他的还原剂：在酸性介质中的还原剂有次亚磷酸（H_3PO_2）、甲酸、氧化亚铜等；在碱性介质中的还原剂有亚锡酸钠（Na_2SnO_2）、甲醛、甲酸盐、氢氧化亚铁、硫化碱及葡萄糖等。

重氮基被氢原子所取代的反应具有实际意义，例如，将1-氨基-2-羟基萘-4-磺酸的重氮氧化物在碱性水溶液中用葡萄糖进行还原，2-羟基萘-4-磺酸的产率可超过90%。

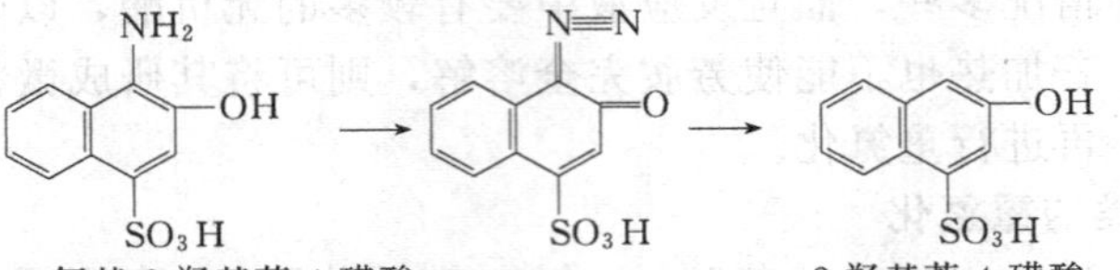

1-氨基-2-羟基萘-4-磺酸 → → 2-羟基萘-4-磺酸

2. 重氮基被羟基取代的反应

先将芳胺在稀硫酸中进行重氮化，然后将重氮化合物的酸性水溶液加热或煮沸。其反应式如下：

$$ArN_2SO_4H + H_2O \longrightarrow ArOH + H_2SO_4 + N_2$$

当重氮盐分解时，必须避免有氢卤酸的存在，否则将会有一部分重氮化合物转变成卤素衍生物。实验证明，纯重氮苯的酸性硫酸盐在稀水溶液中将完全分解，并几乎定量地生成苯酚；而在浓溶液中则会生成对羟基联苯、二苯醚、对羟基偶氮苯等产物。当大量的重氮化合物溶液加热时，尚未分解的重氮化合物还会与生成的酚类进行偶联，生成相当多的偶氮染料。为了避免这些副反应，可以将冷的重氮盐溶液慢慢地加到适当浓度的沸腾稀硫酸中，使重氮化合物在反应区域的浓度很低，并随时把生成的酚类随水蒸气蒸出。为了从反应介质中分出所生成的酚类，可以加入既不起反应又不与水互溶但能溶解酚类的有机溶剂，例如，芳烃及其氯代衍生物、醚类和酯类等。

由重氮基转化为羟基所得到的重要产品还有：

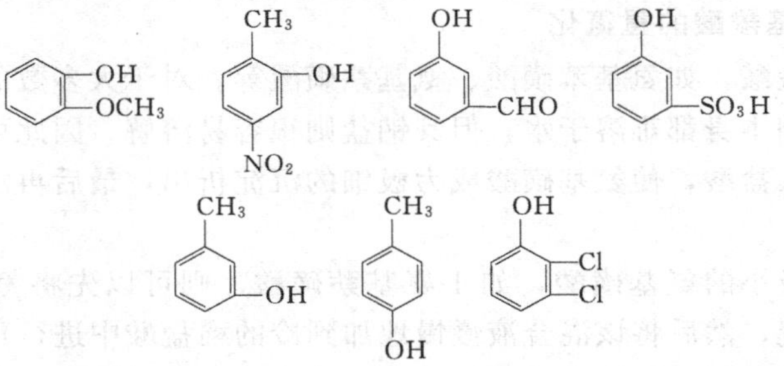

3. 重氮基被卤原子取代的反应

在该类反应中，重氮基被氯取代最有实际意义，某些不能用直接氯化法制得的氯衍生物可用该法制备。在亚铜盐存在下将重氮基转化成其他取代基的反应叫桑德迈耶尔（Sandmeyer）反应。

选择适当的操作条件，如在过量的氯离子存在下以及在适当的浓度和温度下，可以提高氯衍生物的产率。对于具有第二类取代基的重氮化合物来讲，实际产率可达到理论量，而对于对位重氮甲苯则可达到理论量的85%。

氯化亚铜最好是在桑德迈耶尔反应之前临时制成。可将硫酸铜与氯化钠的混合溶液与亚硫酸钠共热，或是使金属与氯化钠及盐酸作用而成。每1mol胺通常要用0.2～0.3mol的氯化亚铜。在氯化亚铜中，铁、铅、锡等杂质的存在对氯衍生物的产率不利。反应温度一般都在室温以上至反应液的沸点以下（40～80℃）。

4. 重氮基被氰基取代的反应

该反应是在氢氰酸的亚铜盐络合物（例如，$Na[Cu(CN)_2]$或$Na_2[Cu(CN)_3]$）存在下进行的。这种络合物在生产中是由过量的金属氰化物与氯化亚铜起作用而制得的。

$$CuCl + 2NaCN \rightleftharpoons Na[Cu(CN)_2] + NaCl$$

通过重氮化合物引入氰基的方法，被广泛应用于靛族染料的合成中。另外，利用这一反应还可以制 1-氰基萘-8-磺酸、3,4-二氰基联苯以及其他的一些化合物。

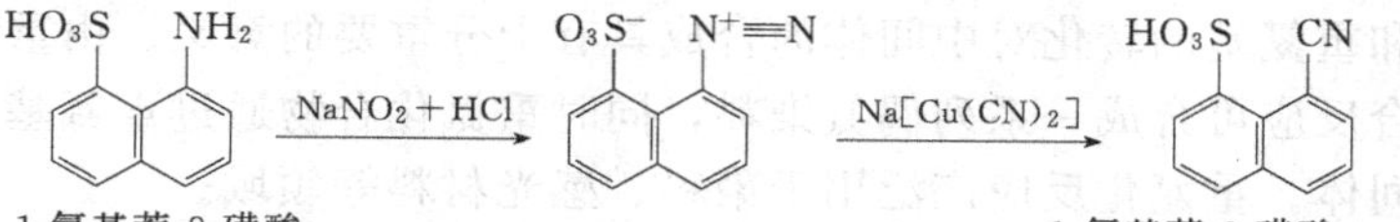

1-氨基萘-8-磺酸 $\xrightarrow{NaNO_2 + HCl}$ (重氮盐) $\xrightarrow{Na[Cu(CN)_2]}$ 1-氰基萘-8-磺酸

5. 重氮基被含硫基取代的反应

这种转化可采用许多反应剂来完成，二硫化钠是最实用的一种，其中最有意义的是重氮基被氢硫基所取代的反应。

当二硫化钠作用于重氮盐时，可以生成 Ar—S—S—Ar，后者经还原反应即可生成硫酚。

$$2ArN_2X + Na_2S_2 \xrightarrow{-2NaX} ArN=N-S-S-N=NAr \xrightarrow{-2N_2}$$
$$Ar-S-S-Ar \xrightarrow{还原} 2ArSH$$

硫酚被用来制备硫靛染料，它们也可以由磺酰氯基被还原或卤基被取代等方法来制备。

6. 重氮基被含碳基取代的反应

对于某些重氮化合物来讲，若选择适当的还原剂和操作条件，可以使联芳基衍生物的生成反应成为主体。在实际生产中，利用这一方法从 1-重氮基萘甲酸来制备 1,1′-联萘二甲酸（Ⅰ）。后者在浓硫酸中进行环化缩合，可制得稠二蒽二酮（Ⅱ），而（Ⅱ）是制备一系列蒽醌还原染料的母体原料。

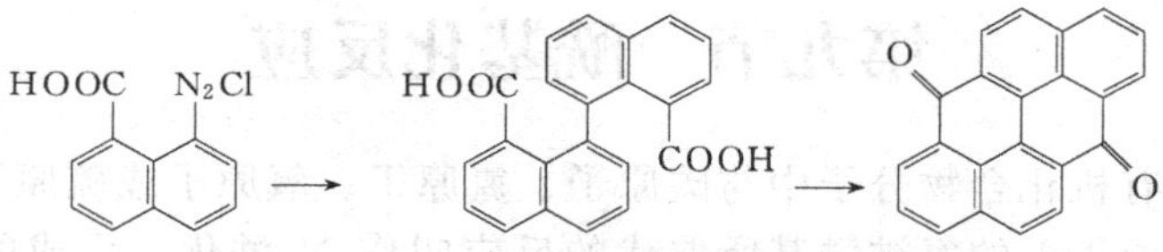

（1-重氮基萘甲酸）→ 1,1′-联萘二甲酸（Ⅰ）→ 稠二蒽二酮（Ⅱ）

7. 在重氮化合物的芳核上引入新取代基

由于重氮基具有很大的反应活性，因此在对重氮化合物进行核上取代反应的过程中，重氮基也常常发生了化学变化。但是，足够稳定的重氮化合物（主要是重氮氧化物）在强酸溶液中也能发生核上取代反应，而并不引起重氮基的显著分解，其中进行得较多的是硝化反应。

例如，把从 1-氨基-2-羟基萘-4-磺酸所得到的重氮氧化物（Ⅰ）溶于浓硫酸中，然后用混酸进行硝化，可以得到 6-硝基-1-重氮基-2-羟基萘-4-磺酸（Ⅱ）：

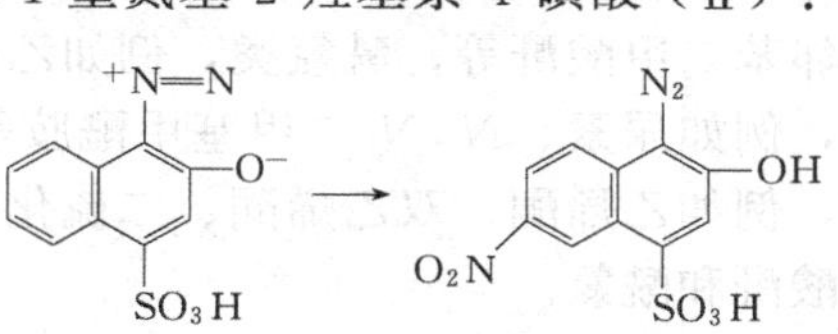

（Ⅰ）→（Ⅱ）
6-硝基-1-重氮基-2-羟基萘-4-磺酸

将（Ⅰ）溶于氯磺酸中，然后通入氯气进行氯化，可以制得 5-氯-1-重氮基-2-羟基萘-4-磺酸：

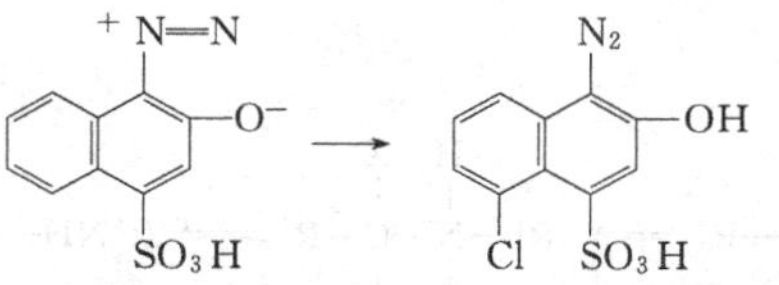

5-氯-1-重氮基-2-羟基萘-4-磺酸

以上两种产品都可用来制备铬媒偶氮染料的重氮组分。

四、重氮化反应在精细化学品生产中的应用

重氮化反应和重氮基的转化对中间体的合成具有十分重要的意义。由重氮化反应制备的重氮化合物通过偶合反应可合成一系列偶氮染料，同时重氮化合物通过重氮基的转化反应可以制备许多重要的中间体。重氮化反应广泛用于染料、感光材料等领域。

芳伯胺经重氮化生成重氮盐的反应是染料工业中最重要的反应，将重氮化合物与酚、芳胺偶合可制得各种各样的偶氮染料。在偶氮染料合成过程中，重氮化合物是主要组成，重氮化反应则是基本反应之一。

利用桑德迈耶尔反应制得的重要氯衍生物有 1-氯萘-8-磺酸，医药工业的抗疟类药"米帕林"的中间体 2,4-二氯甲苯，间氯甲苯和碱性染料的中间体 2,6-二氯甲苯。制备 1-氯萘-8-磺酸时的产率可达到 91%，它是制备硫靛黑的中间体。

$$\underset{\text{1-氨基萘-8-磺酸}}{\text{HO}_3\text{S}\quad\text{NH}_2} \longrightarrow \underset{}{^{-}\text{O}_3\text{S}\quad\text{N}_2^+} \xrightarrow[\text{CuCl}]{\text{HCl}} \underset{\text{1-氯萘-8-磺酸}}{\text{HO}_3\text{S}\quad\text{Cl}}$$

在感光材料工业中，重氮成像材料是一种开发早、应用广的非银盐感光材料，广泛用于印刷、复印、微缩等领域。如以重氮基作为感光基团的树脂称为重氮树脂，就是印刷行业中使用的 PS (presensitized plate) 版上感光涂层的主要材料。

第九节 酰基化反应

酰基化反应是指有机化合物分子中与碳原子、氮原子、氧原子或硫原子相连的氢被酰基所取代的反应。氨基氮原子上的氢被酰基所取代的反应叫作 N-酰化，生成的产物是酰胺；碳原子上的氢被酰基所取代的反应叫作 C-酰化，生成的产物是醛、酮或羧酸；羟基氧原上的氢被酰基取代的反应叫作 O-酰化，生成的产物是酯，故又叫作酯化。本节主要讨论 N-酰化和 C-酰化。

一、酰化剂

常用的酰化剂主要有如下几类：羧酸类，例如甲酸、乙酸、乙二酸等；酸酐类，例如乙酸酐、甲乙酐、顺丁烯二酸酐、邻苯二甲酸酐等；酰氯类，例如乙酰氯、苯甲酰氯、碳酸二酰氯（光气）、苯磺酰氯等；酰胺类，例如尿素、N,N-二甲基甲酰胺等；羧酸酯类，例如氯乙酸乙酯、乙酰乙酸乙酯等；其他类，例如乙烯酮、双乙烯酮、二硫化碳等。

最常用的酰化剂是羧酸、酸酐和酰氯。

二、N-酰化

1. 反应原理

用羧酸或其衍生物作酰化剂时，酰基取代伯氨基氮原子上的氢，生成羧酰胺的反应历程如下：

$$R^1\ddot{N}H_2 + \underset{O}{\overset{X}{\underset{|}{C}}}-R^2 \rightleftharpoons R^1-\underset{\underset{O}{|}}{\overset{H}{\underset{|}{N}}}-\overset{X}{\underset{|}{C}}-R' \rightleftharpoons R^1NH-\underset{O}{\overset{\|}{C}}-R^2 + HX$$

首先是酰化剂的羰酰基中带部分正电荷的碳原子向伯胺氨基氮原子上的未共用电子对作亲电进攻，形成过渡配合物，然后脱去 HX 而形成羧酰胺。

在酰化剂分子中，X 是—OH 时，酰化剂是羧酸；X 是—OCOR 时，酰化剂是酸酐；X 是—Cl时，酰化剂是酰氯。

2. 反应影响因素

N-酰化属于酰化剂对氨基上氢的亲电取代反应，反应的难易程度与酰化剂的亲电性及被酰化氨基上孤对电子的活性有关。

(1) 酰化剂活性的影响　酰化剂的反应活性取决于羰基碳上部分正电荷的大小，正电荷越大反应活性越强。对于 R 相同的羧酸衍生物，离去基团 X 的吸电子能力越强，酰基上部分正电荷越大。所以其反应活性如下：酰氯＞酸酐＞羧酸。

在脂肪族酰化剂中，其反应活性随着碳链的增长而变弱。当离去基团相同时，脂肪羧酸的反应活性大于芳香族羧酸。芳香族羧酸由于芳环的共轭效应使酰基碳上部分正电荷被减弱，因此，在引入芳羧酰基时也要使用活泼的芳羧酰氯作酰化剂。

(2) 胺类结构的影响　胺类被酰化的相对反应活性是：伯胺＞仲胺；无位阻胺＞有位阻胺；脂胺＞芳胺。即氨基氮原子上电子云密度越高，碱性越强，空间位阻越小，胺被酰化的反应性越强。对于芳胺，环上有供电子基时，碱性增强，芳胺的反应活性增强；反之，环上有吸电子基时，碱性减弱，反应活性降低。

对于活性高的胺，可以采用弱酰化剂。对于活性低的胺，则必须使用活泼的酰化剂。

3. N-酰化方法

(1) 用羧酸的 N-酰化　羧酸廉价易得，但反应活性低，一般只用于碱性较强的胺或氨的酰化。羧酸的 N-酰化是可逆反应。

$$R^1NH_2 + R^2COOH \rightleftharpoons R^1NHCOR^2 + H_2O$$

$$R^1OH + R^2COOH \rightleftharpoons R^1OCOR^2 + H_2O$$

为了使酰化反应尽可能完全，采取羧酸适当过量的同时，还应不断除去反应生成的水。脱水的方法主要有反应精馏脱水酰化法、溶剂共沸蒸馏脱水酰化法和高温熔融脱水酰化法。

应该指出，用羧酸的 N-酰化时反应温度较高，容易生成焦油物，使产品颜色变深，且反应不完全。对于小批量的精细化工生产过程，为了简化工艺，N-酰化常常不用羧酸，而改用价格较贵的乙酸酐、甲乙酐作酰化剂。

(2) 用酸酐的 N-酰化　酸酐是比羧酸活性高的酰化剂，最常用的是乙酐。多用于活性较低的氨基或羟基的酰化。用乙酐的 N-酰化反应如下：

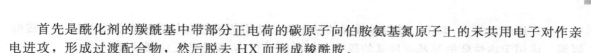

式中，R^1 可以是氢、烷基或芳基；R^2 可以是氢或烷基。

该反应是不可逆的。乙酐比较活泼，酰化反应温度一般控制在 20～90℃ 即可顺利进行。乙酐的用量一般只需要过量 5%～10% 即可。

酚类用酸酐酰化可以用酸催化，或在碱性水溶液中以酚盐形式参加酰化，也可以在无催化剂的情况下反应。例如，水杨酸用乙酐酰化在不加催化剂情况下反应，制得阿司匹林粗品。

(3) 用酰氯的 N-酰化　酰氯是最强的酰化剂，常用的酰氯有长碳链脂肪酸酰氯和芳羧酰氯等。适用于活性低的氨基或羟基的酰化。用酰氯进行 N-酰化的反应通式如下：

$$R-NH_2 + Ac-Cl \longrightarrow R-NHAc + HCl$$

式中，R 表示烷基或芳基；Ac 表示各种酰基。此类反应是不可逆的。

酰氯都是相当活泼的酰化剂，其用量一般只需稍微超过理论量即可。酰化的温度也不需太高，有时甚至要在 0℃ 或更低的温度下反应。

另外，酰化产物通常是固态，所以用酰氯的 N-酰化反应必须在适当的介质中进行。如果酰氯的 N-酰化速度比酰氯的水解速度快得多，反应可在水介质中进行。如果酰氯较易水解，则需要使用惰性有机溶剂，如苯、甲苯、氯苯、乙酸、氯仿、二氯乙烷等。

由于酰化时生成的氯化氢与游离氨结合成盐，降低了 N-酰化反应的速度，因此在反应过程中一般要加入缚酸剂来中和生成的氯化氢，使介质保持中性或弱碱性，并使胺保持游离状态，以提高酰化反应速率和酰化产物的收率。常用的缚酸剂有：氢氧化钠、碳酸钠、碳酸氢钠、乙酸钠及三乙胺等有机叔胺。

(4) 用其他酰化剂的 N-酰化

① 用二乙烯酮酰化。二乙烯酮也叫双乙烯酮，可以看作是乙酰乙酸的酸酐，相当活泼，与胺类的 N-酰化反应可以在低温水介质中进行。用双乙烯酮酰化邻甲苯胺可以制备 N-乙酰乙酰基苯胺等染料中间体。

② 用光气酰化。光气是碳酸的二酰氯，由于羰基的作用使得两个氯都比较活泼，既可以和氨基作用，也可以和羟基作用，它与两个氨基作用可以得到脲衍生物。

$$2RNH_2 + COCl_2 \longrightarrow RNHCONHR + 2HCl$$

光气与一分子胺或酚作用得到相应的甲酰氯 RNHCOCl 或 ArOCOCl。得到的取代物的甲酰氯与第二分子胺或酚作用则得到不对称的光气衍生物。用光气作酰化剂可以制备脲衍生物、氨基酰氯衍生物和异氰酸酯三类产品。

三、C-酰化

1. 反应原理

当用羧酰氯作酰化剂，以无水三氯化铝为催化剂时，反应历程大致如下。

首先酰氯与无水三氯化铝作用生成各种正碳离子活性中间体 (a)、(b)、(c)。

$$\underset{}{R-\overset{O}{\overset{\|}{C}}-Cl} + AlCl_3 \rightleftharpoons \underset{(a)}{R-\overset{O}{\overset{\|}{\underset{\delta+}{C}}}-\overset{\delta-}{Cl}:AlCl_3} \rightleftharpoons \underset{(b)}{R-\overset{\delta-O:AlCl_3}{\overset{\|}{\underset{\delta+}{C}}}-Cl} \rightleftharpoons \underset{(c)}{R-\overset{O}{\overset{\|}{C^+}} + AlCl_4^-}$$

然后它们与芳环作用生成芳酮与三氯化铝的配合物。再水解即可得到芳酮。

$$C_6H_5-\overset{O:AlCl_3}{\overset{\|}{C}}-R \xrightarrow{H_2O} C_6H_5-\overset{O}{\overset{\|}{C}}-R + AlCl_3$$

无论何种反应历程，生成的芳酮总是和三氯化铝形成 1:1 的配合物。这是因为配合物中的 $AlCl_3$ 不能再起催化作用，故 1mol 酰氯在理论上要消耗 1mol $AlCl_3$。实际上要过量 10%～50%。

2. 反应影响因素

影响 C-酰化反应的因素主要有：被酰化物结构、酰化剂的结构、催化剂和溶剂。

(1) 被酰化物结构　C-酰化属于傅列德尔-克拉夫茨 (Friedel-Crafts) 反应，该反应是亲电取代反应。当芳环上有供电子基 (例如—CH_3、—OH、—OR、—NH_2、—NHAc) 时反应容易进行，可以不用无水三氯化铝，而用无水氯化锌等温和催化剂。因为酰基的空间位阻比较大，所以酰基主要进入芳环上已有取代基的对位。当对位已被占据时，才进入邻位。

芳环上有吸电子基（例如—Cl、—NO_2、—SO_3H、—COR）时，C-酰化反应难以进行。因此当芳环上引入一个酰基后，芳环被钝化不易发生多酰化、脱酰基等副反应，所以 C-酰化的收率可以很高。但是，对于 1,3,5-三甲苯和萘等活泼的化合物，在一定条件下也可以引入两个酰基。硝基使芳环强烈钝化，因此硝基苯不能被 C-酰化，有时可用作 C-酰化反应的溶剂。

（2）酰化剂结构　C-酰化反应的难易程度与酰化剂的亲电性有关。这是由于 C-酰化是亲电取代反应，酰化剂是以亲电质点参加反应的。酰化剂的反应活性取决于羰基碳上部分正电荷的大小，正电荷越大，反应活性越强。烷基相同的羧酸衍生物，离去基团的吸电子能力越强，酰基上部分正电荷量越大。相对反应活性如下：酰氯＞酸酐＞羧酸。

芳香族羧酸由于芳环的共轭效应，使酰基碳上部分正电荷被减弱。当离去基团相同时，脂肪羧酸的反应活性大于芳香羧酸，高碳羧酸的反应活性低于低碳羧酸。

（3）催化剂　催化剂的作用是通过增强酰基上碳原子的正电荷，来增强进攻质点的反应力。由于芳环上碳原子的给电子能力比氨基氮原子和羟基氧原子弱，所以 C-酰化通常需要使用强催化剂。

最常用的强催化剂是无水三氯化铝。它的优点是价廉易得、催化活性高、技术成熟；缺点是产生大量含铝盐废液。对于活泼的芳香族化合物和杂环化合物，在 C-酰化时如果用三氯化铝作催化剂，则容引起副反应，这时需要使用温和的催化剂，如无水氯化锌、磷酸、多聚磷酸和三氟化硼等，例如间苯二酚进行 C-酰化时，为了避免活泼酚羟基的 O-酰化副反应，可以用相应的羧酸作酰化剂，并用无水氯化锌作催化剂。

3. C-酰化方法

（1）用羧酸酐的 C-酰化　用邻苯二甲酸酐进行环化的 C-酰化是精细有机合成的一类重要反应。酰化产物经脱水闭环制成蒽醌、2-甲基蒽醌、2-氯蒽醌等中间体。如邻苯甲酰基苯甲酸的合成反应如下：

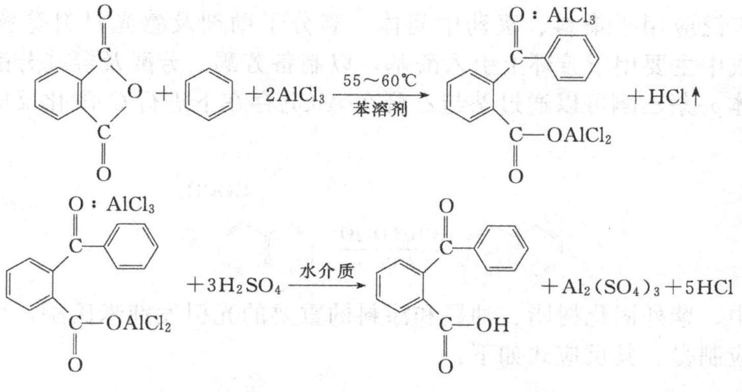

首先将邻苯二甲酸酐与 $AlCl_3$ 在过量 6～7 倍的苯作溶剂下反应，然后将反应物慢慢加到水和稀硫酸中进行水解，用水蒸气蒸出过量的苯。冷却后过滤、干燥，得到邻苯甲酰基苯甲酸。然后将邻苯甲酰基苯甲酸在浓硫酸中 130～140℃时脱水闭环得到蒽醌。

（2）用酰氯的 C-酰化　萘在催化剂 $AlCl_3$ 作用下，用苯甲酰氯进行 C-酰化，其反应式为：

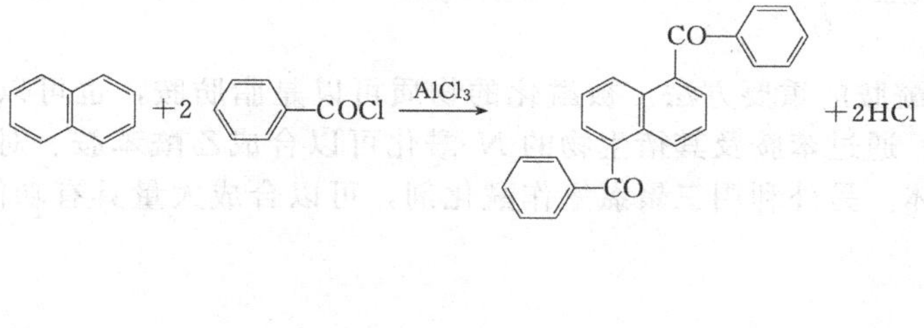

该反应过量的苯甲酰氯既作酰化剂又作溶剂。

C-酰化反应生成的芳酮与三氯化铝的络合物需用水解才能分离出芳酮,水解会释放出大量热量,所以将酰化物放入水中时,要特别小心以防局部过热。

(3) 用其他酰化剂的 C-酰化 对于芳香族化合物,如果芳环上含有羟基、甲氧基、二烷氨基、酰氨基,在 C-酰化时则会发生副反应,为了避免副反应的发生,通常选用温和的催化剂,例如无水氯化锌,有时也选用聚磷酸等。如间苯二酚与乙酸的反应,生成的 2,4-二羟基苯乙酮是制备医药的中间体。

$$\text{间苯二酚} + CH_3COOH \xrightarrow[115\sim120℃]{ZnCl_2} \text{2,4-二羟基苯乙酮} + H_2O$$

四、酰基化反应在精细化学品生产中的应用

酰基化反应在精细有机合成工业中,具有十分重要的意义。因为氨基或羟基等官能团与酰化剂作用可以转变为酰胺或酯,所以引入酰基后可以改变原化合物的性质和功能性。如染料分子中氨基或羟基酰化前后的色光、染色性能和牢度指标将有所改变。酰基化反应还可以提高游离氨基的化学稳定性或反应中的定位性能,满足有机合成工艺的要求。例如有的氨基物在反应条件下容易被氧化,酰化后可以增强其抗氧性;有些芳胺在进行硝化、氯磺化、氧化或部分烷基化之前常常要对氨基进行"暂时保护性"酰化,反应完成后再将酰基水解掉。如:

$$\text{对甲基苯胺} \rightarrow \text{对甲基乙酰苯胺} \rightarrow \text{对乙酰氨基苯甲酸} \rightarrow \text{对氨基苯甲酸}$$

酰基化反应广泛应用于染料、医药中间体、高分子助剂及感光材料等领域中。C-酰化反应在精细有机合成中主要用于芳环上引入酰基,以制备芳酮、芳醛及羟基芳酸。比如,常用的医药和染料中间体 α-萘乙酮可以通过萘与乙酐在 $AlCl_3$ 存在下进行 C-酰化反应合成。其反应式如下:

$$\text{萘} \xrightarrow[AlCl_3]{(CH_3CO)_2O} \text{α-萘乙酮}$$

在感光材料中,紫外固化树脂、油墨和涂料的重要的光引发剂米氏酮,可以由 N,N-二甲基苯胺与光气反应制得。其反应式如下:

$$(CH_3)_2N\text{-}C_6H_5 \xrightarrow[20℃]{COCl_2} (CH_3)_2N\text{-}C_6H_4\text{-}COCl + HCl$$

$$(CH_3)_2N\text{-}C_6H_4\text{-}COCl + (CH_3)_2N\text{-}C_6H_5 \xrightarrow[100℃]{ZnCl_2} (CH_3)_2N\text{-}C_6H_4\text{-}CO\text{-}C_6H_4\text{-}N(CH_3)_2$$

N-酰化是制备酰胺的重要方法。被酰化的物质可以是脂肪胺,也可以是芳胺;可以是伯胺,也可以是仲胺。通过苯胺及其衍生物的 N-酰化可以合成乙酰苯胺、对氨基乙酰苯胺等分散染料的重要中间体。另外利用三聚氯氰作酰化剂,可以合成大量具有功能性的精细化学品。

因为三聚氯氰分子，可以看作是三聚氰酸的酰氯，也可以看作是芳香杂环的氯代物，其分子中与氯原子相连的碳原子都有酰化能力，可以置换氨基、羟基、巯基等官能团上的氢原子。它们的结构通式可表示如下。

X_1、X_2、X_3可以分别代表—OH、—SH、—NH_2、—NHR、—OR、—SR等官能团，这些精细化学品包括活性染料、水溶性荧光增白剂、表面活性剂及农药等，随着三聚氯氰生产技术的进步，用三聚氯氰生产的精细化学品在不断增加。

思 考 题

1. 生产中哪些物质可作为磺化剂？
2. 工业上有哪些磺化方法？
3. 磺化反应有哪些主要副反应？如何控制？
4. 共沸去水磺化法具有哪些优点？其适用性如何？
5. SO_3磺化法具有哪些优点？生产中应注意什么？
6. 用H_2SO_4作磺化剂时，酸为什么要过量？
7. 哪些物质可作为硝化剂？
8. 硝化方法主要有哪几种？
9. 硝化反应影响因素有哪些？硝化反应为什么要控制好反应温度？
10. 混酸硝化具有哪些优点？其废酸是如何处理的？
11. 硝化反应有哪些主要副反应？如何控制？
12. 硝化反应在精细化学品生产中主要有哪些应用？
13. 卤化反应有何作用？
14. 常用哪些物质作氯化剂？
15. 可被氯置换的取代基有哪些？
16. 在溴化、碘化反应中为什么要加入氧化剂？分别说明常用的氧化剂有哪些？
17. 苯氯化反应有何特点？
18. 为什么要控制氯化深度？
19. 氟化反应有何作用？
20. 缩合反应主要有几种？为什么异酯缩合时最好有一方不含α-氢？
21. 羟醛缩合反应有哪些主要应用？
22. 缩合反应影响因素主要有哪些？
23. 什么叫氨解反应？氨解反应的氨解剂有哪些？
24. 氨解方法有哪些？在精细化学品生产上有哪些应用？
25. 氯苯催化氨解时可能发生什么副反应？采取什么措施以减少副产物的生成？
26. 苯酚气相催化氨解制苯胺时应注意什么？
27. 氨解法制胺与其他方法比较具有哪些优点？
28. 什么叫羟基化反应？羟基化反应有何意义？
29. 氯化物水解常用的水解试剂有哪些？
30. 苯酚的合成路线有几种？
31. 甘油的合成路线有几种？
32. 异丙苯法制苯酚有何特点？

33. 由氯代醇类化合物制二元醇应以什么作水解剂？
34. 碱熔的影响因素有哪些？碱熔反应在精细化学品生产中有哪些应用？
35. 烷基化反应中催化剂的作用是什么？常用的催化剂有哪些？
36. 芳环上的 C-烷基化剂有哪些？C-烷基化反应有何特点？
37. 烷基化方法有哪些？
38. N-烷基化剂有哪些？
39. 烯烃的 C-烷基化反应在生产中有何意义？
40. 用卤烷进行胺类烷基化时为何要加一定量的碱性试剂？
41. 工业上生产甲胺时如何控制三甲胺的生成？
42. 卤烷的烷基化反应在生产中有何意义？
43. 醇、醛和酮的烷基化反应在生产中有何意义？
44. 简述重氮化反应的特点。
45. 重氮化方法有哪些？
46. 重氮基的转化有何意义？
47. 对硝基苯胺重氮化时应注意哪些问题？
48. 由重氮基转化制酚如何避免副反应发生？
49. 重氮化反应在精细化学品生产中主要应用在什么方面？
50. 举例说明酰化反应的主要类型有哪些。
51. 影响酰化反应的主要因素有哪些？
52. 举例说明酰化剂的种类有哪些。
53. N-酰化方法有哪些？
54. C-酰化方法有哪些？
55. 酰基化反应在精细化学品生产中主要有哪些应用？

第二章 分离提纯技术

第一节 分离提纯与精细化工

分离技术的应用已有长久的历史，我国古代就在酿酒、制糖工业中采用了蒸馏、结晶等分离技术。几百年来，分离技术经历了手工作坊和单元操作两个阶段，其在有机合成、石油炼制、冶金、食品以及制药工业中逐渐形成了蒸馏、吸收、萃取、吸附等传统的分离单元操作。精细化工的发展、石油产品的深加工以及煤化工等促进了分离提纯技术的不断发展，传统的分离方法不断改进完善，新的分离方法不断出现。

一、作用及目的

分离技术在各应用学科领域中起着非常重要的作用。在全部化工生产中几乎没有一种不需经过分离处理而能得到产品的工艺过程。据统计，石油化工的总投资至少有一半，有的甚至高达90%是用在分离装置上的，其所消耗的能量也往往占总能耗的绝大部分。例如，在聚乙烯生产过程中，精制所消耗的能量占总能耗的94%；在醋酸生产中，精制所消耗的能量更高，为总能耗的98%。同样在精细化学品生产过程中，虽然生产方法各异，但都有中间产物和产品的分离与精制等过程。现代分离技术对于治理现代化工业带来的"三废"、防止环境污染已取得长足进展。如泡沫吸附分离技术用于多种工业废水的处理并取得了良好效果。

随着现代工业的发展和科学技术的进步，人们对分离技术提出了越来越高的要求，促进了分离理论及技术基础理论的研究，并逐步掌握了分离理论及技术的规律，建立了接近于实际情况的数学模型，各种新的现代分离技术不断涌现，形成了崭新的现代分离学科。

什么是分离？根据各种分离技术的共同特点，可以说分离是一种方法或技术。借助这种方法或技术可以把一种混合物至少分成相对组成不同的两种产物。一般来讲，分离的目的是使原混合物中某一种或几种组分的相对浓度在其分离产物中有所提高。依据欲分离组分在原溶液中的浓度不同，用下述三个概念以示区分：①富集，对浓度（摩尔分数）小于

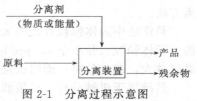

图2-1 分离过程示意图

0.1组分的分离；②浓缩，对浓度（摩尔分数）处于 0.1~0.9 范围内组分的分离；③纯化，对浓度（摩尔分数）大于 0.9 组分的分离。该区分方法完全是人为的，但目前已被人们所接受。分离混合物必须经过某种特殊的过程，供给必要的能量。

二、分离提纯基本工艺过程

一个分离过程通常由原料、产物、分离剂及分离装置组成。原料是待分离的混合物，它可以是单相或多相体系，但至少含有两个组分；产物为分离所得的产品，它可以是一股，也可以有多股，其组分彼此不同；分离剂为加到分离装置中使分离过程得以实现的能量或物料，也可以两者并用，如蒸汽、冷却水、吸收剂、萃取剂、机械功、电能等；分离装置是分离过程得以实施的必要设备，是一个特定的装置。分离过程可用图 2-1 简示。

三、分类

由于现有的分离方法很多，因而对分离技术进行分类的方法也有多种：有根据分离的主要传质过程特点进行分类的；有从工程技术实用角度进行分类的；有根据分离度概念及其一般数学表达式的特点进行分类的；也有按被分离物的性质进行分类的。本书则按分离过程原理区分为机械分离和传质分离两大类。

机械分离是在分离装置中利用机械力将两相混合物相互分离的过程，分离时物相间无物质传递发生。常见的机械分离过程有过滤、沉降、离心分离、旋风分离及静电除尘等。

传质分离过程可以在均相或非均相混合物中进行，在均相中有梯度引起的传质现象发生，在非均相中两物相间有传质现象发生。传质分离过程又分为平衡分离过程和速率控制分离过程两类。平衡分离是依据被分离的各组分在平衡相中组成不同的原理而进行分离的过程，如精馏、吸收、萃取、吸附、结晶等；速率控制分离是依据被分离组分在均相中的传递速率差异而进行分离的过程，如利用溶液中分子、离子等粒子的迁移速度或扩散速度的不同来进行分离。膜分离技术是近十几年来研究较多、发展较快的一种速率控制分离过程。

第二节　精细化学品生产中常用的分离提纯技术

精细化工产品品种繁多，生产方法各异，但它们都有物料的预处理、中间产物和目的产物的分离与精制等过程。本节主要介绍精细化学品生产中常用的分离提纯方法。

一、过滤

过滤是精细化工生产中常采用的固液分离技术。它是利用多孔介质截留固体粒子而让液体通过，使固体粒子从悬浮液中分离出来的方法。

精细化工生产中常常遇到悬浮液的固液分离问题。悬浮液是指液体中含有固体颗粒的两相混合物。各种固体颗粒具有不同的几何形状，如片状、纤维状、粒状和不规则形状等。根据产品的不同要求，有的是要分离得到液体，而有的是要得到固体，也有要求两种兼得的。由于在精细化工生产中悬浮液的种类很多，因此在分离时要根据悬浮液的不同特性采用不同的过滤分离方法。

悬浮液中固体颗粒直径的大小对过滤分离的效果影响很大。固体颗粒直径越大，越容易分离。固体颗粒直径小于 $0.5\mu m$ 时，分离较困难。悬浮液的黏度和密度对分离的影响也较大，黏度越大，越难分离；而组成悬浮液的固体颗粒与液体的密度相差越大，则分离越容易。

过滤属于机械分离，可按滤层特征分为两大类：一类为饼层过滤，其特点是固体颗粒呈饼层状沉积于过滤介质的一侧，适用于处理固体含量稍高的悬浮液；另一类是深床过滤，其特点是固体颗粒的沉积发生在较厚的粒状过滤介质床层内部，悬浮液中的颗粒直径小于床层孔道直径，当颗粒随流体在床层内的曲折孔道中穿过时，便黏附在过滤介质上。深床过滤适用于悬浮液中颗粒甚小而且含量较低的物料。

过滤是以某种多孔物质为介质来处理悬浮液的操作。在外力的作用下，悬浮液中的液体通过介质的孔道，使固体颗粒被截留下来，从而实现固、液分离。图 2-2 为过滤操作示意图。过滤操作所处理的悬浮液称为滤浆，所用的多孔物质称为过滤介质，通过介质孔道的液体称为滤液，被截留的物质称为滤饼或滤渣，赖以实现过滤操作的外力可以是重力或惯性离心力。在精细化工生产中应用最多的还是借助于多孔物质上、下游两侧的压强差来实现分离。

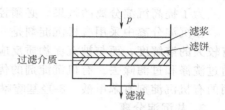

图 2-2　过滤操作示意图

过滤操作正常进行，关键要选择适当的过滤介质，并在介质不发生阻塞或穿透的条件下进行固液分离。过滤介质是各种类型过滤设备的重要组成，在选择过滤设备形式和最佳操作条件的同时，要根据待过滤液中固体颗粒大小、黏度、腐蚀性等因素来考虑选择最合适的过滤介质。选择过滤介质时还要考虑介质的孔隙大小、强度、厚度、稳定性、耐温性和耐腐蚀性等。

过滤介质按作用原理可分为：表面过滤介质和深层过滤介质。表面过滤介质是截留悬浮液中的固体颗粒使之沉积在介质的表面，液体则穿过介质的孔隙。表面过滤介质有滤布、滤纸、滤网等，主要用于收集悬浮液中的固体颗粒。深层过滤介质是将悬浮液中的固体颗粒渗入介质的孔隙中而被截留。当悬浮液中的固体颗粒浓度低时，颗粒难以在介质孔隙的入口处停留，固体颗粒便渗入介质的孔隙中，受到吸附、沉淀及阻滞作用而被截留。深层过滤介质有多孔金属、多孔塑料、砂滤层等。

过滤分离按其操作方式可分为间歇式过滤和连续式过滤。间歇加压过滤广泛地应用在染料、颜料、农药、胶黏剂、表面活性剂、食品添加剂、涂料等生产中。加压过滤具有如下优点：①对悬浮液的适应性强；②结构简单容易操作；③过滤压力高，滤饼含湿率低；④过滤面积的选择范围广；⑤操作稳定，单位过滤面积占地小。常见的过滤分离设备有板框式过滤设备、真空式过滤设备和离心式过滤设备。

二、沉淀和共沉淀

沉淀和共沉淀分离技术历史久远，至今仍然广泛地用于精细化工的科研、生产各个领域。沉淀法的显著优点是简便易行、处理量变化范围大、适用范围广，而且在适当条件下能够达到很好的分离效果。

1. 沉淀分离

沉淀过程是指从均相流体中析出固体物质的过程。沉淀过程发生的必要条件是溶液体系内溶质呈过饱和状态。

使溶质达到过饱和状态的方法有许多：若溶质的溶解度随温度下降而显著下降，则可采用冷却法降低溶液温度达到溶液的过饱和状态；若物质的溶解度随温度变化改变较小，甚至呈逆变化，则可以采用蒸发法，蒸去一部分溶剂而使溶液达到过饱和状态；还有一类方法是反应沉淀法，加入某种称作沉淀剂的物质，使溶液中发生化学反应，导致溶液对某产物而言呈过饱和状态，使得该物质沉淀析出；另外，向溶液体系中加入某些物质，改变溶剂的性质，也可以使溶质析出，如加入无机盐，利用其产生的同离子效应或盐效应常可使另一种盐类析出，这种方法叫盐析法；向溶解了有机物的水溶性有机溶剂中加入水，可以使有机物析出，相反向溶解了无机盐的水溶液中，加入水溶性有机溶剂，可以使无机盐析出，这种方法称之为溶剂转换法。

某种物质能否从溶液中析出，取决于它的溶解度或溶度积（K_{sp}）。为了在分离中获得较高的分离效率，通常希望被沉淀物质具有较小的溶度积。另外，根据同离子效应，加入过量的沉淀剂，也是一种降低化合物溶解度的方法；但是沉淀剂不宜加得过多，否则形成易溶的络合物，往往会适得其反。

为了提高沉淀分离的效果，必须控制好沉淀条件，如沉淀剂的浓度、加入速度及搅拌等。

在沉淀分离中采用有机沉淀剂是一个发展方向。作为有机沉淀剂的基本要求是：其在水中有较大的溶解度，而与被沉淀物质反应所生成的沉淀应难溶于水，这样，过量的沉淀剂将易于通过洗涤和过滤除去。有机沉淀剂的优点是有较高的选择性，沉淀速度快，组成稳定。目前使用的有机沉淀剂有苯甲酸、8-羟基喹啉及其衍生物等。

2. 共沉淀分离

在沉淀分离中，凡化合物未达到溶度积，而由于体系中其他难溶化合物在形成沉淀的过程中引起该化合物同时沉淀的现象称为共沉淀。共沉淀是沉淀分离中普遍存在的现象，它导致的沉淀分离常常不完全。利用共沉淀使溶液中的一种组分沉淀析出，并以此作为载体，将共存于溶液中的某些微量组分也一起沉淀下来以达到分离目的的方法称之为共沉淀分离法。这种方法解决了因受溶解度限制而不能用沉淀法进行分离或富集的问题。

共沉淀是一个包括沉淀夹带溶液中其他可溶性物质的多种形式的复杂过程。按其沉淀机理，可以有形成混晶、表面吸附、生成化合物、包藏、吸藏等。

实际进行的共沉淀是一个复杂的过程，有可能有两种或两种以上的共沉淀机理同时存在。有机试剂的共沉淀机理至今尚不完全清楚，但有一点是肯定的，即溶液中加入有机共沉淀剂后形成的难溶沉淀具有诱导沉淀析出微量物质的能力，而且被共沉淀的微量物质通常不是直接以简单形式进入载体，而是首先要转化成一定形式的化合物。

沉淀和共沉淀都是相当复杂的物理化学过程。为了得到预期的分离效果和回收率，在共沉淀分离中，要正确选择共沉淀剂，同时掌握好各种分离条件或方法。共沉淀剂一般应满足下列要求：①常量组分对微量组分具有明显的共沉淀能力和较高的选择性；②常量组分沉淀易溶于酸或其他溶剂中，或者易于破坏除去，并且要尽量不干扰以后微量组分的进一步分离；③常量组分形成的沉淀要有足够大的颗粒和密度，易于进行固液分离。

目前常用的无机共沉淀剂有：硫酸盐（如硫酸钡），氢氧化物（如氢氧化铁、氢氧化镁），氟化物（如氟化镧），硫化物（如硫化铜）及磷酸盐（如磷酸铋）等。

三、溶剂萃取

溶剂萃取分离法是指在被分离物质的溶液中，加入与原来溶剂互不混溶的另一种溶剂，借助于萃取剂的作用，使一种或几种组分进入另一相，而另一些组分仍留在原始相中，从而达到分离的目的。萃取过程是物质从一相转入另一相的传质过程，一般萃取料液是含多种组分的溶液，萃取过程即利用各种组分在两相间的溶解度不同，来实现两种或两种以上组分的分离。溶剂萃取过程是分离提纯各类物质的重要单元操作之一。其具有连续操作、分离效果好、能耗较低、易于自动控制等优点。在石油化工、精细化工生产中得到广泛应用。

1. 萃取过程

图 2-3 为一个萃取、洗涤及反萃取操作示意图。

在萃取过程中起萃取作用的溶剂称萃取剂。萃取剂的挥发性和毒性要小，在各种水相介质中溶解极少，对被萃取组分有较高的萃取能力和选择性，廉价易得。

控制不同的条件，使进入了有机相的物质从有机相再转入水相，此过程常被称为反萃取。

在萃取与反萃取之间还有一个洗涤操作，其目的是把同时被萃入有机相的某些杂质再反萃

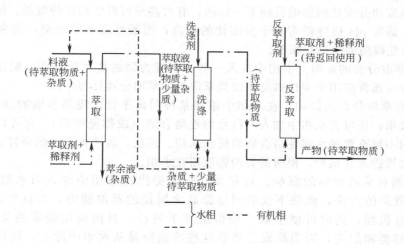

图 2-3 萃取、洗涤及反萃取操作示意图

取出来,而把主要的被萃取物仍保留在有机相内,当然也会有少量被洗入水相。通常萃取、洗涤、反萃取三个步骤组成一个萃取循环。

由于在洗涤部分的出口水相中常会有少量待萃取物质,因此在实际操作中常把此部分溶液返回到料液中。如图 2-3 中虚线所示。经过这个循环,被萃取组分从水相进入有机相,再从有机相返回到反萃取后的水相,而待分离的杂质则留在萃取后的水相中。这样,被萃取物质和杂质就通过这个循环而得到分离。

2. 影响因素

分配比是平衡时被萃取物 M 在有机相中总浓度与被萃取物 M 在水相中总浓度的比值。分配比越大,表示被萃取组分在有机相中的浓度越大,也就是其越容易被萃取。分配比的大小对萃取影响很大,它既取决于被萃取组分与萃取剂相结合而进入有机相的能力强弱,又与建立分配平衡时的外界条件有关。

影响萃取的因素还很多,对于不同的萃取体系,同一因素所起的作用和重要性有可能不同,像萃取剂的浓度、酸度、盐析剂的影响、金属浓度的影响、温度、料液中的杂质离子等,究竟哪一种影响因素为主,要具体问题具体分析。

3. 溶剂萃取分离条件的选择

溶剂萃取法具有方法简单、易于掌握、快速和分离效果好等优点。但是萃取分离法的这些优点只有在选择适当的萃取体系,有效地考虑影响萃取分离的各种因素时,才能充分地发挥出来。

(1) 有机相的选择　在溶剂萃取技术中,最重要的是选择合适的有机相。在萃取分离中对所用的有机萃取剂和稀释剂总的要求是:①有良好的选择性,其对欲分离物质的分配比与对其他杂质的分配比差别较大,这样就具有较高的萃取选择性;②易于反萃取,分配比要大,但同时又要易于将被萃取物从有机相中反萃取出来;③具有良好的物理性能和化学性能,萃取剂的水溶性要小,黏度低,表面张力大,闪点高,不易燃烧,密度要与水的差别较大,液相范围广,不易形成第三相或乳化;在化学性能方面,要求耐化学腐蚀性和耐辐射性好。

(2) 水相条件的选择　在萃取分离混合物过程中,水相条件的选择需视所用萃取剂种类和被分离的对象而定。同一萃取剂对同一物质在改变萃取条件后(包括酸度及其他络合剂的加入),能使其萃取效率有很大改变。通常在分离过程中水相条件改变应考虑下列几方面因素。

① pH值的影响。pH值对分配比的影响极大，往往是物质彼此间分离的关键。pH值对各种不同类型萃取剂分配比的影响是很不一样的，有时甚至可得到相反的效果。例如，中性磷和含氧萃取剂，通常pH值降低有利于分配比的提高；而酸性磷类萃取剂，特别是螯合萃取剂，则pH值降低得到的结果却相反。

② 盐类对萃取分离的影响。水相中加入一些水合能力强的盐类对提高分配比效果极为显著。这种盐析效应通常应用于中性磷类和胺类萃取剂的萃取分离过程中。

③ 阴离子对萃取分离的影响。在水相中添加某种阴离子常能提高萃取的选择性。此外，为了提高分离效果，还可在水相中加入一种水溶性络合剂（或称掩蔽剂），它可以使欲分离的杂质生成稳定的不可萃取的水溶性络合物而留在水相。相反，若选择合适的条件，也可使某些或所有的干扰物质进入有机相，使所需要的物质留在水相。

④ 有机溶剂对萃取分离的影响。近年来，有人提出在水相中加入与水混溶的有机溶剂来改善分离效果的方法，此法不仅能明显提高金属盐的萃取能力，而且可改善相分离，不致形成第二有机相；同时可使萃取在较低酸度下进行。目前应用最多的是添加相对分子质量较小的醇类和酮类，因为萃取分离后这些溶剂极易从水相中除去，使用比较方便。

(3) 洗涤和反萃取条件的选择　在萃取分离混合物时，为了达到满意的效果，不仅要考虑选择合适的有机相和水相，而且还要选择合适的洗涤和反萃取条件。萃取、洗涤和反萃取是萃取分离中三个相辅相成的过程。洗涤也可看作是一种反萃取过程，主要是为了除去与被萃取物质共同进入有机相的杂质，以提高产物的纯度。作为洗涤用的水相应使杂质的分配比小，而被分离物质的分配比大，这样可使后者仍留在有机相。在洗涤时所用的水相条件可与萃取时相同，也可以不同，主要取决于能否提高洗涤效果。在萃取分离过程中也经常加入少量能与杂质络合的水溶性络合剂作为洗涤用。

至于反萃取方法的选择，一般也要根据萃取机理的不同采取不同的方法。可以通过调节水相的pH值，采用络合、还原或分步等反萃取方法来实现。反萃取条件的选择正好与萃取条件相反，要求被萃取物的分配比很小，使之能从有机相方便地转入水相。

总之，溶剂萃取法的应用要根据不同的分离对象和实际要求，考虑上述各种影响因素，选择合适的萃取体系以及洗涤和反萃取条件，以获得较好的分离效果。

四、精馏

精馏是分离液体均相混合物的典型单元操作，是利用其中各组分挥发性的不同而达到分离目的的操作。这种分离操作是通过液气相间的传质来实现的。

分离混合液的精馏方法可分为简单蒸馏、精馏和特殊精馏。特殊精馏是指共沸精馏（或称恒沸精馏）、萃取精馏、水蒸气精馏、反应精馏和分子蒸馏。特殊精馏是本节讨论的重点。

另外，根据操作压力的不同也可将精馏分为常压精馏、加压精馏和减压（真空）精馏。常压精馏一般用于分离沸点在30～150℃不易分解的混合液。加压精馏是在被分离的混合液的沸点很低并在常温常压下为气体混合物，或者在加压下混合物中各组分的挥发度相差较大的情况下采用的。通过加压提高混合物的沸点，使其能在常温下进行精馏操作。真空精馏是在某些物质沸点高、要使其沸腾则需消耗大量热量，或者在高温下精馏会引起被分离物分解变质的情况下采用的。因此采用真空精馏，可使精馏在较低温度下进行，通常是用降低压力的方法来实现的。

1. 简单蒸馏

简单蒸馏是使混合液在蒸馏釜中逐渐地蒸发，并不断地将生成的蒸气移至冷凝器内冷凝，使混合液各组分部分地分离。该法也称为平衡蒸馏或微分蒸馏。在蒸馏过程中没有回流。简单蒸馏装置包括加热蒸馏釜、冷凝器和接收槽。蒸馏时，物料蒸气自蒸馏釜中上升进入冷凝器，在冷凝器中冷凝冷却到一定温度，所得冷凝液按不同组成分别收集在各接收槽中。有时可在蒸馏釜的上方安一分凝器，使蒸气在其中部分冷凝，这样可提高蒸气中易挥发组分的含量。

简单蒸馏是在不需要将混合液中各组分完全分离、各组分的沸点相差很大或只要求粗略分离多组分混合液的情况下采用的。

2. 精馏

精馏是在精馏塔中气液两相互相接触，反复进行部分气化和部分冷凝，使混合液分离为纯组分的过程。其实就是多次气化和多次冷凝的简单蒸馏过程的集合。精馏可在常压、加压或在真空条件下进行。根据生产过程的不同，分为间歇式和连续式。间歇式精馏是在一定时间内只可分离出一个馏分；而连续式精馏则是在一定时间内可同时分离出所需的几个馏分。

（1）间歇精馏 间歇精馏与简单蒸馏相比，多了一个精馏塔，此塔具有精馏段而无提馏段。实现分离作用质交换的重要条件之一是必须有一定量的沿塔内向下的回流液，否则从理论上讲，精馏塔就起不到分离作用。因此回流液对精馏塔的分离作用十分重要。在实际操作中，回流液量的大小必须加以控制。回流液量太小，会降低塔的分离效果，得不到合格的产品；回流液量太大，虽能提高塔的分离效果，获得高质量的产品，但生产时间长，设备生产能力低。

（2）连续精馏 连续精馏塔是由精馏段和提馏段组成的。两段以进料口为分界，原料进口处以上为精馏段，其作用是使上部产品达到一定浓度；原料进口处以下为提馏段，其作用是从塔底流出的残液中把低沸点馏分蒸出来。

连续精馏的进料和出料都是连续的，塔内各部分的情况稳定，不随时间而变化，所以连续精馏一旦操作稳定，则所得产品的质量是稳定的。

3. 特殊精馏

在精细化工生产过程中，由于精细化学品特性所致的混合液中被分离物质的浓度很小，或混合液中各组分的物理化学性质非常相近，以及用普通精馏方法无法使各组分分离时，就要使用特殊精馏的手段。加之特殊精馏的工艺和设备比较成熟，常常使其成为分离的优先选用的方法。下面介绍几种应用较多的特殊精馏分离技术。

（1）共沸精馏 共沸精馏是向被分离的混合液中加入一种第三组分（称共沸剂），此第三组分与被分离混合液中的一个或几个组分形成共沸混合物，以增大欲分离组分间的沸点差或相对挥发度而使其分离易于进行。如果形成的共沸物是易挥发的塔顶产品，则理论上塔底可得纯组分，这种体系称为具有最低共沸物的体系。若共沸物是难挥发的塔底产品，则理论上塔顶可得纯组分，这种体系称为具有最高共沸物的体系。形成的共沸物如果是包含两个组分在内的三元共沸物，且在形成的三元共沸物中，被分离的两组分的含量之比与原溶液中的比又不相同时，则不断将三元共沸物取出，就可以使原溶液中的两个组分得到分离。也有不需另加第三组分的共沸精馏，如苯的脱水干燥是借助苯与其所含水分形成共沸混合物，使苯中水分被脱出的。

在选择共沸剂时必须考虑以下几个方面：①首先，它必须能与原溶液的组分形成共沸物，以改变关键组分之间的相对挥发度；②所形成的共沸物中共沸剂的含量越少越好，共沸剂的用量少，可以节省操作费用；③共沸剂容易回收，可以循环使用，即共沸剂容易从它组成的共沸物中分离出来；④热稳定性好，同时不与欲分离组分发生化学反应；⑤无腐蚀性，无毒性；⑥价格便宜，来源充足。

工业中使用的共沸精馏主要有以下几种。

① 利用不同压力分离共沸物。该方法不加入共沸剂，而是单纯利用混合液的共沸组成随压力变化的性质来实现分离。利用该种方法可以将原料液分离为纯组分 A 和 B，其分离流程如图 2-4 所示。

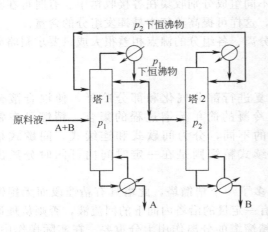

图 2-4 利用不同压力分离共沸物的流程

② 自夹带非均相共沸分离。有些体系可以不加共沸剂,而是靠自身产生的塔顶蒸气冷凝分层时两液相组成的差异来实现分离。如正丁醇-水系统,原料液加到分层器中或直接加到丁醇塔中。从丁醇塔塔顶出来的接近共沸组成的蒸气冷凝时,产生两个液相,上层为富丁醇相,下层为富水相。富丁醇液层被送回丁醇塔,在丁醇塔塔底可以得到高纯度的正丁醇。富水相被送入水塔,在水塔塔底可以得到水。其流程如图 2-5 所示。通过该流程可以完成混合液的分离。这种流程的特点是靠共沸液本身的蒸气冷凝分相,富丁醇相回流到塔内起到夹带剂作用,所以称之为自夹带非均相共沸分离。

③ 塔顶产品为三元非均相共沸物的流程。乙醇、水和苯能形成一个沸点为 64.85℃ 的三元共沸物,其沸点比乙醇、水二元混合物的沸点(78.15℃)低,而且其中所含水与乙醇的比高于二元共沸物中水与乙醇的比,利用这一性质生产无水乙醇就是该种流程的典型代表,其流程如图 2-6 所示。乙醇-水共沸混合物和共沸剂苯加入 A 塔,塔底得到纯乙醇。塔顶得到水、乙醇和苯的三元共沸混合物,冷凝后分为两个液层,上层富苯,下层富乙醇。上层液体回流至 A 塔补充共沸剂。下层液体进入 B 塔,B 塔塔顶得到苯-乙醇共沸混合物以回收苯,塔底得到乙醇和水的混合物送入 C 塔。C 塔塔顶蒸出乙醇-水共沸物,塔底得到纯水。通过此流程可以完成乙醇、水的分离。

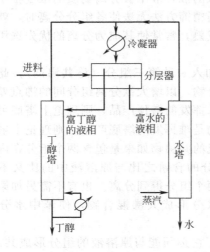

图 2-5 自夹带非均相共沸分离的流程

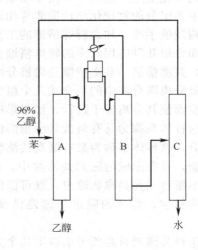

图 2-6 利用苯作共沸剂分离乙醇-水的流程

(2) 萃取精馏 萃取精馏与共沸精馏相似,也是在被分离的混合物中加入第三组分(称溶剂或萃取剂),使原来两组分挥发度的差别有显著提高。所不同的是此第三组分不与被分离的混合物中任何组分形成共沸混合物,但却因为它的存在而改变了混合物中各组分的相对挥发度。第三组分可以有选择地溶解混合物中某一组分,使其挥发度降低,同时相对地增大了与其不溶组分的挥发度;或者第三组分与混合物中各组分均可完全互溶,但改变了各组分的相对挥发度。工业上就是利用这一性质,通过加入合适的第三组分,实现原来挥发度相差很小的组分的分离。在萃取精馏中，从塔顶可以得到一个纯组分，萃取剂与另外组分从塔底排出，萃取剂回收后循环使用。

在选择萃取剂时必须考虑以下几个方面：①萃取剂对被分离组分相对挥发度影响的大小；②萃取剂应不与原有组分发生化学反应，不形成共沸物，容易回收；③萃取剂与原有组分有较大的溶解度，而不至于在塔内分层；④萃取剂应安全无毒，无腐蚀性，热稳定性好，价格便宜，来源方便。

苯和环己烷混合物的分离就是采用萃取精馏方法实现的。苯的沸点为80.1℃，环己烷的沸点为80.37℃，对于这两个沸点接近的组分所组成的混合物，用普通精馏无法使其分离，如向该混合物中加入第三组分糠醛，则各组分的相对挥发度即发生变化，便可用萃取精馏的方法进行分离。

共沸精馏与萃取精馏的比较见表2-1。共沸精馏与萃取精馏的共同点是加入能使烃类相对挥发度改变的第三组分。由于共沸精馏必须蒸出所加入的第三组分（共沸剂），故消耗的能量较多；萃取精馏不需要蒸出第三组分（萃取剂），故能量消耗较少。在混合物中不被蒸出的组分（一般为高沸点难挥发组分）含量少时，亦即被蒸出的组分含量大时，非常适宜使用萃取精馏。

表 2-1 共沸精馏与萃取精馏的比较

精馏	共 沸 精 馏	萃 取 精 馏
原理	通过形成共沸混合物使其分离	通过溶剂选择性地溶解，以增大相对挥发度而使其分离
第三组分排出点	由塔顶排出	由塔釜排出
能量消耗	较多（要蒸出第三组分）	较少（不需要蒸出第三组分）
适用范围	用于由塔顶排出较少产物的小规模间歇生产	用于由塔顶排出较多产物的大规模连续生产

(3) 水蒸气精馏 水蒸气精馏实际上也是一种简单蒸馏。采用水蒸气精馏的物质一般不与水相混溶，因此水和被分离物质的蒸气分压大小仅受温度影响，而与混合液的组成无关。故可通过改变蒸气分压来改变馏出温度。水蒸气精馏可用于以下情况：①在常压下沸点高或在沸点下易分解、易燃烧物质的分离；②高沸点物从难挥发或不挥发物中的分离；③采用高温热源有困难时的分离。水蒸气精馏特别适用于精制和分离部分溶解或完全不溶于水的物质，如香精油、脂肪醇、脂肪酸等的分离精制。

当所要分离的物质完全不溶或几乎不溶于水以及不与水起反应时，采用水蒸气精馏，馏出的产物通过静置分层与水分离。对在水中有一定溶解度的物质进行水蒸气精馏时，其精馏分离效果随着被分离物质在水中溶解度的增加而降低。

水蒸气精馏装置和简单蒸馏装置相似，所不同的是在精馏釜中除了有间接的加热器外，还有水蒸气直接鼓泡器。操作时用间接加热器使釜内物料升至一定温度后，再由直接加热的鼓泡器将水蒸气通入釜内被分离的混合物中。当水蒸气与被分离物质蒸气二者的蒸气压之和等于外压时，水蒸气与被分离物质的蒸气即按一定比例蒸出釜外。

在水蒸气精馏过程中需适当地控制间接加热温度、水蒸气的温度及其通入速度，以提高设备的生产能力和蒸出物中被分离物质的含量。蒸出物的蒸气在冷凝器中冷凝冷却，所得冷凝液借被分离物与水互不相溶的性质，进行分层或离心分离，除去水分后即得所需产品。水蒸气精馏也可以在减压下进行，从而减少热量消耗。

(4) 反应精馏 化工生产中反应和分离两种操作一般分别在两类单独的设备中进行。若能将二者结合起来，即在一个设备中同时进行，将反应生成的产物或中间产物及时分离，则可提高产品的收率，同时又能利用反应热，供产品分离用，节省能量。

对于 A+B⟶C+D 的反应，反应生成的 C 为易挥发组分，D 为难挥发组分，当采用反应精馏时，在塔板上不断进行的这一过程中，C 组分的不断被蒸出，有利于反应向生成产物方向进行，使反应的转化率得以提高。反应精馏在乙酸与乙醇、乙二醇、丁醇的酯化反应，乙酸丁酯与乙醇、对苯二甲酸二甲酯与乙二醇的酯交换反应中都有应用。

反应精馏是在进行反应的同时用精馏方法分离出产物的过程。由于设备中精馏与化学反应同时进行，其过程比单独的反应过程或精馏过程更为复杂。按照侧重点不同，反应与精馏结合的过程可分为两种类型：一种是利用精馏促进反应，如酯化反应过程中利用精馏不断移去反应产物来促进醇和酸反应生成酯（E）（见图2-7），以提高酯化反应的转化率；另一种是通过化学反应来促进精馏分离，如利用活性金属与芳香烃异构体之间发生选择性反应这一特性，来实现间位和对位二甲苯的分离。

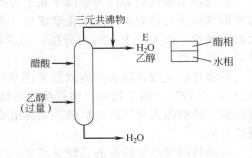

图2-7 醋酸和乙醇酯化反应示意图

反应精馏过程具有以下优点：①对于某些复杂反应，可以提高反应的转化率及选择性；②产物随时从反应区蒸出，反应速率提高，提高了生产能力；③精馏过程可以利用反应热，节省能量；④将反应器和精馏塔合为一个设备，可节省投资。

五、膜分离技术

膜分离技术是利用膜对混合物中各组分选择渗透性能的差异来实现分离、提纯和浓缩的新型分离技术。在某些应用中能代替蒸馏、萃取、蒸发、吸附、盐析、气体分离等化工单元操作。膜分离技术是一项简单、快速、高效、选择性好、经济节能的新技术，目前已广泛地用于水处理、冶金、生物化工、医药、食品、环保等许多方面。一般来讲，膜分离技术特别适用于下列混合物的分离：①化学或物理性质相似的组分；②结构不同的同分异构体的混合物；③热敏性组分的混合物；④大分子物质、生物物质、酶制剂等。

渗透物分子通过膜的渗透能力取决于渗透组分分子的大小、形状和化学性质，也取决于高分子膜的物理化学性质，以及渗透组分与膜的相互作用关系。

1. 膜分离过程

膜分离过程的主要特点是以具有选择透过性的膜作为组分分离的手段。选用对所处理的均一物系中的组分具有选择透过性的膜，就可以实现混合物的组分分离。膜分离过程的推动力，可以是浓度差、压力差、分压差或电位差。膜分离过程可概述为以下三种形式。

（1）渗析式膜分离　特点是被处理的溶液置于固体膜的一侧，而置于膜另一侧的接受液是接纳渗析组分的溶剂或溶液。料液中的某些溶质或离子在浓度差或电位差的推动下透过膜进入接受液中，从而被分离出去。属于渗析式膜分离的操作有渗析和电渗析等。

（2）过滤式膜分离　特点是溶液或混合气体置于固体膜的一侧，在压力差的作用下，部分物质透过膜而成为渗滤液或渗透气，留下的部分则为滤余液或渗余气。由于组分的分子大小和性质有别，它们透过膜的速率有差异，因而透过部分和留下部分的组成不同，即实现了组分的分离。属于过滤式膜分离的操作有超滤、微滤、反渗透和气体渗透等。

（3）液膜分离　特点是该过程涉及三个液相：料液、接受液和处于二者之间的液膜。液膜必须与料液和接受液互不混溶。液、液两相间的传质分离操作类似于萃取和反萃取，溶质从料液进入液膜相当于萃取，溶质再从液膜进入接受液相当于反萃取。液膜分离可以看作是萃取与反萃取二者的结合。

2. 分离用膜的分类

为适应各种不同的分离对象及采用不同的分离方法，工业生产上采用的分离膜也是多种多样的,可依据下述几个方面加以分类:①根据膜的材质,从相态上可分为固体膜和液体膜;②从来源上可分为天然膜和合成膜,合成膜又分为无机材料膜和有机高分子膜,目前用于工业分离的膜主要是有机高分子材料制成的膜;③根据膜体结构,固体膜可分为致密膜和多孔膜,多孔膜又可分为微孔膜和大孔膜;④按膜断面的物理形态,固体膜又可分为对称膜、不对称膜和复合膜,对称膜又叫均质膜,不对称膜具有极薄的表面活性层和其下部的多孔支撑层,复合膜通常是用两种不同的膜材料分别制成表面活性层和多孔支撑层;⑤根据膜的功能,分为离子交换膜、渗析膜、超过滤膜、反渗透膜、渗透汽化膜和气体渗透膜等,根据膜对水的亲和性又有亲水膜与疏水膜之分,其中只有离子交换膜是荷电膜,其余都是非荷电膜;⑥根据固体膜的形状,可分为平板膜、管式膜、中空纤维膜。

3. 超滤膜分离

目前用作超滤膜的材料主要有聚砜、聚砜酰胺、聚丙烯腈、聚偏氟乙烯等。超滤膜组件可分板式、管式、卷绕式和中空纤维膜组件。超过滤膜分离物质的基本原理如图2-8所示。被分离的溶液在外界压力作用下,以一定的流速沿着具有一定孔径的超过滤膜面流动,让溶液中的无机离子、低相对分子质量物质透过膜表面,把溶液中高分子、大分子物质、胶体、蛋白质、细菌、微生物等截留下来,从而实现分离与浓缩的目的。超滤是目前应用最广的膜分离技术,它的应用涉及化工、食品医药、生物化工等领域。例如,超滤广泛用于水中极细颗粒,包括病菌、病毒等异物的除去,是制取电子工业中应用的超纯水,医药工业中应用的无菌纯净水的必需步

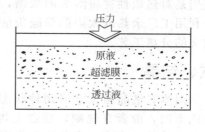

图 2-8 超滤原理

骤;同样广泛用于纺织工业中含聚乙烯醇(PVA)废水的处理;食品工业、造纸工业废水处理以及电泳漆废水处理;在乳制品工业中超滤膜分离技术主要用于把牛奶或乳清中的蛋白与乳糖和水分离;另外,在食品工业中还用于果汁、酒等饮料的消毒与澄清;以及在医药、生物化工中用于酶的提取等。

4. 气体渗透分离

近年来高分子膜用于气体混合物的分离越来越引起人们的重视。有两种类型的膜可用于气体分离:①多孔膜,这类膜的分离机理是基于气体分子大于通过的膜的小孔,由于分离系数较低,目前尚没有工业使用;②有机膜,它包括非对称膜和复合膜,该类膜的分离机理是依赖气体在固体聚合物中的溶解与扩散,由于不同气体通过聚合物膜有不同的速率,从而将气体混合物分离开。目前常用的膜材料有醋酸纤维素、聚砜、含氟聚合物、有机硅等。在气体分离中最引人注目的是富氧膜的研究与应用。富氧膜就是在压力下让空气通过膜,在膜的另一侧得到比空气中氧浓度高的透过气体,即富氧空气。这是由于膜对氧与氮气的渗透性不同,使氧较氮容易透过。该膜的研制与应用,对于医疗、发酵工业、化工中的部分氧化工艺及高氧燃烧系统的节能等具有重大的经济价值。

5. 渗透蒸发分离

渗透蒸发法又称渗透汽化法,它是利用液体混合物中各组分在膜中溶解度与扩散系数的差别,通过渗透与蒸发实现分离的过程。其原理如图2-9所示。在渗透汽化过程中,液体混合物在膜的一侧与膜接触,其中易渗透的组分较多地溶解在膜上,并扩散通过膜;而在膜的另一侧汽化并抽出,从而达到分离。

目前,普遍认为渗透汽化遵循溶解扩散模型,物质迁移经过三个步骤:①与膜接触,溶入膜表面;②以分子扩散方式透过膜;③在膜另一面蒸发,汽化。

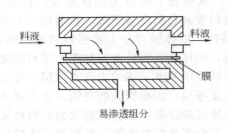

图 2-9 渗透蒸发原理

用于渗透汽化的膜材料有聚乙烯醇、聚醚酰亚胺、聚丙烯酸、硅橡胶等。该膜可用于乙醇、甲醇、甘油、醋酸乙烯等的脱水提纯,废水、废液的处理以及药品、香料等的分离提纯。

6. 膜蒸馏

膜蒸馏是近年来出现的一种新的膜分离工艺。它是使用微孔疏水膜对含非挥发溶质的水溶液进行分离的一种技术。由于水的表面张力作用,常压下液态水不能透过膜的微孔,而水蒸气则可以。当膜两侧存在一定的温差时,由于蒸气压的不同,水蒸气分子透过微孔在另一侧冷凝下来,使溶液逐步浓缩。目前膜蒸馏应用的膜材料为聚四氟乙烯、聚偏氟乙烯和聚丙烯。膜蒸馏最有前途的应用是对热敏性物质溶液的浓缩,例如,对很多药物和生化产品的浓缩。膜蒸馏工艺可充分利用工厂余热或太阳能等廉价能源,加上过程易自动化,设备简单,正成为一种有实用意义的分离工艺。

六、结晶

固体有结晶和无定形两种状态,两者的区别是构成单位(原子、离子或分子)的排列方式不同,前者有规则,后者无规则。在条件变化缓慢时,溶质分子具有足够时间排列,有利于结晶的形成;当条件变化剧烈时,溶质分子来不及排列就析出,结果形成无定形沉淀。使溶质从溶液中以晶态析出的操作技术,称为结晶技术。它是制备纯物质的有效方法之一,因为只有同类分子或离子才能有规则地排列成晶体。晶体的物理化学性质均一,且具有规则的晶型,适于商品化及包装,同时能够满足纯度和晶型的要求,因此结晶也是固体制造技术中的关键步骤之一。

结晶可以使溶质从成分复杂的母液中析出,再通过固液分离、洗涤等操作,得到纯度较高的产品,与其他分离方法相比,结晶法具有能量消耗少、操作温度低、对设备腐蚀程度小、操作简单、成本低等特点,在精细化工生产中应用非常广泛。

1. 结晶工艺过程

(1) 过饱和溶液的形成 结晶的首要条件是溶液处于过饱和状态,其过饱和度可直接影响结晶速率和晶体质量。要想获得理想的晶体,必须掌握过饱和溶液的形成方法。与普通沉淀分离方法一样,工业生产中制备过饱和溶液的常用方法有蒸发法、冷却法、真空蒸发冷却法、反应法、盐析法五种。

(2) 结晶条件的选择与控制 固体产品的内在质量(如纯度)与其外观性状(如晶型、粒度等)密切相关,一般情况下,晶型整齐和色泽洁白的固体产品,具有较高的纯度。生产中根据固体产品的粒度大小、晶型以及纯度等方面的要求,选择适合的结晶操作条件,通过严格控制溶液的过饱和度、晶浆浓度、溶剂与 pH 值、结晶温度与时间、搅拌与混合、晶种的加入等来保证晶体的质量。

(3) 晶体的分离与洗涤 结晶完成经固液分离后,所得到的晶体中,由于吸附等作用,仍有少量的母液留在晶体表面和留在晶体之间的孔隙中而不能彻底脱除,使晶体受到污染,此时需要通过洗涤晶体,来改善结晶成品的颜色和提高晶体纯度。洗涤的关键是选择洗涤剂和洗涤方法。一般采用喷淋洗涤法,操作时应注意洗涤液喷淋要均匀,对于易溶的晶体洗涤,滤饼不能过厚,否则洗涤液在未完全穿过滤饼前,就已变成饱和溶液,以致不能有效地除去母液或其中的杂质,洗涤时间不能过长,否则会减少晶体产量。

（4）重结晶　由结晶获得的产物通常应该是很纯的，但实际生产中，可能存在某些杂质与产物的溶解度相近，产生共结晶现象，或者有些杂质被夹带在晶格中，此时需要重结晶，以提高产品的纯度。重结晶是将晶体用适合的溶剂溶解后再次结晶的过程，利用杂质与结晶物质在不同溶剂和不同温度下的溶解度不同，来达到物质的分离与纯化。重结晶的关键是选择适合的溶剂。

2. 影响结晶产品质量的因素

晶体的质量主要包括晶体的大小、形状和纯度三个方面，生产中一般要求结晶产品既要有颗粒大而均匀的外观，又要有较高的纯度。影响结晶产品质量的因素主要有以下几点。

（1）结晶速率的影响　结晶过程包括晶核的形成和晶体的生长两个阶段，两者之间的关系是影响结晶颗粒大小的决定因素。若晶核形成速率远大于晶体生长速率，则晶核形成得很快，而晶体生长得很慢，晶体来不及长大，结晶过程就结束了，因此形成的结晶颗粒小而多；若晶核形成速率远小于晶体生长速率，晶核有足够长的时间长大，则结晶产品颗粒大而少；晶核形成速率与晶体生长速率接近时，形成的结晶颗粒大小参差不齐。因此要控制晶体的粒度大小，主要是控制晶核的形成速率和晶体的生长速率。影响晶核形成速率和晶体生长速率的因素很多，主要包括过饱和度、冷却（蒸发）速度、晶种的选择和搅拌等方面。如果使溶液缓慢冷却，溶液静置或缓慢搅拌，过饱和度控制较小，结晶温度较低，可使晶核形成速率降低，有利于晶体的生长，从而可得到较大颗粒的晶体。

（2）结晶产率的影响　结晶的产率取决于溶液的起始浓度和结晶后母液的浓度，而最终浓度由溶质的溶解度决定。对于大多数物系，为了提高产率，可以降低温度，使母液中余留的溶质减少，增加结晶量，但温度降低后，溶液中杂质随晶体一起析出的可能性增大，从而降低了结晶产品的纯度。另外体系温度太低，溶液的黏度增大，晶核运动受阻，可能产生大量细微晶体，影响粒度均匀。在平衡高产率和高纯度的矛盾中，应该在符合纯度要求的前提下提高产率。

（3）结晶工艺过程及操作条件的影响　在结晶工艺过程中，母液纯度是影响结晶产品纯度的一个重要因素。一般情况下，溶液的纯度越高，结晶越容易，结晶产品的纯度越高。杂质分子的存在使结晶物质分子规则化排列受到空间阻碍，抑制了晶核的形成。因此，在结晶前要对溶液进行预处理，以减少杂质含量，如工业上常采用活性炭吸附杂质，再进行结晶操作。结晶工艺过程控制对晶体的粒度、粒度分布、晶型和纯度都有较大的影响。一般情况下，粒度大而均匀的晶体比粒度小而参差不齐的晶体纯度高，质量好。

当结晶速率过快时（如过饱和度较高、冷却速率较快），除使晶粒细小外，还常发生若干晶体颗粒聚结在一起形成"晶簇"的现象，"晶簇"可将母液等杂质包藏在内，不易洗去；在结晶操作时，为防止"晶簇"产生，可以进行适度搅拌。

影响结晶产品纯度的另一个重要因素是晶体和母液的分离是否完全。由于晶体表面都具有一定的物理吸附能力，可将母液中的杂质吸附在晶体上，晶体越细小，比表面积越大，表面自由能越高，吸附杂质越多；若晶体中含有母液而未洗涤干净，则当进行干燥时，其溶剂汽化，而杂质留在结晶中，造成结晶纯度降低。

七、离子交换技术

离子交换是利用带有可交换离子（阳离子或阴离子）的不溶性固体与溶液中带有同种电荷的离子之间置换离子而使溶液得以分离、浓缩或提纯的操作技术。含有可交换离子的不溶性固体称为离子交换剂，它是一种具有多孔网状立体结构的多元酸或多元碱聚合物树脂。其中带有可交换阳离子的交换剂称为阳离子交换树脂；带有可交换阴离子的交换剂称为阴离子交换树脂。离子交换体系由离子交换树脂、被分离的离子以及洗脱液等组成。当离子交换树脂与溶液接触时，溶液中的阴离子（或阳离子）与阳离子（或阴离子）树脂中的可交换离子发生交换，暂时停留在树脂上。因为交换过程是可逆的，如果再用酸、碱、盐或有机溶剂进行处理，交换反应则向反方向进行，被交换在树脂上的物质就会逐步洗脱下来，该过程称为洗脱（或解吸）。

离子交换技术具有成本低、设备简单、操作方便、离子交换树脂可以反复再生、不用或少用有机溶剂等优点，广泛应用于水处理、生化制药领域中物质的分离和提取等方面。

1. 离子交换工艺过程

（1）离子交换树脂的预处理　新树脂由于含有一些杂质，表面还有灰尘等污物，这些物质会影响交换效果和产品质量。所以，树脂需要预处理后才能使用。预处理主要包括：筛选或浮选等物理处理，盐酸或氢氧化钠溶液交替搅拌浸泡等化学处理，水洗、转型和装柱。

（2）离子交换过程　离子交换过程是指被交换物质从料液中交换到树脂上的过程，分正交换法和反交换法两种。正交换是指料液自上而下流经树脂，此交换方法有清晰的离子交换带，交换饱和度高，洗脱液质量好，但交换周期长，交换后树脂阻力大，影响交换速率。反交换是指料液自下而上流经树脂层，树脂呈沸腾状，所以对交换设备要求比较高。生产中应根据料液的黏度及工艺条件来选择，大多采用正交换法。当交换带较宽时，为了保证分离效果，可采用多罐串联的正交换法。

（3）洗脱过程　完成离子交换后，将树脂吸附的物质释放出来重新转入溶液的过程称作洗脱。洗脱前，一般先用软水、无盐水、稀酸或盐溶液作为洗涤剂来洗涤树脂，以去除大量色素和杂质。洗脱剂可选用酸、碱、盐、溶剂等，主要根据树脂和目的物的性质来选择。对于强酸性树脂，一般选择氨水、甲醇及甲醇缓冲液等作为洗脱剂；弱酸性树脂用稀硫酸、盐酸等作为洗脱剂；强碱性树脂用盐酸-甲醇、乙酸等作为洗脱剂。若被交换的物质用酸、碱洗不下来，或遇酸、碱易破坏，可以用盐溶液作洗脱剂，此外还可以用有机溶剂作洗脱剂。洗脱过程是交换的逆过程，一般情况下洗脱条件应与交换条件相反。如吸附在酸性条件下进行，洗脱应在碱性下进行；如吸附在碱性下进行，洗脱应在酸性下进行。洗脱流速应大大低于交换时的流速。

（4）树脂的再生　离子交换树脂一般可重复使用多次，但使用一段时间后，由于杂质的污染，必须进行再生处理。树脂的再生就是让使用过的树脂重新恢复使用性能的处理过程，包括除去其中的杂质和转型。树脂再生时首先要去除杂质，即用大量的水冲洗，以去除树脂表面和孔隙内部物理吸附的各种杂质；然后再用酸、碱等再生剂处理，除去与功能基团结合的杂质，使其恢复原有的静电吸附及交换能力，最后用清水洗至需要的 pH 值。常用的再生剂有 1%～10% 的 HCl、H_2SO_4、$NaCl$、$NaOH$、Na_2CO_3 及 NH_4OH 等的溶液。

2. 离子交换操作方式

常用的离子交换方式有三种：第一种是"间歇式"，又称静态交换，多用于实验研究中；第二种是"固定床式"，其装置为装有离子交换树脂的圆柱体，它是工业中最常用、最主要的一种操作方式；第三种是"流动床式"，此种操作方式在分离提纯中应用较少。第二、三种相对于第一种可以称为动态交换。

静态交换法是将树脂与交换溶液混合置于一定的容器中，静置或进行搅拌使交换达到平衡。静态交换法操作简单，设备要求低，但由于静态交换是分批间歇进行的，树脂饱和程度低、交换不完全、破损率较高，不适于用作多种成分的分离。

动态交换法一般是指固定床法，先将树脂装柱或装罐，交换溶液以平流方式通过柱床进行交换。该法交换完全，不需搅拌，可采用多罐串联交换，使单罐进出口浓度达到相等程度，具有树脂饱和程度高、连续操作连续等优点,而且可以使吸附与洗脱在柱床的不同部位同时进行。动态交换法适于多组分的分离以及抗生素等的精制脱盐、中和,在软水、去离子水的制备中也多采用此种方法。

固定床交换法按照操作方式可分为:单床式、多床式、复床式和混合床。单床操作是一种树脂与一支交换柱组成的操作方法。多床式是两支或两支以上的树脂交换柱以串联或并联的方式连接在一起。复床式阳离子树脂与阴离子树脂一组或多组串联组成,主要用于脱盐。混合床阳离子树脂与阴离子树脂混合在一支交换柱中进行离子交换的方法,多用于制备高纯水。

3. 离子交换树脂的选择

应用离子交换技术进行分离提纯的关键是选择适合的离子交换树脂。离子交换树脂的性能与其性质密切相关,离子交换树脂的理化性质主要包括树脂的外观和粒度、膨胀度、交联度、含水量、真密度和视密度、交换容量、机械强度、化学稳定性和热稳定性等。对离子交换树脂的总要求是:具有较高的交换容量;具有较好的交换选择性;交换速率快;具有在水、酸、碱、盐、有机溶剂中的不可溶性;较高的机械强度,耐磨性能好,可反复使用;耐热性好,化学性质稳定。在实际应用中,应该根据待分离物系的性质和分离要求,综合考虑多方面因素来选择树脂。

4. 影响离子交换的因素

影响离子交换的因素很多,可以从影响离子交换过程的选择性、交换速率及交换效率三方面加以讨论。

(1) 影响离子交换过程选择性的因素　离子交换过程的选择性就是在稀溶液中某种树脂对不同离子交换亲和力的差异。在生产中,需分离的溶液中常常存在着多种离子,探讨离子交换树脂的选择性吸附具有重要意义。

影响离子交换选择性的因素主要如下。

① 离子的水化半径。一般认为,离子的体积越小,则越易被吸附。通常离子的水化半径越小,离子与树脂活性基团的亲和力越大,越易被树脂吸附。如果阳离子的价态相同,则随着原子序数的增加,离子半径增大,离子表面电荷密度相对减小,吸附水分子减少,水化半径减小,其与树脂活性基团的亲和力增大,易被吸附。

H^+、OH^-对树脂的亲和力取决于树脂的酸碱性强弱。对于强酸性树脂,H^+和树脂的结合力很弱,$H^+ \approx Li^+$;反之,对于弱酸性树脂,H^+具有很强的吸附能力。同理,对于强碱性树脂,$OH^- < F^-$;对于弱碱性树脂,$OH^- > ClO_4^-$。

② 离子的化合价和离子的浓度。在常温稀溶液中,离子的化合价越高,电荷效应越强,就越易被树脂吸附,例如 $Tb^{4+} > Al^{3+} > Ca^{2+} > Ag^+$;溶液浓度较低时,树脂吸附高价离子的倾向增强。

③ 溶液的pH值。溶液的pH值决定了树脂交换基团及交换离子的解离程度,从而影响交换容量和交换选择性。对于强酸、强碱型树脂,任何pH值下均可进行交换反应,溶液的pH值主要影响交换离子的解离程度、离子电性和电荷数。对于弱酸、弱碱型树脂,溶液的pH值对树脂的解离度和吸附能力影响较大;对于弱酸性树脂,只有在碱性条件下才能起交换作用;对于弱碱性树脂,只能在酸性条件下才能起交换作用。

④ 离子强度。溶液中其他离子浓度高,必与目的物离子进行吸附竞争,减少有效吸附容量。另一方面,离子的存在会因为水合作用而降低吸附选择性和交换速率。所以一般在保证目的物溶解度和溶液缓冲能力的前提下,尽可能采用低离子强度。

⑤ 交联度、膨胀度。树脂的交联度小,结构蓬松,膨胀度大,交换速率快,但交换的选择性差。反之,交联度高,膨胀度小,不利于有机大分子的吸附进入。因此,必须选择适当交

联度、膨胀度的树脂。

⑥ 有机溶剂。当存在有机溶剂时,常常会使树脂对有机离子的选择性吸附降低,且易吸附无机离子。一方面由于有机溶剂的存在,使离子的溶剂化程度降低,无机离子的亲水性决定了它降低得更多;另一方面由于有机溶剂会降低离子的电离度,且有机离子降低得更显著。所以无机离子的吸附竞争性增强。

⑦ 其他作用力。有时交换离子与树脂间除离子间的作用力之外,还存在其他作用力,如形成氢键、范德华力等,进而影响目标离子的交换吸附。

(2) 影响离子交换速率的因素

① 颗粒大小。树脂颗粒增大,内扩散速率减小。对于内扩散控制过程,减小树脂颗粒直径,可有效提高离子交换速率。

② 交联度。离子交换树脂载体聚合物的交联度大,树脂孔径小,离子内扩散阻力大,其内扩散速率慢。所以当内扩散控制时,降低树脂交联度,可提高离子交换速率。

③ 温度。温度升高,离子内、外扩散速率都将加快。实验数据表明,温度每升高 25℃,离子交换速率可加快 1 倍,但应考虑被交换物质对温度的稳定性。

④ 离子化合价。被交换离子的化合价越高,引力的影响越大,离子的内扩散速率越慢。

⑤ 离子的大小。被交换离子越小,内扩散阻力越小,离子交换速率越快。

⑥ 搅拌速率或流速。搅拌速率或流速越大,液膜的厚度越薄,外扩散速率越高,但当搅拌速率增大到一定程度后,影响逐渐减小。

⑦ 离子浓度。当离子浓度低于 0.01mol/L 时,离子浓度增大,外扩散速率加快。但当离子浓度达到一定值后,浓度增加对离子交换速率加快的影响逐渐减小。

⑧ 被分离组分料液的性质。溶液的黏度越大,交换速率越小。

(3) 影响离子交换效率的因素　在进行离子交换操作时,溶液中交换离子 A_1 由于被树脂吸附,其浓度逐渐下降,树脂上的平衡离子 A_2 浓度逐渐上升。离子交换过程只能在 $A_1 \sim A_2$ 层内进行,这一段树脂层称为交换层。交换层越窄,离子在柱层内的分界线越明显,利于离子的分开,交换效率越高。交换层的宽窄由多种因素决定:交换平衡常数 K 值越大,交换层越窄;离子的化合价、离子的浓度、树脂的交换容量也影响交换层的宽度;另外,柱床流速高于交换速率也会加宽交换层,流速越大则交换层越宽。

八、干燥

在精细化工生产中,干燥往往是固体产品分离的最后一步,它直接影响出厂产品的质量。干燥的目的是除去固体物料中的水分或其他溶剂,以便于加工、使用、运输、储存等。在工业生产中,干燥可以分为热力干燥法和冷冻干燥法两大类。

利用热能使湿分从固体物料中汽化,并经干燥介质(常用惰性气体)带走该湿分的过程,称为热力干燥法,简称干燥,其应用最为普遍。包括滚筒干燥、沸腾干燥、喷雾干燥等。将含水物料预先进行降温冻结,在低温减压条件下,使冰直接升华变为气态而除去的干燥过程,称为冷冻干燥法,简称冻干。对于热敏性物料,应尽可能控制较低的干燥温度,或采用冷冻干燥的方法,来保证产品的质量。

1. 热干燥技术

按热能供给湿物料的方式不同,热干燥法可分为传导干燥、对流干燥、辐射干燥和介电干燥等,其中对流干燥在化工生产中应用最为广泛。本节重点讨论对流干燥过程。

(1) 对流干燥流程　图 2-10 为对流干燥流程示意图。干燥介质(空气)经预热器加热到适当温度后进入干燥器,与干燥器中的湿物料接触,空气将热能以对流方式传递给湿物料,湿分汽化为蒸气进入干燥介质中,被干燥介质带出。随着干燥的进行,干燥介质中湿分含量增加，不断地将湿分带走，湿物料中的湿分含量不断降低，直到达到干燥要求后，干燥产品经出料口卸出。湿物料与干燥介质的接触可以是逆流、并流或其他方式。

图 2-10　对流干燥流程示意图

(2) 干燥器条件的选择

① 干燥介质的选择。干燥介质的选择，取决于干燥过程的工艺及可利用的热源。基本的热源有饱和水蒸气、液态或气态的燃料和电能。对流干燥介质可采用空气、惰性气体、烟道气和过热蒸汽。当干燥操作温度不太高且氧气的存在不影响被干燥物料的性能时，可采用热空气作为干燥介质。对某些易氧化的物料，或从物料中蒸发出易爆的气体时，则宜采用惰性气体作为干燥介质。烟道气适用于高温干燥，由于烟道气温度高，故可强化干燥过程，缩短干燥时间，但要求被干燥的物料不怕污染，而且不与烟气中的 SO_2 和 CO_2 等气体发生作用。此外还应考虑干燥介质的经济性及来源。

② 流动方式的选择。在逆流操作中，物料移动方向和介质的流动方向相反，整个干燥过程中的干燥推动力较均匀，适用于物料含水量高而要求干燥产品的含水量低、耐高温的物料。在错流操作中，干燥介质与物料间运动方向互相垂直，各个位置上的物料都与高温、低湿的干燥介质相接触，因此干燥推动力比较大，又可采用较高的气体速度，所以干燥速度很高，适用于快速干燥的场合。

③ 干燥介质进入干燥器时的温度。为了强化干燥过程和提高经济效益，干燥介质的进口温度宜保持在物料允许的最高温度范围内，但也应考虑避免物料发生变色、分解等理化变化。对于同一种物料，允许的介质进口温度随干燥器形式不同而异。例如，在形式干燥器中，由于物料是静止的，因此应选用较低的介质进口温度；在转筒、沸腾、气流等干燥器中，由于物料不断地翻动，干燥速度快、时间短，介质进口温度可高些。

④ 干燥介质离开干燥器时的相对湿度和温度。增加干燥介质离开干燥器的相对湿度，以减少空气消耗量及传热量，即可降低操作费用。但因出口相对湿度增大，也就是介质中水蒸气的分压增高，使干燥过程的平均推动力下降，为了保持相同的干燥能力，就需增大干燥器的尺寸，即加大了投资费用。所以，最适宜的出口相对湿度值，应通过经济衡算来决定。

干燥介质离开干燥器的温度与离开干燥器的相对湿度应同时予以考虑。若出口温度降低，而出口相对湿度又较高，此时湿空气可能会在干燥器后面的设备和管路中析出水滴，因此破坏了干燥的正常操作。对于气流干燥器，一般要求出口温度较物料出口温度高 10~30℃，或出口温度较入口气体的绝热饱和温度高 20~50℃。

⑤ 物料离开干燥器时的温度。物料出口温度与很多因素有关，但主要取决于物料的临界含水量及干燥第二阶段的传质系数。物料的临界含水量值越低，物料出口温度也越低；传质系数越高，物料出口温度愈低。

(3) 干燥过程分析　对流干燥过程属于传热和传质相结合的过程，两者传递方向相反、相互影响、相互制约。干燥能够进行的必要条件是物料表面所产生湿分的蒸汽分压必须大于干燥介质所含湿分的蒸汽分压，这样湿分蒸气才能从湿物料表面向干燥介质内部传递，干燥才能持续进行。在干燥操作中，将湿物料表面所产生的湿分蒸汽分压与干燥介质中的湿分蒸汽分压之差值称为干燥过程中的传质推动力；差值越大，则传质推动力越大,干燥速率亦越快。

干燥速率是衡量干燥操作的一个重要指标。干燥速率是指在单位时间、单位干燥体积上所能汽化的湿分量。影响干燥速率的因素很多,可归结为以下几个方面。

① 湿物料的特性。湿物料的物理结构、化学组成、形状和大小、湿分与物料的结合方式等都直接影响干燥速率。

② 干燥介质的状态。空气作为干燥介质,其状态参数主要有湿度、相对湿度、干球温度、湿球温度、相对湿度百分数等。提高热空气的温度,可降低空气的相对湿度,增强吸湿能力,可提高传热、传质的推动力。但对于热敏性物料,应以不损害被干燥物料的品质为原则。

③ 干燥操作条件和方式。进入干燥器的物料温度越高,则干燥速率越大;增大干燥介质的流动速率,也可增大干燥速率。湿物料与干燥介质的接触情况对干燥速率的影响至关重要,湿物料的厚度越薄,接触面积越大,则干燥速率越快;干燥介质的流动方向若与湿物料的汽化表面垂直,则干燥速率较大。

④ 干燥设备的结构形式。在工业生产中,干燥操作都是在干燥设备内完成的,许多干燥设备都是综合考虑上述各项影响因素,针对生产对干燥设备的要求进行设计制造的。不同结构形式的干燥设备,干燥效率不同。

2. 冷冻干燥技术

(1) 冷冻干燥的特点　冷冻干燥是真空干燥的一种特例。冷冻干燥属于物理脱水,既可看作是干燥过程,又可看作是对物质进行精制的过程,同时也可用于粒状结晶构造的形成,冷冻干燥具有以下特点。

① 冻干后的物料仍保持原有的化学组成与物理性质(多孔结构、胶体性质等)。如胶体物料,若以通常方法干燥时,干燥后的物料将会失去原有的胶体性质,因此,冷冻干燥对有些产品(如抗生素等)的干燥几乎是无可替代的干燥方法。

② 冷冻干燥操作温度低。低温可避免物料出现受热分解或失活的现象,广泛应用于各类热敏性物料的干燥。

③ 冷冻干燥后的制品呈海绵状多孔疏松,因而具有优异的速溶性和快速的复水性,不存在表面硬化问题。

④ 冷冻产品质量高。冻干操作可使物料的残留湿分降至很低,能排除95%~99%以上的水分,可满足产品的稳定性和产品质量的要求。另外,当用溶液制作结晶时,其溶剂往往会给产品质量带来许多问题,这时升华干燥就成了必不可少的替代技术。

⑤ 冻干操作所消耗的热能比其他干燥方式低。因干燥时物料处于冷冻状态,且在负压下进行干燥,所需热源温度较低且供应充分而方便。

⑥ 冻干设备投资费用较高,动力消耗大,而且由于真空下气体的热导率很低,物料干燥所需时间较长,设备生产能力低。

(2) 冷冻干燥过程　冷冻干燥过程主要包含预冻、升华干燥、解吸干燥、冻后处理四个步骤。

① 预冻。预冻的目的是保护物质的主要性能不变;固定产品使之有合理的结构,以便在真空下进行升华干燥。若产品预冻不实,真空干燥后没有一定的形状;如果预冻温度过低,则不仅浪费了能源和时间,而且对于某些产品还会降低存活率。因此,预冻的速率、预冻的最低温度和预冻的时间,直接影响冻干速率以及冷冻干燥产品的质量。预冻温度一般是低于所冻干产品共熔点几摄氏度,在此温度下产品能完全冻结。一般要求1~3h内完成物料的预冻。

② 升华干燥。干燥过程分为两个阶段。在物料内的冻结冰消失之前称第一阶段干燥,也

叫作升华干燥阶段。此阶段是冷冻干燥的主要过程，有98%～99%的水分在这一阶段被除去。产品在升华时要吸收热量，但对产品的加热温度不能超过产品自身的共熔点温度。如低于共熔点温度过多，则升华的速率降低，升华阶段的时间会延长；如高于共熔点温度，则产品会发生熔化，干燥后的产品将发生体积缩小、出现气泡、颜色加深、溶解困难等现象。因此升华阶段产品的温度要求接近共熔点温度，但又不能超过共熔点温度。

产品的品种、产品的分装厚度、升华时提供的热量以及冷冻干燥设备的性能决定了升华阶段的时间长短。一般来说，共熔点温度较高的产品易干燥，升华时间短；分装厚度大，升华时间长；升华时提供的热量不足会减慢升华速率，升华时间延长；冷冻干燥设备性能良好（如真空性能、冷凝器效能等），升华阶段时间相对较短。

③ 解吸干燥。解吸干燥即第二干燥阶段，是将物料温度逐渐升高，使水分汽化除去，此阶段水分可以减少到0.5%。在解吸阶段可以使产品的温度迅速上升到该产品的最高允许温度，并一直维持到冷冻干燥结束。这样有利于降低产品中的残余水分含量和缩短解吸干燥时间。

产品的品种、残余水分含量、冷冻干燥设备的性能影响解吸干燥时间的长短。一般情况下，最高许可温度较高的产品，干燥时间相对短；成品的残余水分含量要求低的，干燥时间长些（产品的残余水分含量应根据该产品的存放期要求制定）；真空度高、冷凝器温度低的冷冻干燥设备，其解吸干燥时间短。

物料在冻干箱内工作完毕之后，需要开箱取出物料，并且将干燥的物料进行密封保存。

④ 冻后处理。由于冻干箱内在干燥完毕时仍处于真空状态。因此物料出箱必须放入空气，才能打得开箱门取出物料，放入的空气应是无菌干燥空气。由于冷冻干燥的制品是多孔疏松状的，表面积大，容易吸湿、破碎，而且不同冷冻制品的保存要求也不尽相同，因此，成品进行真空包装、充入氮气等惰性气体包装或压盖瓶装等。

(3) 冷冻干燥过程分析　冷冻干燥涉及冷冻、加热、汽化等过程，即包含了传热、传质等多种过程。从传热角度看，冷冻、加热互为可逆过程，提高推动力（温度差）或降低热阻，都有利于传热过程的进行。在工业生产中，多采用减小热阻来强化传热过程。传热的阻力主要来自物料内部和外部，如减小物料层厚度、增大导热性能等，都可提高冻干速率。从传质角度看，湿分由固相升华为气相后分离除去的过程包括：气相由物料内部向表面扩散过程，气相由物料表面向冷凝器表面迁移固化除去的过程，提高传质推动力、降低传质阻力都可提高冻干速率。

影响冷冻干燥速率的因素很多，物料的性质不同、干燥操作条件不同、干燥设备结构形式不同，使得干燥速率差别很大。在冻干生产中，一般根据每种冷冻干燥机的性能和物料特点，通过实验确定冻干过程各阶段的温度变化，绘制出冷冻干燥（简称冻干）曲线。冻干曲线描述了隔板温度、物料温度（制品温度）、冷凝器温度与系统真空度随时间的变化关系，它是控制冷冻干燥过程的基本依据。

第三节　分离提纯技术发展近况

随着现代生产和科学技术的飞速发展，人们对分离技术提出了越来越高的要求，对产品分离纯度的要求越高，难度就越大。例如，在生命科学的基础研究——蛋白质的分离和纯化以及基因工程产品的纯化过程中，有时就会出现回收率低的现象，其原因是分离过程中发生了部分生物大分子的失活，而难以得到一定量的目标产品。另外，运用现代分离技术分离的对象有些是十分昂贵的，若回收率降低1%，损失就十分惊人，如对某些总量1g的稀贵蛋白质而言，若回收率降低1%，损失可达几十万元。因此，发展现代分离技术也是适应新兴高利润、高技术工业的需要。

在精细化工领域，许多新产品要求高纯度、高性能，为制取这类产品，不仅反应过程需要新工艺，而且分离过程更需要新的技术。目前新的分离技术发展很快，现将其简述如下。

1. 错流微量过滤

错流微量过滤是用错流流动方式进行的微量过滤。过滤时料液流动与过滤介质平行，故可称为"平行过滤"。在过滤过程中，被截留的物料一般不会沉积在过滤介质表面形成难以渗透的滤饼，而是被进料流连续带走，仅在过滤介质表面的边界处有轻微沉积，所以基本上是无滤饼过滤，可以周期性地洗涤清除。过滤介质一般是用合成材料或陶瓷材料制成的高孔隙率薄膜，常用薄膜的孔径在 $0.2\mu m$ 左右。错流微量过滤可以过滤非常细及非常稀的悬浮物，不需添加絮凝剂及过滤剂。错流微量过滤在酒、醋和果汁的过滤中已有较大规模的应用，另外在油品、染料等方面也有应用。

2. 熔融结晶

熔融结晶是根据物质熔点不同进行的结晶分离。熔融结晶具有能耗低、操作温度低、选择性高和设备体积小的优点。熔融结晶常用逐渐凝固法制得产品。逐渐凝固法晶体在冷表面上生长，其生长速度是悬浮结晶法的 10～100 倍，适于工业应用。其分步结晶步骤如下：①先生成晶层；②将剩余的熔融体排放出来；③加热晶层，使其部分熔融以排出包附在晶层中的杂质；④将所剩晶层熔化下来，并收集作为产品或中间产品。熔融结晶可用于萘、二甲苯、对硝基甲苯、双酚 A、对二氯苯等有机化学品及食品的分离和精制。

3. 高效液相色谱分离

传统的液相色谱分离方法是使用大颗粒易破碎的载体，分离时间长、效率低。高效液相色谱所用载体颗粒小、孔径大，可以把能与被分离物质相互作用的化学基团，以共同的形式连接到载体颗粒的表面上或结构中，用以改善分离效果。所用载体材料有硅胶及多聚物。

高效液相色谱的种类主要如下。

① 离子交换色谱。根据物质所带电荷的强度实现分离，物质用强力结合的方式固定在分离柱的载体上，然后用不同 pH 值或不同离子强度的缓冲液将物质释出分离。

② 凝胶色谱。以物质分子的大小为基础实现分离，大于载体微孔的分子不能进入孔内，会很快穿过分离柱流出，较小分子经扩散进入微孔内，并从孔内出来，分子越小穿过分离柱的时间就越长。

③ 亲和色谱。靠结合在载体上的配位体分子吸附及脱附物质来实现分离。

④ 色谱聚焦。这是一项新的离子交换色谱技术，根据等电点的原理实现分离。高效液相色谱可以用于对二甲苯、果糖、异丙基苯、纤维素、胰岛素及蛋白质的分离。

4. 超临界萃取

超临界萃取是利用超临界流体作为萃取剂，从固体或液体中有选择地萃取有用组分。超临界流体是高于气体临界温度及临界压力的流体。由于高于临界温度，流体仍保持气相状态；由于高于临界压力，流体密度增大，并随压力上升逐渐接近于液体的密度。超临界流体的密度越大，对溶质的溶解度也越大，并随密度增大逐渐接近于液体的溶解度。另外，超临界流体的性质与溶质的性质越相近，其对溶质的溶解度也越大。基于上述情况，工业上选用超临界流体的性质宜接近被萃取物的性质，操作温度与压力要选择合理，一般压力高于临界压力较多，而温度则与临界温度相近，但优化条件要通过高压相平衡数据测定及工程计算确定。常用的超临界萃取溶剂有 CO_2、N_2O、H_2O、CH_3OH 等。超临界萃取具有效率高、温度低、溶剂易于回收等优点，适用于分离热敏性及易氧化的物质。

超临界萃取可以间歇操作，也可以连续操作。主要有变压和变温萃取分离两种分离工艺：变压萃取分离是将萃取溶质后的超临界流体加以膨胀，由于压力降低，溶解度下降，物质就从萃取剂中析出；变温吸附是将萃取溶质后的超临界流体升温，由于温度上升，溶解度下降，物质就从萃取剂中分离出来。工业上应用超临界萃取的实例有：乙醇、除虫菊酯、咖啡因、啤酒花、香草油及药物等的萃取分离。

5. 高效吸收

吸收是分离气体混合物的重要方法，吸收过程通常在吸收塔中进行。工业吸收设备长期以来以板式塔为主，20世纪80年代填料塔发展迅速，特别是新型高效填料的应用，提高了吸收效率。填料有散堆填料及规整填料两类，其中尤以规整填料中的波纹填料不断推陈出新，应用最为广泛。

波纹填料最初出现的是丝网波纹填料，由彼此平行垂直排列的波纹丝网条片组成盘状结构，波纹方向与塔轴倾角为50°或45°，相邻两片波纹相反。其后又出现了形状相似但具体结构及材质互不相同的波纹填料：Mellapak填料，用金属或塑料孔板制作，适用于特大型塔；Kerapak填料，用陶瓷烧制而成，适用于酸性物料的分离。用波纹填料进行吸收的应用面广，广泛用于硝基芳香物、脂肪酸、氯醇、胺类、香料、医药、染料等的分离。

6. 选择性干燥

选择性干燥是在对含有溶剂混合物的物料的干燥过程中，有选择地除去或保留其挥发性物质。如药品干燥时，要除去有毒物质，但为压片所需的水分应保留；果汁干燥时，要除去水分，但天然香味应保留；清漆干燥时，为保持漆的光泽，漆内溶剂组成应保持不变。应用各组分干燥时挥发程度的大小来控制选择性干燥过程。选择性为零，各组分的组成在干燥时保持不变；一个组分的选择性大于1时，干燥时该组分的浓度降低；选择性小于1时，该组分在干燥时浓度增大。该法已在工业生产中有应用，如对特种纸张的干燥，使其保留一定量的水分和有用物质，以增强纸张的抗张强度等特性。

采用现代分离技术提高分离效率、降低能耗、降低成本、提高质量并促进传统分离技术不断进步，是今后的重要任务。

7. 声呐结晶

用超声波影响结晶行为的技术，称为声呐结晶。超声波能对成核作用和晶体生长两方面产生影响，使成核作用在低过饱和度时诱发，对于一次成核过程，它可作为初始成核作用的额外控制手段，并可提供对晶体尺寸分布的调节作用，声呐结晶是一种有效的、更加可控的、能够代替晶种的方法。对于二次成核过程，利于超声波可产生空穴作用的机理，即气泡空穴倒塌的强烈压力可以引起显著的二次成核。超声波影响晶体生长的机理虽不易理解，但是它可以明显地影响流体流动，为提高晶体表面近旁的质量传递创造条件。由于紧邻晶体表面的空穴作用，使热量高度集中，造成暂时的不饱和，从而提高晶体的纯度。

8. 双水相萃取

双水相萃取法是利用物质在互不相溶的两水相间分配系数的差异来进行萃取的方法。当两种高聚物的水溶液相互混合时，若两种被混合分子间存在空间排斥作用，使它们之间无法相互渗透，则在达到平衡时就有可能分成两相，形成双水相。两相的组成和密度均不相同，通常密度较小的一相浮于上方，称为上相（或轻相）；密度较大的一相沉于下方，称为下相（或重相）。由于两相的组成不同，则两相对溶质的溶解度也不同，利用这一特点即可完成双水相萃取过程。

双水相萃取的关键是双水相的形成和溶质在双水相中的分配，其影响因素较复杂，主要包括：组成双水相系统的高聚物类型、高聚物的平均分子量及浓度；组成双水相系统的盐的种类、离子强度和浓度；被分离的各种物质的种类、性质、分配特性等；操作条件，如pH值、温度等。影响双水相萃取的因素很多，这些因素之间还有相互作用，而且双水相萃取理论正处于深入研究阶段。因此，目前还不能定量关联分配系数与各因素之间的关系，需通过大量实验，寻找适宜的双水相萃取条件，最终达到提高产品收率和纯度的目的。

双水相萃取体系虽然很多，但在应用研究中，大多集中在PEG-Dextran双水相体系的系列上。该体系的成相聚合物价格昂贵,在工业化大规模生产应用中受到了限制,因而寻找廉价的、新型双水相体系是一个重要的研究发展方向。新型双水相体系,如表面活性剂-表面活性剂-水体系、普通有机物-无机盐-水体系、双水相胶束体系等相继被发现,在双水相萃取中都显示出各自的优势;表面活性剂可增大溶质的溶解度,对有机物分离方便,这些都将推进双水相萃取技术的发展。

在生物化工中,双水相萃取技术的应用越来越多,如蛋白质、氨基酸、抗生素等药物的分离纯化。

9. 高效精馏设备——折流式超重力旋转床

传统的精馏过程是利用液相在重力场的作用下与逆流的气相进行接触传质,达到分离提纯的目的。在地球的重力场下,塔设备中的液膜流动较慢,气、液接触比表面积较小,传质效率相对较低,所以设备体积庞大、空间利用率低、占地面积较大。超重力技术是一种强化气液、传质的新型技术,其工作原理是利用高速旋转产生的数百至千倍重力的离心力场(简称超重力场)来代替常规的重力场,在超重力场下,液体分散飞行时所呈现的是非常细小的液滴、液丝状态,因此气、液接触的比表面积非常大,其极佳的微观混合以及极快的相界面更新特征,使其可以极大地强化气、液传质过程,将传质单元高度降低1个数量级。从而使巨大的塔设备变为高度不到2m的超重机,达到提高效率、缩小体积以及在有些场合可大幅降低能耗的目的。

折流式超重力旋转床是一种结构独特的过程强化设备,主要由圆形外壳和折流式转子组成,折流式转子是旋转床的核心部件。其特点是传质效率高,设备体积小,停留时间短,持液量小,抗堵能力强,操作维护方便,安全可靠。适用于贵重物料、热敏物料、高黏度物料或者有毒物料的处理,可以在高度、大小受限制的场合使用。用它代替传统的塔设备,对社会的发展而言可节省钢材资源,延长地球资源的使用年限;对企业的发展而言,可以节约场地与空间资源,减少污染排放,提高产品质量,降低生产劳动强度,提高生产的安全性。折流式超重力旋转床在环保和精细化工等工业中具有十分广阔的应用前景,正在为越来越多的用户所选用。

思 考 题

1. 什么是分离?
2. 按分离过程原理划分,分离包括哪两大类?
3. 什么情况下宜采用过滤分离方法?过滤介质有几种?分别应用在什么场合?
4. 如何选择共沉淀剂?
5. 沉淀发生的必要条件是什么?沉淀用于什么分离?
6. 特殊精馏都包括哪些精馏过程?
7. 什么是溶剂萃取?溶剂萃取具有哪些优点?
8. 溶剂萃取如何选择萃取剂?
9. 共沸蒸馏如何选择共沸剂?
10. 萃取蒸馏与共沸蒸馏所加入的第三组分有何不同?
11. 什么情况下采用膜分离的方法分离效果好?
12. 膜分离方法有哪些?分别有何应用?
13. 为什么结晶法得到的产品纯度较高?
14. 影响结晶产品质量的因素有哪些?
15. 什么叫离子交换分离技术?有何特点?有何用途?
16. 选用离子交换树脂时应考虑哪些条件?
17. 离子交换的操作方式主要有哪两种?有何区别?
18. 干燥介质的预热在热干燥过程中有何作用?
19. 冷冻干燥过程有何特点?
20. 干燥技术都是高能耗技术,如何降低它们的能耗?

第三章 表面活性剂

第一节 导 言

一、表面活性剂的定义及用途

在溶剂中加入很少量即能显著降低溶剂表面张力,改变体系界面状态的物质叫表面活性剂。表面活性剂可以产生润湿或反润湿,乳化或破乳,分散或凝集,起泡或消泡,增溶等一系列作用。

表面活性剂是精细化工的重要产品,素有"工业味精"之称。主要在纺织、印染、石油、造纸、皮革、食品、化纤、农业、冶金、矿业、建筑、医药、机械、洗涤剂、涂料、塑料、橡胶、化妆品等行业中广泛用作洗净剂、乳化剂、渗透剂、破乳剂、分散剂、杀菌剂、润湿剂、浸透剂、平滑柔软剂、抗静电剂、抑制剂、防锈剂、防结块剂、防水剂、防雾剂、脱皮剂、增溶剂等。

二、表面活性剂的结构

表面活性剂分子结构具有不对称、极性的特点,分子中同时具有两种不同性质的基团——亲水基和亲油基。亲水基有羧基、磺酸基、硫酸酯基、醚基、氨基、羟基等;亲油基又称疏水基或憎水基,它们是由长链烃组成的。表面活性剂通常用符号表示如下:

表面活性剂　　亲水基　　亲油基

三、表面活性剂的分类

表面活性剂的品种多达数千种,分类方法各异。表面活性剂一般按亲水基团的结构来分类。通常分为离子型和非离子型两大类。表面活性剂溶于水时,凡能电离产生离子的叫离子型表面活性剂;凡不能电离生成离子的叫非离子型表面活性剂。离子型表面活性剂在水中电离,生成带正电荷或带负电荷的亲水基,前者称为阳离子表面活性剂,后者称为阴离子表面活性剂。在一个分子中同时存在阳离子基团和阴离子基团的称为两性表面活性剂。非离子型表面活性剂在水中不电离，呈电中性。

另外，还有一些特殊类型的表面活性剂。

① 氟表面活性剂。主要是指碳氢链憎水基上的氢完全为氟原子所取代的表面活性剂。氟表面活性剂具有一系列独特的界面活性，广泛地用于各种润滑剂、浸蚀剂、添加剂及表面处理剂中。

② 硅表面活性剂。以硅氧烷链为憎水基，聚氧乙烯链、羧基、酮基或其他极性基团为亲水基构成的表面活性剂称为硅表面活性剂。硅氧烷链的憎水性非常大，所以不长的硅氧烷链表面活性剂就具有良好的表面活性。硅表面活性剂具有良好的润湿和乳化性能，可用于纤维和织物的防水、平滑整理与处理，也常用于化妆品生产。

③ 氨基酸系表面活性剂。氨基酸与憎水物质发生反应，生成的表面活性物质称为氨基酸系表面活性剂，广泛用于化妆品和卫生用品的生产中。

④ 高分子表面活性剂。相对分子质量在数千以上并具有表面活性的物质称为高分子表面活性剂。高分子表面活性剂有天然、合成和半合成三类，广泛应用于各领域。

⑤ 生物表面活性剂。微生物在一定条件下，可将某些特定物质转化为具有表面活性的代谢产物，即生物表面活性剂。由于它具有无毒和生物降解性能好等特性，故在一些特殊的工业领域和环境保护方面受到重视，有可能成为化学合成表面活性剂的替代品或升级换代产品。表面活性剂的分类如表 3-1 所示。

表 3-1　表面活性剂的分类

类　别　通　式		名　　称	主　要　用　途
离子型	阴离子型 { R—COONa	羧酸盐	皂类洗涤剂、乳化剂
	R—OSO$_3$Na	硫酸酯盐	乳化剂、洗涤剂、润湿剂、发泡剂
	R—SO$_3$Na	磺酸盐	洗涤剂、合成洗衣粉
	R—OPO$_3$Na$_2$	磷酸酯盐	洗涤剂、乳化剂、抗静电剂、抗蚀剂
	阳离子型 { RNH$_2$·HCl	伯胺盐	乳化剂、纤维助剂、分散剂、矿物浮选剂、抗静电剂、防锈剂等
	R$_2$NH·HCl	仲胺盐	
	R$_3$N·HCl	叔胺盐	
	R—N$^+$—R$_3$ Cl$^-$	季铵盐	杀菌剂、消毒剂、清洗剂、防霉剂、柔软剂和助染剂等
	两性型 { R—NHCH$_2$CH$_2$COOH	氨基酸型	洗涤剂、杀菌剂及用于化妆品中
	R—N$^+$(CH$_3$)$_2$CH$_2$COO$^-$	甜菜碱型	染色助剂、柔软剂和抗静电剂
非离子型	R—O(C$_2$H$_4$O)$_n$H	脂肪醇聚氧乙烯醚	液状洗涤剂及印染助剂
	R—COO(C$_2$H$_4$O)$_n$H	脂肪酸聚氧乙烯酯	乳化剂、分散剂、纤维油剂和染色助剂
	R—C$_6$H$_4$—O(C$_2$H$_4$O)$_n$H	烷基苯酚聚氧乙烯醚	消泡剂、破乳剂、渗透剂等
	R$_2$N—(C$_2$H$_4$O)$_n$H	聚氧乙烯烷基胺	染色助剂、纤维柔软剂、抗静电剂等
	R—COOCH$_2$(CHOH)$_3$H	脂肪酸多元醇酯型	化妆品和纤维油剂

四、表面活性剂工业的现状及发展趋势

表面活性剂工业是在第二次世界大战期间因制皂的油脂十分匮乏而得到发展的,战后很快形成了独立的工业体系。近年来,其品种、质量、产量都得到了迅速发展。全球表面活性剂消费量逐年增长,2000年1050万吨、2001年1120万吨、2002年1220万吨、2003年1420万吨。

目前全世界表面活性剂品种超过2万个而且仍在快速增加,年总产量约为1700万吨,年市场销售额约为400亿美元,应用市场规模超万亿美元,近五年来的年增长率约为3%。

近年来我国表面活性剂工业发展迅速,其产量逐年增加。目前已形成了8000余个品种,160万吨的产业规模,成为了精细化工领域的重要组成部分。目前我国应用比较多的表面活性剂有:阴离子表面活性剂(以直链烷基苯磺酸钠LAS为主)占总量的70%;非离子表面活性剂占总量的20%;其他占10%。我国表面活性剂的应用领域主要集中于洗涤用品行业,其用量占表面活性剂需求的50%以上。从2008年到2014年,我国合成洗涤剂产量从598万吨增长至1228万吨,复合增速超过10%。见表3-2。

表3-2 我国合成洗涤剂年产量统计

年份	2008	2009	2010	2011	2012	2013	2014
产量/万吨	598	692.9	730	851	887.7	1029.8	1228

表面活性剂产品品种多,应用范围广,未来我国将着重系统开发安全、温和、易生物降解、具有特殊作用的表面活性剂,研究其结构效能关系,为新型产品的开发和应用提供理论基础;利用糖苷有多个游离羟基,类似多元醇,可开发各种脂肪酸多元醇酯类和糖苷醚类表面活性剂的特点,重点开发糖苷类表面活性剂;系统研究开发大豆磷脂类表面活性剂,磷脂既有表面活性,又有生物活性,是特种表面活性剂,其应用领域已延伸到食品、医药、化妆品和多种工业助剂;开发蔗糖脂肪酸酯系列产品,蔗糖脂肪酸酯是以8个羟基蔗糖为亲水基,以置换了蔗糖羟基的脂肪酸部分为憎水基的非离子表面活性剂,是通过蔗糖与脂肪酸酯交换反应形成的,除单酯外,某种条件下可生成二酯和三酯。蔗糖脂肪酸酯可作食品添加剂(乳化剂),具有无毒、无臭、无刺激性、易生物降解等优点,其洗净力不大,但有W/O型乳化、增溶、起泡等多种性能,并且有抑制淀粉沉降和油脂结晶转变的作用。

对现有产品的生产工艺进行改造,提高工业安全性,如传统的搅拌乙氧基化反应器经常爆炸,产品质量较差,很有必要进行技术改造。研究表面活性剂在工业催化方面的应用,重点对酯化、磺化、烷基化、硝化反应专用的新型、高效、环境友好的催化剂进行开发研究,以降低工业生产成本。

随着国民经济的增长和产业升级,我国表面活性剂工业的发展也将顺应环境保护和资源节约的要求。采用天然可再生资源如植物油为原料生产的天然油脂基表面活性剂,将得到大力发展。可以预计,我国多品种绿色表面活性剂将逐步实现工业化生产。另外,因为生物表面活性剂具有结构更多样、表面活性/乳化能力更强、可生物降解、无毒或低毒等优势,随着科研的深入和新产品的不断问世,我国生物表面活性剂行业会在未来得到快速发展,并在石油、医药、化妆品、食品、农业和环境保护等方面得到广泛应用。

第二节 表面活性剂的性质与应用

一、表面活性剂的物理性质

1. 表面张力

通常,把垂直作用于液体表面上任一单位长度,并与液面相切的收缩表面的力称为表面张

力。表面张力的单位用 N/m 表示。表面活性剂最大特性之一就是即使在较低浓度下也能显著降低溶剂的表面张力。图 3-1 为表面活性剂的浓度变化及其活动情况。

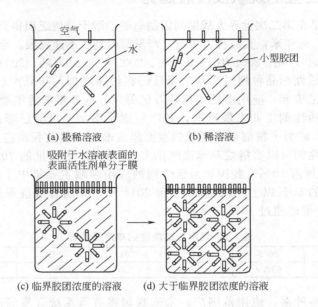

图 3-1　表面活性剂浓度变化及其活动情况

按图 3-1(a)~(d) 的顺序逐渐向水相增加表面活性剂的浓度。当表面活性剂的浓度很低时，此时空气和水几乎还是直接进行相接触，水的表面张力下降很小，接近纯水状态 [图 3-1(a)]；当水中表面活性剂浓度进一步增加时，表面活性剂分子很快聚集到液面上，使表面张力急剧下降，同时溶液中表面活性剂分子的疏水基相互靠近，形成小型胶团 [图 3-1(b)]；再增加表面活性剂的浓度，最终在水的表面形成单分子膜，此时水的表面张力降到最低点 [图3-1(c)]；若再增加表面活性剂浓度，表面张力不再下降，溶液中表面活性剂分子亲油基团相互聚集在一起形成胶团 [图 3-1(d)]。表面活性剂形成胶团的最低浓度称为临界胶团浓度（CMC）。高于或低于临界胶团浓度时，水溶液的表面张力及其他许多物理性质都有很大的差异。因此，表面活性剂溶液只有当其浓度稍大于临界胶团浓度时，才能充分显示其作用。表面活性剂浓度与溶液性质的关系如图 3-2 所示。

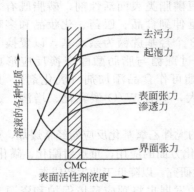

图 3-2　表面活性剂浓度与溶液性质的关系

2. 界面电荷

从电化学可知，一般在两个相接触面上的电荷分布是不均匀的，特别是溶剂中加了表面活性剂以后，由于表面活性剂的吸附而产生界面电荷的变化。这种变化对界面张力、接触角等界面现象，或者分散体系特有的凝聚、分散、沉降和扩散等现象有相当明显的影响。

3. 胶团和增溶

加入表面活性剂能使一些不溶于水或微溶于水的有机物在水溶液中的溶解度增大，由于这种现象是在 CMC 浓度以上发生的，所以和胶团的形成有密切关系。一般认为，胶团内部与液状烃近似，当在 CMC 浓度以上的溶液中加入难溶于水的有机物质时，有机物就会溶解成透明水溶液，这种现象称为增溶现象。这是有机物质进入与它本身性质相同的胶团内部而变成在热力学上稳定的各向同性溶液的结果。不同表面活性剂的增溶能力亦不同。

4. 表面吸附与界面定向排列

表面活性剂的溶解，使溶液的表面自由能降低，产生表面吸附。吸附在界面上的表面活性剂分子，能够定向排列形成单分子膜，覆盖于界面中。

二、表面活性剂的亲水亲油平衡（HLB）值

表面活性剂的亲水亲油平衡（HLB）值是表示表面活性剂的亲水性、亲油性好坏的指标。HLB值越高，表示表面活性剂的亲水性越强，反之，亲油性越强。HLB是选择和评价表面活性剂使用性质的重要指标，它有两种表示法：一种以符号表示，亲水性最强的为HH，强的为H，中等的为N；亲油性强的为L，最强的为LL。另一种以数值表示，HLB值为40的是亲水性最强的，而为1的是亲水性最弱的表面活性剂。表面活性剂HLB值的范围与其在水中溶解的情况见表3-3；HLB值和表面活性剂用途的关系见图3-3。

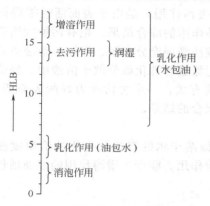

图 3-3　HLB 值和其性质关系

表 3-3　表面活性剂的 HLB 值与其在水中的溶解情况

HLB值范围	加入水后溶解情况
1～4	不分散
3～6	分散得不好
6～8	剧烈振荡后成乳色分散体
8～10	稳定乳色分散体
10～13	半透明至透明分散体
大于13	透明溶液

利用HLB值与表面活性剂性能间的关系可以帮助人们分析并选择表面活性剂的使用，但实际效果必须通过实验来确定。

三、表面活性剂的作用

1. 润湿和渗透作用

固体表面和液体接触时，原来的固-气界面消失，形成新的固-液界面，这种现象称为润湿。当用水润湿及渗透某种固体时，若在水中加入少量表面活性剂，则润湿及渗透就较容易，此现象称为润湿作用；而使某物体润湿或加速润湿的表面活性剂称为润湿剂。同样借助表面活性剂来增大液体渗透至物体内部的作用称为渗透作用，所用的表面活性剂称为渗透剂。润湿及渗透作用实质上都是水溶液表面张力下降的结果，实际上两者所使用的表面活性剂基本相同。润湿剂、渗透剂广泛应用于纺织印染工业，使织物润湿易于染色；在农药中也有应用，可增强农药对植物或虫体的润湿性，以提高杀虫效力。

2. 乳化和分散作用

使非水溶性物质在水中呈均匀乳化或分散状态的现象称为乳化作用或分散作用。能使一种液体（如油）均匀分散在水或另一液体中的物质称为乳化剂；能使一种固体呈微粒均匀分散在一种液体或水中的物质称为分散剂。

油与水的乳化形式有两种：一种是水包油型（O/W）；另一种是油包水型（W/O）。前者，

水是连续相，油是分散相；而后者，油是连续相，水是分散相。

分散剂的分散作用在于分子的亲水基一端伸在水中，疏水基一端吸附在固体粒子表面，从而在固体表面形成了亲水性吸附层；分散剂分子的润湿作用破坏了固体微粒间的内聚力，使分散剂分子有可能进入固体微粒中，使固体微粒变成微小质点而分散于水中。

3. 发泡和消泡作用

在气液相界面间形成由液体膜包围的泡孔结构，从而使气液相界面间表面张力下降的现象称为发泡作用。

发泡和消泡作用是同一过程的两个方面。能降低溶液和悬浮液表面张力，防止泡沫形成或使原有泡沫减少或消失的表面活性剂称为消泡剂。

利用表面活性剂的发泡作用可用来制灭火剂。消泡剂广泛用于纤维、涂料、金属、无机药品及发酵等工业。

4. 洗涤作用

从固体表面除掉污物的过程称为洗涤。来自生活环境的污垢通常有油污、固体污垢及其他污垢（如奶渍、血渍、汗渍等含蛋白质的污垢）。洗涤去污作用，是由于表面活性剂降低了表面张力而产生的润湿、渗透、乳化、分散、增溶等多种作用的综合结果。把有污垢的物质放入洗涤剂溶液中，在表面活性剂的作用下，污垢物质先被洗涤剂充分润湿、渗透，溶液进入被沾污物的内部，使污垢易脱落，洗涤剂再把脱落下来的污垢进行乳化而分散于溶液中，经清水漂洗而达到洗涤效果。去污作用与表面活性剂的全部性能有关，一个去污能力好的表面活性剂，不一定其各种性能都好，只能说是上述各种性能协同配合的结果。

5. 增溶作用

表面活性剂在水溶液中形成胶团后，能使不溶或微溶于水的有机化合物的溶解度显著增大，使溶液呈透明状，表面活性剂的这种作用称为增溶作用。能产生增溶作用的表面活性剂称为增溶剂，被增溶的有机物称为被增溶物。

四、表面活性剂性质的应用

表面活性剂的用途有两类：一类是利用与表面活性剂物性直接相关的基本性质；另一类是利用与表面活性剂物性虽无直接关系但却有间接关系的性质。下面介绍表面活性剂性质的应用。

1. 润湿剂、渗透剂

前面已讲过，实际上润湿剂和渗透剂所用的表面活性剂基本相同，故在此仅以渗透剂为例加以说明。

（1）溶液的性质与渗透剂的种类 当被渗透的溶液种类不同时，所用的渗透剂也不相同。多数情况下，溶液的 pH 值即酸碱性对选择渗透剂十分重要。作为强碱性溶液的渗透剂，不能有酯键（—COOR），因为酯键会被碱皂化分解。作为强酸性溶液的渗透剂，不能用硫酸酯盐型的表面活性剂，因其会使渗透剂分解。对含大量无机盐的溶液，因渗透剂难溶于其中，必须用特别易溶的渗透剂。对含氧化剂的溶液，应选择耐氧化性的渗透剂。渗透剂的种类与溶液的 pH 值之间的关系如表3-4所示。

表 3-4 渗透剂的种类与溶液的 pH 值的关系

溶液的 pH 值	渗透剂的类型	
	阴离子渗透剂	非离子渗透剂
强碱性	如果相对分子质量小则易溶解，故能使用，但有酯键（—COOR）者易分解	不能使用（不溶解）

续表

溶液的pH值	渗透剂的类型	
	阴离子渗透剂	非离子渗透剂
弱碱性	能使用	多数能用
近于中性	能使用	能使用
弱酸性	能使用，硫酸酯盐型也有分解的情况	能使用
强酸性	几乎不能使用 特殊的磺酸盐型有时也能使用	多数能用

从表3-4中可以看出，阴离子渗透剂在中性至碱性下使用较好，非离子渗透剂在中性至酸性下使用较好。阳离子及两性渗透剂由于性能和价钱等原因而基本不能用。

(2) 中性溶液的渗透剂　在弱酸至弱碱性范围内使用的渗透剂称为普通渗透剂。在阴离子系列中，渗透剂OT、十二烷基苯磺酸钠、月桂基硫酸酯钠、烷基萘磺酸钠、油酸丁酯的硫酸化物等都是常用的渗透剂。特别是渗透剂OT，它是最富有渗透性的产品。其分子结构为：

$$\begin{matrix} & C_2H_5 \\ & | \\ C_4H_9CHCH_2OOCCH_2 & \\ & | \\ C_4H_9CHCH_2OOCCH-SO_3Na \\ & | \\ & C_2H_5 \end{matrix}$$

丁二酸二异辛酯磺酸钠（渗透剂OT）

在非离子系列中应用最广泛的是壬基酚或辛基酚与环氧乙烷的加成物，以及碳链较短的醇与环氧乙烷的加成物。

$$C_9H_{19}-\!\!\!\bigcirc\!\!\!-O(C_2H_4O)_{7\sim10}H \qquad RO(C_2H_4O)_nH$$

壬基酚环氧乙烷加成物　　　　　　中、高级醇环氧乙烷加成物

(3) 特殊渗透剂　对于高浓度盐类溶液、强碱性溶液、强氧化剂溶液，由于渗透剂易在溶液中分解或难以溶解，因此要采用特殊渗透剂。

特殊渗透剂有：聚乙二醇醚型、磺酸盐、硫酸酯盐、HLB值高的聚乙烯醇型、壬基酚环氧乙烷加成物等，可用作纤维处理渗透剂。

2. 乳化剂、分散剂、增溶剂

乳化剂、分散剂和增溶剂的应用范围十分广泛，主要有以下几个方面。

(1) 在纤维工业中的应用　乳化剂、分散剂在纤维工业方面的应用很广，如纺织油剂、柔软整理剂、疏水剂等乳液制品中几乎都使用乳化剂、分散剂。另外在染色方面也需要很多种类的乳化剂、分散剂，如染料、颜料的分散剂，载体的乳化剂，萘酚AS类的增溶剂等。在纤维工业方面也常需要对各种树脂、香料、杀菌剂等进行乳化分散，以便对织物进行处理。

(2) 在合成树脂工业中的应用　乳化剂、分散剂在乳液聚合及悬浮聚合工艺中占有重要地位。阴离子表面活性剂适于得到细粒子的乳液，主要有脂肪酸皂、松香酸皂、十二烷基苯磺酸钠、高级烷基醚硫酸盐等；而非离子表面活性剂适于得到粗粒子的乳液，主要有烷基酚环氧乙烷加成物、高级醇环氧乙烷加成物、聚丙二醇环氧乙烷加成物等。另外它们在医药、化妆品、食品、农药、建筑、环保、石油、涂料等行业中都有极广泛的应用。

3. 发泡剂与消泡剂

(1) 发泡剂与泡沫稳定剂　一般，把发泡能力强的表面活性剂称为发泡剂，阴离子表面活性剂发泡能力大，聚乙二醇醚型非离子表面活性剂居中，脂肪酸酯型非离子表面活性剂发泡力最小。肥皂、十二烷基苯磺酸钠、月桂基硫酸酯钠、月桂基醚硫酸酯钠等阴离子表面活性剂较适宜作发泡剂。所谓发泡剂只是意味着搅拌时能产生大量的泡，而泡沫存在时间长短无关紧

要。能够较长时间保持泡沫的表面活性剂或添加剂称作泡沫稳定剂。例如，月桂酸二乙醇酰胺它不仅是泡沫稳定剂，同时也是优良的洗涤剂，其应用广泛。实用的泡沫稳定剂不单纯是维持泡沫的存在时间，而是当污物进入后仍必须能维持发泡力。泡沫稳定剂在餐具清洗剂、香波等方面广泛应用；而发泡剂则从肥皂到混凝土应用更广。

（2）消泡剂　工业生产上较多的问题是如何防止发泡，这就需要使用消泡剂。其中，低级醇系消泡剂只有暂时破泡性；聚硅氧烷系消泡剂无论是破泡性还是抑泡性都很好，在纤维、涂料、发酵等行业中起着重要的作用；矿物油是廉价的消泡剂，但性能不如聚硅氧烷系的好，仅对易消除的泡沫用之效果好，故广泛用于纸浆等工业；有机极性化合物系消泡剂，广泛用于纤维、涂料、金属、无机药品、发酵等工业，其消泡效果会因使用场合不同而有所差异。

4. 洗涤剂

洗涤剂的应用十分广泛，在本节仅就家庭及工业方面的应用作扼要介绍。

（1）纤维工业用洗涤剂　纤维工业用洗涤剂主要用在以下几个方面。

① 棉纱的精制。通常使用阴离子系表面活性剂与非离子系表面活性剂的混合物。

② 原毛洗涤（洗毛）。附着在原毛上的污物大部分是羊毛脂，这种污物含有相当多的酸性物质和可以用碱皂化的成分，常用的洗涤剂有非离子型、高级醇硫酸酯钠盐或十二烷基苯磺酸钠等。

③ 羊毛织物的洗涤（洗绒）。洗绒即洗涤毛织物成品，常用的洗涤剂为高级醇硫酸酯盐、非离子型洗涤剂。

④ 丝的精制。生丝上黏附有丝胶和其他污物，除去这些污物常用肥皂和以碱为主的洗涤剂，但肥皂受水质的影响较大，故常与耐硬水的高级醇硫酸酯盐或非离子型洗涤剂合用。

⑤ 合成纤维的精制。主要是洗掉生产过程中使用的油剂、糊剂等，通常使用壬基酚环氧乙烷加成物类非离子型洗涤剂或阴离子型洗涤剂。

（2）家庭用洗涤剂　家庭用洗涤剂主要有纺织品被服用洗涤剂，其中有重垢型洗涤剂、轻垢型洗涤剂及干洗剂；厨房用洗涤剂中有餐具、炊具、灶具、厨房设备、瓜果、蔬菜、鱼类等专用洗涤剂；居室用洗涤剂中有地板、地毯、玻璃、家具、器皿、居室装饰物品、文化娱乐用品及办公设备等专用洗涤剂；浴室和卫生间设备用洗涤剂及其他洗涤剂，如个人用品、冰箱、冰柜、除水垢、皮革制品、运动用品等洗涤剂。洗涤剂的配方根据具体用途不同而有所变化。此外，由于洗涤习惯的不同，待洗物品的逐渐多样化，以及防止污染等要求，所使用的洗涤剂和助剂也随之发生变化。

（3）除纤维工业之外的其他工业用洗涤剂　纤维工业以外的各种工业中都使用着各自独特的洗涤剂。作为洗涤剂基本要求的性能差别不大，只是对污垢的种类、使用条件、洗涤效果等有不同的特殊要求，因而洗涤剂的种类也十分繁多。例如有食品工业用，交通业用，印刷工业用，机械和电机用，电子仪器、精密仪器、光学仪器用，锅炉除垢用以及其他用途的各种洗涤剂。

5. 纤维柔软整理剂

柔软整理剂是一种为降低纤维间摩擦系数，使纤维制品增加柔软性的特殊表面活性剂。柔软剂很少由单一化学结构的一种表面活性剂组成，除表面活性剂外，它还含有植物油、矿物油和高碳醇等，即利用表面活性剂和油性物质的协同作用达到柔软效果。柔软剂所使用的表面活性剂如表3-5所示。

表3-5　柔软剂所使用的表面活性剂

类　别	实　例
阴离子类	长链醇硫酸酯盐型和磷酸酯盐型、脂肪酸及其衍生物的硫酸化物、聚乙二醇醚硫酸酯盐型、磺酸盐型、肥皂等
阳离子类	脂肪酸或脂肪酰胺衍生物的叔胺盐型或季铵盐型、吡啶鎓盐型等
非离子类	脂肪酸和长链醇环氧乙烷加成物、多元醇脂肪酸酯等
两性类	甜菜碱型、氨基酸型等

因各类纤维本身的物性和表面性能的不同,柔软剂对各类纤维的柔软效果也不同。一般来讲,纤维素纤维用柔软剂以阴离子类为主体;合成纤维用长链酰胺型的阳离子表面活性剂。

6. 抗静电剂

具有抗静电作用的表面活性剂称抗静电剂。不同种类表面活性剂的抗静电效果因各自不同的结构而有差别。其中阳离子型、两性型表面活性剂效果最好,其次是非离子型和阴离子型表面活性剂。纤维种类不同,每种抗静电剂的效果也有差别。例如,抗静电剂 TM[$CH_3N(CH_2CH_2OH)_3^+CH_3SO_4^-$]属季铵盐型阳离子表面活性剂,对腈纶、涤纶、锦纶等合成纤维有优良的消除静电效能;又如,抗静电剂 SN[$C_{18}H_{37}N(CH_3)_2CH_2CH_2OH^+ \cdot NO_3^-$]属阳离子表面活性剂,可作涤纶、维纶、氯纶及 PVC、PE 薄膜等的静电消除剂。

7. 杀菌剂

杀菌剂是指与蛋白质发生作用的一类表面活性剂。其杀菌机理是它首先吸附于菌体,然后浸透菌体的细胞膜并破坏之。杀菌剂以阳离子型和两性型表面活性剂为主。前者有烷基二甲基苄基铵盐、烷基三甲基铵盐、烷基吡啶鎓盐;后者有聚氨基单羧酸类。例如,苄基季铵氯化物[$C_{12}H_{25}N(CH_3)_2CH_2C_6H_5^+Cl^-$]是有名的阳离子杀菌剂,其杀菌力与化学结构有关,改变烷基的碳原子数,杀菌力会有很大变化,一般以 $C_{12\sim14}$ 较为合适。

8. 匀染剂

在印染工业中常使用一种以达到均匀染色为目的的表面活性剂,即匀染剂。要达到匀染,必须降低染色速度,使染料分子缓慢地与纤维接触;而将已发生不匀染织物的深色部分的染料分子向浅色部分迁移者,称为移染。按以上匀染条件,匀染剂一般分为两类。

(1) 亲纤维匀染剂 此类表面活性剂与纤维的吸附亲和性要比染料大,染色时染料只能跟在匀染剂后面追踪,从而延长了染色时间,达到缓染使纤维均匀染色的目的。例如,阳离子型匀染剂 DC[$C_{18}H_{37}N(CH_3)_2CH_2C_6H_5^+Cl^-$]。

(2) 亲染料匀染剂 该类表面活性剂因与染料有较大的亲和力,故在染色过程中会拉住染料,从而延长了染色时间而达到缓染效果,且对已上染纤维的染料有拉力。当发生不匀染现象时,它可将深色处染料拉回染浴中,再上染到浅色处,即所谓移染。这类匀染剂有聚乙二醇类非离子表面活性剂,如平平加 O[$C_{12}H_{25}O(CH_2CH_2O)_{22}H$]。除了使初期染色速度降低和具有移染作用外,对匀染剂的要求还应以不降低染色牢度,更不降低上染率为原则。

9. 防水整理剂

纤维制品的防水整理剂有不透气性和透气性两种。这里只讨论透气性防水整理剂。例如,长链脂肪酸衍生物的吡啶季铵盐主要用于棉织物,如防水剂 PF ($C_{17}H_{35}CONHCH_2$—^+N⌬·Cl^-);又如羟甲基三聚氰胺衍生物,也是耐洗防水整理剂,主要用于纤维素织物。另外乙烯脲素衍生物也具有防水整理性能,如十八烷基乙烯脲素 [$C_{18}H_{37}NHCON(CH_2)_2$]。

10. 絮凝剂

凡是用来使水溶液中的溶质、胶体或悬浮物颗粒产生絮状物沉淀的物质都叫絮凝剂。絮凝剂按摩尔质量大小分为两大类:低分子絮凝剂和高分子絮凝剂,如下所示。

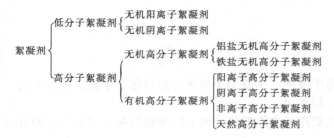

例如，三氯化铝、明矾、硫酸亚铁、聚丙烯酰胺类、聚乙烯醇、纤维素等都是絮凝剂，根据所处理的物质不同选择不同的絮凝剂。

第三节 烷基苯磺酸钠的合成方法及应用

烷基苯磺酸钠是一种用途广泛的阴离子表面活性剂，为白色或淡黄色粉状或片状固体；易溶于水，具有良好的去污能力和起泡性能；在酸性水、碱性水和硬水中均很稳定。其广泛用作粉状或液体洗涤剂、香波、高分子乳液聚合助剂、车厢洗涤剂等，此外还可用作水溶促进剂、偶合剂、防结块剂、乳化剂等。

工业生产中烷基苯的磺化反应常用的磺化剂主要有发烟硫酸和三氧化硫两种。与发烟硫酸磺化相比，三氧化硫磺化具有反应不生成水、无废酸产生、装置适应性强、产品质量高等优点，故应用日益增多。

目前工业上采用气体三氧化硫薄膜磺化连续法生产烷基苯磺酸钠的工艺流程。其反应原理及生产工艺流程简图如下：

$$R-C_6H_5 \xrightarrow[\text{烷基苯}]{\text{气体 } SO_3} R-C_6H_4-SO_3H \xrightarrow[\text{氢氧化钠}]{\text{中和}} R-C_6H_4-SO_3Na$$

烷基苯 + 气体 SO_3 → 磺化 → 老化 → 中和 → 成品

烷基苯磺酸钠在洗衣粉和洗涤剂的配制中有广泛应用。重垢型洗衣粉具有使用方便、去污力强、耐硬水、不损伤皮肤和布料等性能。它是由表面活性剂、助剂、有机螯合剂、抗再沉积剂、消泡剂、漂白剂、荧光增白剂、防结块剂、酶和香精等配制的。配制重垢型洗衣粉使用的表面活性剂为阴离子型和非离子型。常用的阴离子型表面活性剂有烷基苯磺酸钠、α-烯基磺酸钠、烷基磺酸钠、脂肪醇聚氧乙烯醚硫酸钠等。常用的非离子型表面活性剂有脂肪醇聚氧乙烯醚、烷基酚聚氧乙烯醚等。重垢型洗衣粉配方举例如下：

成分	质量分数/%	
	配方1（低泡）	配方2（浓缩）
烷基苯磺酸钠	10	3
脂肪醇聚氧乙烯醚	3	7
烷基酚聚氧乙烯醚	2	
烷基硫酸钠	1	3
聚醚 L61	2	
肥皂	3	3
三聚磷酸钠	35	50
碳酸钠	5	25
硅酸钠	5	2
羧甲基纤维素钠	1	1
硫酸钠	20.8	
荧光增白剂	0.1	0.1
对甲苯磺酸钠	2	
香精	0.1	适量
水	10	5.9

配方1为低泡洗衣粉，去污性能好，易于漂洗，主要用于机洗，亦可用于手洗。配方2为浓缩洗衣粉，能在冷水中溶解，去污力强，用量少。

人工洗涤餐具用洗涤剂以液体为多，主要用于去除餐具表面上的油性污垢，具有良好的乳化去污能力和渗透性。它由表面活性剂、助溶剂、增泡剂、增稠剂、香精和色料等组成。

人工洗涤餐具用洗涤剂使用的表面活性剂主要有烷基苯磺酸盐、烷基磺酸盐、烷基硫酸盐、脂肪醇聚氧乙烯醚硫酸盐等阴离子表面活性剂，脂肪醇聚氧乙烯醚、烷基酚聚氧乙烯醚、脂肪酸二乙醇酰胺、烷醇酰胺等非离子表面活性剂及 N-烷基甜菜碱等两性离子表面活性剂。人工洗涤餐具用洗涤剂配方举例如下：

成分	质量分数/%
脂肪醇聚氧乙烯（9）醚	3
脂肪醇聚氧乙烯（7）醚	2
烷基苯磺酸钠	5
甲苯磺酸钠	4
苯甲酸钠	0.5
香精	0.5
水	85

该配方洗涤剂去碗盘油腻性能好，也可用于洗涤瓜果、蔬菜。

思 考 题

1. 什么叫表面活性剂？表面活性剂有哪些作用？
2. 表面活性剂有哪几大类？
3. 什么是表面活性剂的临界胶团浓度？对表面活性剂来讲它为什么非常重要？
4. HLB 是指什么？
5. 什么叫表面张力？
6. 表面活性剂性质的应用主要有哪些？
7. 哪些类型的表面活性剂可作渗透剂用？
8. 乳化剂和分散剂都有哪些应用？
9. 发泡剂和泡沫稳定剂有何区别？什么类型的表面活性剂适合作发泡剂？
10. 什么类型的表面活性剂作抗静电剂效果好？
11. 匀染剂有哪两类？有何不同？
12. 烷基苯磺酸钠是什么类型的表面活性剂？有何应用？

第四章 涂料

作为精细化工产品的重要组成部分，涂料不仅是人们美化环境和生活的重要产品，同时也是国民经济和国防工业的配套工程材料。涂料工业作为一个重要的行业已经有近两百年的生产历史，其涉及面广，种类繁多。随着人类对环境和健康的日益重视，传统溶剂型涂料已不能满足人们对于环保的要求。科技工作者已逐渐将研究重心转移到低成本、低黏度、无毒、无刺激的水性涂料的研发上。

第一节 导　言

一、涂料的定义及作用

涂料是涂覆到物体表面后，能形成坚韧涂膜，起到保护、装饰、标志和其他特殊功能的一类物料的总称。其中，凡是主要用水作溶剂或者作分散介质的涂料，都可称为水性涂料。水性涂料与溶剂型涂料的最大区别在于：涂料中的大部分有机溶剂被水所取代。

尽管涂料的品种众多，但是涂料在实际应用中的作用可概括为以下几点。

（1）保护作用　物体暴露在大气中，受到水分、气体、微生物、紫外线等各种介质的作用，会逐渐发生腐蚀，如金属锈蚀、木材腐烂、水泥风化等，从而逐渐丧失其原有性能。而保护并维修得当的钢铁桥梁和木制房屋可以使用上百年。所以，保护作用是涂料的一个主要作用。

（2）装饰作用　在涂料中加入不同的颜料，可得到五光十色的涂膜、绚丽多彩的外观，增加物体表面的色彩和光泽，还可以修饰和平整物体表面的粗糙和缺陷，改善外观质量，提高商品价值。例如建筑涂料、汽车涂料、家居用品涂料等，能起到很好的美化生活的作用，涂料对人类的物质生活和精神生活具有不容忽视的作用。

（3）标志作用　涂料可作色彩广告标志，输送不同物料的化工管道外壁用不同色彩的涂料；道路划线、交通方向指示牌等各种交通标志，利用不同的色彩来表示警告、危险、安全、前进、停止等信号。目前，采用涂料的色彩作标志在各行各业已经逐渐形成标准。

（4）特殊作用　随着时代的发展，人们对各种专用涂料的需求也日益增多，各种专用涂料还具有特殊的作用。比如输油管内壁防结蜡涂料，除防腐蚀作用外，还可减少石蜡黏结在管壁上，减少输送阻力，提高输送能力；示温涂料可以在不同温度下显示不同颜色，涂装在储罐、管道外壁，可以测知罐内和管道内液体的温度；导电涂料可移去被涂物体表面的静电；还有各种用于纸张、塑料薄膜、皮革等表面的涂料，使之产生抗水、抗油等特性。

二、涂料的分类及组成

涂料发展到今天，品种繁多，用途广泛，性能各异。通常有以下几种分类方法。

（1）按涂料的形态　水性涂料、溶剂型涂料、粉末涂料、高固体分涂料。

（2）按施工方法　刷涂涂料、喷涂涂料、辊涂涂料、浸涂涂料、电泳涂料。

（3）按施工工序　底漆、中涂漆（二道底漆）、面漆、罩光漆等。

（4）按功能　装饰涂料、防腐涂料、导电涂料、防锈涂料、耐高温涂料、隔热涂料、防火涂料、防霉涂料、防结露涂料等。

（5）按用途　建筑涂料、汽车涂料、飞机涂料、家电涂料、木器涂料、桥梁涂料、塑料涂料、纸张涂料。

（6）按涂料中是否含有颜料　清漆，不含颜料的溶剂型涂料，一般是无色或淡黄色透明的；磁漆，含有颜料的有色不透明溶液型涂料，又称色漆；厚漆，有色不透明、含少量溶剂的涂料；腻子，一种高固体含量的涂敷物质，又称填充剂。

涂料种类繁多，但基本上都是由成膜物质、颜料、溶剂和助剂组成的。有些涂料不含颜料，如清漆。有些涂料不含溶剂，如粉末涂料、辐射固化涂料，其具体组成见表4-1。

表4-1　涂料组成表

涂料的组成		涂料用原料
主要成膜物质	油料	动物油：鱼肝油、带鱼油、牛油等
		植物油：桐油、豆油、蓖麻油等
	树脂	天然树脂：虫胶、松香、天然沥青等
		合成树脂：酚醛树脂、醇酸树脂、氨基树脂、丙烯酸树脂、环氧树脂、聚酰胺树脂、聚氨酯树脂等
次要成膜物质	着色颜料	无机颜料：钛白粉、氧化锌、氧化铁红、炭黑、铅铬黄
		有机颜料：甲苯胺黄、酞菁类、偶氮类等
		防锈颜料：氧化铁红、锌铬黄、红丹、偏硼酸钡等
	体质颜料	碳酸钙、硫酸钡、白炭黑、高岭土、云母粉、滑石粉
	功能颜料	防锈颜料、导电颜料、示温颜料、耐高温彩色复合颜料等
辅助成膜物质	助剂	催干剂、流平剂、防流挂剂、成膜助剂、增稠剂、流变剂、润湿剂、增塑剂、消泡剂、引发剂、偶联剂、乳化剂等
稀释剂	有机溶剂	石油溶剂、苯、甲苯、二甲苯、松节油、氯苯、醋酸丁酯、丙酮、环己酮、丁醇、环戊二烯等
	水	

（1）成膜物质　成膜物质又称基料，是使涂料牢固附着于被涂物体表面上形成连续薄膜的主要物质，是构成涂料的基础，是决定涂膜性能的主要因素，决定着涂料的基本性质。水性涂料主要成膜物质是树脂。

（2）颜料　颜料为分散在漆料中的不溶的微细固体颗粒，且物化性质不随分散介质改变。分为着色颜料和体质颜料，主要用于着色、提供保护、装饰以及降低成本等。水性涂料的性能受颜料的形状、颗粒大小、分布、体积分数和在涂料中分散效果的影响。

（3）助剂　助剂在涂料配方中所占的比例一般很小，但却起着十分重要的作用。各种助剂在涂料的储存、施工过程中以及对所形成漆膜的性能有着不可替代的作用。常见的助剂有改善涂层平整性的流平剂，能加速涂膜干燥的催干剂，改善漆膜的柔韧性、降低成膜温度并增加弹性和附着力的增塑剂，帮助改变颜料表面性能的润湿分散剂，可防止在储存过程中已分散颗粒的沉淀、聚集的增稠剂等。

（4）稀释剂（溶剂） 溶剂是指在涂料中用于溶解或分散成膜物质，改善涂料黏度，使之形成便于施工并能在涂膜形成过程中挥发掉的液体。水性涂料的稀释剂为水。

三、涂料工业的展望

水性涂料是当今中国涂料行业的一个热点。水性涂料发展乏力也是不争的事实。近年来，涂料中可挥发的有机化合物（VOC）对环境及人体的危害日益引起人们的关注，而水性涂料相对于传统溶剂型涂料能极大地减少 VOC 的排放，有效降低了对环境的影响。但是，目前我国水性涂料的发展遇到了些许阻碍，主要表现在政策法规的完善、技术革新的加强以及大众认知的普及这三方面。水性漆在欧美市场成功发展的经验表明水性漆成功需要三个必需条件：消费者对环保的要求，政府对有机挥发物的立法，涂料原料商和涂料企业对环保型涂料的投入。更进一步说，这三者是紧密联系的：消费者对环保的要求推动政府有关 VOC 的立法行为，而政府的 VOC 立法又迫使涂料行业对环保型涂料产业的投入，带动整个行业从溶剂型涂料向水性涂料的转型。这个"三部曲"是欧美水性涂料成功的关键。而我国涂料行业也将迎来重要的转型阶段。

我国工业涂料领域中，目前水性涂料所占比例还比较小，这主要受技术、价格和政策法规三方面因素制约。但是近年来，随着我国经济的迅速发展，开放程度的进一步提高，与世界经济的接轨和资源日趋紧张，以及人们对环保和身体健康的重视，水性涂料在我国已面临良好的发展机遇。

众所周知，欧美国家特别是欧盟对环保非常重视，相继制定了一些环保法规来限制挥发性有机化合物（VOC）向大气中释放。我国目前出口西方发达国家的工业产品，有许多已开始改用环保的水性涂料涂装施工。此外，国内近年来发生的重大河流湖泊污染和空气污染事件已经促使我国下大决心，重视保护生态环境。今后污染环境、危害施工人员身体健康的溶剂型涂料的应用将受到越来越多的限制和制约，这将给水性涂料提供良好的发展空间。

近年来，我国基本有机化工原料价格的飞速上涨，已经使我国原本高利润的涂料行业沦落为微利行业，更使一些规模较小的涂料厂不堪原料成本的上涨而倒闭。溶剂型涂料价格的大幅上涨，使得水性涂料在价格方面的优势日趋显现，这也是近年来我国水性涂料得以在一些工业涂装领域较快发展的一个主要原因。国外先进的水性树脂产品和涂料技术进入我国涂料市场，再加上国内对水性涂料新产品开发的重视，带动了我国水性涂料特别是水性工业涂料的发展和应用。现在，一大批先进的水性树脂新产品和高性能水性涂料品种的问世，使得水性涂料在涂膜性能上已能满足越来越多的工业产品的涂装要求。

第二节 水性印刷涂料

随着印刷技术的快速发展，环保在包装及出版印刷领域中已列入重要地位。目前印刷制品的污染是当前包装行业面临的一个非常严重的问题，所使用的制品涂料包括上光油及油墨大都为溶剂型产品，对人体及环境产生威胁。因此开发环保型水性纸品涂料已引起国内外的高度关注，非常具有发展前途。

一、水性上光油

随着市场经济和商品经济的快速稳步发展，人们对书刊和杂志的封面、挂历、图片、药盒、烟包的印刷装潢越来越重视，不但要求有精美的彩色画面，而且要求具有表面光泽度，这种光泽度就是在被印物上涂上光油所产生的特殊效果。在印刷品上涂上光油不仅能够增加印刷产品的价值，而且可以增强油墨耐光性能，增加油墨的防热、防潮能力。不同的印刷品需要不同的水性上光油。当前，一些高档商品的包装，如名烟、名酒、名茶以及一些书籍封面、装贴、画册等，常常使用一些高光泽的水性上光油来印刷。各类书刊印刷厂、商业印刷厂、商标印刷厂和折叠纸盒印刷厂对多种包装产品都有着不同程度的上光需求。下面具体介绍几种现今市面上使用率较高的水性上光油。

1. 超耐磨水性上光油

包装类印刷品需要很强的耐磨性，印刷品不仅需要上光，而且要耐磨，水性上光油应该满足印刷品耐磨性的要求。包装类印刷品需要很强的耐磨性，用每平方厘米 50atm（1atm＝101325Pa）测定，一般需达到每分钟 150 擦。超耐磨水性上光油具有极佳的附着力，表面滑爽，耐磨性很好，可达 2000 次以上。适用于鞋盒、药盒、电器包装、奶箱等印刷品。其主要技术指标及产品特征如下。

（1）主要技术指标

耐磨次数　　　　　　≥2000 次
光泽度　　　　　　　≥60
附着力　　　　　　　合格

（2）产品特征　耐磨、耐刮伤性能好，干燥速度快。

2. 高光水性上光油

近年来随着微乳聚合技术的发展，水性上光油的光泽也在不断提高。印刷品通过上光达到高光效果，使印刷表面质感更加厚实丰满，增加印刷品的艺术效果，起到美化印刷品的作用，且被印物光亮，使涂布的印刷品色泽保持更久，不易泛黄、变色。高光水性上光油具有极高的光泽度，可达 80 以上。其主要技术指标和产品特征如下。

（1）主要技术指标

光泽度　　　　　　　＞80
耐磨次数　　　　　　＞400 次
附着力　　　　　　　合格

（2）产品特征　高光泽，耐磨性好。

3. 预印水性上光油

从 1871 年美国人阿尔伯特·琼斯（Albert Jones）发明了单面瓦楞纸板到现在各种各样的瓦楞纸产品，已有 100 多年的历史。我国瓦楞纸箱生产量大约占亚洲的 30%，世界的 10%。而为了提高瓦楞纸的质量及性能，瓦楞纸箱凹版预印工艺一直备受关注。

预印是先将面纸卷对卷印刷，然后将印好的卷筒面纸送到瓦楞纸机的面纸工位，生产瓦楞纸板，然后经过后道工序加工成纸箱。预印方式可以生产中高档纸箱，既可以达到印刷精美的要求，又可以尽可能小地降低瓦楞纸板的强度。预印刷的纸箱套印精度高，印刷墨色饱满，色彩鲜艳牢固，印刷和上光一次完成，是目前国内外获得高品质纸箱的最好生产工艺，其生产效率高，适宜大批量生产，生产出的纸箱的物理指标高于采用同等材质胶印的纸箱的 30% 以上，但是生产成本却明显低于胶印纸箱。

预印瓦楞纸箱的保护性能更加突出，不但可以更好地保护瓦楞不受损坏，同时使得瓦楞纸箱的抗压强度较以前提高了 10%，能更好地保证运输过程中产品的质量。此外，预印瓦楞纸箱的印刷精度高、图文清晰精美、色彩丰富饱和，采用预印并覆膜后，可与胶印后覆膜的效果相当，经过长途运输、仓储、搬运过程后仍然能保持良好的印刷质量。预印工艺尤其适合牛奶、啤酒及高档饮料外包装箱的印刷。

预印水性上光油要具有耐热性和耐磨性，还要具有防水性能。瓦楞纸板是用水性淀粉胶黏合加工而成的，加工过程中需要烘干黏合剂中的水分。瓦楞纸板生产线压实烘干通道长 20～100m，烘干温度为 170～200℃。印刷面在高压、高温条件下要拖行 20～100m，时间约为 10s。这就要求油墨和上光油必须具有极好的耐热、耐水和耐磨性，如果油墨和上光油所选用的树脂不耐热、耐水、耐磨，发生变软、发黏或者油墨变色以及发花现象都会导致废品的产生。其主要技术指标和产品特征如下。

（1）主要技术指标

    耐高温   高温 200℃下可烘烤 10s，不返黏
    光泽度   ＞60
    耐磨次数 ＞1000 次
    耐水性   浸泡在水中 24h，上光油的表面无起泡、脱落等现象
    附着力   合格

（2）产品特征 耐热、耐磨，防水、抗返黏，干燥速度快。

4．滑爽水性上光油

滑爽水性上光油，具有特别优秀的滑爽手感，适用于滑爽度要求特别高的印刷品，如扑克牌、海报、画册、服装标牌等。它具有干燥速度快、耐摩擦、光泽度高、上光层抗潮、抗黏性好的高品质。其主要技术指标和产品特征如下。

（1）主要技术指标

    手感   滑爽
    耐磨次数 ＞300 次
    光泽度   ＞60
    附着力   合格

（2）产品特征 干燥速度快，耐磨，高光，防潮，抗黏。

5．防滑水性上光油

与滑爽水性上光油相对的是防滑水性上光油。防滑水性上光油具有防滑性能，这是涂膜所具有的一种特殊功能，是根据使用要求决定的。通常的水性上光油比较滑，用于某些产品的包装箱上光，在产品堆放高度较高时，容易滑倒，尤其是在医药、啤酒、牛奶纸盒包装上较为明显。为了减少货物搬运的损失和增加堆放的安全性，许多包装箱外部要作防滑处理，在箱体表面涂刷防滑水性上光油是最经济适用的方法。经防滑处理的包装材料可以大大增加堆放货品的安全性。其主要技术指标和产品特征如下。

（1）主要技术指标

    防滑性能 合格
    耐磨次数 ＞300 次
    光泽度   ＞50
    耐水性   浸泡在水中 24h，上光油的表面无起泡、脱落等现象
    附着力   合格

（2）产品特征 干燥速度快，耐磨，防滑。

6．哑光水性上光油

高光泽的涂膜表面在光线的照射下，对人的眼睛有一种刺激作用，因此人们才需要一种光泽柔和，对人眼无刺激作用，又很典雅的哑光涂饰。印刷品通过涂布哑光上光油达到消光目的，使印刷品更加稳重、高雅，增强印刷品的艺术效果，起到美化印刷品的作用和功能。

为达到亚光效果，需对涂膜作消光处理。消光就是利用一定的方法使涂膜表面的光泽度降

下来。结合涂膜表面光泽产生的机理和影响光泽的因素，人们认为消光就是采用各种手段，破坏涂膜的光滑性，增大涂膜的表面微观粗糙度，降低涂膜表面对光线的反射。可以分为物理消光和化学消光两种方式。物理消光的原理为：加入消光剂，使涂料在成膜过程中，表面产生凹凸不平，增加对光的散射和减少反射。化学消光是靠在涂料中引入一些例如聚丙烯接枝物质类能吸收光线的结构或基团来获得低光泽。

哑光水性上光油的主要技术指标和产品特征如下。

（1）主要技术指标

　　　　　　　　光泽度　　　　＜10
　　　　　　　　耐磨次数　　　＞500次
　　　　　　　　耐刮擦　　　　合格
　　　　　　　　附着力　　　　100％

（2）产品特征　光泽柔和，膜面平整。

7. 手感水性上光油

随着高档的包装盒应用越来越多，手感水性上光油也开始得到了广泛的使用。手感水性上光油可赋予涂膜天鹅绒毛爽滑质感，具有弹性、棉滑、丝绸、滋润等手感效果，不再是普通水性上光油那种冷冰冰、粗糙、生硬的感觉，而是使人感觉到一种软绵绵爽滑的感觉，手感极好，主要用于高级包装印刷品上，如礼品盒、服装挂牌等上光印刷，具有良好的附着力及耐磨性，防水防油效果好。

手感水性上光油主要的手感来自树脂，因为弹性树脂能提供很软和的效果。助剂只能辅助性地增加湿态的手感，增加阻力，使涂层的手感更加接近于橡胶，产生又软又湿的触感。市场上的手感水性上光油产品所使用的水性树脂主要是弹性聚氨酯水分散体，固化剂主要是水可乳化型的IPDI多聚体，存在的问题是：弹性聚氨酯水分散体的OH和NCO的反应很慢，价格又贵，所以有待于开发价格相对较低的苯丙系列产品。

手感水性上光油产品中，通过加入手感剂或手感粉，可以产生不同的手感效果和视觉效果。

（1）绒面效果　涂料除了具有视觉效果外，它的纹理使人联想到绒面。因此，称为"绒面效果"涂料。

（2）平光效果　通过配方的调整，可以做成从具有丝绸光泽到完全无光的耐擦伤涂膜，应用在各种不同的表面与物体上作为装饰材料。

（3）多彩效果　混合两种或两种以上不同基本色或不同粒径的绒毛粉。可以得到许多不同的色彩效果。

手感水性上光油主要由弹性树脂、消光粉、弹性粉、手感助剂等组成。

（1）弹性树脂　聚合物乳液有三种状态，即玻璃态、弹性态、黏流态。相应有两个转变点温度，T_g为聚合物玻璃化温度，是聚合物从玻璃态转化为弹性态的温度，T_f是聚合物从弹性态转化为黏性流态的温度，弹性乳液要求$T_g \sim T_f$有很宽的温度范围。

弹性树脂制备的涂膜可以随应力延伸和回缩，并在被拉伸时有合适的模量和拉伸强度，具有较好的触摸手感。弹性涂料的涂膜之所以具有弹性是由弹性乳液聚合物的组成与结构决定的，高聚物在其玻璃化温度以下时，处于玻璃态，变成坚硬的固体，没有弹性。一般涂膜在使用温度范围内就是处于这种玻璃态情况。当高聚物在其玻璃化温度以上温度时，处于橡胶态，此时所呈现的力学性能是高弹性，弹性涂膜就是基于高聚物的这一力学性能而制成的，这类聚合物的分子呈现高度卷曲，而分子间的力又较弱，在外力作用下易变形，除去外力后，形变消失，具有高弹性。

弹性涂料的组成关键是弹性乳液，它不同于普通乳液，其玻璃化温度低，在零度以下，低于其所使用的环境温度，在所使用的环境温度下为弹性体。

弹性涂料涂膜因为其弹性，涂膜使用环境温度在其 T_g~T_f 范围内，柔软易沾污，且弹性与涂膜强度是一对矛盾的概念，因此，弹性涂膜附着力、拉伸强度、耐沾污性以及涂膜的防水性，是弹性涂料配方设计要调整的，通常通过乳液的选择来调整。

要使苯丙树脂涂膜具备高度弹性，则其结构必须由线形长链大分子组成（相对分子质量在几百至几千的各种类型树脂均不能显现出高弹性），并具有适度的交联。线形大分子间存在弱的分子间力，在常温下是柔顺无规线团，能够移动或转动。

（2）消光粉　在手感水性上光油中，消光粉的选择很重要，不同的消光粉对手感影响较大。另外消光粉的分散也是一个重要的过程，分散是解聚、润湿、均匀分布和稳定颗粒的过程，一般分散可用高速搅拌装置来实现，加入碱溶树脂，在适中的黏度下高速分散 15~25min 就可以，避免分散温度超过 50℃，为达到理想的分散结果，应使容器中液体保持适当的旋涡状。

（3）弹性粉　主要是一种聚氨酯型粉末，微观结构是圆球状，平均粒径是 $7\mu m$ 左右，分散到树脂中是乳白状产品，透明度比消光粉稍差，在弹性手感漆中主要起增强肉厚感和爽滑感作用，添加量一般为 2%~9%，该类产品具有优良的分散性，和消光粉一起分散即可，耐溶剂和耐热性优良。

（4）手感助剂　手感助剂分为弹性浆和流平增滑剂两大产品。市售的弹性浆产品可以使手感水性上光油的弹性和爽滑性得以改善，不同的弹性浆效果会有些不同。另一类是流平增滑剂，适当地添加流平增滑剂可提高弹性手感漆的平滑性，但要注意体系的相容性和重涂性。

手感水性上光油的主要技术指标和产品特征如下。

（1）主要技术指标

　　　　手感　　　　　弹性、棉滑、丝绸、滋润等手感效果
　　　　耐刮擦性能　　合格
　　　　耐磨次数　　　>200 次
　　　　附着力　　　　合格

（2）产品特征　手感好，附着力好，耐磨。

8. 防水水性上光油

防水水性上光油适合各种绿色包装印刷品的特殊防水要求，使印刷品表面的防水效果更强，降低印刷品被雨水损伤造成废品的概率。其主要技术指标和产品特征如下。

（1）主要技术指标

　　　　防水　　　　　涂布 24h 后成膜可耐沸水 60min，不发白
　　　　光泽度　　　　>60
　　　　耐磨次数　　　>400 次
　　　　附着力　　　　合格

（2）产品特征　具有较好的防水性能及耐磨性能。

9. 耐溶剂水性上光油

水性上光油涂膜的纸盒，有时会接触到乙醇、白电油等有机溶剂，例如在糊制纸盒的时候，会出现纸盒接缝的边缘有黏合剂污渍的情况，需要使用乙醇、白电油等溶剂把污渍擦洗干净。水性上光油的主要成膜物质苯丙树脂，是由有机化合物单体聚合而成的，通常对有机溶剂比较敏感，容易受到有机溶剂的侵蚀。因此，需要研制对乙醇、白电油等有机溶剂有一定耐受能力的水性上光油产品，以满足市场的需求。

涂膜耐有机溶剂性能的影响因素主要有以下几个方面。

（1）高聚物受有机溶剂侵蚀　高聚物受有机溶剂侵蚀主要取决于溶质、溶剂以及溶质与溶剂分子间的引力和分子间的相对运动，在相互混溶的系统中，存在着三种分子间的吸引力，即

溶质分子间、溶剂分子间和溶质分子与溶剂分子间的吸引力，前两种吸引力有保持溶剂与溶质分离的作用，只有后一种吸引力才有利于溶质在溶剂中的溶解。

(2) 有机溶剂的渗透与扩散作用　体系的渗透能力取决于渗透介质的浓度分布及在材料内的扩散系数。而扩散系数是由介质与高聚物共同决定的。具体包括涂膜性能、溶剂、温度等因素的影响。

(3) 涂膜的溶胀与溶解　涂膜的溶解过程一般分为溶胀和溶解两个阶段，溶解和溶胀与高聚物的聚集态结构是非晶态还是晶态结构有关，也与高分子是线形还是网状、高聚物的相对分子质量大小及温度等因素密切相关。

(4) 涂膜的耐溶剂性能　为避免涂膜因溶胀、溶解而受到溶剂的侵蚀，在研究耐溶剂的水性上光油时，可依据以下三条原则：极性相近原则、溶度参数相近原则、溶剂化原则。将此三原则结合起来考虑，以判断高聚物的耐溶剂性，准确性可达95%以上。

(5) 涂膜耐溶剂性能影响因素　凡使大分子热运动性能和向溶剂中扩散能力降低的因素，均使材料耐溶剂性能提高。影响材料耐溶剂性能的根本原因是体系（高聚物/溶剂）的化学结构、极性大小、电负性和相互间的溶剂化能力。温度上升，溶剂化能力增大，大分子运动加强，分子间距加大，溶剂进入材料增多，大分子向溶剂扩散加剧。大分子链的柔性增大，使混合熵变大，利于溶解。聚合物结晶能力提高，结晶度增大，耐溶剂腐蚀能力加强。高聚物相对分子质量加大，耐溶剂性能提高。交联可以改善材料耐溶剂性能。

耐溶剂水性上光油的主要技术指标和产品特征如下。

(1) 主要技术指标

　　耐溶剂性能　涂膜耐50%乙醇溶液擦洗50次以上
　　光泽度　　　＞60
　　耐磨次数　　＞200次
　　附着力　　　合格

(2) 产品特征　具有较好的耐溶剂性能及耐磨性能。

10. 耐水耐油水性上光油

用于物流包装及一些特殊物品包装的纸箱和纸盒，不仅需要具备良好的防水防潮性能，还要具备一定的防油性能。这就需要其表面涂层具有良好的防水、防油功能，且同时具有较好的光泽度和耐磨性能。其主要技术指标和产品特征如下。

(1) 主要技术指标

　　耐水性能　　涂布24h后成膜可耐沸水60min且不发白
　　耐溶剂性能　涂膜耐50%乙醇溶液擦洗50次以上
　　光泽度　　　＞60
　　耐磨次数　　＞200次
　　附着力　　　合格

(2) 产品特征　同时具备耐水性及耐油性。

11. 预印防滑水性上光油

预印防滑水性上光油具有耐高温的性能，其涂膜的玻璃化温度比较高，导致水性上光油会比较滑，后期处理容易滑倒，尤其包装箱在上有坡度的流水线时，会出现下滑，影响生产。用于某些产品的包装箱上光，在产品堆放高度较高时，容易滑倒，尤其是在医药、啤酒、牛奶纸盒包装上较为明显。本项目研究的预印防滑水性上光油，要求既能耐高温，又具有比较高的摩擦系数，不会出现上述现象。其主要技术指标和产品特征如下。

(1) 主要技术指标

　　耐高温性能　高温200℃下可烘烤10s，不返黏

防滑性能　　合格
　　耐磨次数　　＞300次
　　光泽度　　　＞50
　　耐水性　　　浸泡在水中24h，上光油表面无起泡、脱落等现象
　　附着力　　　合格

（2）产品特征　耐热、防滑、耐磨、防水、抗返粘、干燥速度快。

12. 水性 UV 上光油

作为新型的上光材料，水性 UV 上光油，以其环保、上光效果优异等优点成为各个国家争相研究开发的对象。在印刷材料方面，水性 UV 上光油在我国的发展仍处于起步阶段，其具有绿色、环保、光泽度高、不褪色、干燥速度快等特性，广泛适用于书刊、食品、饮料、烟酒、药品等各种包装印刷。经水性 UV 上光后的印刷品不仅使精美的彩色画面具有富丽堂皇的表面光泽度，而且可以增强油墨的耐光性能。增加油墨的防热、防潮性能，起到保护和提高印刷品档次的作用。

紫外线是一种比可见光波长更短的电磁波。紫外线又可分为真空紫外线（＜200nm）、中紫外线（200～300nm）和近紫外线（300～400nm），由于波长小于200nm的真空紫外线（也叫远紫外线）在空气中易被吸收消耗，只有在真空中才能传播，在光固化应用中没有实际意义，如图4-1所示。

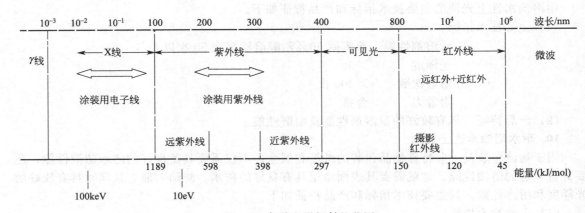

图 4-1　各种电磁辐射的范围

用于光固化涂料的紫外线波长在250～400nm，紫外线具有一定的能量，当波长在300nm时，它所具有的紫外能量是400kJ/mol，碳键的结合能是334kJ/mol，所以用于光固化涂料固化的紫外线能量在293～418kJ/mol，相应的紫外线波长在250～400nm。

紫外线固化涂料主要由光活性低聚体、光活性稀释剂、光引发剂和光固化所需的各种助剂包括消泡剂、流平剂、防霉剂等等组成。

水性 UV 上光油的主要技术指标和产品特征如下。

（1）主要技术指标

　　耐磨次数　　　＞100次
　　光泽度　　　　＞85
　　耐湿擦次数　　＞100次
　　耐折性　　　　合格（将涂有上光油的纸板单次折叠后不出现爆线情况）
　　附着力　　　　合格
　　黏度　　　　　涂-4#杯 30s

（2）产品特征　环保无毒，具有光泽度高、附着力好、耐折性好等特征。

二、水性油墨

水性油墨作为绿色油墨只是相对而言的，并不能达到完全无毒、无污染、可再生或循环利用的标准。不过，它可以完全消除溶剂型油墨中某些有毒有害物质，消除对人体的危害和对被包装商品的污染，改善了总体环境质量，特别适用于烟、酒、食品、饮料、药品、儿童玩具等卫生条件要求严格的包装印刷产品。此外它不仅可以降低由于静电和易燃溶剂引起的失火危险和隐患，还可以减少印刷表面残留的毒性，而且清洗印刷设备方便。

水性油墨通常由着色剂、联结料、辅助剂等成分组成。着色剂是水性油墨的呈色物质，给油墨一特定颜色。在柔印中为使印迹色彩艳丽，其着色剂一般选用化学稳定性好、着色力高的颜料。联结料由水、树脂、胺类化合物及其他有机溶剂组成。树脂为水性油墨中最重要的成分，通常使用水溶性丙烯酸树脂，联结料成分直接影响油墨的附着功能、干燥速度、防粘脏性能等，同时也影响油墨光泽；胺类化合物主要维持水性油墨的碱性pH值，使丙烯酸树脂提供更好的印刷效果；水或其他有机溶剂主要是溶解树脂，调节油墨的黏度及干燥速度。辅助剂主要包括：消泡剂、阻滞剂、稳定剂、冲淡剂等几种。另外水性油墨中还要加入一些蜡质来增加其耐磨性。下面具体介绍几种常见的水性油墨。

1. 水性纸箱墨

纸箱是应用最广泛的包装制品，用于商品的包裹物或物品保护外层使用物，按用料不同，有瓦楞纸箱、单层纸板箱等。纸箱常用的有三层、五层等，各层分为里纸、瓦楞纸、芯纸、面纸，各种纸的颜色和手感都不一样，不同厂家生产的纸也不一样。水性纸箱油墨是为适应纸箱生产中柔版印刷机高速印刷要求而设计的专用油墨。它要求色彩鲜艳，流动性好，干燥速度快，具有耐磨、耐水等特点。其主要技术指标和产品特征如下。

（1）主要技术指标

遮盖力	＞90
光泽度	＞60
耐磨次数	＞300次
耐湿擦次数	＞100次
色牢度	合格
附着力	合格

（2）产品特征　印刷流平性好，不易脱色，干燥速度快，可进行高速印刷。

2. 水性高光油墨

油墨的光泽度是指油墨印样在某一角度反射光线的能力，主要是靠联结料干燥后结膜而产生的。光泽度是水墨的一项重要性能指标，它对印品的外观质量有很大的影响。光泽度好的，印品色泽鲜艳，看起来比较精神，迎合了人们的心理需要，因而比较受欢迎；光泽度差的，色泽比较暗淡，给人一种陈旧、抑郁的感觉，就会大大降低产品的宣传效果。目前水墨普遍存在着光泽度不高的情况，严重制约了水墨在某些领域的应用和发展，因而提高水墨的光泽度是开发高档水墨中急需解决的一个问题。水性高光油墨主要技术指标和产品特征如下。

（1）主要技术指标

光泽度	＞80
耐磨次数	＞300次
附着力	合格
耐湿擦次数	＞100次

（2）产品特征　高光泽，耐磨好。

3. 水性亚光油墨

亚光油墨，亦称平光油墨，是指印迹反射率极低或完全无光泽的油墨，完成后的表面具有微颗粒状的结构，用肉眼观察有一种雾感觉。亚光墨作为水性油墨的一个分支，其作用与其用途是不可忽视和不可低估的。亚光的表面有点发毛（见图4-2），像毛玻璃的表面那样。反射光是"漫反射"，没有眩光，不刺眼，给人以稳重素雅的感觉。可以避免光污染，维护起来比较方便。例如，亚光墨表面在零件装配中反光较少，有利于装配操作。目前市场上的亚光墨大部分是以加入亚光粉，形成亚光效果。少部分不加入亚光粉也可以达到亚光效果。而且市场上很多亚光墨都是用聚氨酯类合成的，成本比较高。水性亚光油墨主要技术指标和产品特征如下。

（1）主要技术指标

光泽度　　　　＜10
耐磨次数　　　＞500 次
耐湿擦次数　　＞100 次
耐刮擦　　　　合格
附着力　　　　合格

（2）产品特征　光泽度柔和，膜面平整。

(a) 黑色亚光油墨放大2000倍的表面微观　　　(b) 黑色亚光油墨放大4000倍的表面微观

(c) 绿色亮光油墨放大2000倍的表面微观　　　(d) 绿色亮光油墨放大4000倍的表面微观

图 4-2　黑色亚光油墨表面与绿色亮光油墨表面的表面微观

4. 水性塑料墨

在我国，凹版塑料油墨是从20世纪60年代逐渐发展起来的，当时以印聚氯乙烯为主，到了20世纪70年代，我国聚乙烯工艺设备稳定发展，再加上聚丙烯、涤纶等塑料的出现并大量广泛运用，促进了这种油墨的发展。20世纪80年代以来，我国的塑料软包装业得到了飞速发展，促进了食品、日化及医药等产品包装的不断更新换代。工业化进程的加剧，带来更多的环境问题，各国政府制定政策要求发展经济时应能更好地保护环境及自然资源。人们环保、卫生安全意识的不断增强，促使我们对塑料软包装的要求更趋于严格，特别是对卫生安全性指标的要求，如溶剂的毒性、溶剂的残留量、重金属含量等指标。

水性塑料墨是采用优质水溶性丙烯酸树脂、高级颜料、纯净水、助剂精制而成的液体状油墨；它不含挥发性有毒溶剂，不仅在塑料薄膜上印刷效果好，附着牢度强，且不燃、不爆、无毒，不会损害印刷工人的健康，对大气也无环境污染，成本又较低，在生产过程中，全部用纯净水代替有机溶剂。水性塑料墨不燃、不爆、无毒、无味，是目前世界上最环保的印刷油墨。它特别适用于在 PE、BOPP、PVC、PP 等塑料薄膜上印刷，也适用于复合薄膜印刷和凹版以及柔版印刷。其主要技术指标及产品特征如下。

(1) 主要技术指标（见表 4-2）

耐磨次数　　　　＞100 次
干燥时间　　　　＜10s
耐湿擦次数　　　＞100 次
附着力　　　　　100%

表 4-2　水性塑料墨的质量指标（示例）

项　目	技术指标	项　目	技术指标
颜色	近似标样	耐水性	48h
细度/μm	≤5	耐摩擦性	揉搓 20 次不掉色
着色力/%	95～110	pH 值	8.0～8.5
黏度(涂-4#杯)	30s	粘贴牢度	胶带粘贴无墨迹脱落
初干性/(mm/30s)	10～30		

(2) 产品特征　色彩鲜艳、印后附着力好、耐水性强、干燥迅速。

5. 水性塑料花墨

与水性塑料墨有所不同的是塑料花墨对油墨的耐湿擦性能要求较高，由于家中的塑料花摆放一段时间后，就会沉积灰尘。此时，用湿布擦拭则成为考验塑料花墨的主要手段，因此塑料花墨的耐湿擦性能变得极为重要。其主要技术指标及产品特征如下。

(1) 主要技术指标

耐湿擦次数　　　＞200 次
耐磨次数　　　　＞100 次
附着力　　　　　合格
干燥速度　　　　＜10s

(2) 产品特征　印后耐湿擦，附着力好，干燥迅速。

6. 水性纸巾墨

随着油墨技术的逐渐进步，餐巾纸印刷企业开始转向更适用的柔性版印刷水性油墨，其主要优点如下：①气味更小，而且具有良好的化学耐抗性和耐磨性；②减少了油墨洇纸现象，有的餐巾纸沾上饮料之后，上面的油墨会蹭脏白色的餐桌布或衣服，招致消费者投诉，柔性版印刷水性墨的成分中含有干燥后就变硬的树脂和蜡，颜料取代染料之后，将油墨洇纸降低到最低程度；③环保，废弃油墨能够将颜料回收，因此柔性版印刷水性油墨更具环保性，因为不产生VOC，柔性版印刷水性油墨满足了降低 VOC 排放量的环保要求。

水性纸巾墨干燥速度快，印刷过程不会使纸巾变形，利用树脂的特性加快干燥速度，无异味，主要用于餐巾纸上徽标图案和色彩、香烟过滤嘴以及鞋盒内包装纸图案等的印刷。其主要技术指标和产品特征如下。

(1) 主要技术指标

干燥时间	<2s
耐磨次数	>100 次
耐湿擦次数	>100 次
附着力	合格

(2) 产品特征　快干，耐磨，印迹清晰，墨质细腻，不易脱色。

7. 水性木纹纸墨

木纹纸是一种装饰材料，高档家具木纹装饰纸、家具贴面纸被广泛用于复合板、地板、橱柜、室内装饰及清洁度较高的各种板材建筑上。木纹装饰纸是三聚氰胺浸渍纸，具有耐磨、耐高温、耐老化、耐酸碱、耐污染、易清洗、防火、防菌、防霉和抗静电等特性，同时可弥补基材表面的某些缺陷，从而获得美观大方、真实感强的表面，其环保而且实用，符合当今时代人们追求的环保趋势。为使木纹纸在加工过程中达到以上特性，在其加工工艺中用水性木纹纸墨，在纸张上印刷图案，之后再进行三聚氰胺浸渍处理，纸张变硬后即可满足上述要求。但对于前期印刷于纸张上的水性木纹纸墨，为在印刷后有较好的渗水性能，即能够在印后顺利地用三聚氰胺水溶液浸润，要求水润湿时间很短，否则在印刷过程中会使三聚氰胺水溶液不能完全浸润纸张，造成纸张浪费。为节约成本，此技术要求三聚氰胺水润时间短于 3s。其主要性能指标和产品特征如下。

(1) 主要技术指标

水润时间	<3s
耐磨次数	>100 次
附着力	合格

(2) 产品特征　渗水时间短，油墨不会与水互溶。

8. 水性墙纸墨

墙纸是一种应用相当广泛的室内装修材料，因为墙纸具有色彩多样、图案丰富、豪华气派、安全环保、施工方便、价格适宜等多种其他室内材料所无法比拟的特点，故在欧美、东南亚、日本等发达国家和地区得到相当程度的普及。尤其是墙纸具有一定的强度、美观的外表和良好的抗水性能以及耐脏、耐擦洗性能，而被广泛用于住宅、办公室、宾馆的室内装修等，例如夏天因为拍打蚊虫不小心弄脏了墙面，无须为墙纸的清洁而烦恼，其耐脏及耐擦洗的特性使其反复擦拭也不会影响家庭墙面的美观大方。其主要技术指标和产品特征如下。

(1) 主要技术指标

耐湿擦次数	>200 次
耐磨次数	>100 次
光泽度	>50
产品不返黏	
附着力	合格

(2) 产品特征　耐油污，耐湿擦，耐热，印刷适应性佳，附着力及抗黏性良好，色彩鲜艳。

9. 水性编织袋墨

水性编织袋墨主要用于塑料编织袋上图案和文字的印刷。塑料编织袋以聚丙烯（PP）、聚乙烯（PE）树脂为主要原料，经挤出、拉伸成扁丝，再经编织、制袋而成。塑料编织袋广泛地应用于建材、水泥、树脂化学品的包装。传统的塑料编织袋一般采用油性油墨、醇溶型油墨印刷，由于配方中含有大量的有机溶剂，使印刷车间空气严重受到污染。目前聚丙烯材料的编织袋印刷，要求无毒、环保。印刷效果能达到溶剂墨的要求。其主要技术指标和产品特征如下。

(1) 主要技术指标

耐磨次数 　　＞100 次
附着力 　　　合格
防水性 　　　合格（涂布 24h 后可耐沸水 60min 不发白）
不返黏 　　　合格
干燥时间 　　合格

(2) 产品特征　具有良好的附着力，未经电晕处理的塑料 PP 编织袋印刷后，用胶带粘拉，附着力良好（备注：经电晕处理后的编织袋印刷，附着力更持久）。具有耐刮擦性、耐搓揉性、耐碱性、耐氨性、耐水性、抗化学性、耐光、耐热、耐晒性良好，日晒雨淋不易褪色，颜色鲜艳、着色力强，清晰度高，光泽度良好，印刷适应性良好，印后墨层不互相粘连。

10. 水性玻璃墨

玻璃及玻璃制品的涂装保护与装饰在工业和民用领域有着广泛的需求，如灯饰、酒瓶、香水瓶、透镜和玻璃仪器等都需要在表面涂覆保护层和装饰涂层。传统上，玻璃的装饰是通过在熔铸玻璃的过程中添加颜料，或在玻璃铸成后用雕刻、磨砂等工艺达到艺术的效果。但是，传统装饰过程费时费工。近年来，随着涂料技术的发展，在玻璃表面直接涂装，以增加产品性能或达到所预期装饰效果的趋势日益明显。玻璃涂料被广泛用于装饰玻璃、灯饰玻璃、家具玻璃、玻璃瓶和玻璃杯行业。其中，水性玻璃墨更是玻璃涂料中成长最快的领域。同时，水性玻璃漆相关的开发原理可直接运用于其他如陶瓷、电镀件、冷铝材等更广泛的市场应用以及适用于各类建筑装饰玻璃、家具玻璃、灯饰玻璃、艺术玻璃和厨具等日用玻璃制品的表面，在亚克力、有机玻璃、陶瓷、树脂制品等材质上也具有超强的附着力。水性玻璃墨除了具有超强的附着力之外，其涂膜坚固永不脱落，无须高温特殊处理，具有耐酸、耐碱、耐热水、抗霉变、抗腐蚀、抗潮湿以及优良的硬度和韧性。

(1) 主要技术指标（见表 4-3）

耐磨次数　　＞300 次
防水性　　　合格（涂布 24h 后可耐沸水 60min 不发白）
耐化学药品　合格
硬度　　　　2H
干燥时间　　＜10min
附着力　　　100%

表 4-3　水性玻璃烤漆的性能指标（示例）

项目	技术指标
涂膜外观	清漆:清晰透明平整光亮；色漆:平整光亮
光泽度(60°)	≥85
干燥条件	170～180℃，20min
硬度(中华牌)	≥3H
附着力(画格法)	≤1 级
柔韧性	≤1mm
冲击试验	50kg/cm
耐水性(浸蒸馏水 480h)	不起泡,允许轻微变化,可复原
耐水煮试验(自来水 100℃、1h)	不起泡,不失光,漆膜 30min 复原
耐碱性(5%氢氧化钠溶液浸泡 48h)	不起泡,不起皱,不渗色,不失光
耐酸性(5%盐酸溶液浸泡 48h)	不起泡,不起皱,不渗色,不失光
耐盐雾试验(中性盐雾试验 72h)	划痕单侧 3mm 外的部位不起泡,不掉漆,涂层不软化和不出现腐蚀生物
耐溶剂性(环己酮溶剂浸泡)	不咬起,不失光,不起皱,可复原
耐候性	喷可锻铸铁,放在露天台 120 天有轻微变色及轻微失光,其他性能基本保持不变

(2) 产品特征

韧性　　　　　　足够柔韧以提供附着力
硬度　　　　　　＞2H
附着力　　　　　合格
耐化学性　　　　合格
耐水性　　　　　合格

第三节　水性工业涂料

在涂料工业的三大应用领域中，水性涂料在两个大的应用领域中占有相当的比例。水性工业涂料应用于建筑、金属、木器以及塑料等多个领域。作为永久性使用的涂料，其各方面性能要求均高于普通涂料。

一、水性建筑涂料

建筑涂料是指用于建筑物内墙、外墙、顶棚、卫生间等的涂料。主要是指用于水泥砂浆、混凝土基层上的涂料。建筑涂料是近二十几年才大规模发展起来的一类涂料，因此至今尚未列入国家标准所规定的分类和命名方法之中。一般来讲，建筑涂料具有保护功能、装饰功能和特殊功能。各种功能所占的比例因使用目的的不同而不尽相同。

建筑涂料是由乳液、颜料、填充料、助剂和水组成的。乳液是影响建筑涂料性能的最主要的原料，是主要成膜物质。合成乳液包括苯丙、醋丙、纯丙、硅丙等。建筑涂料大多数是白色或以白色为基础的浅淡颜色，颜料主要采用钛白粉、氧化锌、锌钡白（$BaSO_4 \cdot ZnS$）及其他颜料。填充料起填充作用，是一种体质颜料，大多为不具有遮盖力和着色力的白色粉末，其价低，可以增加涂膜的厚度，提高涂膜的耐久性、耐磨性及其他机械强度，同时可降低涂料成本。助剂的成分较多，有消泡剂、分散剂、润湿剂、增调剂、成膜助剂和杀菌剂等。溶剂能溶解、稀释涂料成膜物，也可以降低涂料的黏度。但涂膜形成后并不残留在涂膜中间。它是一种挥发性的物质（水性建筑涂料的溶剂为水）。

1. 高 PVC 内墙涂料

内墙乳胶漆是以高分子乳液为成膜物的一类涂料，是以合成树脂乳液为基料加入颜料、填料及各种助剂配制而成的一类水性涂料。内墙乳胶漆是室内墙面、顶棚主要装饰材料之一，特点是装饰效果好，施工方便，对环境污染小，成本低，应用极为广泛。

内墙乳胶漆是建筑涂料品种里的一个大类，内墙涂料的主要功能是装饰和保护室内壁面，使其美观、整洁，内墙涂料要求涂层质地平滑、细腻、色彩柔和，有一定的耐水性、耐碱性、抗粉化性、耐擦洗性，透气性好，内墙涂料要求施工方便，储存稳定，价格合理，内墙乳胶漆根据其性能和装饰效果不同大致可分为下列几种：①平光乳胶漆；②丝光漆；③高光泽乳胶漆。不同类型的乳胶漆所用原料虽不完全相同，但生产工艺基本一致。丝光乳胶漆涂层丰满，其聚合物多带分枝；高光泽乳胶漆选用细小粒径乳液，钛白粉和填料选择消光能力弱、小粒径粉料。

由于市场需求量高，低成本建筑涂料已成为较受欢迎的品种，在市场上占有较大的份额。要降低内墙涂料的成本，最有效的方法就是减少乳液的用量，增加填充料，提高产品配方的PVC含量，减少价格不断上升的乳液用量是降低成本的有效途径，即需要我们开发高 PVC 内墙涂料。不同 PVC 内墙涂料表面形态见图 4-3。

目前各涂料厂生产的乳胶漆成本在 3 元以下的高 PVC 平光乳胶漆配方组成特点是：水量

 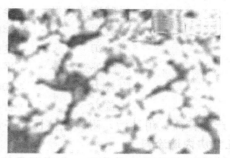

(a) 低PVC涂膜　　　　　　　　　　　(b) 高PVC涂膜

图 4-3　不同PVC内墙涂料表面形态

高，填料量高，乳液量少（10%～12%），助剂量少。高PVC乳胶漆配方突出的难点是配方水量大、乳液少涂料增稠困难；漆膜干燥快，保水性差；耐洗刷次数提不高等。要解决这些矛盾，有一系列理论与实践问题要在配方设计过程中解决。合理选择原材料，在各项性能上找到平衡点。高PVC内墙涂料主要技术指标和产品特征如下。

（1）主要技术指标

PVC含量	≥60%
附着力	100%
遮盖力	合格
涂膜外观	平整，色泽均匀
耐水性	24h无脱落、起泡和皱皮
耐湿擦次数	≥500次

（2）产品特征　高PVC，附着力好，不掉粉，耐湿擦。

2. 耐擦洗内墙涂料

内墙涂料的耐洗刷性是涂膜表面硬度、光滑程度、涂层附着力、耐水性、耐碱性等性能的综合反应。硬度越高、表面摩擦系数越小，耐洗刷次数越高；乳胶粒粒子数量多，黏度大，则漆膜越耐擦；不耐水、不耐碱的涂膜，耐擦洗次数不高。在大多数的配方中，涂膜耐洗刷次数提不高，是由于涂膜耐水、耐碱性差，在擦洗过程中涂层起泡，失去与基材的附着力。耐擦洗内墙涂料主要技术指标和产品特征如下。

（1）主要技术指标

耐湿擦次数	≥1000次
耐磨次数	≥5000次
涂膜外观	平整，色泽均匀
耐水性	24h无脱落、起泡和皱皮
附着力	100%
遮盖力	合格

（2）产品特征　耐湿擦性能好，附着力好，不掉粉。

3. 厨房用内墙涂料

此内墙涂料是具有特殊用途的内墙涂料，具有一定功能性，且用量较大。作为厨房用内墙涂料，要求耐厨房油污，同时易于清洁，且能抵抗碱液擦拭。其主要技术指标和产品特征如下。

(1) 主要技术指标

耐碱液擦次数　　≥1000 次
耐磨次数　　　　≥5000 次
耐油污　　　　　良好
涂膜外观　　　　平整，色泽均匀
附着力　　　　　100%
遮盖力　　　　　合格

(2) 产品特征　耐油污，耐碱液擦性能好，附着力好，不掉粉。

4. 儿童房内墙涂料

此内墙涂料主要用于婴儿室、儿童玩具房等。考虑到婴幼儿的健康，该涂料必须无毒无害。在制备过程中，不得添加挥发性溶剂，以降低 VOC 的排放。目前儿童房内墙涂料以水性涂料为主。其主要技术指标和产品特征如下。

(1) 主要技术指标（见表 4-4）

VOC　　　　　　≤100g/L
耐油污　　　　　良好
涂膜外观　　　　平整，色泽均匀
附着力　　　　　100%
遮盖力　　　　　合格

表 4-4　GB 18582—2008 室内装饰装修材料内墙涂料中有害物质限量

项目		限量值	
		水性墙面涂料	水性墙面腻子
挥发性有机化合物含量(VOC) ≤		120g/L	15g/kg
苯、甲苯、乙苯、二甲苯总和/(g/kg) ≤		300	
游离甲醛/(g/kg) ≤		100	
可溶性重金属/(mg/kg) ≤	铅 Pb	90	
	镉 Cd	75	
	铬 Cr	60	
	汞 Hg	60	

注：1. 涂料产品所有项目均不考虑稀释配比。
2. 膏状腻子所有项目均不考虑稀释配比，粉状腻子除可溶性重金属项目直接测试粉体外，其余三项是指按产品规定的配比将粉体与水或胶黏剂等其他液体混合后测试，如配比为某一范围时，应按照水用量最小、胶黏剂等其他液体用量最大的配比混合后测试。

(2) 产品特征　无毒无害，耐油污性能好，附着力好，不掉粉。

5. 高玻璃化温度外墙涂料

建筑物的外墙不但构成都市美丽的风景线，起到装饰建筑物外观的效果，而且对墙体内部结构起到保护作用。据报道，在欧美发达国家高层建筑物采用外墙涂料装饰已高达 90%，在东南亚等地区高层建筑采用外墙涂料已用法律形式固定下来。在我国新建的高层建筑逐步由块料面层转向外墙涂料。目前城市外墙装修，普通涂料在民用建筑中应用较多，中、高档住宅的公共建筑以使用高性能涂料为主，其性能优异，使用寿命较长。外墙涂料的性能主要取决于其玻璃化温度。玻璃化温度越高，外墙涂料各方面性能越优异。其主要技术指标和产品特征如下。

(1) 主要技术指标

耐磨次数　　　　≥1000 次
硬度　　　　　　>3H

涂膜外观	平整，色泽均匀
附着力	100%
遮盖力	合格
耐候性	良好

（2）产品特征　高玻璃化温度，耐候性能好，附着力好，不掉粉，高硬度。

6. 自清洁外墙涂料

建筑物外墙的清洁工作既烦琐又危险，因此人们不断尝试开发制备具有自清洁功能的外墙涂料。针对目前建筑涂料特别是外墙涂料耐沾污性不太理想的情况，具有自清洁功能的涂料受到了越来越多的关注。一般来说，涂膜耐沾污的基本原理可以分为附着性污染和吸入性污染两种。前者指的是灰尘等污染物附着在涂膜的表面，而后者是指污染物在附着的基础上进入到涂膜的内部，涂膜的沾污通常包括两种情况。提高涂膜的耐沾污性主要是通过改善涂膜的表面性质使之对污染物难以吸附并容易除去，以及提高涂膜的致密性使污染物不易渗入这两个基本途径。自清洁外墙主要技术指标和产品特征如下。

（1）主要技术指标

自清洁能力	雨水可清洁墙体表面污渍
硬度	≥2H
耐磨次数	≥1000次
涂膜外观	平整，色泽均匀
附着力	100%
遮盖力	合格
耐候性	良好

（2）产品特征　雨水可洗净墙体表面污渍，耐候性好，附着力好，不掉粉。

7. 聚合物水泥基防水涂料

聚合物水泥复合防水涂料简称JS复合防水涂料。它具有冷施工、工艺操作简便，涂层干燥成膜后具有弹性整体无缝的防水层，能在一定范围内适应基层开裂、适用工程结构复杂部位等优点。作为一种新型的环保型防水涂料，其符合环保要求、技术性能优良、经济性好，因此发展十分迅速，显示出强大的优势。

JS复合防水涂料在国外已有较长的研究应用历史，日本对它的开发和应用较早，水平也较高。我国1991年开始研制这种复合防水涂料，但直到1994年年底才由中国科学院化学研究所与北京东海防腐防水公司合作开发成功。1995年年底通过原建设部部级鉴定，为我国增加了一种新型防水涂料。目前我国从北到南，各省市陆续都有大量此类产品开发投产，工程应用上也较成功，市场扩张速度很快。1998年原建设部以10号文件把该材料列为首批推荐的13种防水材料之一。聚合物水泥防水涂料主要技术指标和产品特征如下。

（1）主要技术指标（见表4-5）

防水性能	不渗水且浸泡后溶胀率小
涂膜外观	均匀，不分层
拉伸性	良好
耐候性	良好

表4-5　聚合物复合防水涂料主要技术指标

项　目	质量要求
固体含量	≥65%
拉伸强度	≥1.6MPa
断裂时延伸率	Ⅰ类≥39%，Ⅱ类≥150%[①]

续表

项　目		质量要求
涂层耐冻融循环性		10次循环涂层无异常
耐热性		85℃、5h涂层无气泡、流淌
不透水性	压力	≥0.3MPa
	保持时间	≥30min

① 按其聚灰比不同分为Ⅰ类、Ⅱ类。Ⅰ类适用于地下室、厕浴间、水池等防水工程；Ⅱ类适用于工业与民用建筑屋面、外墙等防水工程。本表摘自福建省宁德市建工防水材料工程有限公司企标 Q/NDJF 01—2001《聚合物水泥复合弹性防水涂料》。

（2）产品特征　不渗水，浸泡溶胀率小，耐候性好，不分层。

二、其他水性工业涂料

水性工业涂料应用范围广泛，除以上介绍的建筑涂料部分产品外，还在其他领域有所涉及，包括水性金属漆、水性木器漆、水性塑料漆等。以下将对其他水性工业涂料部分产品作简单介绍。

1. 水性金属漆

水性金属面漆是水性漆新型品种。它采用了水性树脂、填料和助剂，聚交联型、反应型、乳化型三者为一的独特配方和工艺，科学地采用自乳化为主，交联型、反应型为辅的设计方案。该产品主要应用于各金属材质表面，目前市面上有水性金属底漆、水性金属面漆和水性底面合一型金属漆三大类，其中最后者是前两者的最佳换代产品。水性金属漆以水为稀释剂，无毒无味、无污染、无三废，不燃不爆，确保了环境保护和消防安全，保障了劳动者的身体健康。硬度高、耐划伤、附着力强、耐盐雾、耐酸碱、耐水、耐油、抗紫外线、耐老化、抗低温、耐湿热，具有超强的漆膜柔韧性。同时操作简单，利用率100%，可大大提高工效，单位涂装成本极低。水性金属漆主要技术指标和产品特征如下。

（1）主要技术指标（见表4-6）

干燥时间（表干）	≤5min
附着力	良好
抗弯性	绕曲 $L/100$ 涂层不起层、脱落
耐水性	≥24h
耐候性	良好

表4-6　GB/T 6747—2008 船用车间底漆（金属底漆）

项目名称		技术指标
干燥时间/min		≤5
附着力/级		≤2
漆膜厚度/μm	含锌粉	15～20
	不含锌粉	20～25
不挥发分中的金属锌含量（仅限Ⅰ型）		按产品技术要求
耐候性（在海洋性气候环境中）	Ⅰ-12级,12个月	生锈≤1级
	Ⅰ-6级,6个月	
	Ⅰ-3级,3个月	
	Ⅱ型,3个月	生锈≤3级
焊接与切割		按A.2要求通过

注：Ⅰ型含锌粉，Ⅱ型不含锌粉。

（2）产品特征　附着力良好，耐弯折，耐候性良好，耐水。

2. 水性木器漆

水性木器漆主要用于家具和装修中。目前市面上常见的水性木器涂料树脂有水性丙烯酸酯树脂、水性聚氨酯分散体、水性丙烯酸改性聚氨酯胶乳等几类。其中水性丙烯酸酯树脂是采用乳液聚合的方法合成的丙烯酸酯共聚物，可以在少量乳化剂存在下合成稳定的树脂，其涂膜的耐水性、耐候性好。水性聚氨酯一般是采用双异氰酸酯、聚酯（醚）多元醇以双羟甲基丙（丁）酸引入羧基三元缩合形成聚氨酯，此树脂的成膜性好，涂膜的耐磨性也好。丙烯酸酯改性聚氨酯，是在水性聚氨酯的基础之上，进一步发生丙烯酸酯的乳液接枝聚合反应，形成丙烯酸酯改性水性聚氨酯胶乳。丙烯酸酯改性聚氨酯树脂可以在一定程度上改进聚氨酯的耐水性和耐候性。

水性木器漆包括水性木器底漆和水性木器面漆等。由溶剂型向水性转变是人类对生存环境、资源深刻认识的结果。通过先进的乳液合成技术、涂料制备技术和水性木器涂料的施工对策等一系列问题的解决，有望很好地解决水性化与高性能之间的矛盾，势必大大推动水性木器涂料的快速发展。

同时按照表面效果分类，水性木器漆又可分为开放式、半开放式和封闭式。由于水性漆固含量低，目前多应用于开放式木器漆的生产。

关于水性木器漆质量标准具体可参考 GB/T 23999—2009《室内装饰装修用水性木器涂料》。其主要技术指标和产品特征如下。

（1）主要技术指标

　　干燥时间（表干）　　≤20min
　　光泽度　　　　　　　≥60
　　硬度　　　　　　　　≥3H
　　附着力　　　　　　　良好
　　耐水性　　　　　　　耐常温水 24h 无异常，耐沸水 10min 无异常
　　耐醇性　　　　　　　耐 50%乙醇 1h 无异常

（2）产品特征　涂膜外观光洁平整，硬度高，耐划伤，耐水、耐醇性良好。

3. 水性塑料漆

随着塑料工业广泛应用于各行各业，塑料制品的装饰性和其他物理化学性能也对塑料制品的涂装工艺提出了新的要求。水性塑料涂料不仅可以提高塑料制品的装饰性，更可以为塑料制品提供保护作用，提高其耐磨、耐候、耐化学试剂和防尘等性能。目前水性塑料涂料主要用于家用电器的塑料外壳和汽车内部仪表的塑料外壳等。由于塑料制品类型繁多，不同塑料制品表面极性不同，需要配合使用的涂料类型亦不同。表 4-7 为常见塑料制品涂装用涂料，其中部分塑料件在涂装时，要经过电晕等前处理，以降低塑料表面极性，提升水性涂料的附着力。

表 4-7　部分塑料配套使用涂料

塑料类型	涂料类型	塑料类型	涂料类型
聚乙烯	环氧、聚氨酯、乙烯系	有机玻璃	丙烯酸、硝基、有机硅
聚丙烯	环氧、聚氨酯、双组分丙烯酸、乙烯系	改性聚苯醚	丙烯酸、聚氨酯
聚氯乙烯	丙烯酸、聚氨酯、过氯乙烯	尼龙	丙烯酸、聚氨酯、改性环氧、乙烯系
聚苯乙烯	环氧、硝基、醇酸、丙烯酸、乙烯系	聚氨酯弹性体	聚氨酯
ABS	丙烯酸、环氧、聚氨酯、硝基	聚酯	聚酯、聚氨酯、乙烯系
聚碳酸酯	双组分聚氨酯、有机硅、丙烯酸、氨基	聚丁二烯	双组分聚氨酯
酚醛	丙烯酸、双组分聚氨酯、氨基、环氧		

（1）主要技术指标

　　干燥时间（表干）　　≤30min
　　附着力　　　　　　　良好
　　耐湿擦次数　　　　　≥500 次
　　耐磨次数　　　　　　≥1000 次

（2）产品特征　干燥时间短，附着力良好，耐摩擦、耐湿擦，不掉漆。

思 考 题

1. 什么是涂料？它有什么作用？
2. 涂料一般由哪些物质组成？
3. 水性涂料和油性涂料的稀释剂有何区别？为什么要推广使用水性涂料？
4. 水性印刷涂料主要包括哪两大类？
5. 水性建筑涂料包括内、外墙涂料，它们的性能要求各有什么特点？
6. 为什么水性塑料漆需要根据塑料种类选择相应树脂？
7. 水性上光油能起到什么作用？某厂家在制作鞋盒时，表面需要印刷上光油，请帮厂家挑选合适的上光油产品。
8. 涂料按用途分类可以分为哪几类？
9. 水性油墨有哪些作用？其中水性塑料墨和水性塑料花墨在性能要求上有何区别？
10. 你认为有哪些因素成为水性涂料取代油性涂料的障碍？

第五章 胶黏剂

第一节 导　　言

一、胶黏剂的定义、组成及作用

胶黏剂是一类通过物质的界面黏合和物质的内聚作用，使被粘接物体结合在一起的物质的统称。又称黏合剂或粘接剂，简称黏胶。

胶黏剂近年来发展迅速，其应用领域极为广泛，在航天航空、电子、机械、医疗、文教、建筑、交通运输、农业、轻纺、木材加工等国民经济各领域中都有应用。在日常生活中也广泛使用了种类繁多的胶黏剂，如玻璃、陶瓷、地毯、墙纸的粘接等。

胶黏剂大多是混合物，一般包括基料（或黏料）、固化剂、稀释剂、偶联剂、促进剂、增塑剂、稳定剂、防老剂、防霉剂等。

(1) 基料　基料是胶黏剂的主体材料，是起粘接作用的主要成分。主体材料一般是高分子材料，是决定胶黏剂性能的主要物质，胶黏剂一般由1～3种主体材料组成。

(2) 固化剂与促进剂　固化剂在粘接过程中视其所起的作用又称为交联剂、催化剂或硫化剂。其作用是直接或通过催化剂与主体低分子聚合物（或单体）发生化学反应，生成高分子化合物或使线形高分子化合物交联成体型高分子化合物。促进剂在配方中起促进化学反应、缩短固化时间、降低固化温度的作用。固化剂与促进剂是胶黏剂中的主要成分之一。

(3) 稀释剂　稀释剂也称溶剂，是用来降低胶黏剂黏度的液体物质。稀释剂分为活性和非活性两种，活性稀释剂含有活性基团，能参与最后的固化反应；而非活性稀释剂没有活性基团，不参与反应，仅起到降低黏度的作用。另外稀释剂还有润湿填料的作用。

(4) 偶联剂　偶联剂是用于提高被粘物与胶黏剂胶接能力的一类物质。其分子结构上带有不同性质的活性基团，一部分能与被粘物反应，另一部分能与胶黏剂反应，从而使两种不同的材料"偶联"起来。

(5) 其他助剂　除以上几种主要成分外，胶黏剂中还含有稳定剂、增稠剂、增韧剂、分散剂、防老剂、阻燃剂、乳化剂、增塑剂等，其目的都是为了改善或提高胶黏剂的总体性能。

(6) 填料　为改善胶黏剂性能或降低成本而加入的一种非黏性固体物质。填料在胶黏剂组分中不与主体材料发生化学反应。

二、胶黏剂的分类

胶黏剂的品种繁多，用途不同，组成各异，目前还没有统一的分类方法，常见的几种分类方法如下。

1. 按主体材料分类

胶黏剂按主体材料分类如下：

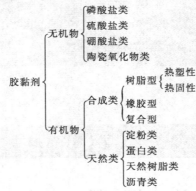

2. 按用途分类

按用途分为普通胶黏剂和特种胶黏剂。普通胶黏剂为一般条件下使用的胶黏剂；特种胶黏剂为特殊条件下使用的胶黏剂。如热熔胶、压敏胶等。

3. 按固化方式分类

按固化方式可分为室温固化、高温固化、挥发固化和光敏固化胶黏剂。

4. 按能承受的应力分类

可分为结构型和非结构型胶黏剂。结构型胶黏剂固化后能承受较高的剪切应力和不均匀扯离负荷，能使粘接接头在一定温度和较长时间内承受振动、疲劳和冲击等各项载荷，主要用于粘接受力部件。非结构型胶黏剂主要用于非受力部件的粘接。

5. 按外观形态分类

可分为粉状、膏状、薄膜型、水溶液型、乳液型、溶剂型等。

三、粘接原理与工艺

1. 粘接基本原理

粘接是一种复杂的物理、化学过程，其中涉及表面化学、表面物理、有机化学、无机化学、高分子化学等多种学科，迄今尚未能建立一个完整的全面的粘接理论，常见的几种粘接理论如下。

（1）机械理论　这种理论认为，任何材料的表面实际上都不是很光滑的，由于胶黏剂渗入被粘接物体的表面或填满其凹凸不平的表面，经过固化，产生楔合、钩合、锚合现象，从而把被粘接的材料连接起来。该理论对多孔性材料的粘接现象做出了很好的解释，但对解释其他粘接现象还有一定的局限性。

（2）吸附理论　当胶黏剂分子充分润湿被粘接物体的表面，并且与之良好接触，胶黏剂分子与被粘物表面之间的距离接近分子间力的作用半径（0.5nm）时，两种分子之间就要发生相互吸引作用，最终趋于平衡。其界面间的相互作用力主要为范德华力、氢键，即分子间作用力。这种由于吸附力而产生的胶接既有物理吸附也有化学吸附。

（3）扩散理论　该理论认为粘接力是由于扩散作用而产生的，即高聚物分子本身或链段相互扩散穿过最初接触面,从而导致界面的消失和过渡区的产生。这样,胶黏剂与被粘物两者的溶解度参数越接近,粘接温度越高,时间越长,其扩散作用也越强,粘接力也就越高。该理论可以圆满地解释聚合物之间的胶接。

(4) 静电理论　静电理论认为胶黏剂与被粘接材料接触时,在界面两侧会形成双电层,如同电容器的两个极,从而产生了静电吸引力。该理论可以很好地解释聚合物膜与金属的胶接。

对胶黏剂的粘接原理,还有一些其他的解释理论,如化学键理论,非界面层理论等。总之每种理论都能解释某些现象,同时也存在着不同的缺陷,只有将这些理论进一步发展和完善综合,才能对粘接现象作出更好的解释,并能更好地指导实践工作。

2. 粘接基本工艺

要取得良好的粘接效果,必须选择合适的胶黏剂,进行正确的接头设计,做好表面处理工作,掌握胶接条件和正确施胶。

(1) 胶黏剂的选择原则　正确选择胶黏剂是保证良好粘接的重要因素之一,在选择胶黏剂时应考虑以下几个方面:①被粘接材料的性质;②被粘接材料的应用场合及受力情况;③粘接过程有关的特殊要求;④粘接效率及胶黏剂的成本。不同胶黏剂的应用可参考有关专业书籍。

(2) 胶接接头设计　材料间能良好地胶接,除选择合适的胶黏剂外,还需进行正确的接头设计,一般接头设计遵循以下基本原则:①避免应力集中,受力方向最好在胶接强度最大的方向上;②合理地增加胶接面积;③接头设计应尽量保证胶层厚度一致;④要防止层压制品的层间剥离。

(3) 表面处理　在粘接时一般要对粘接面进行表面处理,常用的方法有物理方法,如打磨、喷砂、机械加工等;化学方法,如溶剂清洗,酸、碱或无机盐溶液处理,阳极化处理等。表面处理后,可涂覆偶联剂或进行胶黏剂底涂,以保护表面,利于进一步的粘接。

以上3个方面是主要因素,除此之外,还有调胶、施胶、固化成型、修整加工等步骤构成胶接的全过程。具体操作中如何正确施工,应根据特定品种的使用说明来定。

四、胶黏剂工业的现状及发展趋势

中国合成胶黏剂的研制、生产以及粘接技术的推广应用始于1958年。自20世纪70年代末,随着经济的发展与科技的进步,中国对胶黏剂的需求量呈快速增长的趋势,已成为我国精细化工行业中最具活力的重要产业,其广泛应用到纺织、包装、制鞋、建筑、造纸、木工、航空航天、汽车、电子、冶金、机械加工、医疗卫生等行业,极大地促进了汽车业、建筑业、电子电器工业等支柱产业的发展。年产量由1996年的133.8万吨到2013年已经达到611.2万吨。中国胶黏剂生产企业已超过2000多家,品种超过3500种。

尽管我国胶黏剂工业取得了长足进展,但目前存在的问题仍十分突出,主要表现在:产品档次普遍较低、质量稳定性差;科技创新能力不足,基础研究及产品开发的投入极少;高素质人才匮乏,人才培养没有形成有效机制;环保问题突出,溶剂型胶黏剂企业生存压力加大;产业集中度较低,多数产品市场竞争激烈;国际化程度低,很多企业还没有走出国门,国际市场信息来源极少;民营企业整体实力较弱,在市场竞争中处于劣势地位,这些问题亟待解决。

未来,随着生产技术水平不断提高,一些高性能、高品质、高附加值新产品相继投产,加上应用领域不断扩大,我国胶黏剂行业将进一步高速发展。随着我国环保法规日趋严格,人们环保意识的日趋增强,低污染环保型的水基胶和热熔胶将会成为合成胶黏剂的主流。在"十三五"期间,我国将重点发展环保性及功能性兼备的热熔胶、水基胶、光固化剂、节能型胶黏剂等,限制溶剂型胶黏剂的发展速度,特别提出要发展建筑节能用胶、医用压敏胶、电子胶及电子封装胶、汽车和高铁用胶等具体项目,同时要大力研究开发和发展高技术含量、高附加值、高性能的胶黏剂新产品。

① 开发环保节能型胶黏剂，如水基型、热熔型、高固含量和无溶剂型、常温固化型、UV固化型、可生物降解和易降解型等胶黏剂。

② 开发资源回收再利用型胶黏剂，如利用废弃（旧）塑料开发生产热熔胶和其他胶黏剂，利用废弃油脂、木本油脂和松香为原料生产聚氨酯类胶黏剂等产品。

③ 开发高新技术和功能性胶黏剂，如改性型（PU 改性环氧、PU 改性有机硅、丙烯酸酯改性聚氨酯、改性有机硅等）、反应型（反应型聚氨酯热熔胶）、纳米型和功能型（如结构密封胶）。

④ 开发特种型胶黏剂，根据不同市场的要求，尤其是一些特殊市场的需要，开发和生产部分特种型胶黏剂和密封剂，如用于液晶显示（LCD）、发光二极管（LED）和印刷电路板的各向异性导电胶（ACA）、光刻胶、强电用绝缘材料等。

第二节 常用合成胶黏剂

一、树脂型胶黏剂

1. 热固性树脂型胶黏剂

热固性树脂型胶黏剂是在热与催化剂的作用下形成化学键，树脂固化，把粘接物粘接在一起。树脂固化后不溶不熔，具有较高的胶接强度、耐热、耐寒、耐辐射、耐化学腐蚀、抗蠕变性能好，其中多数是性能优良的结构型胶黏剂，应用的对象可承受高负荷；其缺点是起始粘接力小，固化时易产生体积收缩和内应力。

（1）酚醛树脂胶黏剂 酚醛树脂胶黏剂是最早出现的合成树脂胶黏剂。用量较大，广泛用于木材加工、家具行业、建筑业及铸造业等。其特点是粘接强度高、耐热、耐老化、价廉。酚醛树脂胶黏剂常与其他胶黏剂复合应用，以提高抗水性、黏着性。

酚醛树脂是由酚类（苯酚、甲酚、二甲酚、间苯二酚等）与醛类（甲醛、糠醛）在催化剂作用下缩聚而成的。

苯酚与甲醛反应，当原料的比例或使用的催化剂不同时，所得树脂的性能也不相同。在碱催化下，当甲醛过量时，反应生成热固性酚醛树脂；在酸催化下，当苯酚过量时则生成热塑性树脂。用作胶黏剂的酚醛树脂为热固性树脂。

酚醛树脂胶黏剂主要有三种：水溶性酚醛树脂，以 NaOH 为催化剂；醇溶性酚醛树脂，以 NH_4OH 为催化剂；钡酚醛树脂，以 $Ba(OH)_2$ 为催化剂。其中以水溶性酚醛树脂最重要，主要用于木材加工业。

（2）环氧树脂胶黏剂 含有环氧基团 —C$\overset{O}{\diagup\diagdown}$C— 的高分子化合物统称为环氧树脂。它具有胶黏性能好、耐腐蚀、耐酸碱、机械强度高、电绝缘性能好、收缩性小、耐油、耐有机溶剂的优点；其缺点是耐水性差、韧性差。环氧树脂在未固化之前是线形结构的热塑性树脂，加固化剂固化后成为热固性树脂。

环氧树脂品种很多，有缩水甘油醚型、缩水甘油酯型、缩水甘油胺型及脂肪族型几大类。缩水甘油基型环氧树脂由环氧氯丙烷与具有活泼氢的多元醇、多元酸、多元胺等缩合而成。

环氧树脂胶黏剂与许多材料均有良好的粘接性，有万能胶之称，可用来粘接金属、陶瓷、玻璃、木材和大部分塑料制品，使之在航空航天、汽车、造船、电子、轻工、建筑等行业得以广泛应用。工业上应用最多的环氧树脂是双酚 A 型环氧树脂，是由环氧氯丙烷与二酚基丙烷（简称为双酚 A）在碱性催化剂作用下缩合而成的。双酚 A 型环氧树脂分子结构中，除含有环氧基外，尚有羟基和醚键，在固化过程中，伴随与固化剂的化学反应，还能生成新的羟基和醚键，不仅具有很高的内聚力，而且和胶接材料表面可以产生很强的黏附力。双酚A型环氧树脂胶黏剂以双酚A型环氧树脂为主体，加入固化剂、稀释剂、增韧剂、偶联剂、填料等配制而成。

(3) 聚氨酯胶黏剂　凡主链上含有 —NHCOO— 重复基团的树脂称为聚氨基甲酸酯，简称聚氨酯。聚氨酯胶黏剂具有耐水、耐油、耐溶剂、耐臭氧的特点，特别是耐低温性能突出，可耐-250℃低温；但其耐热性一般较差。聚氨酯胶黏剂按组成可分为两类，即多异氰酸酯类和预聚体型类。

多异氰酸酯类胶黏剂以原料多异氰酸酯为主体，常用的多异氰酸酯主要有甲苯二异氰酸酯（TDI）、二苯基甲烷二异氰酸酯（MDI）和三苯基甲烷三异氰酸酯（PAPI）等。多异氰酸酯易溶于有机溶剂中，且分子体积较小，易渗透到多孔材料中去，因而具有较好的胶接性能。另外，多异氰酸酯能与吸附在胶接表面上的水及含水氧化物产生化学反应，或在碱性的胶接表面如玻璃上自行聚合，这些反应导致在胶接界面形成化学键，从而大大提高了胶接性能。直接使用多异氰酸酯作胶黏剂的缺点是毒性较大、不太适于做结构胶黏剂。

预聚体型类聚氨酯胶黏剂是聚氨酯胶黏剂中最重要的一种，它是由多异氰酸酯和多羟基化合物反应生成的端羟基或端异氰酸酯基预聚体。预聚体有单组分和双组分两种。单组分的预聚体是多异氰酸酯和多元醇的加成产物，多元醇一般是聚酯多元醇和聚醚多元醇。双组分预聚体胶黏剂分为两个组分，一个组分为聚酯或聚醚多元醇，另一组分为端异氰酸酯预聚体或多异氰酸酯本身，这两个组分按一定比例混合，即可使用，并可根据不同的配方来粘接不同的材料。

聚氨酯胶黏剂粘接范围广，目前主要用于纺织、汽车、建筑、包装、皮革、飞机制造、制鞋、家具等行业中。

(4) 有机硅胶黏剂　有机硅胶黏剂的主体材料是以硅氧键为主链的一类聚合物。具有耐紫外线，耐臭氧，耐高、低温，化学性能稳定，耐老化等优良性能。有机硅胶黏剂按其结构可分为：有机硅树脂胶黏剂和有机硅橡胶胶黏剂。

有机硅树脂胶黏剂既可以以硅树脂为主体，填加适当的无机填料和有机溶剂混合而成，又可以利用其他树脂与硅树脂上的硅羟基、烷氧基发生反应，进行改性而成为改性硅树脂胶黏剂。常用的填料有云母粉、TiO_2、ZnO、石棉粉等，改性树脂有环氧树脂、聚酯及酚醛树脂。

硅橡胶型胶黏剂为有机硅产品中的主要品种，分单组分室温硫化硅橡胶胶黏剂和双组分室温硫化硅橡胶胶黏剂。前者由端羟基硅橡胶、交联剂、填料及其他助剂所组成，该类胶黏剂应存放于不透气的容器中，因它与湿空气接触时即能固化；后者的两个组分是：硅橡胶和填料为一组分，交联剂、促进剂等为另一组分，使用时先调配再使用。

有机硅胶黏剂一般作为非结构粘接胶黏剂，主要用于电子元器件、航空航天以及汽车、建筑等方面。

(5) 氨基树脂胶黏剂　氨基树脂是指由尿素、三聚氰胺等氨基化合物与甲醛反应所生成的树脂的总称。

脲醛树脂胶黏剂是以脲醛树脂为主体，加入固化剂及其他助剂配制而成的。脲醛树脂胶黏剂约占氨基树脂胶黏剂的80%，主要用于木材加工业，胶合板、刨花板、高压装饰层压板的生产，也可用于织物、纸张等的粘接。脲醛树脂胶黏剂具有生产简单、使用方便、成本低、公害小、胶接强度高、不污染木制品，有一定的耐热性、耐水性和耐腐蚀性等优点；但制品中一般含有少量游离甲醛，对操作者有一定刺激性，且耐湿热老化性较差。

三聚氰胺树脂胶黏剂以三聚氰胺甲醛树脂为主体，但单纯的三聚氰胺甲醛树脂在固化后性能较脆，容易开裂，不宜单独使用。一般使用改性三聚氰胺甲醛树脂，其中以对甲苯磺酰胺和乙醇的改性品种为主。

三聚氰胺树脂比酚醛及脲醛树脂具有更好的耐水性、耐热性、耐化学介质性、耐磨性、电绝缘性和更高的硬度。由于其具有较大的化学活性，因此固化速度快，不需加入固化剂即可加热固化或室温固化。

三聚氰胺树脂胶黏剂的成本较高，一般用于纸质塑料板的生产及橡胶-金属、尼龙及其他一些合成纤维织物的粘接。

2. 热塑性树脂型胶黏剂

热塑性树脂型胶黏剂以线形聚合物为主体材料，受热时会熔化、溶解和软化，在压力下会蠕变。与热固性胶黏剂不同，它在使用过程中并不生成新的化学键。热塑性树脂胶黏剂柔韧性、耐冲击性优良，具有良好的初始粘接力，具有性能稳定、保存中不易分解等许多特点。其缺点是耐热性、耐溶剂性较差，粘接强度相对较低。为了克服其缺点，采用掺入热固性树脂与有机官能团单体共聚的自交联方法来提高其性能。

热塑性树脂胶黏剂包括聚醋酸乙烯酯系、聚丙烯酸系、热塑性聚酰胺、聚氯乙烯及其共聚物、聚酯、聚氨酯等胶黏剂。

(1) 聚醋酸乙烯酯系胶黏剂　聚醋酸乙烯酯及其共聚物在热塑性树脂胶黏剂中占有很重要的地位。聚醋酸乙烯酯胶黏剂一般用乳液聚合法制取，得到的产物称为聚醋酸乙烯乳液胶黏剂，简称"白乳胶"或"白胶"。其具有无毒，使用方便，常温固化速度较快，初期胶接强度高，固化后胶层无色透明，且具有韧性好，价格便宜的优点。其缺点是耐水性、耐热性、耐低温性较差。聚醋酸乙烯酯胶黏剂主要用于木制品加工方面，还可用于纸张、纤维制品、布、皮革、陶瓷、混凝土等多孔材料的粘接。也可用作建筑涂料或设备、管道防腐涂层等。

在应用过程中为了改善聚醋酸乙烯酯胶黏剂的性能，可以将醋酸乙烯酯单体与其他烯类，如乙烯、氯乙烯、丙烯酸酯或顺丁烯二酸酐、丙烯酸等进行共聚改性，改性主要通过内加交联剂和外加交联剂两种途径。内加交联剂即在制造聚醋酸乙烯酯胶黏剂时加入一种或几种能与醋酸乙烯酯共聚的单体，使之反应而得到可交联的热固性共聚物，以改善其耐热、耐水、耐蠕变性能。外加交联剂即在聚醋酸乙烯酯乳液中加入能使大分子进一步交联的物质，使聚醋酸乙烯酯的性质向热固性转化，常用的有酚醛树脂胶、脲醛树脂胶等。

由聚醋酸乙烯酯水解可得到聚乙烯醇。聚乙烯醇胶黏剂通常以水溶液形式使用，用以粘接纸张、织物、皮革，也可作为其他胶黏剂的配合剂。聚乙烯醇在酸性催化剂存在下与醛类反应生成聚乙烯醇缩醛。聚乙烯醇缩甲醛或缩丁醛胶黏剂可用于粘接玻璃、纸张、纤维织品、皮革、木材、部分塑料、壁纸、水泥地面、硬石膏、混凝土等，可逐渐代替聚醋酸乙烯酯胶黏剂。

(2) 丙烯酸酯系胶黏剂　丙烯酸酯系胶黏剂是以各种类型的丙烯酸酯为主体而配成的胶黏剂。其特点是使用方便，固化迅速，粘接强度较高，适用于多种材料的粘接。丙烯酸酯系胶黏剂品种很多，性能各异。主要有：丙烯酸乳液胶黏剂，氰基丙烯酸酯胶黏剂，厌氧胶黏剂，第二代丙烯酸酯胶黏剂，近年来又开发出第三代丙烯酸酯胶黏剂。

工业上丙烯酸乳液胶黏剂是以丙烯酸酯及其衍生物为主要成分，与少量丙烯酸和其他活性单体在引发剂存在下经乳液聚合制得。丙烯酸乳液胶黏剂具有耐老化性、耐水性、柔韧性优良，粘接强度高的优点。主要应用在纺织工业中，可作静电植绒胶黏剂、涂料印花胶黏剂、无纺布胶黏剂、地毯的贴背胶黏剂和长丝防卷剂等；在造纸工业中可用作涂布剂、憎油剂等；在皮革工业中用作上光剂、整理剂；另外也用于玻璃、塑料、金属和混凝土的粘接。

α-氰基丙烯酸酯胶黏剂又称瞬干胶，是目前在室温下固化时间最短的一种胶黏剂，它以α-氰基丙烯酸酯为主体，配以其他配合剂，使用时不必加入固化剂及溶剂。具有使用方便，黏度易调节，被粘接表面不必进行特殊预处理，固化时不用加热、加压，固化迅速，电气性能好，耐候性、耐寒性良好，固化后胶层透明无色、外观平整等优点。其主要缺点是耐热性差，耐水、耐极性溶剂性差，胶层较脆、不耐冲击，尤以胶接刚性材料时最为明显，同时储存期较短，储存条件要求较严。α-氰基丙烯酸酯胶黏剂主要用于小型电子产品、首饰宝石、玻璃及橡胶、塑料制品的粘接，同时在生物医学方面用于软组织的粘接、止血、补牙、接骨等，又有骨科水泥之称。

丙烯酸双酯胶黏剂又称厌氧胶，它以丙烯酸双酯及某些特种丙烯酸酯为主体配以其他配合剂组成。它能在氧气存在条件下长期储存，而隔绝空气后，几分钟到几十分钟即可在室温固化，起粘接密封作用。厌氧胶的特点是在与氧气（空气）接触的情况下不会固化，而在隔绝氧气（空气）时会很快固化。另外，厌氧胶还具有黏度易调节、固化收缩率较小、与金属粘接效果好、室温下固化快、胶接强度高，耐药品性、耐热性、耐低温性能好的优点。但其与非金属材料和非活性金属（如锌、铬等）粘接时效果较差，固化慢，胶接强度也比较低，且粘接表面要进行预处理。厌氧胶对多孔材料、大缝隙被粘接构件不太适用。厌氧胶黏剂种类很多，可按不同需要和用途配制成粘接力、黏度不同的品种。目前厌氧胶已成为电气、机械、汽车和飞机等工业不可缺少的胶黏剂。

第二代丙烯酸酯胶黏剂又称改性丙烯酸酯结构胶黏剂，是在第一代的基础上发展起来的新型胶黏剂，由丙烯酸酯单体或低聚体配入引发剂、弹性体、促进剂等组成。此类胶黏剂是目前室温固化中性能较全面的一种胶黏剂。室温固化速度快，粘接表面无须严格清洗和表面处理，粘接强度较高，与其他室温固化胶黏剂比较，具有较高的剪切强度和剥离强度等优点。能与多种金属和非金属材料粘接并达到很高的强度，特别是某些金属与非金属（塑料）材料之间的粘接较为理想。缺点是耐水性差。其粘接范围广泛，可用于金属、塑料、橡胶、混凝土、玻璃、木材等材料的粘接。

二、橡胶型胶黏剂

橡胶胶黏剂又称作弹性体胶黏剂，是以橡胶或弹性体为主体材料，加入适当的助剂、溶剂等配制而成。橡胶胶黏剂具有优良的弹性，较好的耐冲击与耐振动的能力，特别适合柔软的或线膨胀系数相差悬殊的材料的粘接。适用于在动态条件下工作的材料的粘接，在航空、交通、建筑、轻工、机械等工业中应用广泛。常用的橡胶胶黏剂有氯丁橡胶胶黏剂、天然橡胶胶黏剂、丁基橡胶胶黏剂、丁苯橡胶胶黏剂等。

1. 氯丁橡胶胶黏剂

氯丁橡胶胶黏剂是以氯丁橡胶为主体材料加入交联剂、防老剂、填充剂等助剂配制而成的。氯丁橡胶胶黏剂是橡胶胶黏剂中产量最大、用途最广的一个重要品种。具有初始粘接力大，胶接强度高，耐久性、防燃性、耐光性、抗臭氧性、耐冲击与振动能力、耐油、耐酸碱、耐溶剂性能优良及使用方便、价格低廉的特点，适用于多种材料的粘接。其缺点是耐热性和耐寒性较差。氯丁橡胶胶黏剂可粘接橡胶、皮革、人造革、织物、木材、石棉等。特别是上述材料与金属、塑料等不同材料的粘接，是其他胶黏剂在性能上无法比拟的。氯丁橡胶胶黏剂是一种通用性很强的胶黏剂，广泛应用于国民经济各个部门，特别在制鞋工业和汽车制造工业上用量最大。

2. 天然橡胶胶黏剂

天然橡胶是把橡胶树分泌的白色胶乳经过凝固、干燥等加工得到的顺式聚异戊二烯的弹性固体。未硫化橡胶（又称生橡胶），溶于适当的溶剂便成为生橡胶胶黏剂，也就是修补内胎的胶水。未经硫化的天然橡胶，虽然初粘力较大，具有良好的弹性和优异的电性能，价格低廉，使用方便，但是粘接强度不大，耐热性差。只能用于天然橡胶、织物、绝缘纸的粘接，不能用于粘接金属。硫化的天然橡胶胶黏剂比未硫化的天然橡胶胶黏剂，其粘接强度、弹性、抗蠕变性和耐老化性能都有提高。天然橡胶若经过适当的改性，如氯化天然橡胶胶黏剂，不仅增加了对天然橡胶制品的粘接力，而且也能用于粘接金属。

3. 丁腈橡胶胶黏剂

丁腈橡胶胶黏剂是以丁腈橡胶为主体，加入增黏剂、增塑剂、防老剂、溶剂等配制而成的15%~30%的胶液。丁腈胶黏剂具有优异的耐油性，较高的粘接强度，优异的耐水性，良好的耐热、耐磨、耐化学介质和耐老化性。其缺点是初粘力不够大，耐寒性、耐臭氧性和电绝缘性较差，在光和热的作用下容易变色。通用型的丁腈橡胶胶黏剂由100份丁腈橡胶和50~100份的酚醛树脂配制而成，固含量为20%~30%，适用于软乙烯基树脂薄膜、布、皮革、木材以及金属的粘接。当酚醛树脂的配比高达2倍以上时，即可用作金属结构型胶黏剂，如用作飞机金属结构的粘接及刹车带的粘接等。

三、复合型结构胶黏剂

聚合物复合型结构胶黏剂由两类主体高分子材料所组成，一类是可起交联作用的热固性树脂，如酚醛树脂、环氧树脂等；另一类是具有可挠性和柔性的聚合物（如高分子量的热塑性聚合物）和橡胶弹性体。这类含有两种组分的聚合物复合型体系，兼备了两种组分所固有的高强度、耐热、耐介质、抗蠕变、高剥离强度、抗弯曲、抗冲击、耐疲劳等优良性能。常见的复合型结构胶黏剂有酚醛-缩醛型、酚醛-丁腈型、酚醛-环氧型、改性环氧型等。该类胶黏剂主要用于航空航天工业中的超声速飞机、导弹、卫星和飞船等结构中的胶接。

1. 酚醛-聚乙烯醇缩醛结构胶黏剂

该类胶黏剂是发展较早的复合型结构胶黏剂，目前已发展成为一种通用的航空结构胶，同时也应用于金属与金属、金属与塑料、金属与木材、汽车刹车及印刷电路等的胶接上。这类胶黏剂所采用的酚醛树脂为甲阶酚醛树脂或其羟甲基部分被烷基化的甲阶酚醛树脂。在缩醛分子中含有三种链段：未经缩醛化的聚乙烯醇链段、聚醋酸乙烯酯链段和缩醛化了的链段。这类胶黏剂的特点是抗剪切强度、剥离强度、耐水、耐湿热老化、耐曝晒、耐介质性、抗震动和耐疲劳等性能均优良。

2. 酚醛-丁腈结构胶黏剂

酚醛-丁腈结构胶黏剂由酚醛树脂和丁腈橡胶所组成。由于酚醛树脂和丁腈橡胶之间在受热时会发生化学反应，生成交联产物，故酚醛-丁腈结构胶黏剂既具有酚醛树脂的耐热性，又兼有丁腈橡胶的弹性。常以高抗剪切强度、剥离强度和耐热而著称。酚醛-丁腈结构胶黏剂是高强度、高弹性品种，具有突出的耐湿热老化、耐候、耐疲劳性能，为环氧型和其他型号的结构胶所不及，另外其耐介质、耐高低温热交变性能也非常优越。酚醛-丁腈型胶黏剂广泛应用于要求结构稳定，使用温度范围广，耐湿热老化、耐化学介质、耐油、抗震动、耐疲劳的场合。如航空航天工业中常用作钣金、蜂窝构件的胶接；汽车工业中用于制动材料与制动蹄铁的胶接；纺织工业中用于耐磨硬质合金与钢的粘接；在仪表、轻工、造船工业中也有广泛应用。

四、特种胶黏剂

随着科学技术的飞速发展和胶黏剂应用领域的日益扩大，出现了越来越多的胶黏剂新品种，以满足不同胶接对象和一些特殊要求。其中有些胶黏剂，难以按通常的分类方法来分类，这些胶黏剂称为特种胶黏剂。依据其性能、用途及使用方法不同，特种胶黏剂有热熔型、压敏型、导电型、密封型等多种。

1. 热熔型胶黏剂

热熔胶黏剂是一种室温呈固态，加热到一定温度就熔化成液态流体的热塑性胶黏剂。在熔化状态下将其涂覆于被粘接物表面，叠合，然后冷却成固态，即完成胶接。热熔胶一般由主体聚合物、增黏剂、稳定剂、抗氧剂、增塑剂、填料等组成。热熔胶具有胶接迅速、适用于自动化连续生产、生产效率高、对环境无污染、便于储存和运输、可以胶接多种材料和进行反复熔化胶接的特点。特别适用于一些有特殊工艺要求材料的胶接，如某些文物的胶接修复。热熔胶的缺点是耐热性差、胶接强度不高。近年来热熔胶发展十分迅速，广泛用于服装加工、书籍装订、塑料胶接、包装、制鞋、家具、玩具、电子电器、卫生等领域。

目前应用最多的热熔胶是EVA胶（乙烯-醋酸乙烯酯共聚物），占热熔胶产量的80%左右。除此之外，还有乙烯-丙烯酸乙酯共聚物（EEA）、聚乙烯、聚丙烯、聚酯、聚酰胺、聚氨酯、环氧树脂等也是常见的热熔胶。

EVA热熔胶是以乙烯-醋酸乙烯酯无规共聚物为主体的一类热熔胶。此主体聚合物具有与其他组分互溶性好、黏附力强、柔韧性和耐候性好的特点。EVA热熔胶的性能与聚合物的熔融指数和聚合物中醋酸乙烯含量有很大关系，一般适用于配制热熔胶的EVA树脂的熔融指数为1.5~500，醋酸乙烯含量为20%~50%。EVA热熔胶主要是由30%~40%的EVA树脂、30%~40%的增黏剂和20%~30%的蜡类组成。选择不同型号的树脂与三种主要成分的不同比例，可以配制出满足不同要求的热熔胶。EVA热熔胶可用于木材加工、服装、包装、书籍装订、塑料粘接等方面。

2. 压敏型胶黏剂

压敏型胶黏剂简称压敏胶，是对压力敏感的只需用接触压力就可以把两种材料胶接在一起的胶黏剂。把压敏胶涂在纸基、布基或塑料薄膜基等材料上，就可以制成压敏胶带。为了使用方便，压敏胶带既要对各种材料有很好的黏附性，以便在很小的压力下迅速进行胶接，又要在剥离时对被黏附的表面无残留。这就要求压敏胶的内聚强度大于它的胶接强度。因此，在压敏胶的胶液组成中，既要有高弹性物质的组分，又要有高黏附性物质的组分。压敏胶主要用于胶黏带、自粘标签、电绝缘胶带等。

压敏胶黏剂按其主体聚合物的化学结构可分为橡胶型和树脂型两类。橡胶型压敏胶包括天然橡胶、丁基橡胶、硅橡胶、丁苯橡胶等；树脂型压敏胶包括聚丙烯酸类、聚烯烃类、醋酸乙烯共聚物等。按照胶液的形态，压敏胶主要分为溶剂型、乳液型和热熔型三类，目前以溶剂型压敏胶最为重要。

橡胶类压敏胶的主要成分有：30%~50%主体聚合物，30%~50%的增黏剂，0~10%的增塑剂，0~2%的防老剂，0~2%的硫化剂，0~4%的填料，0~10%的黏度调节剂。

丙烯酸酯类压敏胶一般含三种成分：起到黏附作用的成分，一般为C_4~C_{12}的长侧链丙烯酸烷基酯，其赋予压敏胶足够的润湿性和黏附力，用量一般大于50%；起内聚作用的成分，一般为C_1~C_4的短侧链丙烯酸低级烷基酯，甲基丙烯酸烷基酯和其他烯烃，一般用量为20%~40%，它提高压敏胶的内聚能、黏着性、耐水性和工艺性；起改性作用的单体，又称功能性单体，其作用是改进压敏胶的黏附性能和内聚强度，它可以起交联作用并促进聚合反应，这种单体以丙烯酸为主，含有羟基、酰氨基、羧基、氨基、环氧基和羟甲基等官能团，一般用量为5%~10%。

第三节　聚醋酸乙烯酯胶黏剂的合成方法及应用

聚醋酸乙烯酯胶黏剂是一种水溶性胶黏剂，呈白色乳胶状，俗称白胶，对木材、纸张和织物等都有很好的黏着力。除用作胶黏剂之外，在产品中加入颜料、填料和其他辅助材料，经研磨或分散处理后，可制成聚醋酸乙烯酯乳胶漆。

醋酸乙烯酯单体在引发剂过硫酸铵、聚乙烯醇和乳化剂OP-10存在时聚合，最后加入增塑剂邻苯二甲酸二丁酯即得产品。其反应原理及生产工艺流程简图如下：

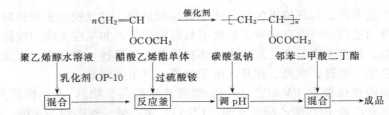

聚醋酸乙烯酯胶黏剂配方如下：

成分	质量份	
	配方 1	配方 2
醋酸乙烯酯	100	210
水	90	350
聚乙烯醇	9	3.5
过硫酸铵	0.2	2
辛基苯酚聚氧乙烯醚（OP-10）	1.2	
碳酸氢钠	0.3	
邻苯二甲酸二丁酯	11.3	
顺丁烯二酸二丁酯		60
甲基丙烯酸甲酯		30
碳醇硫酸钠		0.8
十二醇硫酸钠		8

配方 1 为普通白胶，主要用于木材、陶瓷、水泥制件等多孔性材料的粘接，用途广泛，室温固化时间为 24h。配方 2 为内加交联剂型白胶。比普通白胶具有更高的机械强度及更优良的耐热性、耐水性、耐蠕变性和耐介质性。用于热压法生产胶合板。

思 考 题

1. 胶黏剂的主要成分有哪些？
2. 选用胶黏剂应考虑哪些因素？
3. 热固性树脂胶黏剂有哪些优点？常见的有哪几种？
4. 热塑性树脂胶黏剂有哪些优点？常见的有哪几种？
5. 橡胶型胶黏剂有何特点？常见的有哪几种？
6. 复合型胶黏剂是由哪两种高分子材料组成的？有何优点？
7. 胶黏剂有哪些分类方法？按主体材料分有哪些类型？
8. 环氧树脂胶黏剂都有哪些应用？
9. 聚氨酯胶黏剂有哪些优点？有何应用？
10. 聚醋酸乙烯酯胶黏剂有哪些优点和缺点？有何应用？
11. α-氰基丙烯酸酯胶黏剂都应用于哪些方面？有何优点？
12. 氯丁橡胶胶黏剂能否用于金属与金属之间的粘接？其主要用于哪些方面？哪些胶黏剂可用于金属之间的粘接？
13. 特种胶黏剂都包括哪些类型？热熔胶有何特点？
14. 设计一个聚醋酸乙烯酯胶黏剂的配方并画出其生产工艺流程简图。

第六章 化妆品

第一节 导 言

我国1990年1月1日起实施的《化妆品卫生监督条例》对化妆品做了如下的定义:"化妆品是指以涂擦、喷洒或者其他类似的方法,散布于人体表面任何部位(皮肤、毛发、指甲、口唇等),以达到清洁、消除不良气味、护肤、美容和修饰目的的日用化学工业产品。"

在物质生活丰富的现代社会,化妆品已经日益成为人类日常生活的必备品,人们每天不同程度地使用各类化妆品,使用对象遍及人体表面的皮肤、毛发、指甲、口唇和牙齿等。目前,世界各国都把化妆品列为精细化学品或专用化学品,化妆品工业已在精细化学品工业中占有重要的地位。

一、化妆品的性能要求

化妆品作为商品,需满足一般商品的基本性能要求,除此之外,因其长期且直接作用于人体的特殊性,还应满足有关化妆品法规所提及的相关要求,故而应同时具备安全性、稳定性、舒适性和有效性。

二、化妆品的分类

化妆品种类繁多,分类方法各异,可按产品使用目的和使用部位分类、按剂型分类、按生产工艺和配方特点分类、按性别和年龄组分类等。我国有统一的国家产品分类标准,其中也有化妆品的分类标准,主要以按使用目的和使用部位分类、按剂型分类较为普遍。

按使用目的分类主要有:
① 清洁类化妆品,如浴液、洗面奶、洗手液、清洁面膜、洗发露等;
② 美容类化妆品,如眉笔、唇膏、粉底、睫毛膏、指甲油等;
③ 营养护理类化妆品,如润肤霜、护手霜、发乳、防裂油、精华素、美白霜等;
④ 芳香类化妆品,如香水、花露水、古龙水等;
⑤ 特殊用途化妆品,用于育发、染发、烫发、除臭、祛斑、防晒等功能的化妆品。

按使用部位分类主要有:

① 皮肤用化妆品；
② 毛发用化妆品；
③ 口腔用化妆品；
④ 指甲用化妆品；
⑤ 唇、眼用化妆品。

按剂型分类主要有：
① 乳剂型化妆品，如雪花膏、清洁霜、润肤霜、香波等；
② 粉状型化妆品，如香粉、粉饼、爽身粉、痱子粉等；
③ 液体型化妆品，如香水、花露水、古龙水、化妆水等；
④ 油状型化妆品，如发油、按摩油、防晒油等；
⑤ 膏状型化妆品，如洗发膏、剃须膏、眼影膏等；
⑥ 棒状性化妆品，如眉笔、眼线笔、唇线笔等；
⑦ 气雾剂型化妆品，如香水、喷雾发胶、摩丝、空气清新剂等；
⑧ 其他类型，如唇膏、指甲油、面膜、染发剂、发蜡等。

三、化妆品的原料

化妆品的原料按其在化妆品中的性能和用途可分为主体原料、辅助原料及添加剂两大类。主体原料是化妆品的主体，根据化妆品类别和形态的要求，赋予产品基础骨架结构的主要成分，体现了其性质和功用；而辅助原料则是对化妆品的成型、色、香和某些特性起作用，用量较少，但不可或缺。化妆品原料均应满足一定要求，包括广泛性、有效性、针对性、配伍性、安全性、特殊性和时效性。

（一）主体原料

主体原料包括油性原料、粉质类原料和溶剂类原料。

1. 油性原料

（1）油性原料的分类及作用　油性原料是化妆品的主要基质原料，化学中一般分别称为油、脂和蜡。依据油的来源上分，可将油性原料分为植物油原料、动物油原料、矿物油系原料、合成（半合成）油原料；依据油性原料的化学结构分类，可分脂肪酸甘油酯和酯类、高级脂肪酸类、高级脂肪醇类、烃类、磷脂类、甾体化合物、萜类化合物七大类油性原料。油性原料在化妆品中所起的作用主要归纳为以下几个方面。

① 屏障作用。在皮肤上形成疏水薄膜，抑制皮肤水分蒸发，防止皮肤干裂，防止来自外界物理化学的刺激，保护皮肤。
② 滋润作用。赋予皮肤及毛发柔软、润滑、弹性和光泽。
③ 清洁作用。根据相似相容的原理可使皮肤表面的油性污垢更容易清洗。
④ 溶剂作用。作为营养、调理物质的载体更易于皮肤的吸收。
⑤ 乳化作用。高级脂肪酸、脂肪醇、磷脂是化妆品的主要乳化剂。
⑥ 固化作用。使化妆品的性能和质量更加稳定。

（2）油性原料的理化性质　油性原料的物理性质包括色泽、气味、密度、黏度、熔点、凝固点、膨胀性等，在化妆品制作中直接影响着配方的工艺技术、质量技术和外观品质。天然来源的油质原料一般都有异味和色泽，是配制化妆品的致命缺点，而合成和半合成原料在气味和色泽上都有明显的改善。油脂原料的熔点和凝固点直接影响化妆品的制作工艺及成品的稳定性。化妆品中的油脂组分对化妆品的黏度起决定作用，而黏度又关系到化妆品的铺展性、涂抹性和稳定性。

油性原料的化学性质包括其能够发生皂化反应、加成反应、氧化反应、聚合反应等，因而用皂化值、碘值等衡量它的原料品质。油脂的皂化值一般在180～200，甘油含量在10%左右。皂化值可以衡量油脂中脂肪酸相对分子质量的大小，皂化值越低，脂肪酸含碳原子数量越高，说明脂肪酸相对分子质量越大，反之亦然。而碘值用于衡量油脂的不饱和度，碘值越大，不饱和程度越高；通常碘值小于100的油脂称为不干油，碘值在100～130范围内的称为半干油脂，碘值大于130的油脂称为干性油。碘值高的油脂含有较多的不饱和键，在空气中易被氧化，易发生变质酸败等质量问题。此外，酸值是衡量油脂新鲜程度的指标，油性原料中含有的游离脂肪酸越高，酸值越高，一般新鲜油脂的酸值在1以下。

（3）新型的油性原料　天然油脂的化学组成与人体皮肤表皮脂肪性表面膜的组成相近，故天然油脂及其衍生物作为化妆品的基础原料，广泛用于膏霜、乳液等产品中。但天然油脂也有弊端，它的颜色和气味以及易腐败酸败等性质使化妆品的档次难以提高。有的天然油脂来源不足，价格昂贵，致使化妆品成本上升。近年来，我国发展了一些新型天然油脂原料，如植物性角鲨烷、芥酸-2-辛基月桂酯、大豆溶血卵磷脂等，以纯植物类油脂替代动物类，凝固点低，稳定性和亲和力更好。

2．粉质原料

（1）粉质原料的类型　粉质原料也叫粉体。粉体主要用于美容化妆品中。化妆品中使用的粉体有三类：有色粉体、白色粉体和充添粉体。

有色粉体和白色物体的作用是可遮盖脸上色斑、粗糙的肌肤和不良的脸色，防止脸上因油脂的分泌物而呈现油光，可使皮肤有光滑的手感，并可散射紫外线、过滤阳光，同时可赋予皮肤宜人的色彩。此外粉体有吸收皮脂和汗的性质，广泛用于彩妆类如香粉、胭脂、眼影粉等。

充添粉体是一种遮盖力小的白色粉体，是有色粉体的稀释剂，用于调节色调，同时赋予制品扩展性，它对皮肤有附着性，对汗和皮脂有吸收性。充添粉体在皮肤上要有良好的扩展性。为提高扩展性，以前使用滑石粉和云母粉，近年来国外使用球状粉体，多为球状树脂粉末，如尼龙、聚苯乙烯、聚甲基丙烯酸甲酯等有机粉体和球状二氧化硅、球状二氧化钛等无机粉体。

（2）粉质原料的性质

① 遮盖力。粉体可遮盖肌肤的色斑和不良的肤色。具有良好遮盖力的粉体有钛白粉、锌白粉，碳酸钙也可用于遮盖，同时碳酸钙还可阻挡紫外线。

② 伸展力。指粉体涂敷于肌肤时，可形成薄膜，平滑伸展，有圆润触感的性能。滑石粉的伸展力最好，还可使用淀粉、金属皂、云母、高岭土等。

③ 附着力。指粉体容易附着于皮肤上，不易散妆的性能，金属皂的附着力最好。

④ 吸收力。指粉体吸收汗腺和皮肤分泌的多余的分泌物，消除油光的性能。轻质碳酸钙、碳酸镁、淀粉、高岭土等的吸收性均较好。

3．溶剂类原料

溶剂是化妆品的主要组成部分，主要有水、乙醇、丁醇、戊醇、异丙醇，还有多元醇，小分子的酮、醚、酯类（多用作指甲油的溶剂）。

化妆品所用水，要求水质纯净、无色、无味，且不含钙、镁等金属离子，无杂质。广泛使用在化妆品中的是去离子水和纯净水。

醇类是香料、油脂类的溶剂。乙醇主要是利用其溶解、挥发、芳香、防冻、灭菌、收敛等特性，应用在制造香水、花露水、发水等。丁醇是制造指甲油的原料。戊醇用作指甲油的偶联剂。异丙醇有杀菌作用。酮类有丙酮、丁酮。酯类有乙酸乙酯、乙酸丁酯、乙酸戊酯。醚类包括二乙二醇单乙醚、乙二醇单甲醚、乙二醇单乙醚等。

（二）辅助原料

（1）水溶性高分子化合物　水溶性高分子化合物也被称为胶质原料，它在水中能膨胀形成胶体，在化妆品中被用作黏胶剂、增稠剂、成膜剂、乳化稳定剂。化妆品中所用水溶性的高分子化合物主要分为天然和合成两大类。天然水溶性的高分子化合物有：淀粉、植物树胶、动物明胶等，但质量不稳定，产量有限且易变质。合成水溶性的高分子化合物有：甲基纤维素、乙基纤维素、羧甲基纤维素钠、羟乙基纤维素以及瓜尔胶及其衍生物、聚乙烯醇、聚乙烯吡咯烷酮、丙烯酸聚合物等，性质稳定，对皮肤刺激性低，价格低廉。

（2）表面活性剂　表面活性剂是化妆品中重要的辅助原料。阴离子表面活性剂的作用为去污、增溶、分散等，非离子表面活性剂主要起润湿、乳化等作用，阳离子表面活性剂主要起柔软、抗静电、杀菌、调理等作用，两性表面活性剂常用于低刺激性香波、浴液的配制和护发品的调制。

（3）其他辅助原料　其他辅助原料包括防腐剂、抗氧剂、保湿剂、香精、色素及各种添加剂。

为抑制微生物的繁殖生长，化妆品中要适量加入防腐剂，包括尼泊金酯类、六氯酚、苯乙醇、苯氧基乙醇、二苯基苯酚等。

为避免有些化妆品中使用的油脂、蜡、烃类等油性原料及一些添加剂的不饱和酯常发生氧化作用，引起变色、酸败，对皮肤产生刺激，故在这些化妆品中要加入抗氧剂，常用的抗氧剂有二叔丁基对甲酚（BHT）、叔丁基羟基苯甲醚（BHA）、生育酚（维生素E）等。

保湿剂是一种吸湿性物质，它可以从周围取得水分而达到一定的平衡，不仅可增加皮肤的柔润性，还可延缓化妆品（特别是膏霜类产品）水分的蒸发而引起的干裂现象，延长产品的寿命。常用保湿剂有甘油、丙二醇、山梨醇、乳酸钠等。保湿剂不宜使用过度，否则会吸收皮肤中的水分，使皮肤粗糙，适得其反，例如，甘油通常在化妆品中的使用浓度在10%以下。

香精在化妆品中的作用主要是使消费者喜爱，掩盖原料中不良气味，抑制体臭，杀菌和防腐。香精的品种很多，将在后面章节作详细介绍，在此不再重复。

色素可划分为有机合成色素、无机颜料、天然色素。有机合成色素包括染料和色淀、颜料。常见白色颜料氧化锌、二氧化钛，红色颜料三氧化二铁，黄色颜料氢氧化亚铁，紫色颜料紫群青，绿色颜料氧化铬，黑色颜料炭黑和四氧化三铁，广泛用于口红、胭脂等化妆品。天然色素取自动植物，如胭脂虫红、姜黄和叶绿素。

随着人们对生活质量的要求逐步升高，为了使化妆品具备清洁、护肤以外的更多功能，植物型营养添加剂（如芦荟、沙棘、人参、熊果苷等）、动物型营养添加剂（如骨胶原、卵磷脂、胎盘、貂油和甲克素等）、生化药物添加剂（如胶原蛋白、金属硫蛋白、丝素蛋白、DNA、果酸、曲酸、SOD、表皮生长因子等）也陆续被纳入化妆品成分中，提高了化妆品的营养保健性能。

第二节　化妆品生产的主要工艺

化妆品与一般的精细化学品相比较，生产工艺比较简单。生产中主要是物料的混合，很少有化学反应发生，常采用间歇式批量生产，生产过程中所用的设备比较简单，包括混合、分离、干燥、成型、装填及清洁设备。下面介绍化妆品生产中涉及的主要工艺。

一、混合与搅拌

化妆品是由动物、植物、矿物中提取的原料混合均匀而成的专用化学品。以粉体为主的化妆品，则需要粉碎机、混合机、与油性成分相拌的拌和机。乳膏一类的乳化剂品，要将水、油、乳化剂加以混合乳化，则需要乳化机。

在化妆品生产中的物料混合，是指使多种、多相物互相分散而达浓度场和温度场混合均匀的工艺过程。桨叶式搅拌器结构简单,转速约20~80r/min,适用于低黏度液体的搅拌。此种搅拌的化妆品工业上使用较多,常用于搅拌黏度低的液体和制备乳化或含有固体微粒在10%以下的悬浮液。

二、乳化技术

化妆品中产量最大的是膏霜类化妆品,乳化成分散体系所占比例很大。乳化技术是生产化妆品过程中最重要而最复杂的技术。在化妆品原料中,既有亲油成分,如油脂、脂肪酸、酯、醇、香精、有机溶剂及其他油溶性成分;也有亲水成分,如水、酒精;还有钛白粉、滑石粉这样的粉体成分。欲使它们混合均匀,采用简单的混合搅拌即使延长搅拌时间也达不到分散效果,必须采用良好的混合乳化技术。

工业上制备乳状液的方法按乳化剂、水的加入顺序与方式大致可分为转相乳化法、自然乳化法和机械乳化法。

(1) 转相乳化法　先将加有乳化剂的油类加热成液体,然后边搅拌边加入温水,开始时加入的水以微滴分散于油中,成W/O型乳状液,再继续加水,随水量的增加乳状液逐渐变稠,至最后黏度急剧下降,转相为O/W型乳状液。

(2) 自然乳化法　将乳化剂加入油相中,混合均匀后一起加入水相中,进行良好的搅拌,可得稳定的乳状液。此法适用于易于流动的液体,如矿物油等。若油的黏度较高,可在40~60℃条件下进行。多元醇酯类乳化剂不易形成自然乳化。

(3) 机械强制乳化法　工业上机械强制乳化时主要采用胶体磨和高压阀门均质器等设备。胶体磨是一种剪切力很大的乳化设备,主要结构由定子和转子构成,转子的转速可达1000~2000r/min,操作时液体自定子与转子间的间隙通过,间隙的宽窄可调节,精密的胶体磨其间隙可调至0.025mm,产生的乳化体颗粒可小至1μm左右。均质器的操作原理是将欲乳化的混合物,在很高的压力下自一个小孔挤出,从而达到乳化的目的。工业生产中所用的高压阀门均质器类似一个针形阀,主要原件是一个泵,用它产生6.89~34.47MPa的压力,另有一个用弹簧控制的阀门。均质器可以是单级的,也可以是双级的。在双级均质器中,液体经过两个串联的阀门而达到进一步均化。

三、分离与干燥

对于液态化妆品,主要生产工艺是乳化,而对于固态化妆品,涉及的单元操作有分离、干燥等,在产品制作的后阶段,还需要进行成型处理,装填和清洁。分离操作包括过滤和筛分。过滤是滤出液态原料中的固体杂质,生产中采用的设备有批式重力过滤器和真空过滤机。筛分是筛去粗的杂质,得到符合粒度要求的均细物料,有振动筛、旋转筛等设备。干燥则是除去固态粉料、胶体中的水分,清洁后的包装瓶子也需经过干燥,采用的设备有箱式干燥器、轮机式干燥器等。

第三节　皮肤用化妆品

肤用化妆品的主要功能是清洁皮肤、调节和补充皮肤的油脂、使皮肤表面保持适量的水分,并通过皮肤表面吸收适量的滋补剂和治疗剂,保护皮肤和营养皮肤、促进皮肤的新陈代谢。肤用化妆品是化妆品工业发展最迅速的部分,是化妆品的重要一类。

肤用化妆品可分为清洁皮肤用化妆品、保护皮肤用化妆品、营养皮肤用化妆品、祛斑美白化妆品、抗衰老化妆品。

一、清洁皮肤用化妆品

清洁皮肤用化妆品有清洁霜、泡沫清洁剂、磨砂膏、面膜、沐浴剂和化妆水等。清洁霜一般由油相（油、脂、蜡类）、水相、乳化剂、保湿剂、防腐剂、香精等组成，可以是O/W型，也可以是W/O型。一般W/O型清洁霜适用于干性皮肤的清洁，O/W型的用于油性皮肤。

泡沫清洁剂主要包括油性原料、洗净剂（表面活性剂）、保湿剂及其他水溶性成分。油性原料主要包括高级脂肪醇，如十六醇、十八醇等，还有羊毛脂、脂肪酸酯等，主要作为溶剂和润肤剂。洗净剂主要是表面活性剂，一般是阴离子、非离子和两性表面活性剂。保湿剂主要是甘油、丙二醇、山梨糖醇等，有的高级泡沫清洁剂还会加入透明质酸发挥保湿作用。水溶性高分子主要起稳定和增稠的作用。

磨砂膏在普通O/W型的乳液或浆状物清洁霜配方中添加了极细微的砂质粉粒，不但去除皮肤污垢，而且能去除角质层老化和死亡的细胞。磨砂膏就是由膏霜类化妆品的基质原料和磨砂剂组成的。磨砂剂可以是天然的植物果核的精细颗粒（如杏核粉、橄榄仁粉、核桃粉等）、天然矿物粉末（如二氧化钛粉、滑石粉）和合成磨砂剂（聚乙烯、聚苯乙烯、聚酰胺树脂、尼龙、石英等的细微颗粒）。

面膜主要功能是在面部皮肤上形成不透气的薄膜，主要有粉末、黏土、剥离、泡沫、浆泥类、成型类等类型。

沐浴剂也称为沐浴露、沐浴液，主要是以各种表面活性剂为主要活性物质并加入滋润剂和其他清凉止痒、营养等效果的添加剂、香精、色素等。

化妆水是一种黏度低、流动性好的液体化妆品，主要成分是保湿剂、收敛剂、水、少量表面活性剂。

二、保护皮肤用化妆品

这类化妆品可提供皮肤充分的水分和脂质，有滋润、保护、营养、美化皮肤的功效。一般由柔软剂、吸湿剂、乳化剂、增稠剂、活性成分等组成。有W/O型、O/W型和蜜类护肤品。

最典型的水包油型护肤品就是雪花膏，由油相、水相、乳化剂、香精、色素、保湿剂、润肤剂等组成，根据需要还可加入防腐剂、营养成分、药物等辅助成分。

通常所说的冷霜就是一种油包水型的护肤品，可有效防止皮肤变粗糙、皲裂。基本组成与水包油型护肤品类似，但油相含量高，超过50%，水相原料用量较低。所以选用乳化剂HLB值不同，O/W型的比W/O型的大。

蜜类护肤品是半流动状态的液态霜，呈乳液、奶液状态。

三、营养皮肤用化妆品

营养皮肤用化妆品是一类含有营养活性成分的化妆品，一般是在普通的化妆品组成中再添加合适的天然动植物提取物和生化活性物质，达到保护、营养、修复、调整皮肤的目的。这类营养活性成分主要有激素、水解蛋白、人参浸取液、维生素、胎盘组织液、卵磷脂、角鲨烷、蜂王浆等。

四、祛斑美白化妆品

人类的表皮层中存在一种黑素细胞，能够形成黑色素，是人体的主要色素，决定了皮肤颜色的深浅。如果黑色素细胞的活性增强，产生的黑色素颗粒增加，就会产生色斑。

皮肤黑色素的产生过程包括黑色素细胞的迁移、黑色素细胞的分裂成熟、黑色素小体的形成、黑色素颗粒的转移以及黑色素的排泄等一系列复杂的生理生化过程。黑色素在人体内的前体是酪氨酸，一般认为黑色素的生成机理是酪氨酸经酪氨酸酶催化而成的。酪氨酸氧化形成黑色素的过程是复杂的，首先酪氨酸在酪氨酸酶的作用下转化为多巴，多巴进一步氧化为多巴醌，多巴醌经过分子内环合变成多巴色素，再经过脱羧和氧化反应，生成吲哚醌，最后聚合成黑色素。

正常时，黑色素能吸收过量的日光光线，尤其是紫外线，保护人体。若生成的黑色素不能及时地代谢而聚集、沉积或对称分布于表皮，就会在皮肤上形成雀斑、黄褐斑和老年斑等。紫外线能够引起酪氨酸酶的活性和黑色素细胞活性的增强，促进黑色素的生成。

以防止色素沉着为目的的祛斑美白化妆品的基本原理主要是：
① 抑制黑色素的生成，抑制酪氨酸酶的生成和酪氨酸酶的活性；
② 黑色素还原，使形成的黑色素淡化；
③ 促进黑色素的代谢，使黑色素迅速排出体外；
④ 防止紫外线进入，通过有防晒效果的制剂，用物理方法阻挡紫外线。

祛斑美白化妆品的功能就是抵御紫外线、阻碍酪氨酸酶的活性和改变黑色素的生成途径、清除氧自由基、对黑色素进行还原和脱色。

研究发现果酸及其衍生物、动物蛋白、有些中草药提取物、维生素类、壬二酸类、曲酸及其衍生物、熊果苷等具有上述的功效。

熊果苷是从植物中分离得到的天然活性物质，化学名为氢醌-β-D-吡喃葡萄糖苷或 4-羟苯基-β-D-吡喃葡萄糖苷，能抑制酪氨酸酶的活性。

血酸（又称为曲菌酸）及其衍生物是生物制剂，也有抑制酪氨酸酶活性的作用。

抗坏血酸（维生素 C）是最具代表性的黑色素生成抑制剂，使 DOPA 还原。

胎盘提取液、壬二酸、酸性黏多糖也都有美白作用。

祛斑美白化妆品由油相、水相、祛斑美白活性物、乳化剂、精制水、防腐剂等组成。

五、抗衰老化妆品

抗衰老化妆品多为营养霜和乳液，含有抗衰老的活性物质。研究表明超氧化物歧化酶 SOD、细胞生长因子、α-羟基酸 AHA 物质（果酸、柠檬酸、乳酸等）、胶原蛋白和弹力蛋白可在一定程度上延缓皮肤衰老。

研究认为氧自由基是造成人类衰老及癌症的重要因素，而 SOD 可消除体内过多的超氧自由基，有抗炎、抗辐射、抗肿瘤、抗衰老的作用，用在化妆品中，能有效防止皮肤干燥、变黑及炎症。

表皮生长因子（epidermal growth factor，EGF）是由 53 个氨基酸组成的相对分子质量为 6045Da 的多肽物质，1959 年美国 Vanderbit 大学医学系的 Stanley Cohen 博士首次发现（因此获得 1989 年度诺贝尔生理医学奖）。细胞生长因子主要有表皮生长因子（EGF）、碱性纤维细胞生长因子（BFGF）、上皮细胞修复因子（ERF）等。

鳄梨油和豆油的非皂化物、维生素 A 的衍生物（维生素 A 棕榈酸酯）、芦荟提取物，十六、十八碳脂肪酸酯或醇，维生素 C 棕榈酸酯、维生素 E 醋酸酯、胸腺酸，都对纤维细胞有促进作用，可加速表皮死细胞脱落，具有抗皱、抗衰老功能。

第四节　毛发用化妆品

毛发用化妆品是用来清洁、营养、保护和美化人们毛发的化妆品。包括洗发化妆品、护发化妆品、整发化妆品、染发化妆品、烫发化妆品、剃须化妆品等。

一、洗发化妆品

洗发化妆品（香波，shampoo）主要由表面活性剂、辅助表面活性剂、添加剂组成。

洗发化妆品用表面活性剂一般是阴离子、非离子、两性离子表面活性剂，多为脂肪醇硫盐（AS）和脂肪醇聚氧乙烯醚硫酸盐（AES）、α-烯烃磺酸盐（AOS）等。这些表面活性剂能提供良好的去污力和丰富的泡沫。

辅助表面活性剂主要有 N-酰基谷氨酸钠（AGA）、甜菜碱类、烷基醇酰胺、氧化胺类、聚氧乙烯山梨醇酐月桂酸单酯（吐温-20）、醇醚磺基琥珀酸单酯二钠盐等。

为了使香波具有某种理化特性和特殊效果，通常要添加各种添加剂。主要有稳泡剂、增稠剂、稀释剂、螯合剂、澄清剂、赋脂剂、抗头屑剂等。用于稳泡的主要有酰胺基醇、氧化胺类表面活性剂。氯化钠等无机盐、水溶性高分子、胶质原料都是洗发化妆品中常用的增稠剂。为了使洗后头发光滑、流畅，要加入赋脂剂，一般是油、脂、醇、酯类，如羊毛脂、橄榄油、高级脂肪酸酯、硅油等。

好的洗发香波应该具有良好的去污能力，但又不去除头发自然的皮脂。根据发质不同，洗发香波中的组分要相应调整。通常分干性头发用、中性头发用和油性头发用香波。油性头发用香波可选用脱脂力强的阴离子表面活性剂。而干性头发用香波配方中就应少用阴离子表面活性剂，提高配方中赋脂剂的比例。

针对婴儿用的洗发香波，强调的是其低刺激、作用温和、原料口服毒性低。配方中不用会刺激婴儿眼部的无机盐增稠剂和磷酸盐螯合剂，而选用天然的水溶性高分子化合物。选用的表面活性剂也要安全、低刺激性，主要选用磺基琥珀酸酯类、氨基酸类阴离子表面活性剂，非离子表面活性剂和两性表面活性剂。其他助剂如防腐剂、香精、色素等的选择也要合适，用量要少。

二、护发化妆品

护发制品的作用主要是使头发保持天然、健康和美观的外观，光亮而不油腻，使头发有光泽、柔软、易梳理。主要有发油、发蜡、发乳、护发素、焗油等。

发油的主要原料是植物油和矿物油。发蜡主要是油脂和蜡，以凡士林为主，也用蓖麻油、松香等。发乳是由油相、水相、乳化剂和其他添加剂组成的乳状液。以阳离子表面活性剂为主要成分的护发化妆品称为护发素。焗油主要由一些渗透性强、不油腻的植物油组成，如貂油、霍霍巴蜡等，再添加季铵盐和阳离子聚合物以及对头发有优良护理作用的硅油作调理剂和一些助渗剂。焗油涂抹于头发后一般需将头发温热处理约数十分钟，使焗油膏中的养成分渗透到头发内部补充脂质成分，修复受损的头发。加入了助渗剂的焗油膏可不加热，即所谓的免蒸焗油膏。

三、整发化妆品

整发化妆品就是固发剂，主要包括喷雾发胶、摩丝、发用凝胶等。喷雾发胶主要由化妆品原液、喷射剂、耐压容器、喷射装置四部分组成。发用摩丝是气溶胶泡沫状润发、定发制品，其由原液（水、表面活性剂、聚合物）和喷射剂组成。

四、染发化妆品

主要是指改变头发颜色的化妆品，通常称为染发剂。一般分为漂白剂、暂时性染发剂、永久性染发剂（二剂型）、半永久性染发剂。主要组成有染料（色剂）、溶剂、表面活性剂、增稠剂、保湿剂、乳化剂、香精、防腐剂、水等。

五、烫发化妆品

头发的化学成分主要是由称为角朊的蛋白质构成，角朊的主要成分是胱氨酸，它的分子中含有二硫键，二硫键的存在保持了头发的刚度和弹性，烫发的实质就是将 α-角朊的直发自然状态改变成 β-角朊的卷发状态或相反。化学烫发液中的活性成分可将角朊中的二硫键还原，再用氧化剂使头发在卷曲状态下重新生成新的二硫键，而实现永久形变。还原剂一般是巯基乙酸（毒性大）和巯基乙酸的铵盐或钠盐（毒性较低）（碱性条件下使用），氧化剂（中和剂）常用的有过氧化氢、溴酸钠和硼酸钠等。

六、剃须化妆品

剃须化妆品主要是为了软化、膨胀须发，清洁皮肤以及减少剃须过程中的摩擦和疼痛。一般由脂肪酸（硬脂酸、椰子油脂肪酸等）、保湿剂（丙二醇等）、表面活性剂、香精、溶剂（水）、杀菌剂等添加剂组成。

第五节　美容化妆品

美容化妆品是指美化容貌用的化妆品，主要用于眼、唇、脸及指（趾）甲等部位，以达到修饰容貌的目的。主要分为脸部美容化妆品、眼部美容化妆品、唇部美容化妆品、指甲美容化妆品和香水类美容化妆品。

一、脸部美容化妆品

脸部美容化妆品主要包括粉底类化妆品、香粉类化妆品、胭脂类化妆品。其主要原料包括着色颜料、白色颜料、珠光颜料、体质颜料，有的还会加入有润肤作用的油脂类（如羊毛脂等）、保湿剂、防晒剂、防腐剂、香精、表面活性剂，如果是液状粉底，还需去离子水。

二、眼部美容化妆品

眼部美容化妆品主要包括眼影、睫毛膏、眼线膏、眉笔等。

眼影用于对眼部周围的化妆，以色与影使之具有立体感。眼影有粉末状、棒状、膏状、眼影乳液状和铅笔状。颜色十分多样，眼影的首要作用就是要赋予眼部立体感并透过色彩的张力，让整个脸庞迷媚动人。

睫毛膏为涂抹于睫毛的化妆品，目的在于使睫毛浓密、纤长、卷翘，以及加深睫毛的颜色。通常由刷子以及内含涂抹用印色且可收纳刷子的管子两大部分所组合，刷子本身有弯曲型也有直立型，睫毛膏的质地可分为霜状、液状与膏状。

眼线膏的发明源自1954年的法国，而眼线的使用却可追溯至埃及艳后时期。眼线笔是一类彩妆产品，用来加深和突出眼部的彩妆效果，使眼睛看上去大而有神。外形类似铅笔。可使用特制的卷笔刀或小刀去除多余的木质部分，也可改善笔头的粗细。

眉笔是供画眉用的美容化妆品。现代眉笔有两种形式，一种是铅笔式的，另一种是推管式的，使用时将笔芯推出来画眉。眉色深浅浓淡向来是时髦与否的一个重要参数。很早以前的淑女就懂得俏皮地问身边郎君"画眉深浅入时无"。20世纪90年代初流行文眉，为天天画眉的女性提供了一劳永逸地方法拥有时髦的眉形。殊不知流行也意味着将来的过时，任何对流行永久性的投资都不会得到相应的回报。文的眉横卧在脸上很自然的成了眉笔商做广告的活生生的反面素材。其优点是方便快捷，适宜于勾勒眉形、描画短羽状眉毛、勾勒眉尾。不足之处是描画的线条比较生硬；不能调和色彩，因为含有蜡，在温热和潮湿的环境下，相对容易脱妆。

三、唇部美容化妆品

唇部美容化妆品又称口红，是锭状的唇部美容化妆品，主要由油、脂、蜡类、色素组成，通常还加入香精和抗氧化剂。

唇膏中使用的颜料多数由两种或两种以上调配而成，主要有可溶性染料、不溶性颜料、珠光颜料三类。唇膏的香料既要芳香舒适、口味和悦，又要考虑其安全性，一般使用一些花香、水果香和某些食品香料，如橙花、茉莉、玫瑰、香豆素、香兰素等，用量一般在2%～4%。油脂和蜡类是唇膏的基本原料，含量一般在90%左右，主要有蓖麻油、橄榄油、可可脂、羊毛脂、鲸蜡、鲸蜡醇、单硬脂酸甘油酯、肉豆蔻酸异丙酯、精制地蜡（硬化剂）、巴西棕榈蜡、蜂蜡、小烛树蜡、凡士林、白油等。如果是防水唇膏还要添加抗水性的硅油组分，如二甲基硅氧烷，涂布后形成憎水膜。

四、指甲美容化妆品

指甲美容化妆品主要包括指甲护理剂、指甲表皮清除剂、指甲油、指甲油清除剂。

指甲油要求涂敷容易、干燥成膜快速、光亮度好、耐摩擦、不易碎、能牢固附着在指甲上。指甲油的主要原料可分为成膜物质、树脂、增塑剂、溶剂、颜料。

成膜物质主要有硝酸纤维、醋酸纤维、醋丁纤维、乙基纤维、聚乙烯化合物及丙烯酸甲酯聚合物等。

树脂主要有醇酸树脂、氨基树脂、丙烯酸树脂等。

增塑剂是为了增加膜的柔韧性、减少收缩，还可增加膜的光泽，一般有磷酸三丁酯、柠檬酸三甲酯等。

溶剂是指甲油的主要成分，占70%～80%，主要是用来溶解成膜物质、树脂和增塑剂，调节体系黏度。指甲油用溶剂是一些挥发性物质，一般都是混合溶剂，由真溶剂、助溶剂、稀释剂组成。真溶剂主要有丙酮、丁酮、乙酸乙酯、乙酸丁酯、乳酸乙酯等。助溶剂是醇类、丁醇。常用的稀释剂有甲苯、二甲苯等。

思 考 题

1. 什么是化妆品？性能要求如何？分类方法有哪些？
2. 化妆品的原料有哪些？原料一般需满足什么要求？
3. 化妆品的主要生产工艺有哪些？分别适用于哪些种类的化妆品生产？
4. 乳化是什么？在哪些化妆品中用到这个工艺？
5. 肤用化妆品的主要功能有哪些？有哪些大的分类？
6. 什么是毛发用化妆品？包括哪些分类？
7. 什么是美容用化妆品？包括哪些分类？

第七章 香料

第一节 导 言

一、香料的定义及种类

香料是具有挥发性芳香物质的总称。香料按原料或制法可分为天然香料和合成香料。天然香料又可分为植物香料和动物香料两类。动物性香料只有为数不多的几种，如麝香、灵猫香等，但香质名贵，一直被人们视为珍品。天然香料中绝大多数是植物性香料，主要是指从植物的枝、叶、花等部位采集的植物精油、油树脂、香树脂和树胶等物质。其中大部分是精油，人们习惯将植物性香料统称为植物精油。精油的性质不同于一般油脂类物质，它是通过水蒸气蒸馏得到的挥发性馏分，其主要成分是 $C_{10}H_{16}$、$C_{15}H_{24}$ 等萜类化合物及其衍生物。

广义的合成香料也称为单体香料，分为单离香料和合成香料。单离香料取自成分复杂的天然复体香料，工业使用价值较高，大量应用于调配香精。代表性的单离香料有玫瑰香型的香叶醇、香茅醇（蒸馏香茅油）和天然薄荷脑等。狭义的合成香料系指以石油化工产品、煤焦油、萜类等为原料，通过各种化学反应而合成的香料。

合成香料按化学结构分为两类：①天然结构，通过分析天然香料的成分，确定其香成分的化学结构，然后用其他原料合成出化学结构与之完全一致的香料化合物，该类香料占合成香料中的绝大部分，如合成 L-薄荷脑、樟脑、香豆素等；②人造结构，这类香料化合物在天然香料成分中尚未被发现，其香气与某些天然品相似，这一类香料用于调香具有新颖的风格和较强的个性，属于人造结构的合成香料有各种合成麝香、洋茉莉醛和茉莉醛等。

天然香料和合成香料都属于香原料，一般场合不能单独使用，调配成香精后才能应用。香精是应用不同的天然和合成香料调香后配制成具有一定香型和风味的混合体，即香料成品。香精亦称为调和香料，按用途分为食用香精和日用香精两类。天然香料、合成香料和香精三者关系如下：

$$
\text{香料}\begin{cases}\text{天然香料}\begin{cases}\text{植物性香料}\\\text{动物性香料}\end{cases}\\\text{合成香料}\begin{cases}\text{单离香料}\\\text{合成香料}\end{cases}\end{cases}\text{香精}\begin{cases}\text{食用香精}\\\text{日用香精}\end{cases}
$$

为了使调和香料（香精）中香气稳定和挥发均匀，在调香过程中还需要添加某些植物性、动物性和合成香料，这些香料按其在调和香料中的作用，称为定香剂或保香剂。

二、香料工业的现状及发展趋势

香料是人类文明的见证，它不仅丰富人类物质生活，同时也能美化人们的精神生活。这与音乐家用旋律表现生活，画家用色调描绘生活一样，调香师则用香调表现生活中的美。成功的调香作品也如同音乐、绘画一样具有很高的美学价值。随着科学技术的进步，许多先进的分析、测试技术应用于香料工业中，有力地推动了香料工业的迅速发展，许多天然香料中的各种未知香成分的化学结构不断地被明确。另外，通过采用放射性元素研究植物的生物合成过程，为现代科学揭开了自然界中生命的奥秘，也为生物法合成香料展现了广阔的前景。近年来，石油化学工业的高度发展，为香料工业提供了丰富的廉价原料，这都为香料工业的发展创造了有利条件。

香料香精工业起源于西欧，法国的巴黎和格拉斯生产的香料，荷兰生产的食用香精，英国生产的调味品香料声誉都很高。自第二次世界大战以后，美国和日本联合经营香精香料，以惊人的速度追赶西欧。目前，西欧、美国、日本已构成世界上最先进的香料香精工业中心。全世界生产香料品种达 7000 种以上，2013 年销售额 239 亿美元，香料香精销售额在世界精细化工八大行业中仅次于医药行业居第二位。

美国是香料生产大国，主要品种有薄荷、雪松、柏木油、柑橘油等，美国国际香料公司（IFF）是世界上第三大香料公司，生产 800 多种合成香料，主要品种有苯乙醇、β-蒎烯衍生物、柏木油衍生物以及灵猫、赖百当等浸剂；日本香料、香精发展很快，合成香料年产量已超过万吨，品种已超过 400 种，日本最大的香料企业高砂香料公司，主要产品为洋茉莉醛、人造麝香、薄荷脑等萜类香料；法国合成香料品种约 100 种，主要有香豆素、香兰素、苯乙醇和水杨酸酯等；英国是以松节油为原料合成萜类香料最发达的国家，以松节油为原料，可生产单离与合成香料约 200 种，主要有合成薄荷脑、葵子麝香、紫罗兰酮等。

20 世纪 80 年代以双烯烃等石油化工原料为起始原料的全合成路线是合成香料工业的重要领域，进入 90 年代，以石油化工原料为起始原料进行香料新品种的全合成开发，以及合成新工艺的研究仍是合成香料工业研究的重点。用于香料合成的石油化工原料有异戊二烯、丁二烯、丙酮、乙炔、乙烯、苯乙烯等，另外松节油中的蒎烯化合物等仍是香料工业中的重要原料。异戊二烯已被广泛地用于合成各种萜类香料化合物，萜类香料已由半合成达到了全合成的新水平。以苯酚、丙烯酸甲酯为原料合成香豆素是目前世界各国颇为重视的新方法。另外，苯乙烯是合成佳乐麝香和苯乙醇等香料的重要原料；丁二烯是合成大环麝香的宝贵原料。目前世界各国都在积极从事麝香的开发和工业生产，其中大环酮化合物的合成是最引人注目的开发方向。除此以外，由于从 1984 年起全面禁止商业性捕鲸，于是合成龙涎香的开发和研究已成为香料工业正待解决的问题之一。

蒎烯是合成樟脑、龙脑、松油醇、芳樟醇、香叶醇等的重要原料。近年来，合成薄荷新路线的发现，使 α-蒎烯的应用更加广泛，促进了萜烯化学的发展。在香料工业的发展史上，有许多产品的合成原料几经变更，如香兰素、愈疮木酚和黄樟油素是香兰素的第一代原料，后来丁香酚成了新一代原料，近年来又为纸浆工业中的副产物木质素所取代。

我国的香料工业是在 20 世纪 50 年代开始兴起并逐步发展起来的，到如今已具相当规模，在国内外香料工业中起着重要的作用，也为相关行业的配套服务做出了应有的贡献。目前我国香料香精已形成了一个独立的工业体系。香料香精具有品种多、产量小；用量小、作用大；配套性强、专业性强；既有精湛技术，又有高超艺术的特点，因此是非工业发达国家所不为的一个特殊工业。从近年来中国香料香精产量和销售收入统计情况看（见表 7-1），发展是逐年快速增长的，发展是正常、健康的，已较好适应了人民生活和工农业生产、市场的需要。

表 7-1　中国香料香精产量及销售额统计

项　　目	2009	2010	2011	2012	2013
香料/万吨	12.4	12.7	17.5	14.4	16.9
香精/万吨	16.4	18.2	21.5	17.6	19.1
总计/万吨	28.8	30.9	39	32	36
销售额/亿元	160	180	220	245	290

虽然中国被称为世界最大的香料的原料国，但现阶段中国香料工业的发展水平还无法适应世界市场的需要，特别是高附加值的香料生产方面还很落后。目前我国合成香料工业存在的问题有：①产品品种少；②生产水平低，工艺改造缓慢，科研不足，缺乏核心竞争力；③企业多，生产规模小，集中程度低，低水平重复建设。因而需要在上述方面加以改进。

第二节　天然香料

天然香料广泛分布于植物或动物的腺囊中。天然香料有其特有的定香作用、协调作用及独特的天然香韵，是合成香料难以媲美的。天然香料的主要成分有萜烯、芳香烃、醇、酸、酮、醚、酯和酚等。

一、动物性香料

动物性香料只有少数几种，有麝香、灵猫香、龙涎香、麝香鼠香和海狸香等，但它们在香料中占有主要地位，是天然香料中最好的定香剂，名贵的香精配方中几乎都含有动物香料。

1. 麝香

麝香来源于生长在印度北部、我国云南及中亚高原的公麝体内，是公麝生殖腺的分泌物。晾干腺囊，取出其中暗褐色颗粒状物即是。其具有不愉快的原始香气，稀释后的麝香香感极佳。麝香本身属于高沸点难挥发物质，在调香中被用作定香剂，使各种香成分挥发均匀，提高香精的稳定性，同时也赋予诱人的动物性香韵，是不可多得的调香原料。麝香的主要香味成分是麝香酮（3-甲基环十五酮），结构如下。天然麝香除含有麝香酮外，还含有麝香吡啶以及其他大环化合物。

$$\underset{\text{麝香酮}}{\overset{\displaystyle (CH_2)_{12}-CH-CH_3}{\underset{\displaystyle O}{\overset{\displaystyle |}{C}}\!-\!\underset{\displaystyle }{CH_2}}}$$

2. 灵猫香

灵猫的生殖腺分泌物称为灵猫香，灵猫属于猫科，生息于非洲、南美洲、东南亚等地，但采香主要局限于埃塞俄比亚灵猫。与麝香不同，雄性和雌性灵猫都具有香腺，而雄性的质量较优。灵猫香为褐色半流体，也具有不愉快的原始香气，但稀释后香气极为华贵，在香精中具有很强的定香作用，同时赋予温和的动物香韵。灵猫香大部分作为香料使用，在调香中用作定香剂。灵猫香的主要香成分是灵猫酮，结构如下所示。天然灵猫香除含有大环系列化合物香成分外，还含有少量的其他化合物，如 3-甲基吲哚、吲哚、乙酸苄酯、四氢对甲基喹啉等。

$$\underset{\text{灵猫酮}}{\overset{\displaystyle CH-(CH_2)_7}{\underset{\displaystyle CH-(CH_2)_7}{\overset{\displaystyle \|}{\underset{\displaystyle }{}}}}\!\!\!C\!=\!O}$$

3. 龙涎香

龙涎是存在于抹香鲸的胃和肠等内脏器官中的一种病态分泌结石，在海上漂流或被海水冲上海岸，为黄色、灰色或黑色蜡状物，一般为 1～2kg。外观呈灰白色的质量最好，青色或黄色的质量次之，而黑色的质量最差。抹香鲸排泄出的天然龙涎，由于长期在海上漂流，经过海水、日光、微生物等外界条件作用，已消除异味。龙涎香无论是芳香性还是稳定性、调和性、惟妙惟肖的莫测感等各方面均居于香料之首，有香料药品王之称，是调配焚香用品、化妆用品和调味用品不可多得的宝贵香料。龙涎香的留香性和持久性是任何香料所不及的，作为固体香料可保持长达几百年。龙涎香还具有一种特异的药理作用，对神经系统和心脏等药效非常显著，常用作补药，尤其以激素作用著称。

现代的龙涎香一般都采用乙醇制成的含量为 3‰～5‰ 的酊剂，然后再经过 1～3 年熟成后再使用。这样其香气特征才能得到充分发挥，高档的名牌香精大多含有龙涎香。龙涎主要由两种成分构成，即三萜醇类龙涎醇和胆甾醇类甾醇。三萜醇类化合物本身并不香，经过自然氧化分解后，分解物龙涎醚和 γ-紫罗兰酮成为主要香气物质。因此龙涎香的熟成时间较长，有的甚至长达 5 年之久。

4. 海狸香

海狸香来源于生长在西伯利亚和加拿大的河川、湖泊中的海狸体内，是海狸生殖腺的分泌物，新鲜时呈奶油状，干后呈红棕色的树脂状物质。一般也制成酊剂，是调香不可多得的珍贵香料。海狸香的成分主要由生物碱和吡嗪等含氮化合物构成，其中多数成分具有酚的性质。

5. 麝香鼠香

麝香鼠主要栖息于北美洲沼泽地区，麝香鼠香是取自麝香鼠腺囊中的脂肪性液状物质，其萃取物中含有脂肪族原醇，经氧化制得麝香鼠香。麝香鼠香中含有环十五酮、环十七酮、环十九酮和一系列的天然奇数大环化合物以及相对应的偶数脂肪酸化合物。在第二次世界大战中它作为麝香的代用品投放于美洲市场。

二、植物性香料

植物性香料按用途和状态可分为调香用香料和单离香料，前者包括精油、净油、酊剂、油树脂、香树脂等，单离香料是合成香料的原料。

1. 精油

植物性天然香料种类繁多，多数为精油。精油是芳香性挥发液体，主要成分是以异戊二烯为分子构成基本单位的萜类和半萜类化合物。在高级植物体内，由植物叶和茎等特殊腺细胞和腺毛通过生化反应生成萜类香料化合物，变成油滴从细胞内解析出来，储存在特定的植物内。多数精油溶于乙醇、石油醚和苯，不溶或微溶于水。

2. 净油

采用挥发性溶剂（石油醚、苯、二氯甲烷等）和非挥发性溶剂（精制牛油、猪油等）浸提植物，提取后蒸去溶剂，得到混有植物蜡的半固体称为浸膏和香料。浸膏可以直接用作香料；也可以再用纯乙醇浸取，滤去植物蜡等杂质，再经浓缩而得到净油。净油可以直接用于配制香精。

3. 辛香料

辛香料一般系指具有芳香和刺激味的草根木皮之类的干粉。广泛应用于食品调味。其用量少，但可改善食品的风味，增进食欲，同时还有杀菌作用，提高食品的保存效果。辛香料亦称为调味品。近年来随着食品加工技术的提高，辛香料结构也发生了变化，出现了辛香料精油和油树脂等。

4. 其他

植物性香料中除含有精油外，还含有不挥发或难挥发的树脂状分泌物，如油树脂、香脂和树胶等，它们也是很重要的植物性香料，通常与精油共存。油树脂含有较多的精油，常温下呈液态，精油含量低时与油树脂很相似，很难加以区别。香脂也属于油树脂的一种，其含有游离态的芳香族羧酸，如苯甲酸、桂酸等或含有芳香族酯类化合物，树脂被这些香料化合物溶解后具有了一定的流动性，习惯上称之为香脂。其中精油含量最少，并有苦味的胶状树脂称为树胶。树脂中主要含有萜类聚合物及酚类聚合物，还有一些化学结构不明的化合物。

第三节 合成香料

天然香料由于受自然条件和加工等因素的影响，产量不大，质量不够稳定。随着现代分离测试技术的不断提高，已可从天然香料中剖析、分离出其主要发香成分，并通过化学合成方法制取，这既可解决天然香料的不足，又能降低成本。另外，通过化学合成方法还能合成一些新的发香物质，使香型更加丰富多彩。合成香料具有极大的发展前途。

一、合成香料的分类

1. 按来源分类

合成香料包括单离香料和合成香料。

（1）单离香料 这类香料主要是以天然香料为原料，通过蒸馏、萃取等各种方法制得的。如从薄荷中提取的薄荷油，再从中单离出薄荷醇。

单离香料若按化学结构分，种类很多，其中大部分是萜烯类。单离香料都具有较好的定香作用，可以用作调香，也可以利用其原有的萜烯类骨架，用化学方法制成一系列衍生物，这就是半合成香料。目前，这种制半合成香料的方法仍在应用。

（2）合成香料 此处合成香料是指狭义的合成香料，其概念已在第一节中介绍过，在此不再赘述。

2. 其他分类

合成香料除上述分类方法外，还可以从合成方式、香气特征和化学结构等方面进行分类，其中化学结构分类法是目前应用最广的分类方法。下面按化学结构分类方法，简单介绍一下各类香料的基本特征。

二、各类香料的基本特征

1. 烃类

在香料工业中应用比较广泛的烃类是萜烯类化合物，可用于仿制天然精油和配制香精，同时也是合成萜类香料的重要原料。如松节油成分中的 α-蒎烯和 β-蒎烯可以合成多种香料，蒎烯是工业上用来合成樟脑的重要原料。

2. 醇类

醇类化合物在香料中占有很重要的地位，有些醇类是合成香料的重要原料，其中有许多醇类化合物具有令人愉快的香气，可以直接用于调香，如香叶醇、橙花醇、香茅醇、金合欢醇等。上述这些萜类醇化合物都是价值很高的香料，在香料工业中应用极广。

醇类化合物的气味与其分子结构有密切关系，低碳饱和脂肪醇的香强度随着碳原子数的增加而增强，至10个碳原子后，香强度又随碳原子数的增加而逐渐减弱；由饱和醇变成不饱和醇时，一般香强度增大；由一元醇转变为二元或多元醇时，香强度降低乃至消失。

3. 酚类

酚类化合物是合成香料的重要原料。如苯酚和邻甲酚大量地用于合成水杨醛和香豆素等香料；间甲酚广泛地用于合成葵子麝香；酚类的衍生物如丁香酚、香芹酚等也是常用的调香原料，同时也可用于合成其他香料，如百里香酚近几年已广泛地用于合成薄荷脑。

4. 醚类

醚类化合物是重要的合成香料，其中有些是极珍贵的合成香料，如多环醚（内醚）、大环醚以及最近进入市场的龙涎醚等。由苯酚或萘酚制得的醚类化合物，大多数具有强烈的愉快香气，广泛地用于调配各种香精。如二苯醚类具有香叶香气，β-萘乙醚具有类似金合欢花的香气，特别是存在于玫瑰油中的玫瑰醚和橙花醚等是极受重视的香料品种，在调香中虽用量不大，但能使香作品具有新颖的风韵。

5. 醛类

醛类在香料工业中也占有极重要的地位。许多醛类不仅可直接用于调配各种香精，同时也是合成其他香料的原料。如柠檬醛和香茅醛等广泛用于调配皂用、香水用和食用香精，也是合成紫罗兰酮、甲基紫罗兰酮、L-薄荷脑和羟基香茅醛等香料的原料。

低级脂肪醛类化合物具有强烈的异味，随着碳原子数的增加，刺激性气味逐渐减弱，出现令人愉快的气味。$C_8 \sim C_{10}$ 等饱和脂肪醛类化合物稀释后香气宜人，在调香中可作为头香剂使用。在许多脂肪醛类化合物中，碳链上的异构成分对其香味影响很大，如十四醛具有极弱的油脂气味，而它的异构体 2,6,10-三甲基十一醛却具有强烈的新鲜喜人香气。

芳香族醛类化合物中有许多价值很高的香料，如洋茉莉醛、茉莉醛、香兰素等，广泛用于调配各种香精。另外还有一些其他醛类香料具有较高的开发价值，如新铃兰醛等。

6. 酮类

多数低级脂肪族酮类化合物都具有异味，一般不用来调香，但可作为合成香料的原料。如丙酮广泛应用于合成萜类香料和紫罗兰酮等。碳原子数为 7~12 的不对称酮类中，有部分化合物具有较好的香气，一般可直接用于调香，例如甲基壬基酮；另外，甲基庚烯酮还是合成芳樟醇、紫罗兰酮、维生素 A 和维生素 E 的原料。

但许多芳香族酮类化合物具有令人愉快的香味，很多可用作香料，如苯乙酮、对甲基苯乙酮、对甲氧基苯乙酮等，$C_{15} \sim C_{18}$ 的环酮还具有麝香香气。

酮类香料中萜类酮占有很重要的地位，其中大多数是天然植物精油中的主要香成分，可以直接从精油中分离出来。由于近年来某些天然资源的减少，许多国家都开始采用人工合成萜酮类香料。

茉莉酮和大马酮以及它们的衍生物是新近发展起来的香料品种，存在于茉莉、玫瑰等天然精油中，少量即可对香气质量产生较大影响，是很有开发价值的香料。

7. 缩醛和缩酮类

缩醛和缩酮等缩羰基化合物是指羰基化合物与一元醇或二元醇在酸性条件下缩合制得的产物。缩醛类化合物比醛类化合物在香气上和润，没有醛类那样刺鼻。

近年来，此类合成香料发展很快，无论产量还是新品种数量都在迅速增加，主要是由于此类香料的香气与对应的醛不同，香气幽雅持久，别具风格，同时在加香产品中具有很高的稳定性，在调香中的应用日益扩大。例如柠檬醛在碱性加香产品中稳定性很差，易使产品发生变异，使其在应用上受到很大限制；但当它与原甲酸三乙酯缩合成柠檬醛二乙缩醛后，不仅具有很高的化学稳定性，而且具有柔和的清香、果香香味，可用于调配皂用香精。又如苯乙醛二甲基缩醛与苯乙醛相比不仅稳定不易变色，而且香气也优于苯乙醛，除用于调配皂用香精外，还广泛用于调紫丁香、玫瑰、铃兰等各种香型的日用香精和食用香精。

8. 羧酸类

羧酸类香料在调香中用量不大，是食用香精中作为烘托香气特征的关键成分，一般用作调香辅助剂，使香气更加清新。如糖蜜采用苯乙酸调配，黑麦面包用酮酸调配。

9. 酯类

酯类香料化合物在自然界以游离态广泛存在于各种植物中。在植物体内，各种成分通过特殊的生化作用先生成某种中间代谢物质，再经其他反应生成酯类物质。一般酯类香料都具有清香、果香等新鲜宜人的香气，酯类是用于调香最早也是最广泛的香料之一。

碳原子数为 2～10 的低碳脂肪酸酯类化合物都有香气，其中低级脂肪酸与脂肪醇生成的酯类均具有果香。如乙酸戊酯具有香蕉香气，被誉为香蕉油；异戊酸异戊酯则具有苹果香气，故有苹果油之称。低级脂肪酸与萜醇生成的酯类一般具有花香和木香香气，如乙酸香叶酯具有宜人的玫瑰和水果香气；乙酸芳樟酯具有柠檬油型的香气；乙酸柏木酯则具有岩兰草、柏木型香气。

芳香族醇的酯类大多数具有果香和花香等香气。如乙酸苄酯具有较强的果香和茉莉花香；丙酸桂酯则具有水果、香脂乃至玫瑰等香气。芳香族羧酸与芳香族醇生成的酯类化合物沸点比较高，挥发度较低，在香精中有很好的定香作用。如苯甲酸苄酯主要作为定香剂用作水果类食用香精和化妆品香精，也可作为合成麝香的溶剂。

10. 内酯类

内酯类香料是香料中最少的一类，其在自然界中存在很少。内酯化合物具有酯类特征，香气上均具有突出的果香香气。其香料的香气较为高雅，适宜调配各种香精。

内酯类化合物分子大小、取代基的位置和结构对其香气有明显的影响。如 γ-丁内酯 α 位的取代基为庚基时具有桃和新鲜麝香香气；若为辛基时则有明显的桃香气；若为壬基时香气也与上述类似；但取代基变小，椰子香气增强。又如 γ-丁内酯 γ 位的取代基为庚基时，则具有强烈的桃香，俗称桃醛；若为辛基时持有桃香和微弱的麝香；而若为戊基时椰子香极强，有椰子醛之称。内酯环增大时，其香气一般也随之增强。

11. 含氮、硫、卤的化合物及杂环类

（1）含氮类　含氮类主要包括硝基麝香和腈类等。硝基麝香在调香中不仅赋予麝香香气，而且还具有极好的定香作用，一般同天然麝香一起调配各种香精。目前世界上硝基麝香的产量仍占各种合成麝香的首位。其中最有代表性的香料有二甲苯麝香、酮麝香和葵子麝香。硝基麝香与大环麝香和多环麝香相比则相形见绌，在香气和化学稳定性方面都不如后二者，葵子麝香还对人体皮肤有强烈的刺激。

腈类香料近年来发展迅速，原因在于腈类香料具有香域宽、强度高、持久性好的特点。其香气大多类似于相应的醛化合物，但比醛更强烈，稳定性好于醛。可用于调配化妆品和皂用香精。

（2）含硫类　含硫类化合物主要是硫醇和硫醚。存在于许多天然食品和植物精油中。随着含硫化合物在许多香精中的应用，已逐渐为人们所重视。如二甲基硫醚一般用于调配紫菜、咖啡和黄油等食用香精。

（3）杂环类　杂环类香料是近几年发展起来的合成香料系列品种，虽然问世不久，但已经充分显示出其竞争力，目前已广泛地应用于食品加工和各种调味品的生产中。除此而外，在其他香精中的应用亦日趋广泛，如 2-甲基四氢喹啉具有紫丁香型香气，一般用于调配花香型香精。

第四节　调和香料

调和香料（香精）是利用天然和合成香料，经过调香而调配成香气宜人的混合物，它不是直接消费品，而是添加在其他产品中的配套原料。调和香料广泛用于日用品加工、食品及其他工业。日用化妆品用香精的香型主要有花香型、清香型、果香型、素心兰型、馥奇型、木香型和草香型等；食用香精通常具有不同的果香、乳香、巧克力香、坚果香、酒香、肉香等香气。一种香精的调配往往需要十几种乃至几十种香料，如比较简易的食用香精需要10～20种香料配香，中档香皂香精能用到30种以上的香料，而高级香水、化妆品香精则要上百种香料配合。

一、基本组成

按照组成香精配方中香料的挥发度和留香时间的不同，大体可以将香精分成基香、体香和头香三个部分。每种香精都是由这最基本的三部分组成的。

1. 基香

挥发度低，停留时间长的香料称为基香。基香代表香精的香气特征，是香精的基础部分，也称之为后香。在评香纸上留香时间大于6h。

2. 体香

具有中等挥发度的香料称为体香。体香是构成香精香韵的重要部分。在评香纸上留香时间约2～6h。

3. 头香

亦称为顶香，属于挥发度高的香料。在评香纸上的留香时间为2h以下。头香可赋予人们最初的优美感，使作品富有感染力。头香也是香精不可缺少的部分，人们容易接受头香香韵的影响，但头香绝不是香水或香精的特征香韵，它属于一系列挥发度高的香料，挥发快，留香时间短。

调香中三类香料之间的百分比是极其重要的，它与香精的持久性密切相关。各类香料百分比的选择应使各原料的香气前呼后应，在香精的整个挥发过程中，各层次的香气能循序挥发形成连续性，使它的典型香韵不前后脱节而过于变异。总之，头香、体香和基香三者之间通过修饰之后求得合理的平衡，以达到香气完美、协调、持久和透发的效果。

香料和香水在刚制成或调配出来时，其香味是粗糙的，有时还是刺鼻的，必须在暗凉处放置一段时间经熟化后才会变成圆润、甘美、醇郁的香味。熟化过程实际上是多种化学反应进行的过程，它包括酯基转移、酯的醇解、乙缩醛的生成、自动氧化、席夫碱的生成等一系列复杂的化学反应。香精经过这样种类繁多而又相互纠缠的反应，其香气就变得圆润、甘美、醇郁了，令人感到愉快。

二、食用香精

食用香精的分类方法可按剂型、用途、香型和构成来划分，将其简单介绍如下。

1. 按剂型分类

（1）水溶性香精　水溶性香精系将所需的各种天然香料和合成香料调和成香精基，再用40%～60%的乙醇进行溶解，其富有较好的水溶性，并持有清淡的头香气息，缺点是耐热性、耐碱性较差。但一般食品多偏酸性，因此可以广泛用于清凉饮料和冷冻食品。常用的香气和香韵有橘子、柠檬、香蕉、菠萝和杨梅五大品种。

（2）油溶性香精　油溶性香精是将配制的香精基用植物油、甘油或丙二醇调配而成。这种香精的浓度高，耐热性好，留香时间较长，但在水相中不易分散。主要用于饼干、面包、糖果等食品中。

（3）乳化香精　将香精通过适当的乳化剂、稳定剂使之以微粒形式分散于水中形成乳化状态。一般采用阿拉伯树胶作为乳化剂，再根据食品的类别加入少量着色剂，使食品香气与颜色协调一致。乳化香精一般用于冷饮、糖果等食品中。

（4）粉末香精　将香精混合附着于乳糖之类的载体上，或者在水溶液中将香精、乳化剂和成型剂进行乳化分散，然后采用喷雾干燥制成粉末。粉末香精一般用于糖果、速溶饮料、方便食品、香烟等产品中。

2. 按香型分类

按香型划分有柑橘类、水果类、豆类、薄荷类、调味类、坚果类、乳品类、肉类、烟用、蔬菜类、谷类、海鲜类等。

3. 按构成分类

（1）天然香精　由植物精油、油树脂、香膏、树胶、调味料、果汁等天然品调配的香精称为天然香精。

（2）人造香精　采用天然香料、单离香料和合成香料调配的香精称为人造香精。

三、日用香精

1. 水质类

包括香水、古龙水、漱洗水、花露水、除臭水、卫生香露、室内清香剂、生发水、剃须用水等，本节只简单介绍香水和花露水。

（1）香水　香水在日用香精中占有重要地位。香水是化妆品中香精含量比较高的日用品，香精含量约20％，是用95％的乙醇调配而成的。

按香型分类，香水可以分为花香型、百花型、现代型、清香型、素心兰型、皮革型、东方型、柑橘型、馥奇型、木香型、熏衣草型、辛香型、烟草型共13类。

（2）花露水　花露水与香水的区别在于香水比较清淡，香水多为女性所用，花露水则男女适宜。花露水的调配是以柑橘类香料为主，如香柠檬、橙花、柑橘、柠檬、橙叶油等，通常香精的含量约为3％～5％，乙醇的浓度为80％左右。

2. 洗涤类

它包括香皂、香药皂、洗衣粉、洗衣皂、洗涤剂、浴用剂等。

（1）皂用香精　皂用香精是调香业的重要产品。早期调配皂用香精的原料比较差，一般采用香气浓厚的香料，以具有橙花香气的香料为主要原料，如以百花、馥奇、麝香和檀香等为基本香型。后来逐渐采用高质量的香料作为皂用香精原料，其中花香型香精为皂用香精的主流。皂用香精一般有4种基本香型：①花香型和百花型，如玫瑰、铃兰、紫丁香、茉莉等；②现代百花型，具有醛香的特征香气；③现代素心兰型；④清香型。

（2）浴用剂　浴用剂用香精是指入浴时用的溶于水的加香物质，有结晶、颗粒、液体等形态。香型有茉莉、柑橘、紫丁香、铃兰等。按其用途可分为3类：①硬水软化，改变水质提高洗涤净身效果；②呈色和赋香，增加入浴爽快气氛；③治疗和美容，调配药物和温泉水等有效成分，达到治疗和美容的目的。

3. 膏霜类

包括雪花膏、粉底霜、冷霜、清洁霜、营养霜、香粉霜、防裂霜、眼睫霜、剃须膏、杏仁蜜、唇膏等。膏霜类化妆品以女性使用为主，一般按女性的嗜好调配香型。近年来由于膏霜类的用料日益考究，所以膏霜类香精一般采用类似于香水和花露水的具有细腻丰润香韵的香料来调配，香型亦逐渐趋向于香水和花露水。

4. 脂粉类

包括香粉、香饼、爽身粉、痱子粉、胭脂等。粉类是指以无机粉末为主要成分的化妆品，通过微量的金属皂类物质使香料分散并与粉末黏附。因此对香精的质量要求比较高,如稳定性好,不变色等。香精的基料成分较重,一般用天然芳香浸膏、动物香和基香类合成香料,如硝基麝香、洋茉莉醛、紫罗兰酮等。脂粉香精以花香和百花型为主,要求香气浓郁、甜润和生动。爽身粉和痱子粉用的香精以橙花、铃花、熏衣草等香型为主。

5. 发须用品类

包括洗发香波、洗发香乳、洗发香膏、发蜡、发乳、香头油、生发油、染发用品等。发须用品按用途分为发用化妆品和洗发用品两类。发用化妆品常见的是馥奇香型,近年来又有茉莉、素心兰和药香等新香型。洗发用品加香的主要目的是消除洗发中和洗发后洗液中的异味,香型主要有玫瑰、茉莉等。

6. 口腔用品类

口腔用品主要是洁齿和净口用品,如牙膏、牙粉、牙净、漱口水和口用清凉剂等。牙膏除药物牙膏外,一般都具有洁齿净口、杀菌、防口臭等作用,赋予口腔清凉和爽快的感觉。

成人用牙膏香精是以薄荷系列香料为主体调配的,按香型可分为薄荷型和复方薄荷型。儿童用牙膏香精是以果香类香料为主体,清凉感突出。

口腔用品类香精是用于入口物质加香,因此,对香精的要求较严格,不仅要具有可口的味觉感,而且要符合卫生要求。

第五节　洋茉莉醛的合成方法及应用

洋茉莉醛(3,4-亚甲基二氧苯甲醛,又名胡椒醛)为白色或无色结晶,沸点263℃,闪点131℃,在冷水中可溶0.2%,溶于乙醇和油,微溶于丙二醇,不溶于甘油,遇光和热易变质,具有柔和的葵花型香气。洋茉莉醛是非常重要的合成香料之一,广泛地用于化妆品、皂用、食品、医药等各方面。在葵花香精中可作基香剂使用,在丁香、香豌豆、银白金合欢、康乃馨等花香型香精以及香荚兰、草莓、甜酒、坚果等食用香精中也都大量使用。洋茉莉醛在调香中不仅可以作矫香剂,同时也有很好的定香作用。洋茉莉醛目前主要采用黄樟素为起始原料的合成路线。其反应原理及生产工艺流程简图如下:

黄樟素 —异构化 KOH→ 异黄樟素 —氧化→ 洋茉莉醛

黄樟素 → [氢氧化钾溶液] → 异构化 → [水洗分离] → 氧化 → [苯] → 萃取 → [中和洗涤] → 常压蒸苯 → 减压蒸馏 → 结晶 → 成品

紫丁香型香精配方

成分	质量分数/%	成分	质量分数/%
松油醇	20	羟基香草醛	20
洋茉莉醛	10	芳樟醇	5
乙酸苄酯	7	茴香醇	8
依兰油	2	茉莉净油	3
苯乙醛(10%)	1	苯丙醛	1
苯乙酮	10	甲基丁香酚	2.5
桂醇	10	吲哚(10%)	0.5

上述香精可用于化妆品中。

思 考 题

1. 何谓香料？香料按原料分有哪几种？
2. 天然香料有哪两类？天然香料的主要成分有哪些？动物性香料主要有哪几种？
3. 简要说明天然香料、合成香料和香精三者之间的关系？
4. 植物性香料包含哪几种？其中辛香料主要用于哪些方面？
5. 醛类香料的主要用途有哪些？
6. 调和香料的基本组成是什么？香水调配好后是否可马上使用？为什么？
7. 日用香精有哪几类？
8. 单离香料中大部分是什么结构的物质？
9. 合成香料按化学结构分主要有哪些物质？各有何用途？
10. 食用香精按剂型分有哪些？都用于哪些方面？

第八章 食品添加剂

第一节 食品添加剂的定义和分类

食品是维持人类生存和发展的物质基础，食品工业的发展对于改善人们的食物结构、方便人们的生活、提高人民体质具有重要意义。随着我国改革开放的深入，科学技术的进步，食品工业得到了持续、快速、健康的发展，其发展速度大大高于其他行业。2010年全国食品工业实现总产值63079.93亿元。食品工业取得的这些成就与食品添加剂工业是分不开的，食品添加剂工业是随着食品工业的发展而逐步形成和发展起来的。反过来，食品添加剂工业对食品工业的发展又起着显著的推动作用，没有食品添加剂就没有现代食品工业，因此食品添加剂是现代食品工业的催化剂和基础，被誉为"现代食品工业的灵魂"。食品添加剂已渗透到食品工业的各个领域，包括粮油食品加工、畜禽产品加工、水产品加工、果蔬保鲜与加工、酿造以及饮料、烟、酒、茶、糖果、糕点、冷冻食品、调味品等的加工；在烹饪行业、家庭的一日三餐中，添加剂也是必不可少的。食品添加剂对于改善食品的色、香、味、形，调整食品的营养结构，提高食品的质量和档次，改善食品的加工条件，延长食品的保存期，发挥着极其重要的作用。随着食品工业在世界范围内的飞速发展和生化技术的进步，食品添加剂工业已发展成为一门新兴的、独立的生产工业，并且成为现代食品工业的一大支柱。一方面，食品添加剂工业直接影响着食品工业的发展，其价值远远大于其自身价值；另一方面，食品工业的发展又对食品添加剂提出了更高的要求，两者相互促进、相互发展。

一、食品添加剂的定义

由于世界各国对食品添加剂的理解不同，因此其定义也不尽相同。

日本《食品卫生法》规定，食品添加剂是指："在食品制造过程，即食品加工中，为了保存的目的加入食品，使之混合、浸润以及其他目的所使用的物质。"按此定义，食品营养强化剂也属于食品添加剂的范畴。另外，日本将食品添加剂分为天然物和非天然物两大类，后者对质量指标、使用限量等均有严格规定，而前者则均以"按正常需要为限"，不做明确的各种限制性规定。

美国食品与药物管理局（FDA）1965年对食品添加剂定义为："有明确的或合理的预定目

标，无论直接使用或间接使用，能成为食品成分之一或影响食品特征的物质，统称为食品添加剂。"此定义不但包括有意添加于食品中以达到某种目的的食品添加剂，而且还包括在食品的生产、加工、储存和包装等过程中间接转入食品中的物质。如用于制造包装和容器的物质，只要它们能成为食品的成分之一，或影响着在容器内包装的食品性质，也属于食品添加剂范畴。又如，锅炉用水的添加剂，洗涤用的添加剂，控制制糖用榨、磨设备上的微生物的化学用品等，也属食品添加剂范畴。显然，食品营养强化剂也属于食品添加剂范畴。美国《食品工作标准丛书》作者 L. J. Minor 认为，食品添加剂应具有下列四种或至少一种效用："①维持和改善营养价值；②保持新鲜度；③有助于加工和制备；④使食品更具吸引力。"

按照联合国粮农组织（FAO）、世界卫生组织（WHO）和联合国食品添加剂法典委员会（CCFA）的规定，对食品添加剂定义为：食品添加剂是有意识地一般以少量添加于食品中，以改善食品的外观、风味、组织结构和储藏性能的非营养物质。食品添加剂不以食用为目的，也不作为食品的主要原料，并不一定有营养价值，而是为了在食品的制造、加工、准备、处理、包装、储藏和运输时，因工艺技术方面（包括感官方面）的需要，直接或间接加入食品中以达到预期目的，其衍生物可成为食品的一部分，也可对食品的特性产生影响。食品添加剂不包括"污染物质"，也不包括为保持或改进食品营养价值而加入的物质。

按照《中华人民共和国食品卫生法》第四十三条和《中华人民共和国食品添加剂卫生管理办法》第二条以及《中华人民共和国食品营养强化剂卫生管理办法》第二条的规定，中国对食品添加剂和食品强化剂分别定义如下。食品添加剂是指："为改善食品品质和色、香、味以及为防腐或根据加工工艺的需要而加入食品中的化学合成或天然物质。"食品营养强化剂是指："为增强营养成分而加入食品中的天然的或者人工合成的，属于天然营养素范围的食品添加剂。"食品营养强化剂属于食品添加剂范畴。此外，为了使食品加工和原料处理能够顺利进行，还有可能应用某些辅助物质。这些物质本身与食品无关，如助滤、澄清、脱色、脱皮、提取溶剂和发酵用营养物等，它们一般应在食品成品中除去而不应成为最终食品的成分，或仅有残留。这类物质称为食品加工助剂，也属于食品添加剂的范畴。需要说明的是，在我国，有些添加到食品中的物料不叫食品添加剂，如淀粉、蔗糖等，称为配料。但另一方面在我国的食品标签法中，食品添加剂应列入标签配料项内，这是与国际接轨的，所以配料与食品添加剂在概念上似乎很难有严格的区分。为了便于学习和理解，根据国内目前的习惯，对配料的定义概括为：食品中的"配料"是指生产和使用不列入食品添加剂管理的，其相对用量较大，一般常用百分数表示的、构成食品的添加物。但不管是配料还是食品添加剂都要服从食品卫生管理法及其他相关法规的管理。

二、食品添加剂的分类

目前世界上使用的食品添加剂总数已达 14000 多种，其中直接使用的约有 4000 多种。我国批准使用的食品添加剂约有 1600 多种。食品添加剂有多种分类方法，通常按其来源、功能和安全性评价三种方法进行分类。

1. 按其来源分类

食品添加剂可分为天然饮品添加剂和化学合成食品添加剂两大类。

天然食品添加剂是指利用动植物或微生物的代谢产物等为原料，经加工提纯所获得的天然物质。

化学合成食品添加剂是指采用化学手段，利用氧化、还原、缩合、聚合、成盐等化学反应合成而得到的物质。化学合成食品添加剂又可细分为一般化学合成品与人工合成天然等同物，如我国使用的 β-胡萝卜素、叶绿素铜钠等就是通过化学方法合成得到的天然等同色素。

目前使用的大多数食品添加剂均属于化学合成食品添加剂。

2. 按其功能分类

由于各国对食品添加剂的定义不同，因而按其功能分类也有所不同。

联合国粮农组织（FAO）和世界卫生组织（WHO）将食品添加剂按其不同功能分为40类。欧盟对食品添加剂的分类较为简单，共分为9类。美国在联邦法规（CFR）《食品、药品与化妆品法》中，将食品添加剂分为32类；而在另一联邦法规（CFR）《食品用化学品法典》中，又将食品添加剂分为45类。日本在《食品卫生法规》中，将食品添加剂分为30类。

我国在《食品安全国家标准 食品添加剂使用标准》（GB 2760—2014）中，按其主要功能作用将食品添加剂分为23类，分别为：酸度调节剂；抗结剂；消泡剂；抗氧化剂；漂白剂；膨松剂；胶姆糖基础剂；发色剂；护色剂；乳化剂；增味剂；酶制剂；面粉处理剂；被膜剂；水分保持剂；营养强化剂；防腐剂；稳定剂和凝固剂；甜味剂；增稠剂；其他；香料；加工助剂。每一类添加剂中所包含的种类也不相同，少则几种，多则上千种，总数达2000多种。

3. 按其安全性评价分类

食品添加剂还可按其安全性评价来划分。联合国食品添加剂法典委员会（CCFA）会同FAO/WHO联合食品添加剂专家委员会（JECFA）于1983年在荷兰海牙举行的第16次会议上讨论了食品添加剂的编号分类等问题，在JECFA讨论的基础上将其分为A、B、C三大类，每一大类又细分为两类。

（1）A类 JECFA（FAO/WHO联合食品添加剂专家委员会）已制定人体每日允许摄入量ADI值（acceptable daily intake）和暂定ADI值者。

① A1类。经JECFA评价认为毒理学资料清楚，已制定出ADI值或者认为毒性有限无须规定ADI值者。

② A2类。JECFA已制定暂定ADI值，但毒理学资料不够完善，暂时许可用于食品者。

（2）B类 JECFA曾进行过安全性评价，但未建立ADI值，或者未进行过安全性评价者。

① B1类。JECFA曾进行过评价，但由于毒理学资料不足，未制定ADI值者。

② B2类。JECFA未进行过评价者。

（3）C类 JECFA认为在食品中使用不安全或应该严格限制作为某些食品的特殊用途者。

① C1类。JECFA根据毒理学资料认为在食品中使用不安全者。

② C2类。JECFA认为应严格限制在某些食品中作特殊应用者。

由于食品添加剂的安全性随着毒理学及分析技术等的发展有可能发生变化，因此其所在的安全性评价类别也可能发生变化。例如糖精，原曾属A1类，后因报告可使大鼠致癌，经JECFA评价，暂定ADI值为每千克体质量0~2.5mg，而归为A2类；直到1993年再次对其进行评价时，认为对人类无生理危害，制定ADI值为每千克体质量0~5mg，又转为A1类。因此有关食品添加剂安全性评价分类的情况，应随时注意其新的变化。

食品添加剂分类的主要目的是便于按食品加工的要求快速地找出所需的添加剂。因此在食品添加剂的各种分类方法中，按其功能用途的分类方法最具有使用价值。

第二节 食品添加剂的作用及危害

一、食品添加剂的有益作用

食品添加剂是食品加工的重要组成部分，它的使用促进食品工业的蓬勃发展，被誉为"现代食品工业的灵魂"，这主要是由于它可以给食品工业带来许多好处。它在食品加工中具有以下功能作用。

1. 改善和提高食品的品质和质量

随着人们生活水平的不断提高,人们对食品的品质和质量要求也就越来越高,不但要求食品新鲜可口,具有良好的色、香、味、形,而且要求食品具有较高的、合理的营养结构。促进食品生产企业不断开发出新的、档次多样的食品品种,还能极大地提高食品的商品附加值,提高济效益,这是由于食品生产企业在食品生产中添加了合适的食品添加剂,食品添加剂对食品品质和质量的影响主要体现在三个方面:①提高食品的储藏性,防止食品腐败变质;②改善食品的感官性状;③保持或提高食品的营养价值。

2. 增加食品的品种和方便性

当今社会,随人们生活水平的不断提高,生活节奏逐渐加快,大大促进了食品品种的开发和方便食品的发展。现在,很多超市已拥有多达2万种以上的加工食品供消费者选择。如此众多的食品往往都含有多种食品添加剂,这些食品大多是具有防腐、抗氧化、乳化、增稠、着色、增香、调味等不同功能的食品添加剂配合使用的结果。

3. 有利于食品的生产和加工

在食品中加入消泡剂、乳化剂、膨松剂、助滤剂、稳定剂和凝固剂等食品添加剂,促进了食品的机械化、连续化和自动化生产。

4. 满足不同人群的特殊营养需求

5. 开发和利用新的食品资源

6. 有利于原料的综合利用

总之,食品添加剂在食品工业中的重要地位,体现在四个方面:①以色、香、味、形适应消费者的需要,从而体现加工食品的消费价值;②随着消费者对营养、保健要求的不断提高,人们愿意以高价购买特殊营养、保健和强化食品;③有些保鲜方法(包括抗氧化、防止微生物生长)的研究进展,取得了比罐头、速冻食品更有效、更经济的加工手段;④方便快餐等食品高速增长,其色、香、味、形和质量等均与食品添加剂有关。

二、食品添加剂的危害性

食品添加剂除具有上述有益作用外,同时也可能存在一定的危害性,特别是有些品种本身尚有一定的毒性。尽管已有足够的证据表明,使用食品添加剂有诸多的好处,但是人们仍然一直关注食品添加剂可能给人们带来的各种危害。

所谓毒性是指某种物质对机体造成损害的能力。这种毒性不仅与物质本身的化学结构与物理性质有关,而且还与其有效浓度或剂量、作用时间及次数、接触途径与部位、物质的相互作用与机体状态等条件有关。一般来说,毒性较高的物质,使用较小剂量即可造成毒害;毒性较低的物质,必须使用较大剂量才能表现出毒害作用。因此不论其毒性强弱或剂量大小,对机体都存在一个剂量-效应关系,即只有达到一定的浓度和计量水平,才能显示其毒害作用,因此所谓的毒性也是相对而言的,只要在一定的条件下使用时不呈现毒性,即可相对地认为对机体是无害的。

经过联合国食品添加剂法典委员会(CCFA)、FAO/WHO联合食品添加剂专家委员会(JECFA)和各国政府的努力,一方面,已禁止使用那些本身对人体有害,对动物有致癌、致畸作用,并有可能危害人体健康的食品添加剂;另一方面,对那些有怀疑的食品添加剂品种,继续进行更严格的毒理学检验以确定其是否可用,许可使用的使用范围、最大使用量与残留量,以及其质量规格、分析检验方法等。我国目前使用的食品添加剂都有充分的毒理学评价和安全性评价,并且符合食用级。因此只要食品添加剂的使用范围、使用方法及使用量都能符合

《食品安全国家标准 食品添加剂使用标准》（GB 2760—2014），一般来说，食品添加剂使用的安全性是有保证的。目前国际上认为由食品产生的危害从高到低分为5类：①由微生物污染引起的食物中毒；②食物营养问题包括营养缺乏和营养过剩；③环境污染；④食品中天然毒物的误食；⑤食品添加剂。由此可见，因食品添加剂产生的问题相对较少。

随着科学技术的发展和人们对食品添加剂认识的不断深入，在食品添加剂应用的实际操作中，对某些效果显著而又具有一定毒性的物质，是否批准应用于食品中，则要权衡其利弊。例如，亚硝酸盐长期以来一直被用作肉类制品的护色剂和发色剂，但经过研究，人们发现亚硝酸盐本身有较大的毒性，而且还发现它可以与仲胺类物质作用生成强致癌物亚硝胺。但尽管如此，亚硝酸盐在大多数国家仍然被批准使用，因为它除了可使肉制品呈现美好、鲜艳的亮红色外，还具有防腐作用，可抑制多种厌氧性梭状芽孢菌，尤其是抑制肉毒梭状芽孢杆菌，防止肉类中毒。这一特别功能在目前所使用的添加剂中还找不到理想的替代品，而且，只要严格控制其用量，其安全性是可以得到保证的。

第三节　食品添加剂的安全使用

食品添加剂关系到人民群众的身体健康，因而食品添加剂的安全使用是极为重要的，理想的食品添加剂最好是有益无害的物质。为了保证食品添加剂安全使用，必须对其进行一定的安全性卫生评价。卫生评价是根据国家标准、卫生要求，以及食品添加剂的生产工艺、理化性质、质量标准、使用效果和范围、加入量、毒理学评价及检验方法等综合性的安全评价，其中最重要的是毒理学评价，通过毒理学评价确定食品添加剂在食品中无害的最大限量，并对有害的物质提出禁用或放弃的理由，以确保食品添加剂使用的安全性。

一、食品添加剂的一般要求

对于食品添加剂的要求，首先应该是对人体无毒无害，然后才是对食品色、香、味等性质的改善和提高。因此对食品添加剂的一般要求有以下几个方面。

① 食品添加剂应有规定的名称和严格的质量标准，有害物质不得检出或不能超过允许限量，保证在允许使用的范围内长期摄入而对人体无害。

② 食品添加剂进入人体以后，应能参与人体的新陈代谢，或能被正常解毒过程解毒后全部排出体外；或因不被消化吸收而全部排出体外；不在人体内分解或与其他物质反应生成对人体有害的物质；最好在达到使用效果后除去而不进入人体。

③ 食品添加剂对食品的营养物质不应有破坏作用，也不影响食品的质量和风味，使用时应严格控制其使用范围及使用量。

④ 食品添加剂应有助于食品的生产加工和储运，具有保持食品营养价值、防止腐败变质、改善感官性能及提高产品质量等作用，并应在较低的使用量前提下具有显著效果。

⑤ 食品添加剂的使用必须对消费者有益，不能用来掩盖食品腐败变质等缺陷，也不得进行对食品伪造、掺假等违法活动。

⑥ 食品添加剂应符合相应的质量指标，用于食品后不得分解产生有毒物质，而且添加于食品后应能被分析鉴定出来。

二、食品添加剂的选用原则

随着食品工业的发展，人们食用的食品品种越来越多，追求的色、香、味、形和感官质量越来越高，随着食品进入人体的添加剂数量和种类也越来越多。因此食品添加剂的安全使用极为重要。理想的食品添加剂应该是对人体有益无害的，但大多数食品添加剂是通过化学合成或溶剂萃取得到的物质，对其有毒性要有一定的认识，因此在选用时要非常小心，选用食品添加剂时首先要充分了解我国政府制定的有关食品添加剂的卫生法规，并严格遵循。此外在选用食品添加剂时还需注意以下原则。

① 各种食品添加剂都必须经过一定的安全性毒理学评价。生产、经营和使用食品添加剂应符合我国卫生和计划生育委员会发布的《食品安全国家标准 食品添加剂使用标准》、原卫生部发布的《食品添加剂卫生管理办法》。此外，对于食品营养强化剂应遵照我国原卫生部颁发的《食品安全国家标准 食品营养强化剂使用标准》和《食品营养强化剂卫生管理办法》执行。

② 由于大多数食品添加剂是通过化学合成或溶剂萃取得到的物质，往往不同程度地具有一定毒性，所以应尽可能不用或少用；必须使用时应严格控制其使用范围及使用量。

③ 食品添加剂的使用应有助于食品的生产、加工和储存等过程；具有保持营养成分、防止腐败变质、改善感官性状和提高产品质量等作用，而不应破坏食品的营养素，也不得影响食品的质量和风味。

④ 食品添加剂不得以掩盖食品腐败变质或伪造、掺假等违法活动为目的而被使用，也不得销售和使用污染或变质的食品添加剂。

⑤ 新型复合食品添加剂中的各单项物质也必须符合食品添加剂的有关规定。

⑥ 进口食品添加剂必须符合我国食品添加剂的品种和质量指标，并按我国食品添加剂的有关规定办理批准手续后，方可选用。

⑦ 食品添加剂还要价格低廉，原料来源丰富，使用方便、安全，易于储运管理。

三、食品添加剂的毒理学评价

为了安全使用食品添加剂，需对其按《食品安全性毒理学评价程序》（GB 15193.1—2014）的规定进行毒理学评价，通过毒理学评价确定食品添加剂在食品中能否使用及使用范围和最大使用量，它是制定食品添加剂使用标准的重要依据。毒理学评价除做必要的分析检验外，通常是通过动物毒理学试验取得数据。食品添加剂进行动物毒性试验时，通常要做急性毒性试验、亚急性毒性试验和慢性毒性试验。在慢性毒性试验方面除做一般的慢性毒性试验外，还要进行特殊试验，如繁殖试验、致畸试验、致癌试验等。在多数情况下只做急性、亚急性和慢性等一般毒性试验，只有当发生可疑情况时，才进行特殊试验。

四、食品添加剂的使用标准

食品添加剂使用标准是提供安全使用食品添加剂的定量指标，包括允许使用的食品添加剂的品种、使用目的（用途）、使用范围（对象食品）、每日允许摄入量（ADI）以及最大使用量（E），有的还需注明使用方法。在制定食品添加剂的使用标准时，要以食品添加剂使用情况的实际调查与毒理学评价为依据。

使用标准的制定程序如下。

① 根据动物毒性试验确定最大无作用剂量（MNL）。

② 将动物试验所得数据用于人体时，由于存在个体和种系差异，必须定出一个合理的安全系数。即根据动物毒性试验数据缩小若干倍用于人体。国际上规定：安全系数一般采用100，这是按物种间差异（10）和个体间差异（10）的乘积来计算的。

③ 根据最大无作用剂量（MNL）定出人体每日允许摄入量（ADI）值。每日允许摄入量（ADI）（简称日允量）是指人体每天摄入某种食品添加剂直到终生，而对健康无任何毒性作用或不良影响的剂量，以每人每日每千克体质量摄入食品添加剂的质量（mg/kg体质量）表示。ADI是国内外评价食品添加剂安全性的首要和最终依据，也是制定食品添加剂使用卫生标准

的重要依据。

$$每日允许摄入量(ADI) = MNL \times 1/100$$

④ 将每日允许摄入量（ADI）乘以平均体质量即可求得每人每日允许摄入总量（A）。

⑤ 根据人群膳食调查，查清膳食中含有该添加剂的各种食品的每人每日摄入量（C），然后即可分别算出其中每种食品含有该添加剂的最高允许量（D）。

⑥ 根据该添加剂在食品中的最高允许量（D），制定出这种添加剂在每种食品中的最大使用量（E）。在有些情况下，二者可以吻合，但为了人体安全起见，原则上总是希望食品中的最大使用量标准低于最高允许量，具体要求按照其毒性及使用等实际情况确定。

第四节 食品添加剂的现状与发展趋势

随着食品工业在世界范围内飞速发展和化学合成技术的进步，食品添加剂品种不断增加，产量持续上升。

目前国际上使用的食品添加剂种类已达到 14000 余种，其中常用的有 5000 余种，美国使用的约有 3200 种，欧盟各国约有 2000 种，日本约有 1100 种。2000 年，食品添加剂的世界贸易总额达 160 亿美元（其中香精及鲜味剂 50 亿美元、甜味剂 15 亿美元、增稠剂 13 亿～15 亿美元、乳化剂 7 亿～8 亿美元），美国、欧盟各国、日本是添加剂最大的市场，其销售额占世界总销售额的 80%，发展中国家仅占 20%（主要是中国、印度和墨西哥等国家）。

我国食品添加剂近年来发展很快。从食品添加剂的种类来说，20 世纪 70 年代批准使用的只有几十种，1981 年增加到 213 种，1986 年为 621 种，1991 年为 1044 种，1996 年为 1240 种，2000 年为 1513 种，而 2001 年已达 1843 种，到 2006 年，按我国《食品添加剂使用卫生标准》（GB 2760—2007，已作废，被 GB 2760—2014 替代）的规定，我国许可使用的食品添加剂的品种数已达到 2047 种。从产量和产值来说，1991 年总产量 47.6 万吨，产值 52 亿元；1998 年总产值 140 万吨，产值约 130 亿元；2000 年总产量 180 万吨，产值约 170 亿元；2003 年总产量 240 万吨，产值约 250 亿元；2007 年总产量 524 万吨，产值约 529 亿元。

目前国际食品添加剂的发展出现"一切以健康为导向"的发展趋势。主要的发展趋势有以下几个方面。

1. 天然产物的食品添加剂

天然食品添加剂如从植物中提取的色素、香料、抗氧化剂等天然植物成分，安全无毒或基本无毒受到了人们广泛的欢迎，成为目前研究开发的重点。合成的食品添加剂，也向着安全无毒方向发展。

2. 安全、低热量、低吸收品种

随着人们的物质生活不断提高，由肥胖引起生理功能障碍的人也越来越多。面对这些生理功能失调的人们，只能提供给他们低热量食品。高甜度、低热量甜味剂和脂肪代用品应用将更广阔。

3. 功能性食品添加剂

功能性食品添加剂是具有确定的保健功能因子和具有生理活性或健康功能的食品添加剂品种。主要有低聚糖、糖醇类和磷脂等。

抗自由基物质 人体的自由基是生命活动中各种生化反应的中间产物。自由基过多，会对细胞组织中物质如核酸造成损伤。维生素类如维生素 E、维生素 C、β-胡萝卜素等物质和多酚类物质如茶多酚、迷迭香、鼠尾草油、芝麻酚等能够在体内捕集自由基。尽管目前在理论研究和实践方面还有欠缺，但这些物质的保健功能已受到极大的关注。

第五节　食品生产过程中使用的添加剂

一、乳化剂

在食品生产过程中，用乳化剂使油脂与水乳化分散，改进食品组织结构、外观、口感，提高食品质量和保存性。由于乳化剂还有发泡、消泡、润湿、防脂肪凝聚、防黏、防老化等作用，所以成为近代食品工业中极受重视和最有发展前途的食品添加剂。在食品添加剂中乳化剂是用量较大的一类，广泛用于面包、糕点、糖果、饮料、豆制品、果酱、果冻等食品中。

1. 脂肪酸甘油酯

在食品添加剂中作为乳化剂使用的有：单硬脂酸甘油酯、单棕榈酸甘油酯、单油酸甘油酯、单月桂酸甘油酯等，统称"单甘酯"。甘油酯是我国产量最大、使用量最多的乳化剂。我国生产的甘油酯大多是单双混合酯，其使用效果较差，但价格便宜。脂肪酸甘油酯的性质随脂肪酸的种类不同而异，一般为白色至淡黄色粉末，片状或蜡状半流体和黏稠液体，溶于乙醇。脂肪酸甘油酯主要用于面包、饼干、糖果、冰淇淋和乳化香精的生产中。

2. 脂肪酸蔗糖酯（SE）

这是一种性能优良、高效而安全的乳化剂。SE一般为白色粉末，也可能是块状或蜡状固体，或树脂状液体，无明显熔点，熔化时溶解发黑，无臭味，溶于乙醇、丙酮和其他有机溶剂。其应用广泛，能改进食品的多种性能。可作为面包、糕点等制品的防老剂，冰淇淋和蛋糕的发泡剂，巧克力的黏度调节剂，奶制品的乳化稳定剂，速溶粉状食品的润湿与分散剂，糖果和酥脆饼干的改良剂等；另外其在医药、化妆品、纤维处理等方面也有广泛的应用。

3. 山梨糖醇脂肪酸酯

山梨糖醇脂肪酸酯是乳化效率高的表面活性剂，主要有两类：一类是脂肪酸失水山梨糖醇酯，商品名斯盘（Span）；另一类是聚氧乙烯失水山梨糖醇脂肪酸酯，商品名吐温（Tween）。斯盘可作为乳化剂、消泡剂、稳定剂，用于面包、蛋糕、冰淇淋、巧克力和蛋黄酱等的生产中；吐温主要用于蛋糕、冰淇淋、起酥油等的生产。二者与其他乳化剂配合使用效果更好。

4. 大豆磷脂

大豆磷脂是制造大豆油的副产品，也是食品工业中用得最多的天然食品乳化剂。其主要成分是卵磷脂（24%）、脑磷脂（25%）和肌醇磷脂（33%）。大豆磷脂为淡黄至褐色、透明或半透明黏稠液体，有特异臭味，不溶于水，在水中溶胀后呈胶体溶液，溶于氯仿和石油醚。具有乳化性、抗氧化性、分散性和保湿性，广泛用于人造奶油、冰淇淋、糖果、巧克力、饼干、面包等的乳化。由于其具有生化功能，可增加磷酸胆碱、胆胺、肌醇和有机磷以补充人体营养需要，因而广泛用于儿童和老年人的营养食品和保健食品。

二、增稠剂

增稠剂也称为糊料或增黏剂。它能改善食品物性，增加食品黏度，赋予食品以黏滑的口感，还可以改变或稳定食品的稠度，保持食物水分；同时也可作为乳化剂的稳定剂。增稠剂主要有天然和合成两大类。天然品多数是由含有多糖类的植物或海藻类制得的，如淀粉、果胶、琼脂、海藻酸、阿拉伯胶等，也有从含蛋白质的动物原料制取的，如酪蛋白和明胶；合成品种有羧甲基纤维素（CMC）、改性淀粉、聚丙烯酸钠等。

1. 明胶

明胶主要成分为蛋白质，动物的皮、骨、软骨、韧带、肌膜等物质所含的胶原蛋白，经部分水解后制得。明胶为白色或淡黄色的半透明薄片或粉粒；具有很强的亲水性及胶冻力，其制品具有弹性好、熔点低、入口即化的特点，广泛用于糖果、糕点、冷饮、罐头等生产中，也可以作为酒类、果汁的澄清剂。明胶中含有十八种氨基酸，营养价值很高，多应用于一些疗效食品中。

2. 果胶

果胶是一种相对分子质量在 23000～71000 的一种线形多聚糖，其广泛存在于水果、蔬菜等植物中。可以从苹果渣、柑橘皮等中提取。商品果胶可分为两类：一类是高甲氧基果胶（HM 果胶）；另一类是低甲氧基果胶（LM）。果胶可用于果酱、果冻、巧克力、糖果等的生产中，还可用作冰淇淋、雪糕的稳定剂。

3. 海藻胶

海藻胶是从褐色藻类体中提取的一种胶。包括水溶性海藻酸钠盐、钾盐、铵盐及非水溶性的海藻酸钙盐、铁盐等。其中最常用的是海藻酸钠，其为白色或淡黄色粉末，易溶于水，可用作面制品、罐头、果酱、冰淇淋等的增稠剂；海藻酸钠还具有营养和保健作用，用于海藻胶疗效食品的开发和应用。

4. 羧甲基纤维素（CMC）

羧甲基纤维素作为食品添加剂使用时，具有增稠、悬浮、黏合、稳定、乳化和分散等作用，一般以羧甲基纤维素钠的形式应用。羧甲基纤维素钠为白色粉末、粒状或纤维状，易溶于水，广泛用于乳制饮料、果酱、果冻、冰制品、调味剂、罐头和酒类的生产中。在我国尤其以冰淇淋和罐头生产中应用最多。

5. 淀粉及改性淀粉

淀粉存在于植物的根、茎和果实中，是一种广泛使用的增稠剂。淀粉为白色粉末，溶于水。它的使用范围甚广，可用于生产冷饮乳制品、软糖、罐头制品和饼干等。由于天然淀粉的物理化学性质有一定的局限性，不能满足现代食品工业及其他工业的要求，于是人们对其进行深加工，改变其结构，扩大应用范围，因而产生了"改性淀粉"。改性淀粉是对原淀粉进行物理改性、化学改性、酶改性后淀粉衍生物的总称。近年来国外在这方面进展较快，生产出了许多改性淀粉新品种，如氧化淀粉、酸化淀粉、交联淀粉、淀粉酯类、淀粉醚类等。改性淀粉主要在冰淇淋、饮料、方便食品生产中作增稠剂使用。

三、膨松剂

能使面团发起，在食品内部形成多孔性膨松组织的物质称为膨松剂。在安全性的前提下，用作食品添加剂的膨松剂，对它的基本要求是发气量多而均匀，分解后的残余物及气体不影响食品的质量和口味。常用的膨松剂为碳酸盐（碳酸氢钠、碳酸氢铵）和以明矾为主要成分的复盐。

第六节　提高食品品质用的添加剂

一、防腐剂

防腐剂是防止由微生物作用而引起食品腐败变质，并能延长食品保存期的一种食品添加剂，且还具有防止食物中毒的作用。防腐剂分无机防腐剂和有机防腐剂两类。常用的有机防腐剂有苯甲酸及其盐类、山梨酸及其盐类、丙酸及其盐类和对羟基苯甲酸酯类四大类。常用的无机防腐剂有硝酸盐、亚硝酸盐及二氧化硫等。防腐剂广泛用于饮料、果汁、酱油、葡萄酒、面包、糕点、罐头、糖果、蜜饯、酱菜等食品中。

1. 苯甲酸及其钠盐

在我国，苯甲酸及其钠盐是使用量较大的一类防腐剂，主要用于饮料、酱油、果酱、果子露和酱菜。苯甲酸又名安息香酸，为无色无定形结晶性粉末，熔点121～123℃，微溶于水，易溶于乙醇，具有杀菌作用，其杀菌力与介质的pH值有关。在pH值低的条件下，苯甲酸对广范围的微生物具有有效的杀菌作用，但对产酸菌作用弱。在pH值大于5.5时，其对很多霉菌和酵母没有什么效果。其抑菌的最佳pH值范围为2.5～4，其完全抑制一般微生物的最小浓度为0.05%～0.1%。

苯甲酸钠又称安息香酸钠，为无色无定形结晶性粉末，易溶于水。在使用中，钠盐转化为有效形式的苯甲酸。苯甲酸及其钠盐的优点是成本低，在酸性食品中使用效果好，属于酸性防腐剂。缺点是毒性较大，且防腐效果受pH值影响大。

2. 山梨酸及其钾盐

山梨酸学名2,4-己二烯酸，为白色结晶或结晶性粉末，无臭无味，难溶于水，溶于醇、丙酮和醚。熔点134.5℃。山梨酸是目前工业化生产的毒性最低的一种防腐剂，其毒性为苯甲酸的1/5，也是国际公认的最好的食品防腐剂。山梨酸属于酸性防腐剂。pH值越低，防腐能力越强，使用范围为pH<6。对霉菌、酵母、细菌等均有抗菌作用，且抑菌作用比杀菌作用强。它的防腐机制是通过与微生物酶中的巯基结合，从而破坏许多重要酶系，达到抑制微生物繁殖及防腐的目的。山梨酸之所以对人体无害是因为它能参与人体代谢，氧化成二氧化碳和水。

山梨酸钾是白色或浅黄色鳞片结晶或粉末，熔点为270℃（分解），易溶于水，具有很强的抑制腐败菌和霉菌的作用，在酸性条件下其防腐作用好，中性条件下作用差些。

山梨酸及其钾盐由于毒性低、防腐能力强、对食品及人体均无不良影响，故使用范围广，普遍用于食品加工行业。

3. 对羟基苯甲酸酯类

对羟基苯甲酸酯类（乙酯、丙酯、异丙酯等）商品名尼泊金酯，是无色结晶或白色结晶性粉末，无臭，略有麻舌感，难溶于水，溶于乙醇、乙醚、丙酮、丙二醇等有机溶剂。本品抗菌谱比较广，对霉菌、酵母菌、革兰阳性杆菌作用较强，而对细菌中的革兰阴性杆菌及乳酸菌作用较差。抗菌作用随烷基（—R）的增长而增强。抗菌力比苯甲酸、山梨酸强，且抗菌效果不像酸性防腐剂那样随pH值而变化，适用于弱酸或弱碱性食品，其使用范围为pH=4～8。本品与淀粉共存时会影响抗菌效果。

对羟基苯甲酸酯类是国外应用较多的一类防腐剂，主要用于脂肪制品、饮料、乳制品、酱油、高脂肪含量的面包和糖果等。在我国，应用在食品中起步较晚，且用量较小，而主要应用在化妆品和医药行业。其优点是毒性较低，能在非酸性条件下使用。

4. 丙酸及其盐类

丙酸及其盐类（Na、Ca盐）也是酸性防腐剂，且毒性很低。主要用于面包及糕点的防腐，对面包及糕点中丝状黏质的细菌有较好的抑制作用。丙酸是人体新陈代谢的正常中间产物，故无毒性。但由于我国丙酸靠进口，其推广应用工作做得不够，因而产量小，质量也不稳定。我国人口多，糕点产量大，故研究丙酸的复配技术及其产品的推广应用是今后的一个重要课题。

二、抗氧化剂

能阻止、抑制或延迟食品的氧化，提高食品稳定性和延长食品储存期的添加剂，称为抗氧化剂。氧化不仅使食品中的油脂变质，还使食品发生褪色、褐变和破坏维生素，使食品的味道变坏，从而降低食品的质量和营养价值，有时还会产生有害物质，引起食物中毒。

抗氧化剂的作用是抑制食品的氧化反应，并不是抑制细菌。它是一类很重要的食品添加剂，按其溶解性能可分为油溶性和水溶性两类；按其来源可分为天然和合成两类。目前，常用的油溶性抗氧化剂有 2,6-二叔丁基对甲苯酚（BHT）、叔丁基对羟基茴香醚（BHA）、维生素 E、没食子酸丙酯（PE）等；水溶性抗氧化剂主要是维生素 C 系列产品。

1. 2,6-二叔丁基对甲苯酚（BHT）

BHT 为白色结晶性粉末，熔点 69.7℃，沸点 265℃，不溶于水，溶于醇或多种油脂中。BHT 具有抗氧化性强、热稳定性好、无异味、价格低廉的优点，但其毒性相对高些。目前在国际上，BHT 广泛用于水产加工；而在我国，主要用于油脂、油炸食品、干水产品、饼干、干制食品中，是主要使用的食品抗氧化剂。在植物油中通常将 BHT 与 BHA 并用，并以柠檬酸或其他有机酸为增效剂，其抗氧化效果显著提高，其使用比例为 BHT：BHA：柠檬酸＝2：2：1。

2. 叔丁基对羟基茴香醚（BHA）

BHA 为无色至黄褐色结晶或块状物，熔点 48～63℃，沸点为 264～270℃，不溶于水，溶于乙醇及多种油脂。有两种异构体：

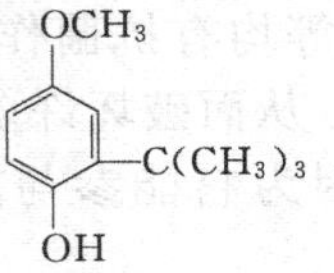

3-BHA 的抗氧化能力比 2-BHA 强 1.5～2 倍，两者混用可提高抗氧化效果。BHA 是目前广泛使用的抗氧化剂，除有抗氧化性外，还有较强的抗菌力；但 BHA 价格较贵。本品主要用于油炸食品、油脂、干鱼制品、饼干、罐头及腌腊肉食品中。

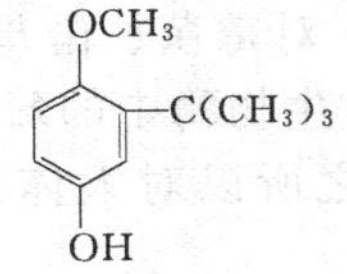

3. 维生素 E

维生素 E 即生育酚，由一系列生育酚的化合物组成，其中主要的是天然 α-生育酚和合成 dl-α-生育酚。

天然维生素 E 也称生育酚混合浓缩物，是目前国际上唯一大量生产的天然抗氧化剂。产品为黄至褐色澄明黏稠液体，溶于乙醇、油脂，不溶于水，耐热、耐光，安全性好。广泛用于乳制品、营养食品和疗效食品中。其对动物油脂的抗氧化效果比对植物油的好。

目前世界上合成维生素 E 主要用于医药，约占 50%，35% 用作饲料添加剂，15% 用作食品添加剂。在我国合成维生素 E 年产量较小，价格高，主要作营养性药物使用。

4. 抗坏血酸及其钠盐

抗坏血酸即维生素 C，是常用的水溶性、无毒无害的抗氧化剂。其结构式为：

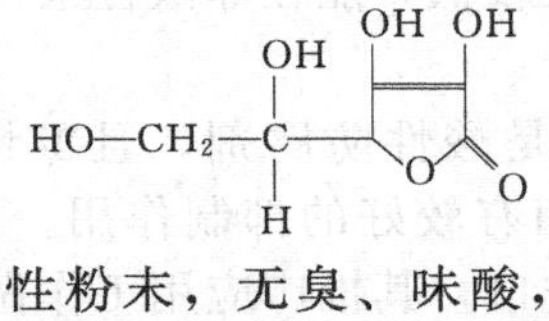

维生素 C 是白色至浅黄色结晶性粉末，无臭、味酸，溶于水、乙醇，不溶于有机溶剂。广泛用作饮料、果蔬制品、肉制品的抗氧化剂，可防止食品变色、变味、变质。抗坏血酸及其钠盐还可用于不适于添加酸性物质的食品。在肉类制品中还有阻止产生亚硝胺的作用，可防止有致癌作用的二甲基亚硝胺生成。维生素 C 及其钠盐是目前世界上耗量最大的抗氧化剂。

三、调味剂

调味剂主要包括甜味剂、增味剂、酸味剂、咸味剂和辛辣剂等。其作用不仅是增进食品对味觉的刺激以增进食欲，而且部分调味剂还有一定的营养价值和药理作用，成为人们日常生活的必需品。

1. 甜味剂

甜味剂是指那些能提供甜味的物质。甜味剂包括天然甜味剂和人工合成甜味剂两类。天然甜味剂包括糖类（蔗糖、果糖、麦芽糖、木糖、枫糖等）、糖醇类（山梨糖醇、木糖醇、麦芽糖醇、甘露糖醇等）和天然物（甜叶菊、甘草甜素、罗汉果苷等），合成甜味剂包括糖精、甜蜜素、天门冬酰苯丙氨酸甲酯、乙酰磺胺酸钾等，它们都具有低热量、高甜度的特点。也有将甜味剂按营养性分类的，分成营养型和非营养型两类。营养型甜味剂是指参与机体代谢并能产生能量的甜味物质，如糖类、糖醇类；非营养型甜味剂是指不参与机体代谢、不产生能量的甜味剂，如糖精、甜蜜素等。非营养型甜味剂和部分营养型甜味剂（如糖醇、木糖等）因在体内的代谢与胰岛素无关，不致增高血糖，故适用于糖尿病患者。

（1）糖精和糖精钠 均为无色或白色结晶，糖精溶于乙醇，难溶于水。糖精钠溶于水。糖精钠的甜度一般为蔗糖的300～500倍。广泛用作各种甜食品的甜味剂，也可作为糖尿病人的砂糖代用品。糖精和糖精钠的结构式分别为：

糖精（邻磺酰苯甲酰亚胺）　　糖精钠

（2）甜蜜素（环己亚胺磺酸钠） 甜蜜素（$C_6H_{11}NHSO_3Na$）是产生热量低、甜度高的非营养型合成甜味剂。有蔗糖风味，甜度是蔗糖的30～80倍。具有耐热、耐酸、耐碱、不吸潮的优点。主要用于清凉饮料、冰淇淋、糕点、蜜饯等食品中，可用于糖尿病患者。

2. 酸味剂

以赋予食品酸味为主要目的的食品添加剂总称为酸味剂。酸味给味觉以爽快的感觉，具有增进食欲的作用。酸还有一定的防腐作用，并有助于溶解纤维素、钙、磷等物质，可以促进消化吸收。目前作为酸味剂的主要是有机酸，常用于饮料、果酱、糖类、酒类及冰淇淋中。

（1）柠檬酸 柠檬酸［$HOC(CH_2COOH)_2COOH·H_2O$］为无色透明结晶或白色粉末，易溶于水、乙醇，熔点为135～152℃，是广泛应用的酸味剂。用于清凉饮料、糖果、罐头、酒类的调味；也可作为番茄等蔬菜罐头的pH调节剂；还可用作抗氧化剂的增效剂，其在医药上的用途也较广泛。

（2）苹果酸 苹果酸学名2-羟基丁二酸［$HOOCCH_2CH(OH)COOH$］，为白色结晶性粉末，酸味柔和。苹果酸是国外产量较大的酸味剂品种之一，广泛用于食品和饮料中，具有酸味浓、口感接近天然果汁、有天然水果香味等优点。

（3）酒石酸 酒石酸学名2,3-二羟基丁二酸［$HOOCCH(OH)CH(OH)COOH$］，无色结晶或白色结晶性粉末，为稍有涩味、爽口的酸味剂。酸味为柠檬酸的1.3倍。作为酸味剂主要用于清凉饮料、果汁、果酱、糖果等食品中。大多与柠檬酸、苹果酸混合使用。

（4）磷酸 食品级磷酸为无色、无臭的透明浆状液体，有强烈的收敛味与涩味。磷酸在饮料中可代替柠檬酸和苹果酸，特别是用于不宜使用柠檬酸的非水果型（如可乐型风味）饮料中作酸味剂。在酿造业中可作pH调节剂。

3. 增味剂

增味剂又称味道增强剂，主要品种为谷氨酸钠，即味精。第二代味精的主要产品有5-肌苷酸钠、5-核苷酸钠等。第三代味精是由牛肉、鸡肉、虾米、蔬菜为基料与味精复配而成的，我国也已开发出了第三代味精。目前味精已发展到了第四代产品，主要品种为乙基麦芽酚，又叫香味味精。味精广泛用于食物烹调、食品、饮料、医药等方面。

（1）谷氨酸钠（味精） 为无色或白色结晶或结晶性粉末。易溶于水，具有强烈的肉类鲜味。谷氨酸钠共有三种旋光异构体，只有左旋 L-谷氨酸钠有鲜味，即市场出售的味精。其右旋和外消旋体均为无味化合物。味精在 120℃失去结晶水，在高温下变成焦谷氨酸，鲜味效力下降。因此烹调时不宜在高温下长期加热。味精的结构式为：

$$HOOC-CH-CH_2-CH_2-C-ONa \cdot H_2O$$
$$\qquad\qquad |\qquad\qquad\qquad\qquad ||$$
$$\qquad\qquad NH_2\qquad\qquad\qquad\ O$$

L-谷氨酸钠（味精）

（2）核苷酸类　核苷酸类是近年来发展起来的增味剂，其中包括肌苷酸、鸟苷酸、胞苷酸、尿苷酸、核酸核苷酸及其各种盐类。例如，肌苷酸钠为无色至白色结晶或粉末，有强烈的鲜味。溶于水，热稳定性好，为安全性高的增味剂。其效果相当于味精的 10～20 倍，一般多与味精混合使用。

四、食用色素

用于食品着色的添加剂称为食用色素。食用色素可以改善食品色泽，让食品美观以增进食欲。食用色素分天然色素和合成色素两大类。天然色素由于其安全性高，近年来研制和使用的品种逐渐增多。但是天然色素的着色力和稳定性不如合成色素，且成本较高，资源也有限。与天然色素相比，人工合成食用色素的色彩鲜艳，性质稳定，着色力强而牢固，能任意地调色，成本低，使用方便。但是很多合成色素是以煤焦油为原料合成的染料类物质，多数既无营养价值又对人体有害，所以合成色素的安全性问题一直是人们关注的焦点。

1. 天然色素

天然色素主要来自动、植物组织，用溶剂萃取而制得。天然色素不仅对人体安全性高，而且有的还具有维生素活性或某种药理功能。天然色素一般难溶于水，着色不方便、也不均匀，在不同酸度下呈现不同色调，有的会在食品加工过程中变色。常用的天然色素有：①β-胡萝卜素，为暗红或紫红色结晶性粉末，其色调随浓度而不同，可由黄色到橙红色，主要用于奶油、人造奶油、糖果的着色；②红花黄，溶于水，不溶于油脂，对酸性基料呈黄色，对碱性则呈红色，常用于糖果、糕点、饮料、酒类着色；③红曲色素，是红曲霉菌丝分泌的色素，含有红色素、黄色素及紫色素，以红色素为主，主要用于豆腐乳、酱鸡、鸭类、肉类及食酱中；④姜黄素，是橙黄色粉末，辛香，稍有苦味，不溶于冷水，溶于乙醇、丙二醇、碱和醋酸溶液中，在酸性介质中呈黄色，其广泛用于咖喱粉、萝卜干等的着色，也用于罐头和饮料的调色；⑤紫胶色素，是紫胶虫所分泌的紫胶原胶中的一种色素成分，紫胶原胶即紫草茸，是中药材，为清热解毒的凉血良药，主要用于饮料、酒、糕点、水果糖及糖浆等中。

2. 合成色素

合成色素实际上是食用合成染料，我国已批准的食用合成色素有 8 种，即苋菜红、胭脂红、柠檬黄、日落黄、赤藓红、新红、靛蓝和亮蓝，主要用于糕点、饮料、酒类、农畜水产加工、医药及化妆品中。

五、营养强化剂

补充和增强食品营养成分的食品添加剂称为营养强化剂。营养强化剂可以补充食品中某些氨基酸类、维生素类、矿物质类和微量元素等的不足，对促进人类的身体健康、满足机体代谢需要、提高工作效率具有很大作用，是一类很有发展前途的产品。近年来，我国营养强化剂的开发和研制取得了一定成就，研制出了用维生素、氨基酸和微量元素强化的多种新型食品；同时还开发出了一些既有强化作用又有疗效作用的新型强化剂，如蛋白质类、硒麦芽和有机锗强化剂。

营养强化剂的应用范围极广，可用于主食的强化，如面粉、面包、大米等；副食品的强化，如鱼类、肉类、罐头、人造奶油、食盐、汤料等；婴儿食品的强化，如奶粉、炼乳、婴儿粉等。

在我国营养强化剂分四类：维生素类、氨基酸类、微量元素和蛋白质类强化剂。维生素类主要有维生素 A 醋酸酯、维生素 A 棕榈酸酯、核黄素、硫胺素及其衍生物等；氨基酸类主要有谷氨酸、赖氨酸、胱氨酸、半胱氨酸等；微量元素主要有钾、钠、钙、镁等金属离子，无机酸离子和有机酸离子等；蛋白质类强化剂主要有豆类蛋白、乳蛋白、酵母蛋白、水解蛋白和禽血蛋白等。

1. 维生素

维生素是维持正常生命活动所必需的微量低分子有机化合物。不同的维生素，其化学结构不同，生化功能各异，它是存在于食物中的重要营养成分。

(1) 维生素 A　为黄色针状结晶，不溶于水，溶于油脂和一般有机溶剂，热稳定性好，在空气中易氧化，对紫外线不稳定。维生素 A 主要用作人造奶油、乳制品、油类制品、面包、饼干、果汁等的强化剂。维生素 A 主要从鱼肝油中提取，亦可用合成方法制得。

(2) 维生素 B_2　又名核黄素，为黄色或橙黄色结晶性粉末，难溶于水和乙醇，易溶于稀碱溶液，遇碱易水解，对热和酸稳定，对光极不稳定。核黄素主要用作面食、米、酱类的营养强化剂，还可用来治疗维生素 B_2 缺乏症。维生素 B_2 主要来源于肝、肾、奶、蛋、肉和酵母中。

2. 氨基酸

氨基酸的结构式为 $R-\underset{\underset{NH_2}{|}}{CH}-COOH$。人体生长所需要的重要氨基酸中多数可由人体自身合成，而赖氨酸、色氨酸、缬氨酸、苯基丙氨酸、苏氨酸、亮氨酸、异亮氨酸和蛋氨酸 8 种氨基酸人体不能合成或合成量少，不能满足需要，必须从食物中获得，故称之为基本氨基酸（必需氨基酸）。

(1) L-盐酸赖氨酸　L-2,6-二氨基己酸盐酸盐，其结构式为 $NH_2(CH_2)_4CH(NH_2)COOH \cdot HCl$，为白色结晶状粉末，熔点 263～264℃，无臭或稍有特异臭味。易溶于水，难溶于有机溶剂。L-盐酸赖氨酸具有调节人体代谢，促进胃液分泌，增加食欲，促进儿童智力发展和提高婴儿智能指数的作用，对老年人可防止记忆过早衰退。由于本品在植物蛋白质中含量较低，故多用作粮谷类制品如小麦粉、面包、面条、饼干等的食品营养强化剂。

(2) L-色氨酸　其结构式为 ，为白色至黄白色晶体或结晶性粉末，无臭或微臭，微苦，熔点 298℃（分解）。色氨酸缺乏，易发生糙皮症（癞皮症），色氨酸能显著提高人体蛋白质的吸收效果。它在人体内可转变生成烟酸和烟酰胺，因此可治疗烟酸缺乏症。

第七节　特定食品生产过程中使用的添加剂

一、酿造剂

为增强发酵作用，调节酸值，防腐、防止变色、脱臭、调味和提高营养用的物质称酿造剂。主要有硫酸镁、磷酸、硫铵、磷酸氢钾、磷酸二氢钾、磷酸三氢钾、胆碱磷酸盐等。

1. 胆碱磷酸盐

为白色结晶性粉末，溶于水、乙醇和醚，一般胆碱含量大于 97%，用作酒类调节剂，使成品酒具有较好的醇香味。其结构式为 $[(CH_3)_3NCH_2CH_2OH]HPO_4$。

2. 磷酸二氢钾

为无色或白色四角晶体，溶于水，不溶于醇。用作酵母培养基、酸值调节剂和酒味调节剂。

二、品质改良剂

主要是为防止面包老化而加入的。通常采用 L-半胱氨酸盐酸盐、硬脂酰乳酸钙来改良品质。

1. L-半胱氨酸盐酸盐 [$HSCH_2CH(NH_2)COOH \cdot HCl$]

L-半胱氨酸盐酸盐又名巯基丙氨酸盐酸盐。为无色结晶，有异味，溶于水和醇。主要用于防止面包发酵过程中面筋老化和天然鲜果汁氧化变色。

2. 硬脂酰乳酸钙（$C_{48}H_{86}CaO_{12}$）

硬脂酰乳酸钙为蛋白色粉末，有特异臭味，难溶于水，溶于有机溶剂和动、植物油。主要用于改进面包生团的耐捏和性、缩短发酵时间和降低发酵温度，使成品面包质地均一。

第八节 山梨酸的合成方法及应用

山梨酸用作食品防腐剂能使食物长期保存，并能有效地保持原味、原色而不变质，能防止真菌繁殖，抑制酵母、嗜氧菌、霉菌等生长，因此，被公认为安全防腐剂。主要用于饮料、果汁、果酒、果酱及其他食品的保鲜，同时也用作烟草、化妆品和医药品的防腐剂。在其他行业领域也有广泛应用，如可用作杀虫剂、增塑剂、胶黏助剂、稳定剂、防老剂等。

山梨酸工业化合成方法按原料分主要有丙二酸法、丙酮法、丁二烯法和乙烯酮法，目前国内外普遍采用乙烯酮法生产。

以酒精为起始原料经氧化生成乙醛，以催化剂使乙醛在缩合釜中缩聚，精制得巴豆醛；乙烯酮则先由酒精氧化生成醋酸，醋酸在磷酸三乙酯存在下，经加热汽化，经高温真空裂解，生成乙烯酮气体，再经急冷，用溶剂吸收得乙烯酮；乙烯酮气体通入装有巴豆醛溶液的聚合釜，于 0℃ 左右反应，然后加入硫酸经缩聚、蒸馏、水解，精制得山梨酸。由于山梨酸在水中溶解度差，故将山梨酸和碳酸钾或氢氧化钾中和，生成山梨酸钾溶液，再经浓缩结晶得成品。其反应原理及生产工艺流程简图如下：

$$2CH_3CHO \xrightarrow{缩合,脱水} CH_3CH=CHCHO + H_2O \qquad CH_3COOH \xrightarrow{裂解} CH_2=C=O + H_2O$$

$$CH_3CH=CHCHO + CH_2=C=O \xrightarrow[催化剂]{加成} CH_3CH=CHCHCH_2\overset{O-C=O}{|}$$

$$\xrightarrow{缩聚} [CH{-}CH_2{-}COO]_n \xrightarrow{酸解} CH_3CH=CHCH=CHCOOH$$
$$\qquad\quad |$$
$$\qquad CH=CHCH_3$$

乙烯酮 ──→ 缩聚 ──→ 蒸馏 ──→ 脱色 ──→ 水解结晶 ──→ 过滤洗涤 ──→ 干燥 ──→ 成品
巴豆醛

山梨酸用作食品防腐剂的配方举例如下：

成分	配方1（一般食品） 质量分数/%	配方2（水产品和畜肉） 质量分数/%
山梨酸	99.97	27
蔗糖酯	0.03	
葡萄糖酸 δ 内酯		20
醋酸钠		15
甘油		5
明矾		10
其他		23

思 考 题

1. 什么叫食品添加剂？按用途分有哪几类？
2. 食品生产过程中使用的添加剂有哪几类？各有什么作用？
3. 提高食品品质使用的添加剂有哪几类？各有什么作用？
4. 特定食品生产过程中使用的添加剂有哪几类？各有什么作用？
5. 食品生产过程中使用的乳化剂主要有哪几种？各有何应用？
6. 增稠剂有何作用？常用的增稠剂主要有哪些？各有何应用？
7. 食品防腐剂主要有哪些？其中山梨酸具有哪些作用？
8. 常用的食品抗氧化剂有哪些？
9. 调味剂主要包括哪些？作为酸味剂的主要品种有哪些？
10. 营养强化剂主要有哪些品种？各有何应用？

第九章 合成材料助剂

第一节 导 言

一、合成材料助剂概念

合成材料助剂（synthetic material aids）是指在合成材料及其产品的加工或生产过程中，用以提高性能和改善工艺所添加的各种辅助化学品。这一大类辅助化学品在配方中虽然占总量的比例很小，但是所起的作用很大。比如合成橡胶材料配方中的交联剂，其用量虽然只占配方总质量的 0.5%～1.5%，但是其交联作用使混炼胶形成化学交联网络结构从而获得高模量高弹性的实用橡胶制品。合成材料助剂也属于精细化学品的范畴，人们在科研、生产及销售等活动中，通常将它们简称为助剂或添加剂。

二、合成材料助剂分类

合成材料助剂分类的依据不同，可以有不同的分类方法，比如从化学结构不同可分为单一化合物助剂和混合物助剂；无机化合物助剂和有机化合物助剂；单体助剂和聚合物助剂。从应用对象不同可分为橡胶助剂、塑料助剂、纤维助剂、涂料助剂等。从作用功能不同可分为补强剂、着色剂、抗氧剂、阻燃剂、催化剂、增塑剂等。

为了易于学习理解，本章从编排上把合成材料助剂分为功能助剂和工艺助剂两大类，分别作为两小节来进行学习、掌握及应用相关知识点。但在实际的合成材料配方实践中，某种助剂的应用并非绝对严格地划分为功能助剂或是工艺助剂，往往是某种助剂在侧重改善某些功能性指标的同时也会影响成型工艺性；或是某种助剂在侧重改善成型工艺性的同时也会影响某些功能性指标。比如在橡胶和塑料合成材料产品配方中，随着增塑剂用量的增加合成材料的成型工艺性得以改善，但其硬度及定伸强度等功能性指标会有所下降。因此，合成材料助剂在配方实践中的应用，需要兼顾功能性和工艺性的协调统一，追求最佳的协同效应。

第二节 功能助剂

一、功能助剂的作用

功能助剂的作用可以使合成材料具有特定的力学性能，这些归为增强性助剂；也可以使合成材料具有特定的外观效果，这些归为表观性助剂；也可以使合成材料具有更长的使用寿命，这些归为稳定性助剂；还可以使合成材料具有或阻燃或导电等特殊的性能等，这些归为其他功能性助剂。

二、常用功能助剂

1. 增强性助剂

（1）补强剂 在合成材料的橡胶材料中起到补强作用的炭黑、白炭黑以及其他纳米级粒子，这一类高表面结构的粒子对橡胶材料的补强作用虽然非常明显，但是由于这一类粒子通常在配方中的用量比例较大，其在合成材料体系中还起到体积填充的作用，所以习惯上将这类粒子称为补强性填料。这里要重点举例介绍的补强剂是不饱和羧酸金属盐类离聚物。

不饱和羧酸金属盐类离聚物的通式可表示为：

$$M^{n+}(RCOO^-)_n$$

其中，M 为价态为 n 的金属离子，R 为不饱和烃。M 可以是 Na、Mg、Ca、Ba、Zn、Sn、Fe、Al 等金属的阳离子，$RCOO^-$ 可以是丙烯酸（AA）、甲基丙烯酸（MAA）、马来酸以及四氢化邻苯二甲酸等。

不饱和羧酸金属盐类离聚物在合成材料中形成聚合后结构如下。其中 m/n 比值在 10～100。

$$-(CH_2CH_2)_m(CH_2\underset{\underset{\underset{M^+}{O^-}}{\overset{\|}{C=O}}}{\overset{CH_3}{\underset{|}{C}}})_n-$$

由于离聚物主要链段是碳氢分子链，并且碳氢分子链上悬挂有少量的离子基团。离子基团经金属氧化物中和后，由于在碳氢分子链间生成了离子键，以及离子基团的缔合和聚集，从而形成交联，这是离聚物对合成材料的补强机理，称之为原位聚合补强机理，示意图如图 9-1 所示。

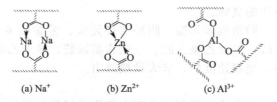

图 9-1 原位聚合补强机理

在合成材料交联过程中，不饱和羧酸金属盐类离聚物在合成材料中原位生成纳米粒子（聚不饱和羧酸金属盐），从而对合成材料产生优异的增强效果，使合成材料同时具有低应变下高模量、高弹性和高伸长的性能特点。离聚物具有不同寻常的力学性质和流变性质，离子间相互作用和由此而引起的合成材料的性能与下列因素有关：
① 合成材料主链的类型；
② 离子基团的含量（0～10%）；
③ 离子基团的种类（如羧酸盐、磺酸盐、磷酸盐）；
④ 中和度（0～100%）；
⑤ 阳离子的种类（如胺、一价或多价的金属离子）。

其中，离子基团的含量、中和度和阳离子的种类这三个因素对合成材料补强作用起着决定性的影响。

离聚物的碳氢分子链可以是聚丁二烯、聚乙烯和乙烯-丙烯共聚物、PS、POM 或丁二烯-丙烯腈共聚物等，而离子基团有羧基、磺酸基、磷酸基等。如羧基丁腈橡胶和氯磺化聚乙烯等高分子材料。

不饱和羧酸金属盐的制备一般是利用金属的氧化物、氢氧化物或碳酸盐与不饱和羧酸的反应。如甲基丙烯酸锌（ZDMA）就是由 ZnO 与 MAA 反应而制得的，ZnO 是典型的两性化合物，可以在室温下与 MAA 发生中和反应。

$$2CH_2=\underset{CH_3}{\underset{|}{C}}-COOH + ZnO \longrightarrow CH_2=\underset{CH_3}{\underset{|}{C}}-COO-Zn-OOC-\underset{CH_3}{\underset{|}{C}}=CH_2 + H_2O$$

由于反应会放出热量，为了便于散热，反应一般在惰性液体介质中进行。介质可以是水、有机酸或烷烃等。若要得到二甲基丙烯酸锌的正盐，理论上反应原料 ZnO 和 MAA 的摩尔比应为 0.5，即 1∶2，但实际所用摩尔比常为 0.5～1，当 ZnO 与 MMA 摩尔比在 1 左右时，产物被称作甲基丙烯酸锌碱式盐（basic zinc methacrylate）。这是因为略微过量的 ZnO 可使产品的质量稳定。而 MAA 的过量应尽量避免，过量的 MAA 不仅会导致产品的质量波动，而且难于处理并有不良气味。反应产物干燥后经粉碎过筛即可获得成品。

（2）交联剂　交联剂是一类能在合成材料线形分子间起架桥作用，从而使多个线形分子相互交联变成立体网状结构的物质。合成材料的种类很多，对应的交联剂也非常丰富。

按用途可分为：橡胶硫化剂，包括硫黄、含硫载体、无机金属氧化物及有机过氧化物等；聚氨酯用交联剂，包括异氰酸酯、多元醇及胺类等化合物；环氧树脂固化剂，主要以多元胺为主；塑料用交联剂，主要以有机过氧化物为主。

按交联剂自身的结构特点可分为：有机过氧化物交联剂、羧酸及酸酐类交联剂、胺类交联剂、偶氮化合物交联剂、酚醛树脂及氨基树脂类交联剂、醇、醛及环氧化合物交联剂、醌及醌二肟类交联剂、硅烷类交联剂以及无机交联剂等。

常见的有机过氧化物的交联剂有：氢过氧化物、二烷基过氧化物、二酰基过氧化物、过氧酯及酮过氧化物等。过氧化物交联剂的优点是：可交联绝大多数聚合物、交联物的压缩永久变形小、无污染性、耐热性好；而其主要缺点是：在空气存在下交联困难、易受其他助剂的影响、交联剂中残存令人不快的臭味。

常见的胺类交联剂有：脂肪族多元胺、脂环族多元胺、芳香族多元胺以及改性多元胺等。脂肪族多元胺主要有乙二胺、二亚乙基三胺、三亚乙基四胺、多亚乙基多胺等。其特点是反应活性大，在室温即可交联，交联速度快，有大量热放出。

2. 表观性助剂

（1）着色剂　着色剂是使合成材料制品呈现人们所喜好的色彩的一类助剂。着色剂的应用使得我们生活中衣食住行的各种产品色彩缤纷。合成材料用着色剂主要有颜料和染料两大类。

着色剂主要物理性能有色光、着色力、遮盖力、分散性、耐热性、耐候性、迁移性等。

色光的三原色为红、黄、蓝，任意两种相互调和，可以得到的各种不同颜色称为间色（二次色），一种原色一种间色调合而成的颜色为复色（三次色）。着色就是利用加入着色剂对日光的减色混合而使制品着色，亦即通过改变光的吸收和反射而获得不同的颜色，如吸收所有的光时呈现黑色，如果只吸收一部分光（某一波长的光），并且散射光的数量很小，那么塑料变成有色透明，而形成的颜色取决于反射光的波长；若全部反射则塑料呈白色。如未被吸收的光全部反射，那么塑料则变成"有色不透明"的，其颜色也取决于未被吸收光的波长。反射光表现为实色，散射光则为明色。

着色力是指颜料影响整个混合物料颜色的能力，着色力大，使用着色剂量就小，成本低。着色力同着色剂本身特性有关，着色剂粒径减小，着色力增大。有机颜料和染料着色力比无机着色剂着色力大，当彩色颜色与白色颜料并用时，着色力也会提高。

遮盖力指着色剂阻止光线穿透着色制品的能力，换言之，就是指着色剂透明性大小的问题，遮盖力越大，透明性越差。遮盖力大小同着色剂和树脂本身的折射率有关，二者折射率之差越大，遮盖力越好，一般无机着色剂的遮盖力大于有机着色剂。

染料的分散性优于颜料，颜料一般不溶于聚合物，不易充分分散于聚合物中。为了提高分散性有时候需要对颜料进行必要的表面处理。此外，将颜料预制成色母料也是常用的提高分散性的工艺方法。只有好的分散性，才能获得优良的着色效果。

一般无机着色剂耐热性比较高，对于加工温度比较高（200℃以上）的制品，最好选用无机着色剂，但也有不少的有机颜料耐温可达 200℃ 以上。颜料受热分解褪色因其本身耐热差所致。

长期在户外使用的塑料或橡胶制品，在日光长期照射下产生褪色，失去原来面貌，这是用户所不欢迎的，因此要求着色剂有好的耐候性。无机颜料耐候性一般比有机着色剂好。

迁移性指着色剂向介质渗色或向接触的物质迁移的现象。无机颜料不溶于聚合物也不溶于水和有机溶剂，它们在聚合物中呈非均相，一般不会出现迁移现象。而有机颜料在聚合物中有不同程度的溶解性，会有迁移现象。一般地说，有机酸的无机盐迁移性比较小，相对分子质量较高者比较低者迁移性小。低分子的单偶氮颜料的迁移性比双偶氮或缩合偶氮颜料要大。

常用的无机颜料中，白色的有钛白粉、锌钡白、锌白、锑白，其中锑白（三氧化二锑）兼具有阻燃性；黄色的有铬黄、钛黄；黑色的有炭黑、氧化铁黑；红色的有镉红、钼红、氧化铁红；蓝色的有钴蓝、群青、铁蓝。

有机颜料是从染料派生出来的一个分支，能用作颜料的有机染料有以下两种类型：不溶于水的染料，通称不溶性染料，可直接用作颜料；溶于水的染料，转化成不溶于水的盐类沉淀后用作颜料，叫作沉淀色料，简称"色淀"。常见的有机颜料有单偶氮颜料、双偶氮颜料、缩合偶氮颜料以及酞菁蓝颜料等。

（2）增白剂 增白剂也叫荧光增白剂，是指能吸收紫外线，并发出可见荧光使合成材料白度增加的一类助剂。它能够吸收波长 340～380nm 左右的紫外线，发射出波长 400～450nm 左右的蓝光，可有效地弥补白色物质因蓝光缺损而造成的泛黄，在视觉上显著提高白色物质的白度以及亮度，使产品外观显得更白、更亮。荧光增白剂本身呈无色或浅黄（绿）色，广泛地应用增白剂的领用有造纸、纺织、合成洗涤剂以及塑料、涂料等合成材料行业。

荧光增白剂一般具有以下性能特征：
① 本身接近无色或浅色；
② 有较高的荧光量子产率；
③ 对被作用物（底物）具有较好的亲和性，但相互间不可发生化学作用；
④ 有较好的热化学和光化学稳定性。

荧光量子产率也称荧光效率。荧光强度受物质的荧光效率及介质等其他因素的影响。荧光效率（ϕ）是荧光物质一个最基本也是最重要的参数，它表示物质把吸收的光能转换成荧光的能力，其定义可用下式表示：

$$\phi = \text{发射的光量子数}/\text{吸收的光量子数}$$

ϕ 值的大小是与物质的化学结构紧密相关的，物质是否具有荧光以及荧光效率的高低主要取决于它的化学结构。任何影响以致改变物质化学结构的因素都会导致荧光效率的改变。荧光物质分子结构特点：具有刚性结构、平面结构、π 电子共轭体系，一般随着共轭体系共轭度的增大和分子平面性的增加，荧光效率也增大，荧光光谱移向长波方向。然而，由于 ϕ 与分子结构的关系相当复杂，所以目前尚不能用物质结构理论计算出它的 ϕ 值，只能靠实验来测定。通过大量的实验发现：有 30 余类分子的骨架具有荧光性能，它们中已有 15 类，近 400 种化合物被用作荧光增白剂。

荧光增白剂增白物体实际上是一种光学效应，它不能代替化学漂白。如果含有有色杂质的合成材料不经化学漂白就用荧光增白剂处理，是得不到增白效果的。化学漂白剂实际上是氧化剂或还原剂，利用它们的氧化作用或还原作用使合成材料中的有色杂质褪色，其实质是该杂质分子中的化学键（一般为不饱和键）经氧化作用断裂为无色的小分子或经还原作用成为饱和键而失去颜色。化学漂白会不同程度地损伤合成材料，而荧光增白剂的增白不会对合成材料造成损伤。然而，荧光增白剂对紫外线相当敏感，用其处理过的制品如果长期曝露在日光下，其白度会因荧光增白剂分子逐渐被破坏而下降。

荧光增白剂按照结构可分为：碳环类、三嗪基氨基二苯乙烯类、二苯乙烯-三氮唑类、苯并噁唑类、苯并呋喃和苯并咪唑类、1,3-二苯基-吡唑啉类、香豆素类、萘酰亚胺类等。

荧光增白剂也可根据其用途分类，例如，用于涤纶纤维增白的就称作涤纶增白剂，用于洗涤剂的就称作洗涤用增白剂等。也可按荧光增白剂的解离性质分类，将它们分为阳离子类、阴离子类和非离子类增白剂。还可按其使用方式分为直染型、分散型增白剂等。

3. 稳定性助剂

（1）抗氧剂　合成材料在储存、加工及使用过程中，由于受到外界因素的综合影响而在结构上发生了化学变化，逐渐地失去其使用价值，这种现象称之为老化。老化过程是不可逆的过程，在日常生活中常可见到，比如橡胶制品失去弹性、塑料薄膜发脆破裂等。致使合成材料老化的外界影响因素较多，其中氧化是最主要的因素。阻止或延缓合成材料的氧化最常用的办法就是采用抗氧剂，抗氧剂是一些很容易与氧发生作用，通过先与氧发生作用的方式来保护合成材料，延长制品的使用寿命。

抗氧剂品种繁多，按功能和作用机理可以分为两类，即链终止型抗氧剂和预防型抗氧剂；按相对分子质量可以分为低相对分子质量抗氧剂和高相对分子质量抗氧剂；按化学结构可以分为胺类、酚类、含硫化合物、含磷化合物及有机金属盐类等；按用途可以分为橡胶防老剂、塑料抗氧剂等。在合成材料配方中选用抗氧剂时，要综合考虑抗氧性能好、相容性好、化学和物理性能比较稳定、不变色、无污染性、无毒环保，以及不会影响合成材料的其他性能等多因素。

① 氧化的基本原理。合成材料的氧化有三种形式：分子型氧化、链式氧化及聚合物热分解产物氧化，氧化的产物又是合成材料进一步分解的催化剂。自动氧化的链式自由基反应和其他链式反应一样具有自动催化特征，有链引发、链增长和链终止三个阶段。

a. 链引发：

$$RH\text{（高聚物）}\xrightarrow[\text{氢过氧化等,发生均裂}]{\text{光、热或金属离子催化}} R\cdot + H\cdot$$

b. 链增长。$R\cdot$ 自由基能迅速和空气中的氧结合产生过氧自由基 $RO_2\cdot$，而 $RO_2\cdot$ 又夺取高聚物中的 H 并生产新的 $R\cdot$ 自由基和氢过氧化物 ROOH，ROOH 又生成新的游离基，并继续和高聚物反应，造成链增长。

$$R^1\cdot + O_2 \longrightarrow R^1-O-O\cdot \qquad \text{过氧自由基}$$
$$R^1-O-O\cdot + R^2H \longrightarrow R^2\cdot + R^1OOH \qquad \text{氢过氧化物}$$
$$R^1OOH \xrightarrow{\text{分解}} R^1O\cdot + HO\cdot$$
$$R^1O\cdot + R^3H \longrightarrow R^1OH + R^3\cdot \qquad \text{产生新的烷基自由基}$$
$$HO\cdot + R^3H \longrightarrow R^3\cdot + H_2O$$

c. 链终止。活性链结合成惰性产物为链终止。

$$R\cdot + R\cdot \longrightarrow R-R \qquad R-R、ROOR 都为惰性产物$$
$$2RO_2\cdot \longrightarrow ROOR + O_2 \qquad \text{当氧的浓度不受限制时,}$$
$$RO_2\cdot + R\cdot \longrightarrow ROOR \qquad RO_2\cdot \text{的浓度} \gg R\cdot \text{的浓度,}$$
$$RO_2\cdot \text{的结合是}$$
$$\text{链终止的主要反应}$$

② 抗氧剂的基本作用原理。按反应机理来分类,抗氧剂可以分为链终止型抗氧剂和预防型抗氧剂两类,前者为主抗氧剂,后者为辅助抗氧剂。

a. 链终止型抗氧剂。这类抗氧剂可以与 R·烷基自由基、$RO_2\cdot$ 过氧自由基反应而使自动氧化链反应中断,从而起稳定作用。

$$R\cdot + AH \xrightarrow{k_1} RH + A\cdot$$
$$RO_2\cdot + AH \xrightarrow{k_2} ROOH + A\cdot \qquad \text{(AH 表示抗氧剂)}$$
$$RO_2\cdot + RH \xrightarrow{k_3} ROOH + R\cdot$$

必须使上述反应中反应速率常数 k_1 和 k_2 大于 k_3,才能有效地阻止链增长反应。一般认为,消除过氧自由基 $RO_2\cdot$ 是阻止高聚物降解的关键,因为消除 $RO_2\cdot$ 自由基,可以抑制氢过氧化物的生成。

链终止型抗氧剂作用机理又可以分为三类。

ⓐ 自由基捕获体。自由基捕获体能与自由基反应,使之不再进行引发反应,如酚类化合物能产生 ArO·苯氧自由基,具有捕获 $RO_2\cdot$ 等自由基的作用,终止了链增长反应:

$$ArO\cdot + RO_2\cdot \longrightarrow RO_2ArO \text{(Ar 为芳基)}$$

ⓑ 氢给予体。这类抗氧剂为一些具有反应性的仲芳胺和受阻酚化合物,它们具有比聚合物分子上更活泼的 H,可以与聚合物竞争过氧自由基并优先与之反应,称为氢给予体;换言之,过氧自由基先从氢给予体上抽出 H,结合成稳定的或惰性产物,因此降低了聚合物的自动氧化反应速率,终止了链增长反应。

$$\text{受阻胺 } Ar_2NH + RO_2\cdot \longrightarrow ROOH + Ar_2N\cdot \text{(链转移)}$$
$$Ar_2N\cdot + RO_2\cdot \longrightarrow Ar_2NO_2R$$

ⓒ 电子给予体。有些化合物上虽然没有氢(如叔胺)但也有抗氧化作用,这是由于给出电子而使活性自由基消失,终止了链增长反应。

$$Ar\dot{N}R_2 + R-O-O\cdot \longrightarrow {}^-OOR-Ar\overset{+}{N}R_2$$

b. 预防型抗氧剂。它的作用是能除去自由基的来源,抑制或延缓引发反应。这类抗氧剂包括一些过氧化物分解剂和金属离子钝化剂。

ⓐ 过氧化物分解剂。这类抗氧剂包括一些酸的金属盐、硫化物、硫酯和亚磷酸酯等化合物。它们能与过氧化物反应并使之转变为稳定的非自由基产物(如羟基化合物),从而完全消除自由基的来源。

ⓑ 金属离子钝化剂。变价金属能促进高聚物的自动氧化反应,使聚合物材料的使用寿命缩短,这个问题在电线电缆工业中尤为敏感。

这些微量的重金属离子存在于聚合物材料中,其来源可能是聚合反应过程所采用的催化剂残留物或其他的污染物,以及材料上的某些颜料、润滑剂(无机金属化合物)等。这些虽然数量不大的金属离子会与氢过氧化物生成一种不稳定的配合物,继而该配合物进行电子转移而产生自由基,导致引发加速,氧化诱导期缩短。

金属离子钝化剂是具有防止重金属离子对高聚物产生引发氧化作用的物质。

由此可见,金属钝化剂应该在聚合物材料中的金属离子与氢过氧化物形成配合物分解以前,就先和该金属离子形成稳定的螯合物,从而阻止自由基的生成。此外,金属钝化剂分子和金属离子的配位必须使金属主体配位全部饱和,避免使残存的金属配位数继续受氢过氧化物的攻击而增加自动氧化的活性。

工业上生产和研制的金属钝化剂主要是酰胺和酰肼两类化合物,如 1,2-双(2 羟基)苯甲酰肼($C_{14}H_{12}N_2O_4$),该品为聚乙烯、聚丙烯等聚合物使用的抗氧剂,与树脂相容性好。

(2) 热稳定剂　防止高分子材料在加工、储存与使用过程中因受热发生热降解而产生小分子(如氯化氢、氨、水等)的化学品称热稳定剂。

(3) 光稳定剂　能吸收能量射线(包括可见光和不可见光),阻止合成材料自动氧化、降解的化学品称光稳定剂。光稳定剂的作用机理分为紫外线吸收、激发态猝灭和自由基捕获三种过程。

4. 其他功能性助剂

(1) 阻燃剂　阻燃剂是用以改善合成材料抗燃性,即延缓合成材料被引燃及控制火焰传播的助剂。含有阻燃剂的合成材料虽然不能成为不燃性的材料,但在大火中可降低可燃性,离开火源时能停止燃烧并熄灭,防止小火发展成灾难性的大火,减小火灾的损失。阻燃不仅是减缓燃烧的程度,还要尽量减少材料热裂解或燃烧生成的有毒气体量和烟量。因为有毒气体量和烟量往往是火灾中最先产生且最具危险性的有害因素。因此现代阻燃技术的主要内容是抑制烟雾和减少毒性。

阻燃剂分为添加型和反应型两大类。添加型阻燃剂与聚合物仅仅是单纯的物理混合,所以添加阻燃剂后虽然改善了聚合物的阻燃性,但也往往影响到聚合物的物理机械性能。

反应型阻燃剂分子中,除含有溴、氯、磷等阻燃性元素外,同时还具有反应性官能团。反应型阻燃剂作为高聚物合成中的一个组分参与反应,通过化学反应使其成为高聚物分子链的一部分,从而使合成材料具有难燃性。反应型阻燃剂的优点在于:它对合成材料的物理机械性能等影响较小,且阻燃效果持久。但一般其价格较高,和添加型阻燃剂相比反应型阻燃剂的种类较少。两种类型阻燃剂的进一步分类系列及特点如下:

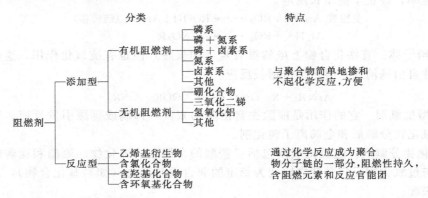

合成材料在空气中被外界热源加热,使合成材料降解产生挥发性可燃产物,这些裂解气体根据其燃烧性能和产生的速度,在外界热源和氧的存在下,达到某一温度就会着火。燃烧放出一部分热量返回供给正在降解的合成材料,从而产生更多的挥发性可燃物。如果燃烧热能充分

返供给合成材料，即使除去初始热源，燃烧循环也能自己继续下去。

在实际燃烧中，合成材料燃烧所放出的一部分热量通过传导、辐射和对流等途径又被正在降解的合成材料所吸收，于是挥发出更多的可燃性产物，同时，火焰周围气流的扰动更增加了可燃性挥发物与空气的混合速度，以致在很短的时间里使火焰迅速扩大而变成一场大火。

由此可见，合成材料燃烧时包含着一系列复杂的过程，如热裂解气体的产生速度，热裂解气体与氧的混合速度，热裂解气体与氧的反应速度以及燃烧热返供给合成材料的速度等。从另一方面看，这里面包含着自由基反应、热返供、热对流和热扩散等一系列复杂过程。总之，燃料、氧和温度是维持燃烧的三个基本要素，如果干扰上述三因素中的一个或几个，就能达到阻燃的目的，这就是研究阻燃的方向。

(2) 抗静电剂　降低物体表面电阻，疏散物体表面电荷的化学品称抗静电剂。静电现象屡见不鲜，影响人们正常生活，对可燃物甚至造成燃烧与爆炸。消除静电是材料工程的任务之一。

抗静电剂作用机理如图 9-2 所示，抗静电剂亲油基附着在材料表面，亲水基从空气吸收水分形成导电水分子膜，使得合成材料因摩擦等各种原因所产生的静电被及时导走，避免产生静电放电危害。

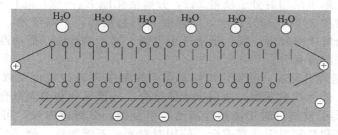

图 9-2　抗静电剂作用机理

第三节　工艺助剂

一、工艺助剂的作用

工艺助剂在合成材料的化学合成过程或物理成型过程中起到反应控制或成型优化的作用。有些工艺助剂在合成材料最终产品中可能需要分离去除，也有些工艺助剂在合成材料最终产品中继续保留。

二、化学合成工艺助剂

化学合成工艺助剂是指在合成材料的化学合成制备过程中极少量添加，起到对反应活性、相对分子质量以及相对分子质量分布等因素进行调节控制的物质。如常见的引发剂、链转移剂和链终止剂。

(1) 引发剂　在热的作用下，能发生共价键均裂而产生自由基的物质称为引发剂。通常发生均裂的共价键为弱键，如引发温度在 40～100℃ 范围的聚合体系，适合选用弱键键能在 105～190kJ/mol 的引发剂。引发剂产生自由基聚合反应活性中心，它不仅影响聚合反应速率，也影响聚合物相对分子质量。

常见的引发剂种类有：偶氮类引发剂、有机过氧类引发剂、无机过氧类引发剂、氧化-还原引发剂。

① 偶氮类引发剂。偶氮类引发剂中主要是偶氮二异丁腈和偶氮二异庚腈。

a. 偶氮二异丁腈（ABIN）。白色柱状结晶，不溶于水，溶于有机溶剂，室温下比较稳定，可在纯粹状态储存。在80～90℃急剧分解，100℃有爆炸着火的危险，有一定的毒性。属于油溶性引发剂，适用于本体聚合、悬浮聚合和溶液聚合。分解均匀，只产生一种自由基，无其他副反应，分解速率较低，属于低活性引发剂。

b. 偶氮二异庚腈（ABVN）。相对分子质量248.36，分解活化能 $E_d=121.3kJ/mol$。易燃、易爆，在室温（30℃）条件下，15天即可分解失效，因此必须储存于10℃以下的电冰箱中，不便运输，不便在实验室中应用。属于油溶性引发剂。分解速率高，属于高活性引发剂。

② 有机过氧类引发剂（peroxide initiator）。把过氧化氢HOOH看作是有机过氧类引发剂的母体，若其中一个H原子被有机基团取代，则为R—OOH称为氢过氧类引发剂。若其中两个H原子都被有机基团取代，则为R—OO—R，如过氧化二酰类、过氧化二烷基类和过氧化二酯类引发剂。

a. 氢过氧类引发剂。氢过氧类引发剂中主要有氢过氧化异丙苯、氢过氧化特丁基和氢过氧化对孟烷。氢过氧类引发剂溶于水，属于水溶性引发剂，一般用于乳液聚合和水溶液聚合。

b. 过氧化二酰类引发剂。该类引发剂有过氧化二苯甲酰和过氧化十二酰等。

其中，过氧化二苯甲酰相对分子质量242，分解活化能 $E_d=124.3kJ/mol$。白色粉末，干品极不稳定，储存时加20%～30%的水，加热时易引起爆炸，不溶于水，溶于有机溶剂，属于油溶性引发剂。分解速率较慢，属于低活性引发剂，属于油溶性、低活性引发剂。适用于本体聚合、悬浮聚合和溶液聚合。

c. 过氧化二烷基类引发剂。过氧化二烷基类引发剂主要有过氧化二叔丁基和过氧化二异丙苯。属于油溶性、低活性引发剂，适用于本体聚合、悬浮聚合和溶液聚合。

d. 过氧化二酯类引发剂。属于油溶性高活性引发剂，分解速率快，可提高聚合速率，缩短聚合周期。但储存和精制时需注意安全，使用时避光、不能加热，储存时需配成溶液，储存于10℃以下的电冰箱中。

③ 无机过氧类引发剂（inorganic initiator）。过氧化氢HOOH是无机过氧类引发剂中最简单的一种，但其分解活化能较高 $E_d=220kJ/mol$，分解温度高于100℃，很少单独使用。一般要和还原剂组成氧化-还原引发剂。常用的无机过氧类引发剂有过硫酸钾和过硫酸铵，属于水溶性引发剂，一般用于乳液聚合和水溶液聚合。

④ 氧化-还原引发剂（oxidize-reduction initiator）。在过氧类引发剂中加上还原剂，通过氧化-还原反应产生自由基。利用氧化-还原引发剂可降低分解活化能，从而可以使聚合反应在较低的温度下进行，有利于节省能源，可改善聚合物性能。

氧化-还原引发剂根据其是否溶于水，分为水溶性氧化-还原引发剂和油溶性氧化-还原引发剂。

a. 水溶性氧化-还原引发剂（水体系）。溶于水的氧化-还原引发剂称为水溶性氧化-还原引发剂。

其中氧化剂一般选用无机过氧类引发剂和氢过氧类引发剂，还原剂一般选用二价铁盐、亚硫酸氢钠、硫代硫酸钠、醇和多元胺等。

b. 油溶性氧化-还原引发剂（油体系）。不溶于水而溶于有机溶剂的氧化-还原引发剂，称为油溶性氧化-还原引发剂（油体系）。其中氧化剂一般选用有机过氧类引发剂，还原剂一般选用叔胺、环烷酸亚铁盐和硫醇等。

（2）链转移剂　链转移剂是指能够促使自由基聚合反应过程中，聚合链上的活性中心发生转移的一种助剂。通常链转移并没有改变反应速率，但却明显影响聚合度的大小，即相对分子质量的大小。常见的链转移剂种类有醇类、酮类、醛类、氯仿类、硫醇类、亚硫酸氢盐类等。

（3）链终止剂　在合成材料聚合反应过程中能终止反应继续进行的物质，我们称之为链终止剂，也叫阻聚剂。链终止剂通过与引发自由基及增长自由基反应，使它们失去活性从而终止链的增长。适时终止聚合反应，可获得相对分子质量均匀、分子结构稳定的高品质聚合物产品。终止剂除起着消除体系活性中心的作用外，还兼有防止老化的作用以及稳定储存的作用，如苯乙烯、丙烯酸酯类单体在储存和运输期间都要加入阻聚剂防止其自聚。

具有如下结构或可以形成如下结构的物质都可以作为链终止剂：醌、硝基、亚硝基、芳基多羟基化合物以及许多含硫化合物。如对苯二酚、对叔丁基邻苯二酚、木焦油等常用作高温乳液聚合反应的终止剂；二甲基二硫代氨基甲酸钠、多硫化钠及亚硝酸钠常用作低温乳液聚合反应的终止剂。

三、物理成型工艺助剂

物理成型工艺助剂是指在合成材料成型加工过程中少量添加，起到改善可加工性、提升制品质量以及降低加工能耗等作用的助剂。如常见的增塑剂、脱模剂、隔离剂等。

1. 增塑剂

（1）增塑剂的定义与分类　按是否与合成材料分子链段形成化学键结构，增塑剂可分为内增塑剂和外增塑剂。内增塑剂是在聚合过程中加入的第二单体，其以化学键方式嵌段或接枝到主体合成材料分子链段中，从而降低了分子链的有规度。例如氯乙烯-醋酸乙烯共聚物比氯乙烯均聚物更加柔软。因此，内增塑剂实际上是合成材料分子链段的一部分。外增塑剂是在合成材料成型加工过程中加入的中低相对分子质量的化合物或聚合物，其以溶胀的形式插入到合成材料的大分子之间，不与合成材料分子链段发生化学反应。下面我们重点学习外增塑剂，因此以下内容所讨论的增塑剂指的是外增塑剂。

增塑剂（plasticizer）是削弱聚合物分子间的次阶键力，降低分子链的结晶性，增强分子间的移动性，从而提高聚合物的塑性的化学品。这种塑性的提高最直接的表现即为成型工艺性的改善，例如在辊温为160℃时，在辊压机上加工PVC颗粒时，PVC树脂颗粒像沙粒一样流过辊间隙，无法塑化成膜，继续提高辊温PVC颗粒虽然开始软化并在辊筒上形成一层薄片，但由于温度过高PVC材料发生分解释放出HCl腐蚀机械设备，而且薄片冷却后变脆；如果在PVC中加入邻苯二甲酸二辛酯（DOP），则只需在160℃的辊温下，PVC熔融成均匀体系经过辊压机压延可以成型出冷却后仍然保持柔软的薄膜。从功能性指标来看，通常增塑剂的作用是使合成材料的硬度、模量及特征转变温度下降，同时伸长率、曲绕性及柔软性得以提高。

按增塑剂和主体合成材料的相容性，增塑剂可分主增塑剂和辅助增塑剂。凡是能和主体合成材料充分相容的增塑剂即称为主增塑剂，它的分子不仅能进入合成材料分子链的无定形区，也能插入分子链的结晶区，因此它不会渗出而形成液滴或液膜，也不会喷霜而形成表面结晶，这种主增塑剂可以单独应用。而辅助增塑剂一般不能进入合成材料分子链的结晶区，只能与主增塑剂配合使用。

（2）增塑剂的增塑机理　聚合物的分子链间作用力有范德华力和氢键力。范德华力是普遍存在的；当分子链含有—OH或—NH—时，如聚乙烯醇、聚酰胺等，在分子链间或分子链内部即可形成氢键结构，产生氢键力。在氢键力的作用下，分子链的部分链段由卷曲杂乱的状态聚集成紧密有序的状态，从而形成了由结晶区分散于无定形区的聚合物分子链的聚集结构。增塑剂的增塑机理是削弱聚合物分子链间的作用力，降低聚合物分子链的结晶度，增加聚合物分子链的移动性，从而使聚合物的塑性增加，其增塑机理如图9-3所示。

（3）增塑剂的结构特征　增塑剂的分子结构特征是既具有高极性基团还具有低极性基团，高极性基团一般有酯基、醚基、硫基、磷酸酯基等，而低极性基团是不易诱导极化的长链烷基。例如邻苯二甲酸二辛酯由高极性的邻苯二甲酸（或酸酐）和低极性的辛醇缩聚获得。具有类似结构的常用增塑剂种类还有脂肪酸二元醇酯（如己二酸二辛酯DOA）、磷酸三酯（磷酸三丁酯 TBP)、环氧化化合物（环氧化大豆油）、含氯化合物（氯化石蜡）及中低相对分子质量聚酯等。通常增塑剂相对分子质量在 300~500 较好，相对分子质量大耐久性好，但塑化效率低，加工性较差。

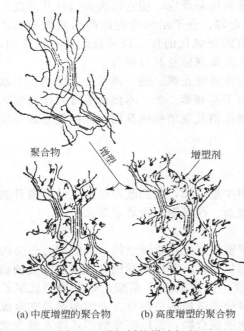

(a) 中度增塑的聚合物　　(b) 高度增塑的聚合物

图 9-3　增塑剂的增速机理

邻苯二甲酸二辛酯(DOP)

（4）增塑剂的性能　增塑剂在合成材料配方中应用时，耐久性、耐寒性、耐老化性、抗霉菌性、阻燃性以及电绝缘性等性能会直接影响合成材料使用寿命。

耐久性包括耐挥发性、耐抽出性和耐迁移性。增塑剂的耐挥发性与其蒸气压及相对分子质量大小有关。如邻苯二甲酸二丁酯（DBP）由于相对分子质量较小蒸气压高所以耐挥发性不好，所以在制品中的耐久性不太好；而邻苯二甲酸二辛酯、偏苯三酸酯、季戊四醇酯、环氧大豆油等增塑剂相对分子质量较大蒸气压低所以耐挥发性好。特别是高相对分子质量的苯二甲酸酯类和聚酯类增塑剂，由于耐久性优越，常被用作汽车内部的装饰品、仪表盘、坐垫合成材料制品配方。耐抽出性是指增塑剂抵抗与合成材料制品所接触的介质如石油、肥皂水、煤油等的溶出性。不同增塑剂对抗外部试剂抽出的差别很大。制品中的增塑剂被抽出后，制品的性能便发生了变化，比如 PVC 地板砖遇水后会发生翘曲。耐迁移性是指含有增塑剂的合成材料制品与其他材质装配接触时，增塑剂抵抗迁移向装配接触面的特性。耐迁移性不好的情况下，增塑剂会缓慢迁移至接触界面的其他材料，进而引起其他材料变软或发黏等性能变化，缩短合成材料制品的工作寿命。食品包装材料中的增塑剂也存在迁入该食品中，使该食品产生不好的气味和变质，甚至迁入食品中的物质可能会损害人体的健康，因此凡与食品接触的合成材料制品应使用符合法规要求的食品级增塑剂。

增塑剂的耐寒性与其玻璃化温度 T_g 有关，增塑剂 T_g 低的耐寒性好。比如脂肪族二元酸酯、直链醇的邻苯二甲酸酯、二元醇的脂肪酸酯、环氧脂肪酸单酯和脂肪族磷酸酯这类增塑剂，是典型的耐寒性增塑剂。

耐老化性包括耐热氧老化性和耐光老化性。在高温等一些加工条件下，增塑剂会发生氧化，这样的热氧老化会引起增塑剂的酸值升高，制品的物理性质下降，并产生不好的色泽和嗅味。耐热氧老化性与增塑剂的结构有关，天然脂肪酸酯和合成脂肪酸酯中的不饱和度增大时，氧化速度随之加快。如蓖麻油酸酯对氧化很敏感，自动氧化后生成过氧化物、自身酯化、降解生成各种醛和酸。在一定条件下，紫外线、可见光以及红外线等能量射线的照射可使增塑剂发生老化。耐光老化性也与增塑剂的结构有关，比如环氧类增塑剂的耐光老化性较好，其与金属稳定剂并用，能长期发挥其热稳定性和光稳定性的协同作用。又比如某些芳香族酯类增塑剂能变成 2-羟基二苯甲酮结构吸收紫外线，也具有优良的光稳定性。

抗霉菌性是指在合成材料制品的使用条件下，合成材料制品配方中所应用的增塑剂抵抗霉菌生长的特性。实践证明，脂肪族二元酸酯类增塑剂，比如环氧妥尔油酸酯是霉菌的食物，容易生长霉菌；而邻苯二甲酸酯类和磷酸酯类增塑剂具有抑霉菌作用，抗霉菌性良好。所以选择增塑剂时要结合具体用途考虑其抗霉菌性是否满足要求，另外，也可加入少量杀菌剂使合成材料制品具有耐霉菌侵蚀的作用。例如，加入一定量的水杨酰苯胺，可以有效防止霉菌生长。

普通脂肪族增塑剂具有可燃性，如用邻苯二甲酸酯、己二酸酯或聚酯增塑剂增塑的 PVC 膜可以燃烧。而含氯、磷的增塑剂阻燃性能良好，如用氯化石蜡、磷酸三甲酚酯或磷酸-2-乙基己酯二苯酯增塑的 PVC 制品具有阻燃特性、离火自熄性。

合成材料制品的电绝缘性能与增塑剂的种类和用量有关。极性低的耐寒性增塑剂（如 DOS），会显著降低合成材料的体积电阻，使绝缘性变差。相反，极性强的增塑剂（如磷酸酯）具有较好的电绝缘性。因此，在配方设计中，我们需要根据制品的使用条件电性能的要求，来选用增塑剂。比如，高温下使用的配电盘和仪表板电绝缘性要求很高，须使用相对分子质量高、耐高温、挥发度小、不易被氧化的强极性增塑剂。

需要特别强调的是，在合成材料配方中选用增塑剂时，除了考虑上述各种性能的平衡之外，还需要关注增塑剂的毒性和安全性问题。增塑剂的环境污染和对人类的健康危害是人们长期关注的课题。有报告认为，长期接触某些苯二甲酸酯能够引起皮肤过敏和产生刺激反应。研究证明，儿童玩具中的 DOP 和 DINP 增塑剂是对肝脏和肾脏有慢性危险的潜在源，长期受高剂量的 DOP 和 DINP 损害，会导致体重减少，肝的质量增大，肝细胞的病理组织学发生变化，最终会引发肝肿瘤。为保障婴儿的健康，欧盟已禁止销售含苯二甲酸酯的软聚氯乙烯婴儿口咬玩具，并规定含苯二甲酸酯的非口咬儿童普通玩具，也必须在包装上印有警告符号或标记。美国的一些厂家则自愿放弃使用这些增塑剂。邻苯二甲酸二辛酯的安全性促使人们研究和使用其代用增塑剂，如在与食品、玩具、医疗甚至润滑油和燃料接触的制品中，使用柠檬酸酯和聚酯增塑剂将越来越多地被人们采用。

(5) 增塑剂的生产原理举例

邻苯二甲酸酯类增塑剂一般由苯酐和相应的醇发生酯化反应得到。反应分两步进行。

第一步：是苯酐与醇生成单酯酸的反应，此步反应进行很快，不需催化剂，是放热反应，在 130℃温度下即可进行。

苯酐　　　　　醇　　　单酯酸

第二步：是单酯酸与醇生成双酯的反应，此步反应很慢，需加催化剂，是吸热反应，反应温度因醇不同各异。

单酯酸　　　醇　　　双酯　　　水

从平衡反应式可以看出，提高反应物浓度，降低生成物浓度，都能使平衡向着生成物的方向转移。在实际生产中，用过量醇来提高反应物转化率，并和生成的水形成共沸物，从系统中脱出反应生成的水，以降低生成物的浓度，使整个反应向着有利于生成双酯的方向移动。

2. 脱模剂

脱模剂是在合成材料成型过程中，防止半成品或成品黏结到模具或工艺界面，起到易于离型作用的加工助剂，所以也称之为离型剂。随着合成材料的应用发展，脱模剂的种类也非常丰富，常见脱模剂分类方法如下。

(1) 按用法分类　内脱模剂、外脱模剂。
(2) 按寿命分类　常规脱模剂、半永久脱模剂。
(3) 按形态分类　溶剂型脱模剂、水性脱模剂、无溶剂型脱模剂。
(4) 按活性物质分类

① 蜡系脱模剂，如植物、动物、合成石蜡；微晶石蜡；聚乙烯蜡等。
② 硅系脱模剂，如硅氧烷化合物、硅油、硅树脂甲基支链硅油、甲基硅油、乳化甲基硅油、含氢甲基硅油、硅脂、硅树脂、硅橡胶、硅橡胶甲苯溶液。
③ 氟系脱模剂，如聚四氟乙烯，其隔离性能最好，对模具污染小，但成本高。
④ 表面活性剂脱模剂，如金属皂（阴离子性）、EO、PO 衍生物（非离子性）。
⑤ 无机粉末脱模剂，如滑石粉、云母粉等。

选用脱模剂时应综合考虑以下因素。
① 脱模性好，形成均匀薄膜，且用于形状复杂的成型物时，尺寸精确无误，成型物外观表面光滑美观。
② 对后工序加工无不良影响，当脱模剂转移到成型物时，对电镀、热压模、印刷、涂饰、黏合等后加工工序均无不良影响。
③ 稳定性好，与其他配合剂及材料并用时，其物理、化学稳定性好。
④ 易涂布、耐热、耐污染、不燃、低气味、低毒性、成本低。

思 考 题

1. 什么是合成材料助剂？其在配方应用中具有怎样的共性？通常也将合成材料助剂简称为什么？
2. 合成材料助剂按照不同的依据可分为哪些类型？如何理解功能助剂和工艺助剂的分类方法？
3. 增强性助剂与补强性填料有什么异同？请举例说明。
4. 使用着色剂时，我们应主要考虑哪些性能？
5. 增白剂能代替漂白剂吗？漂白与增白的区别在哪里？
6. 抗氧剂按照不同的分类依据可分为哪些类型？选用抗氧剂时，我们应综合考虑哪些因素？
7. 什么是氧指数？氧指数与材料的阻燃性有什么关系？阻燃剂的阻燃机理有哪些？
8. 静电有哪些危害？抗静电剂如何降低这些危害的发生？
9. 什么是引发剂、链转移剂和链终止剂？它们是如何影响合成材料的分子量及其分子量分布的？
10. 内增塑剂和外增塑剂有什么区别？我们通常所说的增塑剂是前者还是后者？其增塑机理是什么？其具有怎样的结构特征？

第十章 染料与颜料

第一节 导　言

一、染料的定义及分类

1. 染料

染料是指能在水溶液或其他介质中使物质获得鲜明而坚牢色泽的有机化合物。但并非所有的有色有机化合物都能作为染料，染料必须对被染色物质具有一定的亲和力和染色牢度。染色牢度是表示被染色物在其后加工处理或使用过程中，染料能经受外界各种因素作用而保持其原来色泽的能力。根据外界作用因素性质不同，就有相应的各种牢度，如日晒、耐皂洗、耐水洗、摩擦、耐升华、耐酸碱等牢度，染色牢度是染色质量的一个重要指标。染料同时还要满足应用方面提出的要求：颜色鲜艳，使用方便，成本低廉，无毒等。

2. 染料的作用

染料主要用于各种纤维的染色，同时在塑料、橡胶、油墨、皮革、食品、纺织、合成洗涤剂、造纸、感光材料、激光技术、液晶显示等领域都有广泛应用。

染料的作用有以下三个方面。

(1) 染色　染料由外部进入到被染物的内部，从而使被染物获得颜色，如各种纤维、皮革、织物等的染色。

(2) 着色　在物体最后形成固体形态之前，将染料分散在组成物之中，成型后便得到有颜色的物体，如塑料、橡胶及合成纤维的原浆着色。

(3) 涂色　借助于涂料的作用，使染料附着于物体的表面，从而使物体表面着色，如涂料、印花油漆等。

3. 染料的分类

染料可按它们的结构和应用性质来分类。

根据染料的应用性质、使用对象、应用方法分类的称为应用分类。通常，可将其分为以下几种。

(1) 酸性染料、酸性媒介染料及酸性络合染料　染料分子中含有磺酸基、羧酸基等极性基团，通常以水溶性钠盐存在，在酸性介质中，它们能与蛋白纤维分子中氨基以离子键相结合。主要用于羊毛、聚酰胺纤维及皮革等的染色。

（2）中性染料 在中性介质中染羊毛、聚酰胺纤维及维纶等。

（3）活性染料 染料分子中含有能与纤维分子中羟基、氨基等发生反应的基团，在染色时和纤维形成共价键结合，故又称反应性染料。主要用于棉、麻、羊毛、合成纤维的染色、印花。

（4）分散染料 染料分子中不含有水溶性基团，是一类水溶性很小的非离子型染料。染色时可用分散剂使其成为低水溶性的胶体分散液而进行染色。主要用于憎水性纤维如涤纶、锦纶、醋酸纤维等的染色。

（5）阳离子染料 染料分子溶于水呈阳离子状态，是聚丙烯纤维的专用染料。

（6）直接染料 染料分子多数为偶氮结构并含有磺酸基、羧酸基等水溶性基团，可溶于水，在水中以阴离子形式存在。主要用于纤维素纤维染色，亦可用于蚕丝、纸张、皮革等染色。

（7）冰染染料 染色中由重氮组分和偶氮组分直接在棉纤维上发生化学反应并生成不溶性的偶氮染料而染色，由于染色需在冷却条件下进行，所以称为冰染染料。主要用于纤维素织物的染色和印花。

（8）还原染料 染料本身不溶于水，染色时用还原剂在碱性溶液中先还原成可溶性的隐色体而上染，再经氧化，在纤维上恢复成原来不溶性的染料而着色。主要用于棉的染色，也可用于羊毛、纤维等的染色。

（9）硫化染料 是一类与还原染料相似的不溶性染料，只是它们借硫或硫化碱的还原作用，在染色时将染料还原成可溶性隐色体钠盐而上染纤维，再经氧化，恢复成原来不溶性染料而着色于纤维上。主要用于棉和维纶的染色。

按化学结构分类是指按染料的共轭体系结构，以及染料相同的合成方法和性质来分类，一般可分为：硝基及亚硝基染料、偶氮染料、不溶性偶氮染料、蒽醌染料、靛族染料、硫化染料、芳甲烷染料、菁类染料、酞菁染料和杂环类染料。

二、染料的命名

染料是分子结构比较复杂的有机化合物，若按有机化合物系统命名法来命名较为繁复，还不能反映出染料的颜色和应用性能，因而采用专用的染料命名法，我国染料名称由三部分组成。

1. 冠称

冠称表示染料的应用类别，又称属名，将冠称分为31类，即酸性、弱酸性、酸性络合、酸性媒介、中性、直接、直接耐晒、直接铜盐、直接重氮、阳离子、还原、可溶性还原、硫化、可溶性硫化、氧化、毛皮、油溶、醇溶、食用、分散、活性、混纺、酞菁素、色酚、色基、色盐、快色素、色淀、耐晒色淀、颜料和涂料色浆。

2. 色称

表示染料在纤维上染色后所呈现的色泽。我国染料商品采用了30个色称，而色泽的形容词采用"嫩"、"艳"、"深"三字。如嫩黄、黄、深黄、橙、大红、桃红、品红、紫红、湖蓝、艳蓝、深蓝、蓝、艳绿、深绿、棕、红棕、橄榄、灰、黑等。

3. 字尾

以拉丁字母或符号表示染料的色光、形态及特殊性能和用途。例如，B代表蓝光；C代表耐氯、棉用；D代表稍暗、印花用；E代表匀染性好；F代表亮、坚牢度高；G代表黄光或绿光；J代表荧光；L代表耐光牢度较好；P代表适用印花；S代表升华牢度好；R代表红光等。

有时还用字母代表染色的类型，它置于字尾的前部，与其他字母间加半字线。如活性艳蓝 KN-R，其中 KN 代表活性染料类别，R 代表染料色光。

三、染料工业的现状及发展趋势

染料工业是精细品化学工业中的重要分支之一。染料工业所生产的各类染料、荧光增白剂等广泛应用于纺织、食品、皮革、轻工产品、涂料、油墨等各个领域，与人民生活密切相关。

近年来，我国染料产量一直居世界首位。2013 年，我国染料产量已经达到 90 万吨，同比增长了 8.04%，占世界总产量的 70% 左右。从具体产品来看，分散染料是占比最大的品种，占总产量的 40%，2012 年国内分散型染料产量约 36.65 万吨，2013 年达到 40 余万吨；活性染料是第二大染料产品，2012 年产量约为 26.66 万吨。目前已能生产的品种超过 1200 个，其中常年生产的品种约 700 个。我国不仅是世界第一染料生产大国，而且是世界第一染料出口大国，染料出口量约占世界染料贸易量的 25%，已经成为世界染料生产、贸易的中心。

今后绿色染料的研发将成为新产品的发展方向，即具有"六不"特点的染料：不含致癌芳香胺和不会裂解产生致癌芳香胺、不含过敏性染料、不含超标的重金属、不含超标的甲醛、不含可吸附有机卤化物、不易产生环境污染或低三废等。目前活性染料和分散染料是世界染料创新的重点。

活性染料与其他纤维素纤维用染料相比具有色泽鲜艳、湿牢度优、使用方便和适用性强等优点，它的结构中不含致癌芳香胺。高固着率、高色牢度、高提升性、高匀染性、高重现性和低盐染色等新型活性染料是目前世界染料市场上开发和发展的重点之一。如 Ciba 公司新近开发的 Cibacron S 型染料，具有中等亲和力、良好分散性、优异水洗性、超过 90% 的固着率和极高的提升性。DyStar 公司开发的 Remazol Fluorescent Yellow FL 是世界上第一个用于纤维素纤维的荧光活性染料，具有极鲜艳的颜色和好的色牢度，是活性染料史上的一个突破。近年各国对毛用活性染料的研究和开发很活跃，新的品种有 Sumifix WF 染料、Realan WN 染料、Lanasol CE 染料等，它们大多含有乙烯砜等两个活性基，能用来取代铬媒染染料。

分散染料中，具有高水洗牢度、高耐热迁移牢度、高环保性能和低尼龙与聚氨酯纤维汗污性、低成本等特性的新型染料成为目前世界染料市场上开发最活跃的染料之一。主要用于超细目聚酯纤维、旅游用聚酯纤维、运动服与汽车内聚酯织物等的染色。Ciba 公司在近年来开发的 Terasil WW 型染料是一类具有邻苯二甲酰亚胺偶氮结构的新型分散染料，它在聚酯纤维及其混纺织物上具有很好的耐热迁移牢度和极佳的洗涤牢度，它还提高了老的耐洗的蓝色、海军蓝色、黑色和蓝光红色分散染料的耐还原能力，并克服了大多数传统的耐洗的红玉色和红色分散染料对 pH 敏感的问题。

自 20 世纪 70 年代以来，现代科学技术的迅速发展，染料不仅以其颜色特性应用于各个领域，而且也以其特有的物化性能，如光电活性、化学活性等，而广泛应用于许多高新技术领域，被誉为染料工业发展史上的第三个里程碑。这类染料有：

① 变色异构染料，包括光变色染料、热变色染料、电变色染料；

② 能量转化染料，包括发光染料、太阳能转化染料、激光染料、有机非线性光学材料用染料等；

③ 信息显示及记录用染料，包括液晶染料、滤色片染料、光盘信息记录用染料、电子照相用染料及压、热、光敏染料等；

④ 生化及医用染料，包括生物着色用染料、医用染料、亲和色谱配基用染料等。

功能染料的发展，不仅为染料工业注入了新的活力，而且也进一步推动了高新技术的发展。

另外研制对人体有害或三废较难治理的产品的代用品种也是一个重要方向，如研究三价铬代替对人体危害较大的六价铬来做媒染剂。

染料工业迅速发展的同时,向周围环境排放出大量有毒有害的废物,给环境带来严重的污染。染料中间体生产中传统的单元反应如低温恒温硝化、以硫酸为磺化剂磺化、酸/碱催化酯化等普遍存在生产效率低、能耗高及三废排放量大的问题。人们在积极寻求末端治理工业废物方法的同时,开始将重点转向在源头上实施污染预防,各种绿色生产技术不断开发成功,推行污染预防和清洁生产已经成为染料工业实现环境改善、保持竞争优势和盈利的核心手段。

在染料和中间体合成过程中推广应用绝热或气相硝化技术、液相催化加氢技术、三氧化硫磺化技术、生物化工技术、溶剂法合成技术等。开发各种新型催化技术,可以促使一些在常规反应条件下不能进行的合成反应得以实施,如相转移催化、金属盐催化、稀土盐催化、分子筛催化及酶催化等。与传统硝化方法相比,绝热硝化法可降低能耗50%~80%,提高硝基物收率3%~4%,设备生产能力提高1~2倍,硫酸全部回收利用,比传统方法更加安全。在制备蒽醌型分散红3B分散染料时,采用在水介质中使用相转移催化剂,对1-氨基-2-羟基蒽醌进行苯氧基化,收率可由原来的90%提高到98%,纯度达到97%,且缩短了反应时间,降低了成本。

在染料及其中间体分离过程中可采取膜分离技术、分子筛吸附分离技术等高新技术。在染料后处理过程中,新兴的纳米技术对改善染料性能、外观及使用都非常有效,是一种非常有前景的染料商品化技术。颗粒成型技术、微胶囊和包膜技术等也在推广应用。在印染过程中,应用了分散染料的超临界二氧化碳流体染色技术、热转移印花技术、非水系统染色技术及喷墨印花技术等。

我国染料工业发展的方向如下。

① 新型染料开发的重点是分散染料、活性染料、酸性染料和金属络合染料四类,它们分别用于纤维素纤维、聚酯纤维、聚酰胺纤维和羊毛的染色与印花。

② 高新绿色制造技术的使用,可以大大地减少三废或者说把三废消灭于工艺之中。加大适合于染料的新型末端治理技术的开发力度,也是染料工业大力开发和采用新技术的重要内容。

③ 产品结构的优化,适当提高活性染料、酸性染料的比例。活性染料着重发展高固着率、低盐染色、高湿摩擦牢度和优良的日光牢度等品种;酸性染料主要发展聚酰胺纤维、羊毛和皮革等中高档不含金属的弱酸性染料;分散染料主要发展环保型分散染料和高热迁移性能的品种。严格控制技术含量低和低水平产品生产装置的重复建设,杜绝禁用染料的生产。

④ 开发与服务并重,随着纺织纤维性能和染整工艺的不断改进,市场对染料的要求越来越多、越来越高,加强应用服务,以提高我国染料产品在市场上的竞争力。

第二节 纺织工业用染料

一、羊毛用染料

1. 酸性染料

这是一类在酸性介质中进行染色的染料,染料能溶于水,色泽鲜艳、色谱齐全。主要用于羊毛、蚕丝和锦纶等染色,也可用于皮革和纸张。按化学结构和染色条件不同可分为强酸性、弱酸性、酸性媒介、酸性络合染料等。

(1) 强酸性染料 强酸性染料是最早发展起来的酸性染料,要求在较强的(pH=2~4)的酸性染浴中染色。其分子结构简单,相对分子质量小,在羊毛上能匀移,染色均匀,但是牢度比较低，色泽不深，而且强酸染浴损伤羊毛纤维，染后的羊毛手感比较差。按其化学结构又可以分为偶氮型、蒽醌型、三芳甲烷型等，其中以偶氮型最多。以吡唑啉酮及其衍生物为偶合组分的黄色染料具有较好的耐光牢度；酸性蓝 R 具有鲜艳蓝色、性能优良，也是制备分散蓝 S-BGL 的原料；三芳甲烷类强酸性染料分子中至少含有两个磺酸基。第一个与氨基结合成内盐，这类染料色光鲜艳，色泽浓深，但耐晒牢度较差。常见的该类染料有酸性嫩黄 G、酸性蓝 R、酸性湖蓝 A 等。

（2）弱酸性染料　在强酸性染料的基础上增大相对分子质量就成为弱酸性染料。该类染料分子结构复杂，相对分子质量较大，能在弱酸性介质中染羊毛。其对羊毛亲和力较大，且无损伤，色光较深，坚牢度有所提高，但染料溶解度较低。按加重相对分子质量方法不同，弱酸性染料又有引入芳砜基的普拉型和引入长碳链烷基的弱酸性染料。常见的弱酸性染料有弱酸性红-3B、卡普蓝桃红 B 等。

（3）金属媒染与络合染料　酸性染料染色后，为了提高耐晒、耐洗、耐摩擦牢度，可用某些金属盐（如铬盐、铜盐）为媒染剂进行处理。但经媒染剂处理后，色光较暗，织物会发生色变而不易配色。按结构的不同有水杨酸衍生的染料和染料分子偶氮基邻位上具有两个羟基或一个羟基一个氨基的染料。常见的该类染料有酸性媒介深黄 GG、酸性媒介黑 T、酸性媒介棕 RH 等。

在制备染料时，已将金属原子引入染料母体，形成染料的络合物，它的母体与酸性媒介染料相似，这种染料称为金属络合染料。金属原子一般为铬、钴等，其染品耐晒、耐光性优良。金属原子与染料之比为 1∶1，也称为 1∶1 金属络合染料，染色时不需再用媒染剂处理。

另一类酸性络合染料，分子中不含有磺酸基而含有磺酰氨基等亲水基团，其中金属原子与染料分子之比为 1∶2，故也称为 1∶2 金属络合染料。它在中性或弱酸性介质中染色，所以又称中性染料，适用于羊毛、皮革、聚酰胺纤维染色。

2. 其他羊毛用染料

活性染料、中性染料、还原染料也可用于羊毛的染色。这几类染料将在后面作介绍。

二、纤维素纤维用染料

1. 直接染料

直接染料能在中性或弱碱性介质中加热煮沸，直接上染棉纤维。染料不借助媒染剂的作用而能直接上染的性能称为直接性。这种直接性是由直接染料与棉纤维之间的氢键和范德华力结合而成的。直接染料色谱齐全，生产工艺简单，使用方便，价格低廉，广泛用于棉纤维染色，同时也可用于真丝等纤维的染色以及制革、纸张等的着色。直接染料有四类。

（1）普通直接染料　主要以联苯胺及其衍生物，或以 4,4′-二氨基二苯乙烯-2,2′-二磺酸为重氮组分的双偶氮或多偶氮染料。这类染料对纤维的亲和力较大，但耐晒及耐洗坚牢度差。由于联苯胺已确定为致癌物质，各国已先后禁止生产使用，并选用无毒或毒性较小的中间体来代替联苯胺。

（2）耐晒直接染料　其化学结构种类较多，有尿素型、三聚氯氰型、噻唑型、二噁嗪型等，耐晒牢度高。

（3）铜盐直接染料　它是由偶氮型染料，经铜盐处理而制得的，分子中含有铜。由于染料与铜离子形成稳定络合物，从而提高了耐晒牢度。

（4）直接重氮染料　分子上带有伯芳胺基，上染后可以在棉纤维上进行重氮化，并与偶合组分偶合。

常见的直接染料有直接冻黄 G、直接耐晒黑 G、直接耐晒红玉 BBL、直接耐晒黑 GF 等。

2. 冰染染料

这是一类在冷却条件下，于织物上生成的不溶于水的偶氮染料。通用的方法是将织物先用偶联组分（色酚）碱性溶液打底，再通过冰冷却的重氮组分（色基）的弱酸性溶液进行偶合，即在织物上直接发生偶合反应而显色，生成固着的偶氮染料，从而达到印染的目的。因为重氮化偶合过程都是在加冰冷却条件下进行的，所以这一染色法称冰染法；用来生成这些染料的化合物统称为冰染染料。由于在纤维上生成的这些单偶氮染料是不溶于水的，所以也称之为不溶性偶氮染料。冰染染料具有色谱齐全、色泽鲜艳、耐晒、耐洗牢度好、价格低廉、应用方便的优点，但其摩擦牢度较差。主要用于棉织物的染色和印花。

冰染染料分子结构的特征是不含可溶性基团。按照使用形式可分为色酚、色基及快色素，色酚和色基以成品的形式存在，而快色素则是指稳定重氮化合物与偶联组分的混合配剂。

（1）色酚　用来与重氮组分在棉纤维上偶合生成不溶性偶氮染料的酚类称为色酚，又称打底剂，是冰染染料的偶合组分。其多数为不含磺酸基或羧基等水溶性基团，而含有羟基的化合物。色酚 AS 产量最大，用途最广，俗称纳夫妥 AS，其结构为：

色酚 AS

其他常用色酚品种还有色酚 AS-BS、AS-E、AS-D、AS-BO 等。

色酚 AS-BS　　　　　色酚 AS-E

（2）色基　色基亦称显色剂，是冰染染料的重氮组分。不含磺酸基或羧基等水溶性基团，而带有硝基、氰基、芳胺基、甲砜基、氯、三氟甲基、磺酰胺基或乙砜基等取代基的芳胺类化合物。其名称上标记的颜色并不表示它能生成的颜色，与不同的色酚偶合可得到不同的颜色，因此常以它与色酚 AS 生成的颜色命名。常见的色基如下：

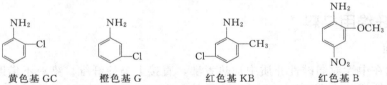

黄色基 GC　　橙色基 G　　红色基 KB　　红色基 B

上述色基和色酚在纤维上偶合显色，在使用时必须先进行重氮化，并立即使用，使用起来不方便。若将色基重氮化后预先制成重氮盐，即色盐，使用时只需将色盐溶解，便可直接用来显色，染色中省去了色基重氮化操作，简化了染色过程。

（3）快色素类冰染染料　为特制的稳定重氮盐和色酚的混合物。二者混在一起不发生偶合反应。染色时不需经过打底和显色，而在印花后经酸化或汽蒸等工序而显色生成染料，故可直接用于印花。工业生产的有快色素、快磺素和快胺素三类。

① 快色素。呈亚硝酸胺的形式，如快色素红 FHG，它是由红色基 KB 的重氮盐用碱处理变成亚硝酸铵后再与色酚 AS-D 混合配成的。应用快色素印花要在汽蒸后在酸性浴中显色，也可通过含酸的蒸汽来显色。其缺点是稳定性差，对酸高度敏感。

② 快磺素。呈重氮磺酸盐形式的稳定重氮盐和色酚的混合物。应用时需用氧化剂重铬酸钠氧化，再用汽蒸与色酚偶合显色。例如，蓝色基 B 重氮化后与亚硫酸钠作用形成蓝色基 B 的重氮磺酸钠稳定盐，再与色酚 AS-D 配成快磺素盐深蓝 G。

③ 快胺素。重氮氨基化合物与色酚混合即为快胺素。重氮氨基化合物由色基重氮盐和某些胺类作用而成。例如，快胺素红 G 是由红色基 KB 重氮盐加到 2-氨基-4-磺酸苯甲酸稳定液

中，经盐析干燥，制成稳定重氮化合物，再与色酚 AS-D 混合而成的。其应用和快色素一样，也要用汽蒸或酸显色，但比快色素稳定。若选用胺类合适，形成的重氮氨基化合物与色酚配成中性素，印花时只需用中性汽蒸即可显色，使用更为方便。

3. 硫化染料

硫化染料是由芳烃的胺类、酚类或硝基物与硫黄或多硫化钠通过硫化反应制成的。其不溶于水，染色时需用硫化钠或其他还原剂将染料还原成可溶性隐色体盐。它对纤维有亲和力而上染纤维，然后经氧化显色，恢复其不溶状态而固着在纤维上，所以硫化染料也可称是一种还原染料。

硫化染料可用于棉、麻、黏胶等纤维的染色，能染单色，也可配色，耐晒牢度较好而耐磨牢度较差，色谱中少红色、紫色，色泽较暗，适合染深色。硫化染料的分子结构目前尚不完全清楚。

硫化染料的工业生产方法有两种：①烘焙法，将原料芳烃的胺类、酚类或硝基化合物与硫黄或多硫化钠在高温下烘焙，以制取黄、橙、棕色染料；②煮沸法，将原料芳烃的胺类、酚类或硝基化合物与多硫化钠在水中或有机溶剂中加热煮沸，以制取黑、蓝、绿色硫化染料。硫化染料中以黑色和蓝色的硫化黑 T 和硫化蓝 RN 应用最广。

4. 还原染料

还原染料的耐晒和耐洗牢度优良，色谱齐全。按化学结构通常分为：靛类染料、蒽醌和蒽酮染料及可溶性还原染料。

(1) 靛类染料　是由古老的植物染料靛蓝发展起来的，目前植物靛蓝已被合成靛蓝所代替。靛类染料包括靛蓝和硫靛的衍生物，前者只有蓝色，而后者有橙、红、紫、棕、灰等颜色。

① 靛蓝。是以苯胺为原料，与氯乙酸缩合生成苯基甘氨酸，再经氢氧化钠高温碱熔，使环构成为羟基吲哚，再在碱溶液中经空气氧化而制得的。靛蓝是氮杂茚的衍生物。

② 硫靛。硫靛是靛蓝结构中的亚胺基用—S—代替，是苯并硫茂的衍生物。硫靛制法和靛蓝相同，应用方法也相似，但色泽不够鲜艳，耐晒、耐洗牢度也较差；而硫靛衍生物种类繁多，都具有鲜明的红或紫色，坚牢度优良。许多硫靛衍生物可作为涤棉混纺染料使用，同时上染涤、棉两种纤维。

靛蓝　　　　　硫靛

(2) 蒽醌和蒽酮染料　蒽醌或蒽酮的衍生物是还原染料的重要类型。具有染品色泽鲜明、坚牢度优良的特点。主要有蓝、绿、棕、灰等颜色。

① 还原蓝 RSN。是第一个蒽醌类还原染料，也是主要的还原染料品种，色泽鲜艳，各项牢度优异，用于染棉布及人造丝。在还原蓝 RSN 衍生物中，具有重要意义的是其卤素衍生物，如还原蓝 BC，其为重要蓝色还原染料品种，耐氯漂性能优良。

② 还原棕 BR。是一个各项牢度均很好、含有两个氮芴核的衍生物，为我国生产的主要棕色还原染料之一。

③ 还原艳绿 FFB。是联苯绕蒽酮衍生物中很重要的染料，具有蓝光艳绿，是最坚牢和最鲜艳的绿色染料，对光、氯、酸及水洗等的坚牢度都很好，而且对纤维的亲和力也很好。

(3) 可溶性还原染料　是靛族还原染料和蒽醌还原染料隐色体的硫酸酯盐。染色时经纤维吸附，再经氧化剂的酸性溶液处理即可显色。分为溶靛素和溶蒽素两类。对纤维亲和力较低，适宜染浅色。由于其染色时不需进行还原，也不用碱，因此应用范围可扩大到其他纤维。其合成方法是将还原染料直接加入叔胺和氯磺酸的混合液中后加入金属粉末，被还原生成的染料隐色体，立刻酯化，生成可溶性还原染料。

5. 活性染料

活性染料亦称反应性染料，其分子中含有能与纤维素纤维中的羟基和蛋白质纤维中的氨基发生反应的活性基团，在染色时与纤维形成化学键，生成"染料-纤维"化合物。活性染料具有色泽鲜艳、色谱齐全、湿处理牢度高、价格低廉、染色方法简便、匀染性好、工艺适应性宽等特点，广泛用于棉、麻、黏胶丝绸、羊毛等纤维及其混纺织物的染色和印花。

（1）分子结构　活性染料的结构可用下列通式表示：

$$\boxed{W}-\boxed{D}-\boxed{B}-\boxed{R}$$

式中　W——水溶性基团；
　　　D——发色体或染料母体；
　　　B——桥基；
　　　R——活性基。

活性染料的结构基本上分为母体和活性基两大部分，活性基往往通过桥基与母体相连接，母体是染料的发色部分，它们大多为小分子的单偶氮和蒽醌型以及酞菁、杂环等其他类型的发色体。为了保证活性染料有较好的水溶性和匀染性，在染料母体上还接有一定数量的水溶性基团（含1~3个磺酸基）。活性基是染料分子中与纤维直接起反应的基团，理想的活性基应具备两类条件：与纤维反应时十分活泼，但过于活泼会使染料不稳定；在水溶液中易水解，因此还必须在形成染料-纤维键后其活性完全消失，而十分稳定。

（2）三氮苯型活性染料　该染料有以下几种类型。

① 三聚氯氰型。这类染料色谱齐全，具有两个氯原子的低温型活性染料反应性能较好，但稳定性较差，用于低温浸染；具有一个活泼氯原子的热固性活性染料反应性能中等，染料稳定性好，用于轧染和印花。主要产品有活性艳黄X-6G，活性艳红X-3B、K-3B，活性艳蓝X-BR等。

② 三聚氟氰型。这类染料的反应性高，40℃即可染色，"染料-纤维"结合键牢度较好，还可冷扎堆置染色。

③ 羧基吡啶均三嗪型。这类染料的活泼性比乙烯砜型及二氟一氯嘧啶高，但不如二氯三嗪型。

（3）乙烯砜型活性染料　这是一类含有β-乙烯砜基硫酸酯作为活性基团的活性染料。染料色谱齐全、活泼性中等，固色温度60℃，俗称KN型活性染料。主要产品有活性嫩黄KN-7G、活性艳蓝KN-R、活性金黄KN-G等。

（4）嘧啶型活性染料　这类染料有以下几种类型。

① 甲砜基嘧啶型。这类染料具有较高活泼性，反应生成的"染料-纤维"键较牢固不易断键，产品有活性红等。

② 2,4-二氟嘧啶型。这类染料活泼性仅次于二氯三氮苯型，活泼性较高，染色时反应快，可用于印花扎染和浸染，产品如活性深蓝R-GL。

③ 氟氯甲基嘧啶型。其活泼性次于2,4-二氟嘧啶活性染料，固色率较高，可达80%以上，主要用于印花。具有色泽鲜艳、色谱齐全、"纤维-染料"结合键牢固的特点，是目前活性染料中的优良品种。

（5）膦酸型活性染料　这类染料分子中含有膦酸基，是由ICI公司于20世纪70年代末开发的。其染色机理是膦酸基在高温下能与催化剂氰胺或双氰胺作用，生成能与纤维素的羟基结合的双膦酸酐。其染色不需在碱性条件下，故这类染料能与分散染料在相同条件下染色，即在弱酸性条件pH=6中固色，故可与分散染料一溶法染涤棉混纺织物。

（6）高固色率双活性染料　活性染料的水解反应降低了它的固色率，这不仅浪费染料，增加印染工艺中皂洗次数,还增加了印染废水的治理。高固色率双活性染料可克服上述缺点。这类染料分子中有含两个三聚氯氰环的活性基的,也有含乙烯砜基及一氯三氮苯两个活性基的,如双活性蓝光红、活性深蓝 M-4G 等。

三、合成纤维用染料

合成纤维用染料主要是分散染料。分散染料分子中不含有水溶性基团,但含有羟基、偶氮基、氨基、羟烷氨基、氰烷氨基等极性基团,属于非离子型染料,其在水中仅有微溶性,呈分散微粒状态。分散染料按结构可分为偶氮型及蒽醌型两种,此外还有硝基、苯乙烯型等。单偶氮染料只有黄、红至蓝各种色泽,蒽醌型染料具有红、紫、蓝和翠蓝色。双偶氮型、硝基型、次甲基型分散染料大多数为黄色及橙色。除分散染料外,阳离子染料是聚丙烯腈纤维的专用染料,本节重点介绍分散染料。

1. 偶氮型分散染料

偶氮型分散染料是分散染料中最主要的一类,约占 60%,其通式为:

$$\text{X}^4 \underset{\text{X}^6}{\overset{\text{X}^2}{\bigcirc}} \text{N=N} \underset{Y}{\overset{X}{\bigcirc}} \text{N} \underset{\text{CH}_2\text{CH}_2\text{R}^2}{\overset{\text{CH}_2\text{CH}_2\text{R}^1}{<}}$$

主要有:①黄色偶氮型分散染料,常见的品种有分散黄棕 S-2RFL、分散黄 G、分散黄 E-RGFL;②红色偶氮型分散染料,主要品种有分散红玉 S-2GFL、分散红玉 SE-GFL、分散大红 S-3GFL、分散大红 S-BWFL 等;③蓝色偶氮型分散染料,单偶氮染料的重氮组分上引入强吸电子基,吸电子性越强蓝色越深,因此在重氮组分苯核的 2,4,6 位上常带有硝基、氰基、烷砜基等强吸电子基;偶合组分上引入给电子基,给电子基越多、越强,则蓝色越深,所以蓝色偶氮染料中偶合组分的 2,5 位上常带有给电子取代基。这些取代基的存在不仅加深了颜色,且提高了染料耐光、耐升华牢度。常见的品种有分散藏青 S-2GL、分散蓝 SE-2R、分散蓝 KB-FS。

2. 蒽醌型分散染料

这类染料色谱包括红、紫、蓝等色,在深色品种中占重要地位。其日晒、皂洗等牢度比一般偶氮型分散染料要好,而且色泽较鲜艳。但制造方法复杂,成本较高。

(1) 1-氨基-4-羟基-蒽醌的 β 位取代物 这类染料的通式如下:

分散红 3B

如分散红 3B 色泽鲜艳,可与分散黄 RGFL、分散蓝 2BLN 拼色,其日晒牢度、匀染性较好,但升华牢度较差,故仅适于高温高压法染色。

(2) 1,5-二氨基-4,8-二羟基蒽醌衍生的分散染料 这类染料的通式如下:

分散蓝 2BLN

如分散蓝 2BLN 具有鲜艳的色光,日晒及湿处理牢度好,但升华牢度稍差。

其他稠环型分散染料以 1,4-二氨基-2,3-二羧酰亚胺为主要代表,这类染料为翠蓝色,色光纯正,日晒牢度尚可,但升华牢度较差。主要产品有分散翠蓝 BL、分散翠蓝 BGF、分散湖蓝 G 等。

第三节 染料的其他应用

近年来,功能染料得到了迅速发展。功能染料是指具有特殊性能的有机染料,其特殊性能表现在光的吸收和发射性、光敏性、光导电性、生物活性及可逆变化性等方面。

一、液晶显示染料

为了得到彩色液晶显示,就需要有与液晶配合的双向性染料,当液晶随外加电压转动时,染料分子也随之转动,光吸收随之而改变。以下结构的染料在液晶中显示不同的颜色。

黄　　红　　蓝

二、压、热敏染料

压敏染料一般是三芳甲烷染料。其在碱性和中性条件下为无色的内酯,与酸接触时即开环而成有深色的盐。利用这一显色原理,将染料溶于高沸点溶剂,包于微粒中,涂于复印纸下层,和涂有酸性白土的纸接触。当打字或书写时微粒承受压力而破裂,染料和酸性白土接触而显色,这就是压敏染料的应用。热敏纸是用热笔使微粒破裂,广泛用于示温墨水。

三、有机光导材料用染料

有机光导材料用染料较无机类的硒、氧化锌等具有毒性小、价格低、透明性好、成膜性好的优点。这类染料主要有聚乙烯咔唑、铜酞菁、芘类等,可用于复印机的感光剂。

四、近红外吸收染料

红外线吸收染料是指对红外线有较强吸收的染料,和通常染料一样,这些染料也有特定的 π-电子共轨体系,所不同的,它们的第一激发能量比较低,吸收的不是可见光而是波长更长的红外线。近年来,近红外吸收染料和纺织染整关系密切的是被用于太阳能转换和储存。用这种染料加工制成的塑料薄膜或纺织服装,在工业、农业和服装上均有很好的应用前景。

五、荧光增白剂

荧光增白剂是一种无色的能产生荧光的有机化合物,能提高物质的白度和光泽,主要用于纺织、造纸、塑料及合成洗涤剂等工业。这类染料主要有五类:二苯乙烯型、香豆素型、吡唑啉型、苯并噁唑型和苯二甲酰亚胺型。

第四节 合成方法及应用示例

一、分散红 3B

分散红 3B 为紫褐色均匀粉末,不溶于水,以水分散状态染色。染浴中遇金属离子使色光蓝色增大。分散红 3B 主要用于涤纶、醋酸纤维及其混纺织物的染色,还可用于转移印花,特别适宜与分散黄 RGFL 和分散蓝 2BLN 相互拼色。

分散红 3B 是蒽醌型染料,由 1-氨基蒽醌经溴化得 2,4-二溴-1-氨基蒽醌,再经水解将一个溴变为—OH，最后与苯酚缩合制得。其反应原理及生产工艺流程简图如下：

```
[反应式：1-氨基-2-溴-4-溴蒽醌 → (H₂SO₄, H₃BO₃, 120℃) → 1-氨基-2-溴-4-羟基蒽醌 → (苯酚, OH⁻, 140℃) → 1-氨基-2-苯氧基-4-羟基蒽醌]
```

工艺流程：1-氨基蒽醌溴 → 溴化 → (硫酸、硼酸) 水解 → (苯酚) 缩合 → 过滤 → 砂磨 → 干燥 → 成品

二、活性艳红 X-3B

活性艳红 X-3B 为红色均匀粉末，溶于水，遇铁对色光无影响，遇铜色光稍暗。在缚酸剂（纯碱、烧碱等碱性化合物）存在下，即能与纤维素纤维的羟基反应，生成"纤维-染料"化合物，故具有较好的耐洗和摩擦牢度，但不易染深色。活性艳红 X-3B 主要用于棉、丝、锦纶和人造丝的染色和印花。

活性艳红 X-3B 是含二氯三嗪基作为活性基的偶氮染料，由 H 酸先和三聚氯氰缩合，再与苯胺重氮盐（氯化重氮苯）偶合而成。其反应原理及生产工艺流程简图如下：

```
苯胺 + NaNO₂ + 2HCl → 氯化重氮苯 + NaCl + 2H₂O

H酸 + (CNCl)₃ —缩合→ H酸-三聚氯氰缩合物

缩合物 + 氯化重氮苯 → 活性艳红 X-3B
```

工艺流程：
- H 酸 → 缩合 →（三聚氯氰、食盐、尿素、纯碱）→ 偶合 → 后处理 → 成品
- 苯胺 →（亚硝酸钠、盐酸）→ 重氮化 → 偶合

第五节 颜料概述

一、颜料的定义及其分类

颜料是一种有色的细颗粒粉状物质，一般不溶于水、油、溶剂和树脂等介质中，常常分散悬浮于具有黏合能力的分子材料中，依靠黏合剂的作用，机械地附着在物体上而着色。它具有遮盖力、着色力，对光相对稳定，常用于配制涂料、油墨以及着色塑料和橡胶，因此又可称为着色

剂。有些物质由于使用方法不同，有时在一个场合下可作染料，但在另一场地合下却可作颜料。

颜料从化学组成来分，可分为无机颜料和有机颜料两大类，就其来源又可分为天然颜料和合成颜料。天然颜料以矿物为来源的，如朱砂、红土、雄黄、高岭土等。以生物为来源的，来自动物的有胭脂虫红、天然鱼鳞粉等，来自植物的有藤黄、靛青等。合成颜料通过人工合成，如钛白、锌钡白、铅铬黄、铁蓝等无机颜料，以及大红粉、酞菁蓝、喹吖啶酮等有机颜料。以颜料的功能来分类的，如防锈颜料、磁性颜料、发光颜料、珠光颜料、导电颜料等等。以颜色分类，则是方便使用的方法，如此颜料可分为白色、黄色、红色、蓝色、绿色、棕色、紫色、黑色，而不顾其来源或化学组成。

著名的《染料索引》是采用颜色分类的方法：如将颜料分成颜料黄（PY）、颜料橘黄（PO）、颜料红（PR）、颜料紫（PV）、颜料蓝（PB）、颜料绿（PG）、颜料棕（PBr）、颜料黑（PBk）、颜料白（PW）、金属颜料（PM）十大类，同样颜色的颜料依照次序编号排列，如钛白 PW-6、锌钡白 PW-5、铅铬黄 PY-34 等。为了查找化学组成，另有结构编号，如钛白 PW-6C.I.77891、酞菁蓝 PB-15C.I.74160，就可使颜料的制造者和使用者能查明所列颜料的组成和化学结构了。因此在国际颜料进出口贸易业中均已经广泛采用，国内的一些颜料生产厂家也使用了这种颜料的国际分类标准。中国的颜料国家标准 GB/T 3182—1995，也是采用颜色分类。每一种颜料的颜色有一标志，如白色 BA、红色 HO、黄色 HU……再结合化学结构的代号和序号组成颜料的型号，如金红石型钛白 BA-01-03、中铬黄 HU-02-02 等。

根据所含化合物的类别来分类：无机颜料可细分为氧化物、铬酸盐、硫酸盐、硅酸盐、硼酸盐、钼酸盐、磷酸盐、钒酸盐、铁氰酸盐、氢氧化物、硫化物、金属等；有机颜料可按化合物的化学结构分为偶氮颜料、酞菁颜料、蒽醌、靛族、喹吖啶酮、芳甲烷系颜料等。

从生产制造角度来分类，又可分为钛系颜料、铁系颜料、铬系颜料、铅系颜料、锌系颜料、金属颜料、有机合成颜料，这种分类方法有实用意义，往往一个系统就能代表一个颜料专业生产行业。

从应用角度来分类又可分成涂料用颜料、油墨用颜料、塑料用颜料、橡胶用颜料、陶瓷砖及搪瓷用颜料、医药化妆品用颜料、美术用颜料等。各种专用颜料均有一些独特的性能，以符合应用的要求。

二、颜料性能

有机颜料以高分子化合物为主，而无机颜料以金属氧化物或其盐为主，分子结构区别很大，因此，对产品的性能要求也各不相同。

有机颜料产品质量指标有：①颜料的色光；②着色力（％）；③水分（105℃挥发物）；④水溶物（水溶盐）；⑤吸油量；⑥细度（目数：即通过一定目数的筛子残余物＜5％为准）。另外由于颜料用途广泛，因此也对有机颜料产品的一些物理化学性能指标进行了测试。具体项目有：①耐光性（日晒牢度）；②耐热性；③耐酸、碱性；④流动性（流动度）；⑤耐油、水性；⑥装填容积；⑦耐溶剂性；⑧分散性；⑨耐迁移性；⑩遮盖力（反之为透明度）。

无机颜料产品必须具有以下性能：①色调鲜艳，着色力强；②分散性好；③耐溶剂性大；④耐迁移性好；⑤耐热性优良；⑥耐候性优越；⑦耐药品性好；⑧电绝缘性好；⑨无毒。

颜料产品的品种类型繁多，对理化性能要求往往各不相同。主要是颜料的色泽符合标准色光要求，着色力高，遮盖力好，颜料颗粒细，分散性好等要求。对于某些高档涂料（汽车漆、粉末涂料）品种而言，还须强调颜料耐晒性优异，耐热性好，耐溶剂性优良，易分散等性能指标。

颜料的性能是检验颜料产品是否合格的标准，也决定了颜料产品的使用范围。在选用颜料品种时应了解该颜料的性能及特点，是否与自己产品要求及产品加工生产过程的条件相符，这样才能正确选择理想的颜料品种。

三、颜料工业的现状与发展趋势

颜料用途广泛，可应用于印刷油墨、涂料、塑料、橡胶、（化纤）纺织印花涂料色浆、文教纸张、蜡制品、化妆品等方面。

2005年我国颜料总产量为139万吨，比上年增长5.7%，其中无机颜料约为123万吨，有机颜料仅为16万吨。另据统计，2005年中国颜料总进口量为47万吨，同比增长6.8%；出口量为75.9万吨，同比增长61.5%。2006年无机颜料产销量及进出口量再创新高。据中国涂料工业协会对钛白粉、氧化铁、铬黄三种无机颜料的统计，2006年上述三种无机颜料的总产量为158万吨，其中钛白粉约为85万吨，占54%；氧化铁为68.5万吨，占43%；铬系颜料为4.5万吨，占3%。

在"十一五"期间，我国有机颜料产量保持在18万～22万吨左右水平，约占世界总量的40%左右。有机颜料工业产量年平均增长5.18%；出口量年平均增长2.62%；出口创汇年平均增长13.31%；出口创汇增长远高于出口量的增长。2009年，全国钛白粉总产量达104.66万吨，比上年净增25.94万吨，增幅为32.9%；2015年钛白粉产量达到232.3万吨。氧化铁、铬系颜料等其他颜料，在最近几年也都增速较快。

目前，颜料工业是一个很活跃的行业，其发展趋势主要有以下几个方面：①由通用型向专用型发展，形成种类繁多的颜料系列产品；②开发无毒或低毒颜料；③应用范围扩大化；④改革工艺、扩大原料来源、提高产品质量、降低成本、推动颜料工业的发展。

第六节 有机颜料的应用

有机颜料是不溶性的有机有色物质。与无机颜料相比较，有机颜料颜色鲜明、着色力高，同有机材料具有相混性好、易于研磨的优点；但亦存在遮盖力低、耐热性不高（除了酞菁类外）等缺点。

有机颜料和染料的结构、颜色规律及合成原理是一致的。在应用上，染料与有机颜料也可互相转化，如一些蒽醌染料和不溶性的偶氮染料，就是很重要的有机颜料。

有机颜料和染料的差别主要有两点：①应用有机颜料，是以高度分散的极细粒来使各种物体着色，而染料是以离子或分子状态染着纤维；②有机颜料与被着色物体没有亲和力，是通过胶黏剂和成膜物质将有机颜料附着于物体表面，或混在物体内部，使物体着色。而大多数染料是通过各种作用力与纤维结合着色的。

一、偶氮类颜料

可根据颜料分子中所含有的偶氮基数目，或是重氮组分及偶合组分的结构特征进一步进行分类。单偶氮黄色和橙色颜料是指颜料分子中只含有一个偶氮基而且它们的色谱为黄色和橙色，组成这类颜料的偶合组分主要为乙酰乙酰苯胺及其衍生物和吡唑啉酮及其衍生物。

（1）单偶氮黄色和橙色颜料　单偶氮黄色和橙色颜料的制造工艺相对较为简单，品种很多，大多具有较好的耐晒牢度，但是由于相对分子质量较小及其他原因，它们的耐溶剂性能和耐迁移性能不太理想。单偶氮黄色和橙色颜料主要用于一般品质的气干漆、乳胶漆、印刷油墨及办公用品。典型的品种有汉沙黄10G（C.I. 颜料黄3）：

C.I. 颜料黄3

（2）双偶氮颜料　双偶氮颜料是指颜料分子中含有两个偶氮基的颜料。这类颜料的生产工艺相对要复杂一些，色谱有黄色、橙色及红色，它们的耐晒牢度不太理想，但是耐溶剂性能和耐迁移性能较好。主要应用于一般品质的印刷油墨和塑料，较少用于涂料。典型的品种有联苯胺黄（C. I. 颜料黄12）：

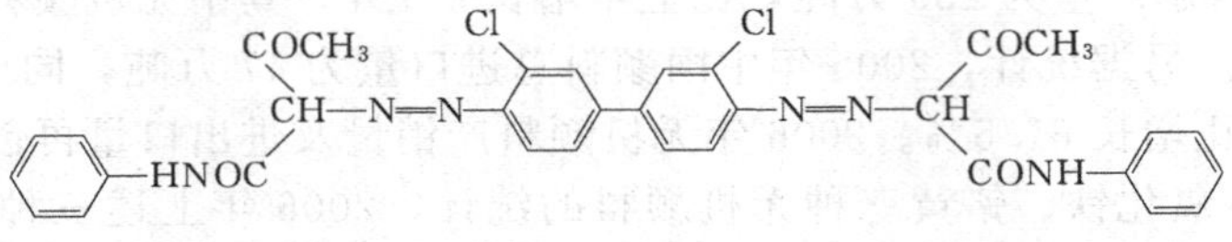

C. I. 颜料黄12

（3）β-萘酚系列颜料　从化学结构上看，β-萘酚系列颜料也属于单偶氮颜料，只是它们以β-萘酚为偶合组分且色谱主要为橙色和红色，为将其与黄色、橙色的单偶氮颜料相区分，故将其归类为β-萘酚系列颜料。它们的耐晒牢度、耐溶剂性能和耐迁移性能都较理想，但是不耐碱，生产工艺的难易程度同一般意义的单偶氮颜料，主要用于需要较高耐晒牢度的油漆和涂料。典型的品种有甲苯胺红（C. I. 颜料红3）：

C. I. 颜料红3

（4）色酚AS系列颜料　色酚AS系列颜料是指颜料分子中以色酚AS及其衍生物为偶合组分的颜料。这类颜料的生产难易程度略高于一般的单偶氮颜料，色谱有黄、橙、红、紫酱、洋红、棕和紫色。它们的耐晒牢度、耐溶剂性能和耐迁移性能一般，主要用于印刷油墨和油漆。典型的品种有永固红FR（C. I. 颜料红2）：

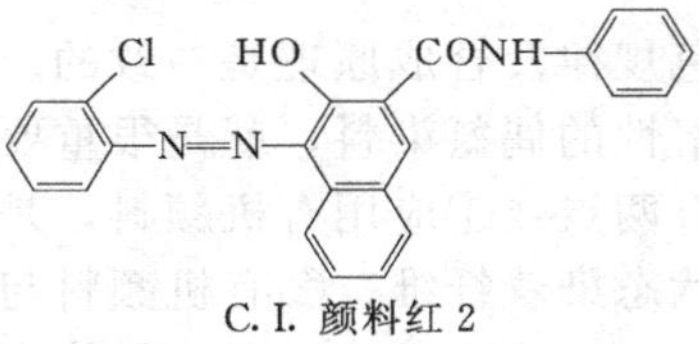

C. I. 颜料红2

（5）色淀类颜料　色淀类颜料的前体是水溶性的染料，分子中含有磺酸基和羧酸基，经与沉淀剂作用生成水不溶性颜料。所用的沉淀剂主要是无机酸、无机盐及载体。此类颜料的生产难易程度同一般的单偶氮颜料，色谱主要为黄色和红色，它们的耐晒牢度、耐溶剂性能和耐迁移性能一般，主要用于印刷油墨。典型的品种有金光红C（C. I. 颜料红53）：

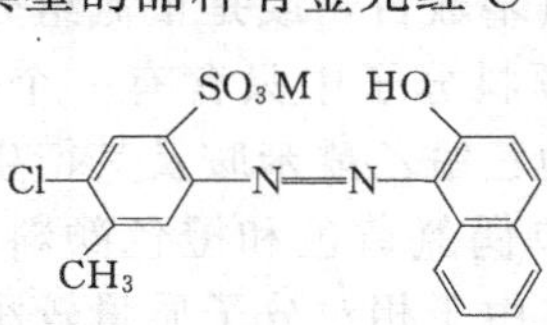

C. I. 颜料红53

（6）苯并咪唑酮颜料　苯并咪唑酮颜料得名于所含的5-酰氨基苯并咪唑酮基团。苯并咪唑酮类有机颜料是一类高性能有机颜料。尽管在化学分类上属于偶氮颜料，但是它们的应用性能和各项牢度却是其他偶氮颜料所不能相提并论的。苯并咪唑酮类颜料的色泽非常坚牢，适用于大多数工业部门。由于价格/性能比的原因，它们主要被应用于高档的场合，例如：轿车原始面漆和修补漆、高层建筑的外墙涂料以及高档塑料制品等。典型的品种有永固黄S3G（C. I.

颜料黄 154）：

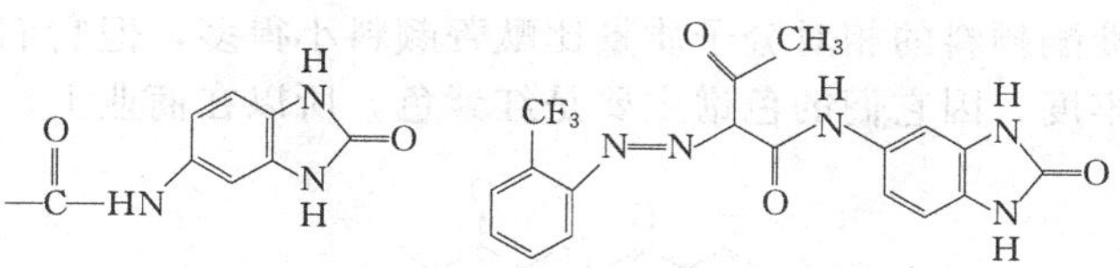

C. I. 颜料黄 154

（7）偶氮缩合颜料　偶氮缩合颜料的分子结构看起来就像普通的双偶氮颜料，但它们是由两个含羧酸基团的单偶氮颜料通过一个二元芳胺缩合形成的。此类颜料的生产工艺较为复杂，色谱主要为黄色和红色，它们的耐晒牢度、耐溶剂性能和耐迁移性能非常好，主要用于塑料和合成纤维的原液着色。典型的品种有固美脱黄 3G（C. I. 颜料黄 93）：

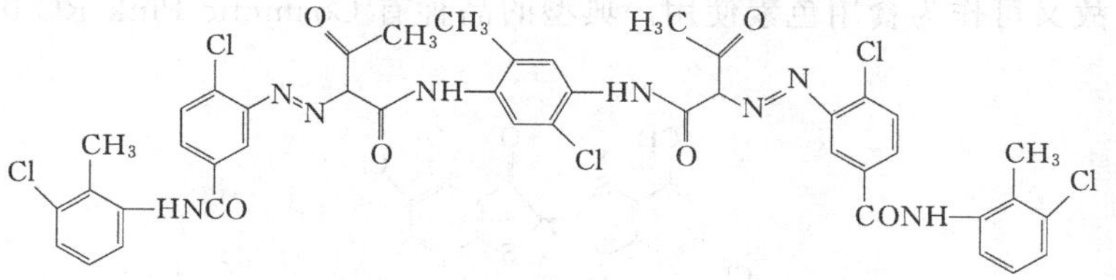

C. I. 颜料黄 93

（8）金属络合颜料　金属络合颜料是偶氮类化合物及氮甲川类化合物与过渡金属的络合物，已商业化生产的品种数较少。在与金属离子络合之前，这类偶氮化合物及氮甲川化合物的颜色较为鲜艳，但一旦与金属离子络合，则生成的金属络合颜料色光要暗得多。络合的优点在于赋予偶氮类化合物及氮甲川类化合物很高的耐晒牢度和耐气候牢度。现有的此类颜料所用的过渡金属主要是镍、钴、铜和铁，它们的色谱大多是黄色、橙色和绿色，主要用于需要较高耐晒牢度和耐气候牢度的汽车漆和其他涂料。典型的品种有 C. I. 颜料黄 150：

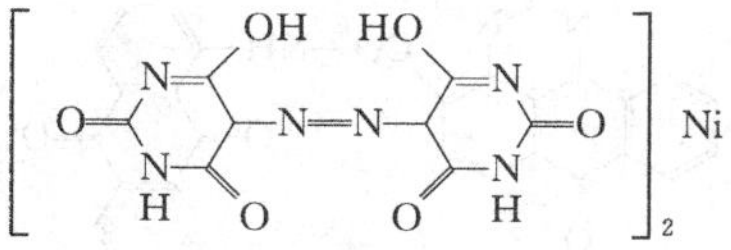

C. I. 颜料黄 150

二、非偶氮类颜料

非偶氮类颜料一般指多环类或稠环类颜料。这类颜料一般为高级颜料，具有很高的各项应用牢度，主要用于高品位的场合。除了酞类颜料外，它们的制造工艺相当复杂，生产成本也很高。

（1）酞菁颜料　酞菁本身是一个大环化合物，不含有金属元素。典型的品种有酞菁蓝 B（C. I. 颜料蓝 15）：

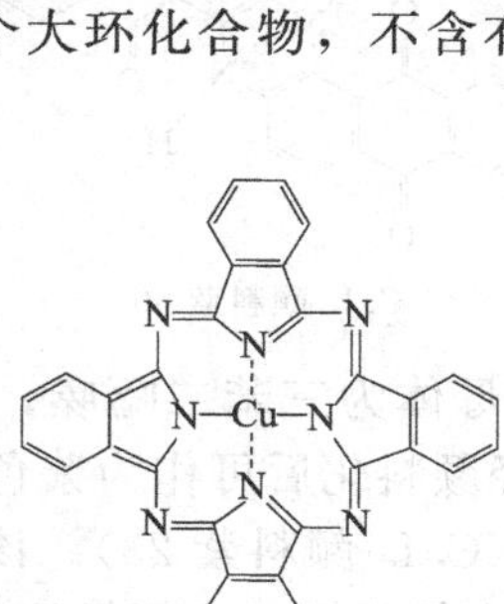

C. I. 颜料蓝 15

(2) 喹吖啶酮类颜料　喹吖啶酮颜料的化学结构是四氢喹啉二吖啶酮，但习惯上都称其为喹吖啶酮。尽管喹吖啶酮颜料的相对分子质量比酞菁颜料小得多，但它们像后者一样具有很高的耐晒牢度和耐气候牢度，因它们的色谱主要是红紫色，所以在商业上，常称其为酞菁红。

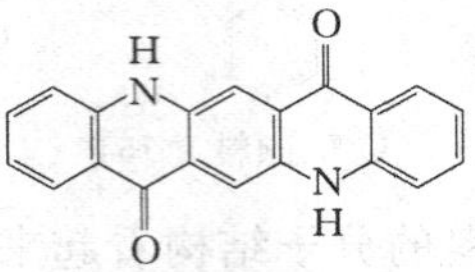

酞菁红

(3) 硫靛系颜料　硫靛颜料具有很高的耐晒牢度、耐气候牢度和耐热稳定性能，它们的生产工艺并不十分复杂，色谱主要是红色和紫色，常用于汽车漆和高档塑料制品。由于它们对人体的毒性较小，故又可作为食用色素使用。典型的品种有 Cosmetic Pink RC 01（C.I. 颜料红 181）：

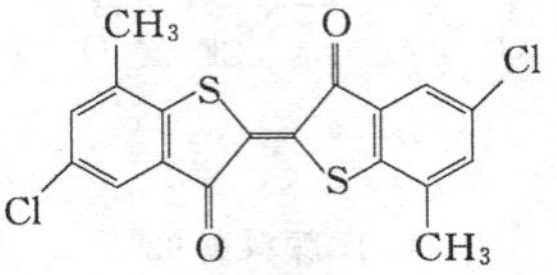

C.I. 颜料红 181

(4) 蒽醌颜料　蒽醌颜料是指分子中含有蒽醌构造或以蒽醌为起始原料的一类颜料，它们也是一类较为古老的化合物，最初被用作还原染料。它们的色泽非常坚牢，色谱范围很广，但是生产工艺非常复杂，以致生产成本很高。由于价格/性能比的因素，并非所有的蒽醌类还原染料都可被用作有机颜料。

① 蒽并嘧啶类颜料。典型的品种有 C.I. 颜料黄 108：

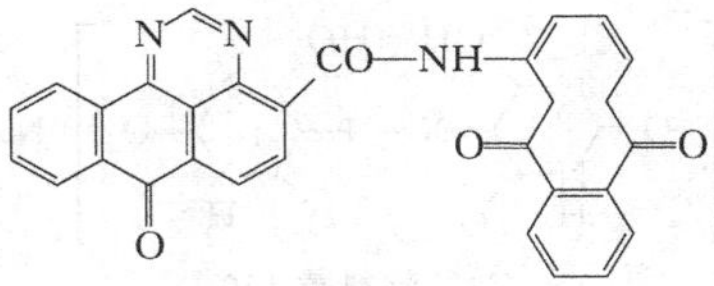

C.I. 颜料黄 108

② 阴丹酮颜料。典型的品种有 C.I. 颜料蓝 60：

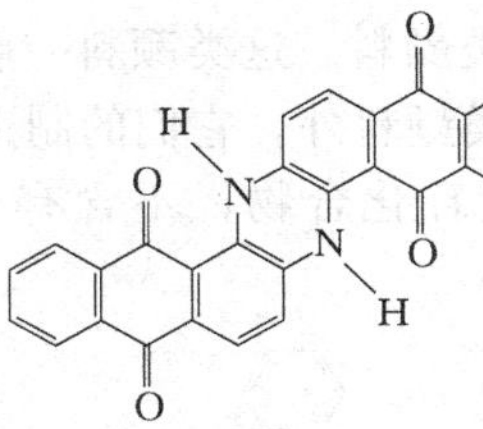

C.I. 颜料蓝 60

(5) 二噁嗪颜料　二噁嗪颜料的母体为三苯二噁嗪，它本身是橙色的，没有作为颜料使用的价值。它的 9,10-二氯衍生物，经颜料化后可作为紫色的颜料使用。现有的二噁嗪颜料品种较少，最典型的品种是永固紫 RL（C.I. 颜料紫 23）。该颜料几乎耐所有的有机溶剂，所以在许多应用介质中都可使用且各项牢度都很好。该颜料的基本色调为红光紫，通过特殊的颜料化处理也可得到色光较蓝的品种。它的着色力在几乎所有的应用介质中都特别高，只要很少的量就可给出令人满意的颜色深度。

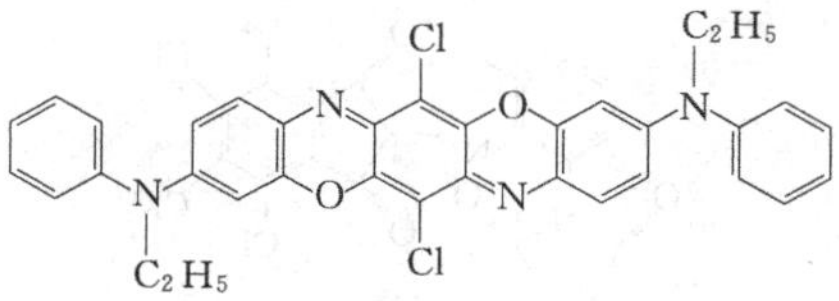

C.I. 颜料紫 23

(6) 三芳甲烷类颜料　甲烷上的三个氢被三个芳香环取代后的产物称作三芳甲烷。准确地说，作为颜料使用的三芳甲烷实际上是一种阳离子型的化合物，且在三个芳香环中至少有两个带有氨基（或取代氨基）。这类化合物也较为古老，有两种类型：一是内盐形式的，即分子中含有磺酸基团，与母体的阳离子形成内盐；另一种是母体的阳离子与复合阴离子形成的盐。它们的特点是颜色非常艳丽，着色力非常高，但是各项牢度不太好，色谱为蓝、绿色，主要用于印刷油墨。典型的品种有射光蓝 R（C.I. 颜料蓝 61）和 C.I. 颜料紫 3：

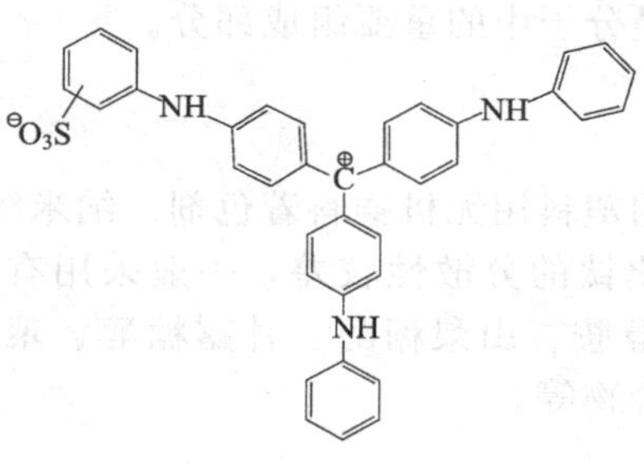

C.I. 颜料蓝 61

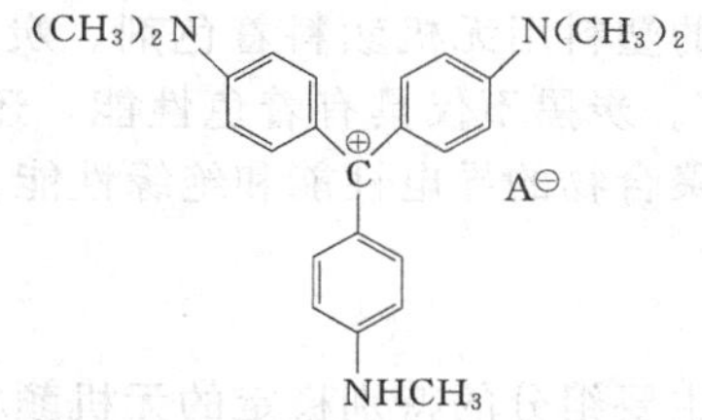

C.I. 颜料紫 3

(7) 1,4-吡咯并吡咯二酮系颜料　1,4-吡咯并吡咯二酮系颜料（即 DPP 系颜料）是近年来最有影响的新发色体颜料，它是由 Ciba 公司在 1983 年研制成功的一类全新结构的高性能有机颜料，生产难度较高。DPP 系颜料属交叉共轭型发色系，色谱主要为鲜艳的橙色和红色，它们具有很高的耐晒牢度、耐气候牢度和耐热稳定性能，但不耐碱。常单独或与其他颜料拼混使用以调制汽车漆，典型的品种有 DPP 红（C.I. 颜料红 255）：

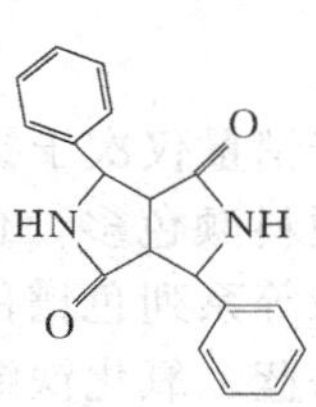

C.I. 颜料红 255

(8) 喹酞酮类颜料　喹酞酮本身是一类较古老的化合物，但是作为颜料使用的历史不长，该类颜料具有非常好的耐晒牢度、耐气候牢度、耐热性能、耐溶剂性能和耐迁移性能，色光主要为黄色，颜色非常鲜艳，主要用于调制汽车漆及塑料制品的着色，典型的品种有 C.I. 颜料黄 138：

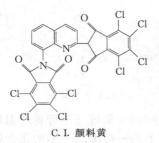

C.I. 颜料黄

第七节　无机颜料的应用

无机颜料是指其主要成分为无机物的颜料。几乎所有的无机颜料都是化合物，且常常是复杂的混合物，在其中金属成分是分子中的重要组成部分。

一、二氧化钛

二氧化钛是目前用量最大的塑料用无机颜料着色剂。纳米级超细二氧化钛不仅起到着色作用还可以起到杀菌作用。二氧化钛的分散性较差，一般采用有机处理剂对其表面进行一定处理，有机处理剂一般选用三乙醇胺、山梨糖醇、甘露糖醇、聚乙二醇、聚丙二醇、烷基氯硅烷、酯类化合物、脂肪酸类化合物等。

二、炭黑

炭黑是用量仅次于二氧化钛的塑料用无机颜料着色剂。炭黑按加工方法分类，品种繁多，用作颜料一般被称为"色素炭黑"。炭黑不仅具有着色性能，还具有优良的耐候性和抗热氧化作用。正确选用炭黑还可以提高聚合物的导电性能和绝缘性能。

三、镉系颜料

镉系颜料是一种以硫化镉为主要组分的特别稳定的无机颜料，其色谱很宽广，从浅黄至橘红、红，直到紫酱色，主要有镉黄、镉橙、镉红与镉紫。镉系颜料色泽鲜艳，具有耐光、耐晒、耐候性优良、耐高温、遮盖力强、着色力强、不迁移、不渗色等特点，它几乎可用于所有工程塑料着色。其属于非环保无机颜料，目前，欧盟和美国已经明确限制使用，但是由于其性能优异，尤其是耐热性，一些特别的领域如聚酰胺、聚甲醛和聚四氟乙烯等加工温度高的工程塑料中仍在使用。

四、氧化铁颜料

在各类无机颜料中，氧化铁颜料的产销量仅次于钛白粉与炭黑，是第三个量大面大的无机颜料，属第一大彩色无机颜料。氧化铁颜料颜色多，色谱较广，遮盖力较高，主色有红、黄、黑三种，通过调配还可以得到橙、棕、绿等系列色谱的复合颜料，具体品种主要有以下几种：氧化铁红、氧化铁黄、氧化铁黑、氧化铁蓝、氧化铁绿、氧化铁棕等。氧化铁颜料有较好的耐光、耐候、耐碱及耐溶剂性，还具有无毒性等特点，可广泛应用于工程塑料材料中。

五、铬系颜料

铬系颜料属无机颜料，主要成分为铬酸盐，有铅铬黄、钼铬红、防锈颜料三大系列二十多个品种，广泛应用于油漆（涂料）、塑料、橡胶、油墨工业。具有着色力高，稳定性好，耐光性、耐化学品性好等特点。由于该产品具有一定毒性，因此仅限于工业用，不能用于食品、玩具等行业。

六、金属氧化物混相颜料

金属氧化物混相颜料即环保型彩色混相无机颜料，是由多种金属氧化物经高温固相反应而生成的环保无毒的高性能无机颜料。在国外称为MMO颜料（mixed metal oxide pigment）或CICP（complex inorganic color pigment）。

环保型彩色混相无机颜料中，紧密结合在主晶格里的金属失去了它们的化学、物理和生理学上的特性。所有环保型彩色混相无机颜料完全不溶，呈化学惰性，具有非常优异的耐高温、耐光牢度和耐候等性能，且不透明。

环保型彩色混相无机颜料与大部分塑料与树脂具有良好的相容性，在几乎所有的有机和无机溶剂中不渗色、不迁移，其耐光性、耐候性、耐高温性、耐酸耐碱性均达到最高级，即使在用白色颜料冲淡时对光、热、气候和化学品也同样具有优良的牢度。因而其特别适用于对耐光性、耐候性、耐温性等要求高的工程塑料制品。同时，也广泛应用于普通塑料、色母粒、户外塑料件等。因为属于无毒颜料，环保型彩色混相无机颜料非常适用于对环保要求高的场合，如：食品包装容器、塑料餐具、塑料玩具、铬黄与钼铬红替代品等等。

思 考 题

1. 什么是染料？染料的基本作用是什么？染色牢度是指什么？
2. 简述染料的命名方法。
3. 纤维素纤维用染料有哪些？
4. 是否有色的有机化合物都可以作染料？为什么？
5. 冰染有何应用？
6. 功能染料有哪些？有何应用？
7. 采用颜色的分类方法颜料可以分为哪几类？
8. 什么是有机颜料？与染料有何区别？
9. 偶氮类有机颜料有哪些？非偶氮类有机颜料又有哪些？
10. 什么是无机颜料？请列举几种常见的无机颜料，并介绍其应用。

第十一章 电子材料化学品

第一节 导 言

一、电子材料化学品的定义和种类

1. 电子材料化学品的定义

电子材料化学品,也称作电子化工材料,是指为电子工业配套的精细化工材料。具体来说,即是有机电子化学品、无机电子化学品以及作为电子工业产品与半导体工业产品辅助材料的化学品的总称。电子材料化学品是一种专项化学品,就生产工艺属性而言,属于精细化工行业;就产品用途而言,属于电子材料行业。

电子材料化学品是电子材料及精细化工结合的高新技术产品。电子材料化学品及下游元器件是电子信息产业的基础与先导,处于电子信息产业链的前端,是信息通信、消费电子、家用电器、汽车电子、节能照明、工业控制、航空航天、军工等领域终端产品发展的基础。

随着技术创新的发展,电子材料化学品的应用领域不断扩大,已渗透到国民经济和国防建设的各个领域。没有高质量的电子材料化学品就不可能制造出高性能的电子元器件。电子材料化学品在一定程度上决定或影响着下游及终端产业的发展与进步,对于国内产业结构升级、国民经济及国防建设具有重要意义。

2. 电子材料化学品的分类

就功能而言,电子材料化学品可分为绝缘材料、电阻材料、半导体材料、导电材料、介电材料、压电材料、发热材料、磁性材料、光学材料、能源利用材料、传感材料。

就材料而论,电子材料化学品可分为金属、陶瓷和有机材料。

当前国外对电子材料化学品的分类有以下两种主流说法。

一种是以材料性质分为能量转换材料、光电材料、光纤传送记录材料、绝缘材料、无线电材料及其他材料。

另一种是按用途分成基板、光致抗蚀剂、电镀化学品、封装材料、高纯试剂、特种气体、溶剂、清洗前掺杂剂、焊剂掩模、酸及腐蚀剂、电子专用胶黏剂及辅助材料等大类。

二、电子材料化学品工业的国内外现状及发展趋势

电子化学品具有品种多、质量要求高、用量小、对环境洁净度要求苛刻、产品更新换代快、资金投入量大、产品附加值较高等特点,这些特点随着精细加工技术的发展越来越明显。

1. 品种多、专用性强、专业跨度大

电子材料化学品品种规格繁多,按国内常用的标准可分为半导体材料、磁性材料及中间体、电容器化学品、电池化学品、电子工业用塑料、电子工业用涂料、打印材料化学品、高纯单质、光电材料、合金材料、缓蚀材料、绝缘材料、特种气体、电子工业用橡胶、压电与声光晶体材料、液晶材料、印刷线路板材料等十几个大的门类,而每一个大类又分为若干子类,据不完全统计产品品种在2万余种。例如,集成电路和分立器件用化学品有芯片生产用光致抗蚀剂、超净高纯试剂、超净高纯气体、塑封材料等;彩电用化工材料有彩色荧光粉、为彩管配套的水溶性抗蚀剂、高纯度无机盐、有机膜等;印刷线路板用化工材料有干膜抗蚀剂、油墨、化学和电镀铜镀液及其添加剂、表面组装工艺用导电浆料、清洗剂、液态阻焊光致抗蚀剂、贴片胶、导电胶、焊膏、预涂焊剂、免清和水洗工艺用焊剂等;液晶显示器件用化工材料有液晶、光致抗蚀剂、取向膜、胶黏剂、浆料、电解液、薄膜和包封材料、偏振片等。

电子材料化学品系化学、化工、材料科学、电子工程等多学科结合的综合学科领域,各种电子化学品之间在材料属性、生产工艺、功能原理、应用领域方面差异较大,产品专业跨度大,单一产品具有高度专用性、应用领域集中。比如,电池化学品、合金材料、压电与声光晶体材料之间在生产工艺和应用领域方面就存在本质区别。

2. 子行业细分程度高、技术门槛高

由于电子材料化学品品种多、专业跨度大、专用性强等原因,单个企业很难掌握多个跨领域的知识储备和工艺技术,内部形成了多个子行业。不同于上游石油化工等基础化学原材料行业,精细化工领域的电子材料化学品存在市场细分程度高、技术门槛高的特点。细分行业市场集中度较高,龙头企业市场份额较大,是电子材料化学品行业的普遍特点。

3. 技术密集、产品更新换代快

电子材料化学品系多学科结合的综合性学科领域,要求企业研发人员、工程技术人员具备多学科及上下游行业的知识背景和研究能力,具备较高技术门槛。电子化学品与下游行业结合紧密,新能源、信息通信、消费电子等下游行业日新月异的快速发展,势必要求电子化学品更新换代速度不断加快,企业科技研发压力与日俱增。

4. 功能性强、附加值高、质量要求严

电子材料化学品是"电子化学品-元器件/部件-整机"产业链的前端,其工艺水平和产品质量直接对元器件/部件的功能和性状构成重要影响,进而通过产业传导影响到终端整机产品的性能。例如,功能电解液对铝电解电容器的电容量、使用寿命及工作稳定性等具有关键性影响,而电容器质量的好坏将直接影响下游家电、汽车、信息通信设备等终端产品的工作质量和寿命。

元器件乃至整机产品的升级换代,有赖于电子化学品的技术创新和进步。电子化学品功能的重要性决定了产品附加值较高、质量要求严的特点。下游客户尤其是主要品牌客户,对电子化学品质量控制要求非常严格,其合格供应商的认证时间长、程序复杂,认证通过后通常会与其合格供应商建立长期稳定的合作关系。

电子材料化学品产能向中国转移已成为大势所趋。从区域上看,亚太地区尤其是中国,已经成为全球电子业及其化学品的主导市场。罗门哈斯(现陶氏)、霍尼韦尔、三菱化学和巴斯夫等公司竞相将电子材料化学品业务重点放在包括中国在内的亚太地区。中国丰富的原材料、相对低廉的劳动力成本以及靠近下游需求等方面优势明显,电子材料化学品产能向国内转移已成为大势所趋。

政策上，国家支持力度加大。国内接连出台了《战略性新兴产业"十二五"规划》、《化工新材料"十二五"专项规划》等重大政策，相应的各行业鼓励措施和政策也接连推出，诸如重新核准多晶硅牌照发放、氟化工准入、稀土准入与整合、"核高基"国家重大项目专项、集成电路"国八条"等。在液晶材料（LCD）、PCB化学品、封装材料、高纯试剂、电容器化学品、电池材料、光伏化学品、电子用药品试剂以及电子氟化工、电子磷化工等领域国内企业已具备参与国际竞争的实力，在政策利好下，国内电子材料化学品行业将呈现高增长态势。

过去十年，全球电子工业发展迅猛，相应的电子化学品行业也处于高速成长阶段。全球电子材料工业化学品在2010~2015年间的年均增长率为13%，2015年全球电子材料化学品市场规模接近488亿元美金。根据加拿大电子产业研究中心的一项研究结果显示，全球电子设备市场需求将呈爆发式增长，预计至2020年，全球电子材料化学品需求年增长率将达122.6%。中国电子材料化学品行业增速在15%，到2015年国内市场容量在490亿元人民币。

电子材料化学品各子行业分化明显。在行业高成长的同时，各个电子材料化学产品的分化越来越明显。对于部分需求集中同时又长期依赖进口的材料，例如锂电池材料和光伏材料，无论是政策鼓励、政府支持还是资本投入，都极大地在促进行业的快速发展。但是当前这种快速发展并不是稳扎稳打，产业出现了大量重复建设的产能，产品品质参差不齐。同时从下游行业来看，以锂电池为例，消费类产品用锂电池增长需求趋缓，低速电动车锂电池市场不温不火，并不能快速消化过剩的产能，相关电子材料化学品利润率出现下滑。预计随着新产能投放高峰过去，下游需求逐渐复苏，相关化学品利润将企稳并缓慢进入复苏通道。

第二节　半导体材料

一、概述

物质存在的形式是多种多样的，有固体、液体、气体、离子体等。人们通常把导电性和导热性差的材料，如陶瓷、金刚石、人工晶体、琥珀和玻璃等称为绝缘体。而导电性、导热性都比较好的材料，如金、银、铜、铁、锡、铝等金属，称为导体。可以简单地把介于两者之间的，即介于导体与绝缘体之间的材料称为半导体，与金属和绝缘体相比，半导体材料的发现是最晚的。直到20世纪30年代，当材料的提纯技术改进以后，半导体的存在才真正被学术界认可。

1833年，法拉第最先发现了硫化银材料的电阻随着温度的上升而降低，与金属的电阻随着温度的上升而增加的现象相反，从而发现了这种半导体特有的导电现象。1893年，贝克莱尔发现半导体和电解质接触形成的结在光照下会产生一个电压，这就是后来人们熟知的光生伏特效应。1873年，史密斯发现了硒晶体材料的光电导现象。1874年，布劳恩观察到硫化铅与金属接触时的电导与外加的电场方向有关，如果把电压极性反过来，它就不导通了，这就是半导体的整流效应。上述半导体的这四个效应，虽然在1880年以前就先后被发现了。但是半导体这个名词大约到1911年才被考尼白格和维斯首次使用。

现在我们是这样定义的，半导体材料是一类具有半导体性能（导电能力介于导体与绝缘体之间，电阻率约在$1m\Omega \cdot cm \sim 1G\Omega \cdot cm$）、可用来制作半导体器件和集成电路的电子材料。

20世纪初期，尽管人们对半导体认识比较少，但是对半导体材料的应用研究还是比较活跃的。

20世纪80年代开始，随着信息载体从电子向光电子和光子转换步伐的加快，半导体材料也经历了由三维体材料到薄层、两维超薄层微结构材料，并正向集材料、器件、电路为一体的功能系统集成芯片材料，一维量子线和零维量子点材料（纳米结构材料）方向发展。从材料体系来看出，硅和硅基材料作为当代微电子技术的基础在 21 世纪中叶之前不会改变，化合物半导体微结构材料以其优异的光电性质在高速、低功耗、低噪声器件和电路，特别是光电子器件、光电集成和光子集成等方面发挥越来越重要的作用，有机半导体发光材料因其低廉的成本和良好的柔性，以全色高亮度发光材料研究的更重要发展方向，预计会在新一代平板显示材料中占有一席之地。半导体集成电路如图 11-1 所示。

图 11-1　半导体集成电路

二、半导体材料的分类

半导体材料可按化学组成来分，再将结构与性能比较特殊的非晶态与液态半导体单独列为一类。按照这样的分类方法可将半导体材料分为元素半导体、无机化合物半导体、有机化合物半导体和非晶态与液态半导体。

（1）元素半导体　在元素周期表的ⅢA族～ⅦA族分布着 11 种具有半导性的元素，C、P、Se 具有绝缘体与半导体两种形态；B、Si、Ge、Te 具有半导性；Sn、As、Sb 具有半导体与金属两种形态。由于自身物理化学性质、材料性能和制备工艺所限，这 11 种元素半导体中只有 Ge、Si、Se 三种元素已得到利用。目前，Ge、Si 仍是所有半导体材料中应用最广的两种材料。

(2) 无机化合物半导体　无机化合物半导体在应用方面仅次于 Ge、Si，有很大的发展前途。主要用作光电材料、温差电材料和热敏电阻材料，同时在改善单一材料的某些性能或开辟新的应用范围方面起着很大作用。

(3) 有机化合物半导体　已知的有机半导体有几十种，熟知的有萘、蒽、聚丙烯腈、酞菁和一些芳香族化合物等，它们作为半导体尚未得到推广应用。

(4) 非晶态与液态半导体　这类半导体与晶态半导体的最大区别是不具有严格周期性排列的晶体结构。非晶态半导体与液态半导体是半导体的一个重要部分。尤其是非晶硅材料的应用具有广阔的前景。

三、重要的半导体材料及其发展现状

半导体材料是一类具有半导体性能、可用来制作晶体管、集成电路、电力电子器件、光电子器件的重要基础材料，支撑着通信、计算机、信息家电与网络技术等电子信息产业的发展。半导体材料及应用已成为衡量一个国家经济发展、科技进步和国防实力的重要标志。

据相关产业调研资料显示，中国和欧洲的半导体材料市场在 2013 年增长 4%。在全球半导体总营收增长 5% 的状况下，2013 年全球半导体材料市场总营收为 435 亿美元。

近几年，由于市场需求的不断扩大、投资环境的日益改善、优惠政策的吸引及全球半导体产业向中国转移等等原因，我国集成电路产业每年都保持 30% 的增长率。集成电路制造过程中需要的主要关键原材料有几十种，材料的质量和供应直接影响着集成电路的质量和竞争力。半导体材料业位于集成电路产业链中上游，也是最重要的一环。信息产业的快速发展，特别是光伏产业的迅速发展，进一步刺激了多晶硅、单晶硅等基础材料需求量的不断增长。

目前，世界半导体行业巨头纷纷到我国投资，整个半导体行业快速发展，市场发展为半导体材料业带来前所未有的发展机遇。

下面，给大家介绍几种有着重要作用或应用前景的半导体材料。

1. 硅单晶材料

硅单晶材料是现代半导体器件、集成电路和微电子工业的基础。目前微电子的器件和电路，其中有 90%～95% 都是用硅材料来制作的。硅单晶材料是从石英坩埚里面拉出来的，它用石墨作为加热器。来自石英里的二氧化硅中的氧以及加热器的碳的污染，使硅材料里面包含着大量的过饱和氧和碳杂质。存在过饱和氧的污染，材料的均匀性就会遇到问题，会使硅材料在进一步提高电路集成度应用的时候遇到困难。为了克服这个困难，满足超大规模集成电路的集成度进一步提高的要求，人们不得不采用硅外延片，就是说在硅的衬底上外延生长的硅薄膜。这样，可以有效地避免氧和碳等杂质的污染，同时也会提高材料的纯度以及掺杂的均匀性。

除此之外，还有一些大功率器件、一些抗辐照的器件和电路等，也需要高纯区熔硅单晶。利用这种材料，采用中子掺杂的办法，制成 N 或 P 型材料，用于大功率器件及电路的研制，特别是在空间用的抗辐照器件和电路方面，它有着很好的应用前景。当然还有得到了广泛应用的以硅材料为基础的半导体/氧化物/绝缘体材料（SOI）。

硅材料虽然可能到 21 世纪的中期仍将占有很重要的地位，然而硅微电子技术最终是难以满足人们对更大信息量的需求的。正大力发展的新型半导体材料如Ⅲ-Ⅴ族化合物半导体材料、硅基锗硅合金材料等，都将作为硅材料的重要替补材料。

2. GaAs 和 InP 等Ⅲ-Ⅴ族化合物材料

硅材料是间接带隙材料，它的发光效率很低，所以它不可能作为光电集成的基础材料，用硅来制作发光管、激光器目前还是不可能的。Ⅲ-Ⅴ族化合物材料，如 GaAs 和 InP，它的发光效率很高；与硅相比，它的电子的漂移速度高，同时它耐高温，抗辐照；与此同时，作为微电子器件来讲，它具有高速、高频，低噪声，故在光电子器件和光电集成方面，具有非常独特的优势。

随着移动通信的发展，目前工作在0.8GHz以下的手机，以硅材料为主体，那么到2.2GHz的时候，或超过这个频段到7.5GHz的时候，硅材料作为它的接收和发射器件或电路，可能就不行了，这个时候，一定要用GaAs、InP或者GeSi材料。从光纤通信来看，也是如此。

从移动通信和光纤通信的发展需求看，对半导体Ⅲ-Ⅴ族化合物材料，特别是用于集成电路的GaAs材料的需求，将会以每年20％～30％的速度增长。但用GaAs研制大规模集成电路，它的质量还有待提高。

3. 高温半导体材料

Ⅲ族氮化物，主要有GaN、AlGaN和InGaN等，它们不仅仅是高温微电子材料，也是很好的光电子材料，现在发蓝光、绿光的半导体发光二极管和激光器，就是用这种材料制作出来的。另外，碳化硅、立方氮化硼和金刚石，也是很好的高温半导体材料。当然，要实现应用，还存在很多问题要解决。

这类材料，主要是应用在一些恶劣的环境，像在高温、航空航天、石油钻探等方面。现在的电视、广播发射台仍然用的是电子管，它的寿命短、笨重且耗电多。那么将来，若用碳化硅和氮化镓材料制成的数字电视用发射模块的话，有可能使体积大大减小，寿命延长。

此外金刚石单晶薄膜制备，是高温半导体材料发展的另一个重要方向。金刚石可以耐高温，耐腐蚀性能好，可工作在非常恶劣的环境。但是，这种材料存在的一个主要问题是单晶薄膜生长非常难。至今还没有人能够低成本地制备出单晶金刚石薄膜。单晶金刚石薄膜是一个具有非常重要应用前景的材料，但要实际运用，还有很长的路要走。

第三节　打印材料化学品

打印材料化学品，既包括一般打印技术中所使用的各种材料及相关化学品，如静电粉、喷墨打印所用材料和激光打印机、复印机所用材料等；也包括印刷线路板用化工材料，如干膜抗蚀剂、油墨、化学和电镀铜镀液及其添加剂、表面组装工艺用导电浆料、清洗剂、液态阻焊光致抗蚀剂（光刻胶）、贴片胶、导电胶、焊膏、预涂焊剂、免清和水洗工艺用焊剂等。其中，一般打印技术中所使用的各种材料及相关化学品的内容属于电子材料的范畴，就不在此书内作介绍。下面，重点给大家介绍几种重要的印刷线路板用化工材料。

一、油墨

油墨是用于印刷的重要材料，它通过印刷将图案、文字表现在承印物上。油墨中包括主要成分和辅助成分，它们均匀地混合并经反复轧制而成一种黏性胶状流体。由连接料（树脂）、颜料、填料、助剂和溶剂等组成。主要用于书刊、包装装潢、建筑装饰及电子线路板材等各种印刷。

对印制电路板所采用的油墨（简称PCB油墨）的物理特性有如下要求。

（1）黏性和触变性　在印制电路板制造过程中，网印是必不可少的重要工序之一。为获得图像复制的保真度，要求油墨必须具有良好的黏性和适宜的触变性。

所谓黏度就是液体的内摩擦，表示在外力的作用下，使一层液体在另一层液体上滑动，内层液体所施加的摩擦力。稠的液体内层滑动遇到的机械阻力较大，较稀的液体阻力较小。温度对黏度有明显的影响。

触变性是液体的一种物理特性，即在搅拌状态下其黏度下降，待静置后又很快恢复其原来黏度的特性。通过搅拌，触变性的作用持续很长时间，足以使其内部结构重新构成。

要达到高质量的网印效果，油墨的触变性是十分重要的。特别是在刮板过程中，油墨被搅动，进而使其液态化。这一作用加快油墨通过网孔的速度，促进原来网线分开的油墨均匀地连成一体。一旦刮板停止运动，油墨回到静止状态，其黏度就又很快地恢复到原来所要求的数据。

（2）精细度　PCB油墨要求经过精细的研磨，其颗粒尺寸不超过$4/5\mu m$，并以固状形式形成均质化的流动状态。

（3）可塑性　指油墨受外力作用发生变形后，仍保持其变形前的性质。PCB油墨的可塑性有利于提高其印刷精度。

（4）流动性（流平性）　油墨在外力作用下，向四周展开的程度。流动度是黏度的倒数，流动度与油墨的塑性和触变性有关。塑性和触变性大的，流动性就大，印迹则容易扩大。流动性小的，易出现结网，产生结墨现象。

（5）黏弹性　指油墨在刮板刮印后，被剪切断裂的油墨迅速回弹的性能。要求油墨变形速度快，油墨回弹迅速才能有利于印刷。

（6）干燥性　要求油墨在网版上的干燥越慢越好，而油墨转移到承印物上之后，则要求越快越好。

（7）拉丝性　用墨铲挑起油墨时，丝状的油墨拉伸不断裂的程度称为拉丝性。墨丝长，在油墨面及印刷面出现很多细丝，使承印物及印版沾脏，甚至无法印刷。

（8）油墨的透明度和遮盖力　PCB油墨根据用途和要求的不同，对油墨的透明度和遮盖力也有各种要求。一般来说，线路油墨、导电油墨和字符油墨，都要求有高的遮盖力。

（9）耐化学品性　PCB油墨根据使用目的的不同，相应对酸、碱、盐和溶剂等的要求都有严格的标准。

（10）物理特性　PCB油墨必须符合耐外力划伤、耐热冲击、抗机械剥离要求，以及达到各种严格的电气性能要求。

（11）使用安全和环保性　PCB油墨要求具备低毒、无臭、安全和环保性。

在目前的印制电路板制造技术中，PCB油墨主要有抗电镀油墨、抗蚀油墨、阻焊油墨等几大类。抗电镀油墨是指适用于各种真空电镀、水电镀等金属或塑胶件印刷的油墨，其主要性能特点是耐酒精性、抗刮、抗腐蚀性。抗蚀油墨是指加入了干膜抗蚀剂的油墨，其主要性能特点是精度高，具有耐湿性、耐热性、抗腐蚀性和电气绝缘性。阻焊油墨是指经过固化处理后能在PCB表面形成保护膜，避免不需要焊接的部位受到破坏的油墨，其主要性能特点是耐热固化性、耐油性、耐水性、抗氧化性和抗腐蚀性。

除了PCB油墨之外，当前在电子产品中广泛使用的还有很多特种油墨，例如太阳能电池中的半导体（CdS/CdTe）及电极（Ag、C、Ag+In）的特种功能性油墨；薄膜开关制造技术中的银（浆）油墨、碳（浆）油墨、绝缘油墨等。

二、清洗剂

清洗剂是一个很大的范畴，种类繁多，主要包括无机清洗和有机清洗两大类。简单地说，有机清洗剂就是含碳的化合物制成的清洗剂，无机清洗剂就是不含碳的化合物制成的清洗剂。在我国，通常将清洗剂分成水基型、半水基型、溶剂型三大类。

水基型清洗剂由表面活性剂（如烷基苯磺酸钠、脂肪醇硫酸钠）和各种助剂（如三聚磷酸钠）、辅助剂配制成的，在洗涤物体表面上的污垢时，能降低水溶液的表面张力，提高去污效果。按产品外观形态分为固体洗涤剂、液体洗涤剂。

半水基型清洗剂是由细颗粒状弱碱性吸附各种助剂合成的药剂的新型清洗剂产品。在多种材质上去污效果极好,在生产和生活中得到广泛应用。

溶剂型清洗剂是烃类溶剂、卤代烃溶剂、醇类溶剂、醚类溶剂、酮类溶剂、酯类溶剂、酚类溶剂及混合溶剂的统称。溶剂型清洗剂在当前电子工业元器件的清洗中最为常用,主要有烃类(石油类)、氯代烃、氟代烃、溴代烃、醇类、有机硅油、萜烯等类型。

(1) 烃类 只含有碳和氢两种元素的烃类溶剂,也叫作碳化水素或碳氢溶剂。根据其分子结构的不同,已经开发了多种性能的产品。该类清洗剂的优点是:低 ODP(臭氧耗减潜能值);对油污的洗净力强;渗透性好;无味或微臭;毒性小;废液可再生利用;价廉。缺点是有一定的易燃易爆性,干燥慢,对清洗设备要求高,一次性投入大。比较理想的是采用真空清洗方式,降低其表面张力,提高清洗能力,最后再使用真空干燥。设备造价很高,操作比较复杂,效率相对较低。

(2) 氯代烃溶剂 在电子工业中使用的氯代烃清洗剂主要是三氯乙烯、二氯甲烷以及四氯乙烯。该类溶剂低 ODP;在一般条件下使用具有不燃性,没有火灾或爆炸的危险;对金属加工油、油脂等油污的溶解力大;黏度及表面张力小,渗透力强,可渗透狭小缝隙,彻底溶解清除附着污物;沸点低,蒸发热小,适合蒸汽清洗,清洗后可以自行干燥;废液可通过蒸馏分离,循环使用;清洗工艺和设备操作简单,效率高,运行费用低。缺点是其毒性较高,一般在空气中的含量限制在为 50×10^{-6} 以下。

(3) 溴代烃溶剂 最近几年,在美国、日本有溴系清洗剂面世,并在电子工业、航空工业、汽车工业、家电领域大量使用。

溴系清洗剂的主要成分是高纯度的正溴丙烷(NPB)。其低 ODP;湿润系数很好,对于金属零件的清洗能力更强;没有闪点;可以重复回收使用,运行成本很低。但是由于对其毒性尚无确切的数据,在使用中应当控制其在空气中的暴露浓度。

(4) 有机氟化物 氟系清洗剂主要有 HCFC(含氢氟氯化碳)、HFC(含氢碳氟化物)、HFE(氢氟醚)、PFC(全氟化碳)等。其中 HFC、HFE、PFC 本身不具有清洗力,需要和其他化合物组合后才能使用。该类清洗剂性能稳定;低毒;不燃;安全可靠;但价格昂贵。现在因为其 ODP 较高,而被限制使用。

(5) 植物系天然有机物 从植物中提取的烃类有机物品种很多,在电子工业使用较多的主要有松节油和柠檬油。

松节油是一种比较有代表性的植物系烃类溶剂,存在于天然的松脂中。将松脂蒸馏,馏出物就是松节油,固体剩余物就是松香。主要成分是和蒎烯,其溶解能力介于石油醚和苯之间,沸点和燃点较高,使用安全性较好。

柠檬油是由柑橘、柚子、柠檬类水果皮中蒸馏提炼得到的一种烃类溶剂。主要化学成分是叫苎烯(甲基丙烯基环己烯)的单环萜烯,组分很复杂。柠檬油本身不溶于水,添加活性剂后与水任意比例混配。它的去油脱污能力很强,有杀菌作用。除了用于电子产品零部件清洗外,还可用于机械加工、车辆维修去油污清洗、保龄球道清洗、油罐清洗、食品加工机械和餐具清洗等场合。

三、导电胶

导电胶是一种固化或干燥后具有一定导电性能的胶黏剂,它通常以基体树脂和导电填料即导电粒子为主要组成成分,通过基体树脂的粘接作用把导电粒子结合在一起,形成导电通路,是替代铅锡焊接,实现导电连接的理想选择。

导电胶的基体树脂是一种胶黏剂,可以选择适宜的固化温度进行粘接。同时,由于电子元件的小型化、微型化及印刷电路板的高密度化和高度集成化的迅速发展,导电胶可以制成浆料,实现很高的线分辨率。导电胶工艺简单,易于操作,可提高生产效率。

导电胶主要由树脂基体、导电粒子和分散添加剂、助剂等组成。

基体主要包括环氧树脂、丙烯酸酯树脂、聚氯酯等。目前市场上使用的导电胶大都是填料型。填料型导电胶的树脂基体，常用的一般有热固性胶黏剂如环氧树脂、有机硅树脂、聚酰亚胺树脂、酚醛树脂、聚氨酯、丙烯酸树脂等胶黏剂体系。这些胶黏剂在固化后形成了导电胶的分子骨架结构，提供了力学性能和粘接性能保障，并使导电填料粒子形成通道。目前，环氧树脂基导电胶占主导地位。

导电胶要求导电粒子本身有良好的导电性能，粒径要在合适的范围内，能够添加到导电胶基体中形成导电通路。导电填料可以是金、银、铜、铝、锌、铁、镍的粉末和石墨及一些导电化合物。

导电胶中另一个重要成分是溶剂。由于导电填料的加入量都在50%以上，所以导电胶的树脂基体的黏度大幅度增加，常常影响了胶黏剂的工艺性能。为了降低黏度，实现良好的工艺性和流变性，除了选用低黏度的树脂外，一般需要加入溶剂或者活性稀释剂。溶剂或者活性稀释剂的用量虽然不大，但在导电胶中起到重要作用，不但影响导电性，而且还影响固化物的力学性能。

除树脂基体、导电填料和稀释剂外，导电胶其他成分和胶黏剂一样，还包括交联剂、偶联剂、防腐剂、增韧剂和触变剂等。

四、光刻胶

光刻胶，又称光致抗蚀剂，是由感光树脂、增感剂和溶剂三种主要成分组成的对光敏感的混合液体。感光树脂经光照后，在曝光区能很快地发生光固化反应，使得这种材料的物理性能，特别是溶解性、亲和性等发生明显变化。经适当的溶剂处理，溶去可溶性部分，得到所需图像。

光刻胶的技术复杂，品种较多。根据其化学反应机理和显影原理，可分负性胶和正性胶两类。光照后形成不可溶物质的是负性胶；反之，对某些溶剂是不可溶的，经光照后变成可溶物质的即为正性胶。利用这种性能，将光刻胶作为涂层，就能在硅片表面刻蚀所需的电路图形。基于感光树脂的化学结构，光刻胶可以分为三种类型。

（1）光聚合型　采用烯类单体，在光作用下生成自由基，自由基再进一步引发单体聚合，最后生成聚合物，具有形成正像的特点。

（2）光分解型　采用含有叠氮醌类化合物的材料，经光照后，会发生光分解反应，由油溶性变为水溶性，可以制成正性胶。

（3）光交联型　采用聚乙烯醇月桂酸酯等作为光敏材料，在光的作用下，其分子中的双键被打开，并使链与链之间发生交联，形成一种不溶性的网状结构，而起到耐蚀作用，这是一种典型的负性光刻胶。柯达公司的产品KPR胶即属此类。

光刻胶在分辨率、对比度、敏感度、黏度、黏附性、耐腐蚀性、表面张力等方面有着严格的技术要求。

在当前电子工业中，光刻胶主要用于模拟半导体、发光二极管（LED）、微机电系统、太阳能光伏、微流道和生物芯片、光电子器件和电子产品封装。

五、贴片胶

贴片胶，也称为SMT接着剂、SMT红胶。它是红色的膏体，其中均匀地分布着硬化剂、颜料、溶剂等的粘接剂，主要用来将电子元器件固定在印制板上。

贴上元器件后放入烘箱或再流焊机进行加热硬化。贴片胶经加热硬化后，再加热也不会熔化。一般根据电子产品的生产工艺来选择合适的贴片胶。

贴片胶按基体材料可分为环氧树脂和聚丙烯两大类。

环氧型贴片胶是 SMT 中最常用的一种，通常以热固化为主，由环氧树脂、固化剂、增韧剂、填料以及触变剂混合而成。这类贴片胶典型配方（质量比）为：环氧树脂 63%、无机填料 30%、胺系固化剂 4%、无机颜料 3%。

聚丙烯类贴片胶由丙烯酸类树脂、光固化剂、填料组成，使用单组分。其特点是固化时间短，但强度不及环氧型高。

第四节 电子工业用塑料

一、概述

制造电子、电气设备各种元器件的材料除了机械强度、耐温、易成型等基本要求外，对电性能的要求因用途不同而差异很大。例如，电子工业中大量的塑料用作绝缘材料，希望在高温、高频下的绝缘电阻高而介电性能稳定；对于有电磁波发射的电子设备既要不让电磁波射向周围环境，又要阻隔外界电磁波对电子设备正常工作的干扰，所以需要一种有一定导电性的塑料来传导相屏蔽电磁波等。

塑料的一大优点是质量轻、易加工，因是高分子化合物均有不导电性，但若能从组成或分子结构上作改进赋予良好的导电性，则对于电子设备的轻巧和功能的延伸是一种新颖材料。因此研发具有绝缘、屏蔽、导电、导磁功能的塑料对电子工业有着极为重要的意义。

当前，具有上述功能材料的发展是不平衡的，诸如导电、导磁塑料尚处在起步发展阶段，预计随着合成材料工业和加工工业的发展与电子工业的迫切需要相结合，才会如当前的绝缘用塑料那样兴旺起来。

二、绝缘材料用塑料

绝缘材料是指电导率小，可用以隔离不同电位带电体的材料。在实际使用中，它能把电位不同的导体隔离开，以保证电机电器的正常运行。

随着国民经济的发展，机械、电子工业以及新能源技术的发展，绝缘材料的发展热点主要表现在六方面：发展高介电性能与高力学性能的耐高压绝缘材料；发展高耐腐蚀，特别是耐电晕腐蚀、耐化学腐蚀等方面的绝缘材料；发展高耐热性的绝缘材料；发展阻燃型绝缘材料；发展环保型绝缘材料；发展高节能型绝缘材料，逐渐向中低温成型工艺过渡。

在各种绝缘材料中，绝缘树脂占很重要的位置，它也是很多绝缘材料（例如：板材、拉挤杆材、绝缘子、预浸材料等）的基体主材，固化的绝缘树脂的性能高低将直接影响绝缘工业的发展水平，影响电子元器件的质量。

近年开发并成功应用于电子工业的系列改性环氧无溶剂新型高性能绝缘材料，能满足电子工业对绝缘材料特殊性能的要求，是一类具有发展前途的绝缘树脂。

改性环氧无溶剂绝缘树脂是采用高性能环氧树脂改性而成的，使它在保持环氧树脂的绝缘性能、力学性能、耐高压性能等优异特性的同时又具有聚酯的低温固化、工艺流动性好、耐热等级高等性能。其主要特色在于：

① 环氧结构的存在保证了树脂固化体的力学性能和绝缘性能；

② 耐高温体的引入可以大大提高树脂的耐热温度和黏度可调节性，比传统环氧树脂的耐热温度有所提高，并有效地改进了施工工艺性能，减少固化过程中气泡的产生；

③ 采用新型固化体系，与传统的酸酐固化体系相比，能在较低的温度下迅速固化（改性环氧无溶剂绝缘树脂一般可以根据要求在常温～80℃情况下 30min～1h 固化，而传统的环氧

酸酐固化体系需要120℃以上，2~4h才能固化），很快得到使用强度，得到高度耐腐蚀的低电导率聚合物，比传统的高温固化绝缘树脂节省了大量的能源和操作时间；

④ 由于改性体的引入提高了树脂固化体的耐水解性能，比传统的环氧和聚酯绝缘树脂提高了耐腐蚀性能；

⑤ 由于改性后树脂的固化仅在分子两端交联，因此分子链在应力作用下可以伸长，以吸收外力或热冲击，表现出耐微裂或开裂性能；

⑥ 由于使用了活性稀释剂作为交联体，在固化过程中参加交联反应，无不良挥发，故使用过程中对环境无不良影响，同时又能保证树脂固化收缩率降低。

目前市场上存在的改性环氧无溶剂绝缘树脂产品主要有高耐热无溶剂绝缘树脂（如898）、阻燃型无溶剂绝缘树脂（如892）、零收缩型无溶剂绝缘树脂（如881）等。新兴的绝缘树脂产品系列还有聚酯型高介电特种树脂类（如988）。

三、导电塑料

塑料一直被人们作为绝缘材料使用，因其高绝缘性，带来加工和应用的一些问题。而2000年诺贝尔化学奖的获得者美国科学家艾伦·黑格、艾伦·马克迪尔米德和日本科学家白川英树却打破了人们对塑料的常规认知。他们通过研究发现，经过特殊改造之后，塑料能够像金属一样具有导电性。

随着现代电子工业和信息产业的发展，各种工业自动化设备、计算机、家用电器及其他电子产品进入国民经济各个领域和人们工作生活环境之中。静电消除、电磁屏蔽、微波吸收等技术已引起人们的关注。近年来，有关导电塑料的研究受到了普遍的重视，研制和发展高效、低成本、易加工的新型导电塑料已成为电子领域的重要科研方向。

导电塑料是将树脂和导电物质混合，用塑料的加工方式进行加工的功能型高分子材料，主要应用于电子、集成电路包装、电磁波屏蔽等领域。与金属相比，其具有易加工、重量轻、柔软性强、导电性能好和生产成本低等优点。导电塑料可以在多个领域进行运用，例如它可以作为摄影胶卷的防静电物质，制造防电子辐射的计算机屏幕保护镜和遮挡阳光的"智能"窗户；它在包装、运输及电子电气方面可应用于I.C.托盘、周转箱、I.C.料盒、便携计算机外壳、家电部件、LCD盒托盘等。

导电塑料有以下几种分类方法。

① 按照电性能分类，导电塑料可分为：绝缘体、防静电体、导电体、高导体。通常电阻值在$10^{10}\Omega \cdot cm$以上的称为绝缘体；电阻值在$10^4 \sim 10^9 \Omega \cdot cm$范围内的称作半导体或防静电体；电阻值在$10^4 \Omega \cdot cm$以下的称为导电体；电阻值在$10^0 \Omega \cdot cm$以下甚至更低的称为高导体。

② 按导电塑料的制作方法可分为结构型导电塑料和复合型导电塑料。

③ 按用途可分为抗静电材料、导电材料和电磁波屏蔽材料。

结构型导电塑料及其复合材料是近年来重点研发的一类导电塑料。

四、压电塑料

压电材料是受到压力作用时会在两端面间出现电压的晶体材料。由于压电材料的这一性能，以及制作简单、成本低、换能效率高等优点，被广泛应用于热、光、声、电子学等领域。其主要应用实例有压电换能器、压电发电装置、压电变压器、医学成像等。

结构型压电塑料是20世纪70年代以来经过研究者和生产者的长期工作而开发出来的一种新型压电材料。以聚偏二氟乙烯（PVDF）以及聚偏二氟乙烯和聚偏三氟乙烯的共聚物为例，PVDF及其聚合物是一种化学性能稳定的柔性材料，成型性能良好、耐冲击、弹性和柔软性好，可制造大面积薄膜。其声阻抗与水接近，能很好地与水介质匹配，可用来制作频率较高的换能器以及宽频带水听器。但其介电常数小、温度稳定性存在问题。

目前，使用频率最高的压电材料是 PVDF、环氧橡胶以及硅橡胶、PZT 压电陶瓷。

五、磁性塑料

高分子磁性材料是一种具有记录声、光、电等信息并能重新释放的功能高分子材料，是现代科学技术的重要基础材料之一，广泛应用于冰箱、冷藏柜、冷藏车的门封磁条，标识教材，广告宣传，电子工业以及生物医学等领域。

磁性塑料又称塑料磁铁，作为一种新型有机高分子磁性材料，兼有磁性材料和塑料的特性。其机械加工性能好、易成型，且尺寸精度高、韧性好、质量轻、价格便宜、易批量生产，因此对电磁设备的小型化、轻量化、精密化和高性能化有重大意义。磁性塑料可以记录声、光、电等信息，因而广泛用于电子电气、仪器仪表、通信、日用品等诸多领域，如制造彩色显像管会聚组件、微电机磁钢、汽车仪器仪表、分电器垫片和气动元件磁环等，在当前电子工业中的超高频装置、高密度存储材料、吸波材料和微电子等需要轻质磁性材料的领域具有很好的应用前景。

磁性塑料具有质量轻、有柔性、加工温度不高、结构便于分子设计、透明、绝缘、可与生物体系和高分子共容、成本低等优点，但是其磁性能较低。如何提高其磁性能成为当前磁性高分子材料研究的热点。

磁性塑料可分为结构型和复合型两种。结构型磁性材料是指高分子材料本身具有磁性，主要有：高自旋多重度高分子磁性材料；自由基的高分子磁性材料；热解聚丙烯腈磁性材料；含富勒烯的高分子磁性材料；含金属的高分子磁性材料；多功能化高分子磁性材料等。复合型磁性材料是指以塑料或橡胶为黏结剂与磁粉混合黏结加工而制成的磁性体。

磁性塑料根据磁性填料的不同可以分为铁氧体类、稀土类和纳米晶磁类塑料。

根据不同方向磁性能的差异，又可以分为各向同性和各向异性磁性塑料。

第五节　其他电子材料化学品

一、导电涂料

导电涂料俗称导电漆，用于喷涂，干燥形成漆膜后能起到导电的作用，从而具备屏蔽电磁波干扰的功能。导电漆采用含铜、银等的复合微粒作为导电颗粒，具有良好的导电性能。

导电涂料应用广泛，尤其是在电子工业、建筑工业、航天航空、石油化工和军用工业等领域，具有重要的实用价值。它具有设备简单、施工方便、成本低廉、可涂覆于各种复杂形状表面等优点。但导电涂料通常被涂覆于不导电的基体（如塑料、陶瓷、钢化玻璃等）上，使其具有导电性，从而达到导电、防静电或电磁屏蔽的目的。

以电解行业中的电解铜和电解锌为例，电解铜的电解槽内电解液含 20%（质量分数）H_2SO_4，由于温度较高，硫酸介质及其产生的酸雾具有强烈的腐蚀性；电解锌的整个工艺流程都有较强的酸液及酸雾，会腐蚀生产设备及生产车间。而电解工艺中广泛采用铜棒作为导电棒，在这种潮湿的酸性环境下，铜棒很容易被腐蚀，表面会生成一层铜绿，严重影响了铜的导电性，所以需对其进行定期更换，造成了资源的损失。在电解铜和电解锌时，如果工艺设备上采用了导电防腐涂料，则既可保持金属基体良好的导电性，又可以减缓金属基体在酸性环境中的腐蚀，起到保护金属、减少损失和节约能源的作用。

目前，导电涂料按组成及导电机理可分为两大类：结构型导电涂料和掺和型导电涂料。掺合型导电涂料是目前的主流,其配方一般包括树脂、导电填料、溶剂及其他助剂。环氧树脂是目前在导电涂料中应用广泛的树脂之一,它具有与金属、塑料、玻璃等的结合力好,耐化学品性好,耐盐雾,机械性能好等优点;银包玻璃微珠是常用的填料,具有很好的导电性,价格便宜,又可弥补银易迁移的缺点。

二、磁性记录材料

凡能用于音频记录、视频记录、模拟记录和数字记录的磁性材料,都称之为磁性记录材料。1927 年,德国开发出涂有磁粉的录音带,为磁性材料的大量生产创造了条件。1965 年美国菲利浦公司又开发出小型的盒式录音带,便于携带和使用,于是得以大面积推广。目前磁带广泛用于录音、录像和数据存储。另外,随着电子计算机的发展,对记忆和记录的存储器提出了更微型、更大容量化的要求,各种新的性能优异的磁性记录材料不断出现。就综合应用性能而言,如从可反复记录和重放、进行模拟记录和数字记录的性能、存储密度、信号噪声比、机械强度、价格等方面看,磁带仍然是目前磁记录领域中应用最广、用量最大的磁性记录材料。除磁带以外,磁性记录材料还有磁盘、磁鼓、磁卡等。近年来,磁性记录材料的技术发展方向是提高记录密度和灵敏度,结构薄层化和小型化。

1. 磁带

磁带是与磁头相接触并以一定的速度差向同方向运动,从而吸收和发出信号的(磁头是信号出入的转换器)磁记录介质。磁带不仅要有较好的磁学性能,还应具有较好的物理机械性能。按其制造方法,磁带可分为涂布型和蒸镀型两种。按其用途,磁带可分为四大类:录音磁带、录像磁带、计算机磁带和仪器磁带。生产磁带所用的主要化学品分述如下。

(1) 磁粉 磁粉按材质划分主要有四种:① $\gamma\text{-}Fe_2O_3$;② CrO_2;③ Co 覆盖的 $\gamma\text{-}Fe_2O_3$;④ 金属磁粉。

① $\gamma\text{-}Fe_2O_3$。这是使用历史最久、用量最多的磁粉,也是制造上述③和④品种所需的原料。其生产方法有两种,一种是酸性晶种法,另一种是强碱性法。基本原理是将氧化铁水解制成 $\gamma\text{-}Fe(OH)_3$,再经充分水洗、过滤、干燥、脱水、加氢还原、氧化和粉碎而成。$\gamma\text{-}Fe_2O_3$ 的生产成本比较低,大量用于廉价的普及性录音磁带中。

② CrO_2。CrO_2 是一种不含 Fe 的磁性体。其生产过程不像 $\gamma\text{-}Fe_2O_3$ 那样,无须经过脱水、氧化、还原等反应过程,它是在液相中生成的无缺陷的完整单晶体,表面光滑无疵,是理想的针状结晶。由于生产成本较高,有的国家如日本已经不用,但欧美国家仍在使用。

③ Co 覆盖的 $\gamma\text{-}Fe_2O_3$。其制法是先往 $CoSO_4\text{-}FeSO_4$ 水溶液中加碱,使之呈碱性后,再将 $\gamma\text{-}Fe_2O_3$ 粒子悬浮于该溶液中,使 Co 化合物渗入到 $\gamma\text{-}Fe_2O_3$ 粒子的表层,深度约达 10^{-2} μm。若 Co 盐渗入过多,虽然保磁力有所提高,但磁学性能反而不好。例如,所记录的信号放置一定时间后难于清除,或各层磁带在接触中相互感应,造成图像或声音混淆等。因此必须控制 Co 的覆盖深度,一般 Co 与 $\gamma\text{-}Fe_2O_3$ 的质量比控制在 3%~4%。

④ 金属磁粉。金属磁粉并不是纯金属,而是用金属粉作为核心,然后进行适度的氧化,使粒子表面生成氧化物膜,以防止金属粉在空气中继续氧化。使用的金属粉有铁粉和 Fe-Co-Cr 合金粉。氧化物膜的厚度应适当控制,太厚时虽有利于防止进一步氧化,但磁学性能变差。金属磁粉可用于录音及录像。

(2) 胶黏剂 胶黏剂直接关系到磁粉与基膜的黏着性,对磁带的耐磨性、灵敏度、信噪比等电磁交换性能都有重要影响。目前常使用的是溶剂型胶黏剂,一般录音磁带多用热塑性烯烃类树脂基胶黏剂,如氯乙烯-醋酸乙烯酯共聚物、硝酸纤维素或聚丙烯酸酯等。高质量磁带则采用耐磨性能较好的热固性树脂基胶黏剂。

单一成分的胶黏剂很难满足磁带要求的综合技术性能,而实际上使用的胶黏剂配方都是多组分的，主要以聚氨酯树脂胶黏剂为主，混有环氧树脂、酚醛树脂、丙烯酸树脂、聚氯乙烯-醋酸乙烯酯树脂等。

（3）润滑剂　使用润滑剂的主要目的是降低磁头与磁带间的摩擦系数，提高磁带的耐久性。早期使用天然油脂和脂肪酸酯作润滑剂，其缺点是易带入杂质，容易损伤磁头，且容易渗出，使图像模糊。目前使用的润滑剂主要有以下系列：改性硅油、高质量的硬脂酸酯、长链烷烃磷酸酯、甲基丙烯酸酯等。

（4）基础带材　磁带是由基础带材和磁粉组成的。基础带材主要是醋酸纤维素或涤纶膜。

（5）炭黑　为防止产生静电，需加入导电性炭黑。特别是在广播用磁带中用炭黑作背层，对抗静电、减少带基磨损和减少走带时的抖动、防止信号跌落和改善卷绕性都起到重要作用。

（6）其他添加剂　加入多种添加剂以提高磁带的性能。如，为了改善流平性和润滑性，需加入有机硅；为了提高耐磨性，需加入 Al_2O_3 粉；为了控制树脂的固化速度，要加固化调节剂；为了使树脂膜柔软，需加入增塑剂等。另外，由于磁粉很细，比表面积大，易吸收水分而在颗粒表面形成水分子的吸附层，影响质量，因此应加入表面活性剂，防止磁粉吸水，以保持质量稳定。同时为了提高磁粉的分散稳定性和涂层的各种特性，还要选择适当的溶剂，使磁粉优先吸附胶黏剂和表面活性剂，而不要优先吸附溶剂。

2. 磁光记录介质

磁光记录是在光存储技术的基础上发展起来的。在磁光记录中，最重要的是选用和制作优良的磁介质。目前已开发的磁光记录介质有多晶膜、单晶膜和非晶膜三大类。

在磁光介质中以稀土-过渡金属组成的非晶态薄膜材料最有发展前途。研究得较多的非晶态薄膜有：CdCo、CdFe、TbFe、HoCo、TbCo 等二元合金，以及 GdFe/TbFe、TbFeCo/GdFeCo 双层膜和 CdTbFe、TbFeCo、CdFeSi、CdFeSn、TbGdCo 多元膜等。

磁光记录介质是近几年来开始应用的，日本索尼公司和 KDD 公司共同研制的磁光盘装置作为商品在办公室自动化文书文件系统已正式使用。NHK 公司研制的 Gb-Co（溅射法）磁光盘系统，盘径 50mm，膜厚 $0.2\mu m$，能进行彩色电视图像实时记录，目前正推广在计算机外围设备、图像文件处理机和民用产品方面应用。

三、显示材料

随着电子技术的发展，运算、信息处理以及传输能力与速度的日益提高，为了能够直接看到这些活动的结果，人们研制出了相应的显示材料和设备。目前，使用较多的显示装置有阴极射线管、液晶、荧光材料等。对显示材料的要求主要有：①体积小，要尽量薄；②既要辉光度高，图像清晰，又要不闪眼；③响应速度快；④工作电压要尽量低，耗电少；⑤便于彩色化、大型化；⑥价格便宜。

1. 液晶材料

（1）液晶　液晶是液态晶体的简称，是某些有机物在一定的温度范围内所呈现出的一种中间状态。在这种状态下，它既有液体的流动性，又具有某些晶体的光学各向异性，而且分子排列容易发生变化。液晶多数是具有极性基的较长分子。

（2）液晶的性质　由于液晶具有各向异性的特性，因此其光学特性（如光的反射、衍射、旋光性、折射率、热导率、弹性系数）和电学特性（如介电性、磁性、导电性、压电效应等）都具有各向异性。

液晶本身不发光，而是使入射光产生光散射。由于光波在各个方向上的速度不同；与分子长轴平行及分子长轴垂直的折射光折射率不同，从而产生双折射，这是各种液晶所具有的共性。其次，胆甾型液晶还具有另外一种特性，即能将白色光反射成不同彩色，称为圆偏光二色性。

（3）**液晶的分类**　按晶型分类液晶有向列型、近晶型和胆甾型三种，如图 11-2 所示。

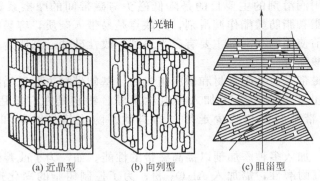

(a) 近晶型　　(b) 向列型　　(c) 胆甾型

图 11-2　各种液晶的示意图

① 近晶型液晶。近晶型液晶棒柱状分子的排列规则整齐，且分子长轴的排列有一定的取向，分子间分层。

② 向列型液晶。其棒柱状分子的排列不像近晶型液晶那样规则整齐，但分子长轴的排列与近晶型液晶一样有一定的取向。分子不分层，可在三维空间内自由移动，单个分子也可绕其长轴自由旋转，分子运动的自由度较大，但分子长轴始终保持在方向上平行。向列型液晶的种类及结构如表 11-1 所示。

表 11-1　向列型液晶的种类及结构

种类	结构	种类	结构
甲亚胺化合物	R^1O—〇—CH=N—〇—R^2 R—〇—CH=N—〇—CN	二苯基化合物	R—〇—〇—CN RO—〇—〇—CN
酯类化合物	R^1—〇—COO—〇—OR^2 R—〇—COO—〇—CN R^1O—COO—〇—COO—〇—R^2 〇—OCO—〇—OCO 　　　　　R^2　R^3 　　　　R^6 　　〇 　R^4　R^5	偶氮化合物	RO—〇—N=N—〇—R^1
		二苯乙烯化合物	R^1—〇—C=C—〇—R^2 　　　　X　Y
		氧化偶氮化合物	R^1—〇—N=N—〇—R^2 　　　　　↓ 　　　　　O R^1O—〇—N=N—〇—R^2 　　　　　↓ 　　　　　O
		三苯基化合物	R^1—〇—〇—〇—CN
		嘧啶化合物	R—(N〇N)—〇—CN

③ 胆甾型液晶。胆甾醇本身不具有液晶的性质，但当分子上的羟基为卤素取代或被酯化后即成为液晶。胆甾型液晶的分子呈扁平状，并排列成层，层内的分子互相平行，分子长轴平行于层平面，但各层分子长轴的方向稍有角度变化，从而形成螺旋结构，螺旋轴垂直于分子长轴。由于螺旋结构的特点，对与螺旋轴平行的入射光，在温度、电磁场、热切应力变化会引起双折射、圆偏光二色性、旋光性等，从而产生彩色特征的变化。

胆甾醇的结构如下：

(4) 液晶材料的使用要求　从性质、功能、质量等方面对液晶材料有如下的使用要求：①在较宽的温度范围内能呈现液晶相；②具有良好的化学稳定性和光化学稳定性，使用寿命长；③黏度低，具有高速响应性；④双折射率的大小与显示方式相匹配，以适应增大显示对比度；⑤弹性模量均衡，多路传输性能优越；⑥分子排列的有序度高，以适于增大显示对比度的要求；⑦介电各向异性大，以适于低电压下工作；⑧介电各向异性的正负，可因驱动频率的高低而变换。

(5) 液晶的应用　由于近晶型液晶的黏滞性大，对外界的电磁场、热切应力等不灵敏，很少用作显示材料。向列型液晶和胆甾型液晶的分子间作用力较弱，随着外加电磁场、声音、压力、温度等条件的变化，分子容易重新排列，从而可以适应液晶光学性质的变化。向列型液晶主要是利用其光电效应；胆甾型液晶除光电效应外，还利用其热切变应力效应。

向列型液晶广泛用于微处理机、台式计算机、数据处理终端、户外广告、记分牌、航空信号、公路信号、钟表、按钮及数字电话等的数字显示；亦可用作电子扫描、静止画像、电视等图像显示；在电子工业上可用作光闸；另外也用作核磁共振的溶剂；在民用方面也用作门、窗、墙板的显示等。

胆甾型液晶广泛用作温度记录器；非破坏性检查图像的显示，热图像的显示，医疗检查显示，胶版印刷油墨显示，气体光谱分析显示和风压试验等显示；还可用作气体检测、存储器、气体感应装置的显示等。

(6) 典型液晶材料
① N-4-丙基苯亚甲基-4-氰基苯胺。其分子结构如下：

$$C_3H_7-\phenyl-CH=N-\phenyl-CN$$

该液晶由于介电各向异性很大，适合在低电压条件下工作。缺点是其在水中发生水解，黏度一般较大，它主要用在 TN 型显示元件中。

② 4-戊基-4′-甲氧基偶氮苯。其分子结构如下：

$$C_5H_{11}-\phenyl-N=N-\phenyl-OCH_3$$

4-戊基-4′-甲氧基偶氮苯为典型红色偶氮系液晶，化学稳定性因偶氮基而略显差，但双折射率大，黏度低，适用于 DS 型显示元件。同时由于其分子介电各向异性小，温度对其物理常数影响小，因而在混晶型液晶中易于采用。

2. 荧光材料

荧光材料是从外部接受光线、电子线、X 射线或其他射线的能量以后，将此能量转化为光的材料。荧光材料具有悠久的使用历史，过去用作制夜光涂料和阴极射线管，现在广泛用于制荧光灯和电视显像管等。荧光材料的用途如表 11-2 所示。

表 11-2　荧光材料的主要用途

用　　途	激发手段	荧　光　材　料
显示用		
彩色电视显像管	12～27kV 电子束	$ZnS：Ag,Cl$(蓝)；$ZnS：Cu,Au,Al$(绿)；$Y_2O_2S：Eu$(红)
黑白电视显像管	12～20kV 电子束	$ZnS：Ag,Cl$(蓝)；$ZnS：Au,Cl$(黄)
计算机用阴极射线管	20kV 电子束	$Zn_2SiO_4：Mn,As$(绿)；$Zn_3(PO_4)_2：Mn$(红)

续表

用　　　途	激发手段	荧　光　材　料
光源用		
荧光灯	紫外线为主	$Ca_{10}(PO_4)_6(F,Cl)_2$：Sb,Mn（白）等
复印机灯		Zn_2SiO_4：Mn（绿）
检测用		
X 射线增感纸	X 射线	$CaWO_4$（蓝头白），Gd_2O_2S：Tb（黄头绿）
射线计量计	X 射线，其他射线	LiF：Mg,Ti（蓝头白）

最初的荧光材料是以 ZnS 为主体，添加少量的 Cu、Mn、Bi、Pb 等重金属制成的。新的荧光材料是以稀有元素如 Y、Eu 等的化合物为主体制成，并且实现了彩色化。例如，彩色电视机显像管用的红色荧光材料就是将 Y_2O_3、Eu_2O_3、S 和 Na_2SO_3 混匀，在 1200℃ 左右煅烧，然后用水洗去多余的硫化钠，再经过干燥、粉碎、过筛制取的。制取过程的关键是必须严格控制杂质。在上述荧光材料中加入适当的胶黏剂等配成荧光涂料，即可往显像管或显示器上涂布。

3．场致发光材料

在电场作用下，荧光材料也能发光，这种现象称为场致发光。往 ZnS 中添加 Mn、Tb 等元素，这些元素能成为发光中心，将此材料置于两个电极之间并施加电压时，电子就通过界面进入荧光材料而加速运动，并碰撞发光中心，使元素的能阶提高。当它由高能阶状态重新恢复到原来的稳定状态时，就释放能量而发光。光的颜色由发光中心的元素决定，例如 Mn 为橙色，TbF_3 为绿色，PrF_3 为白色，Sm 为红色。薄膜型场致发光元件的结构如图 11-3 所示。它是将发光层夹在两个绝缘层之间，然后外面再夹上两层电极而制成的。这种元件已用于办公自动化设备的显示装置中，它不像阴极射线管那样闪眼，而且耐震动，还可以制成弯曲的表面。若能解决其彩色化和耐潮湿的问题，用途将更加广泛。有人曾试图利用场致发光材料制造大面积的照明板和壁上电视，但目前辉光度和寿命尚待改进。

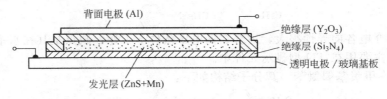

图 11-3　薄膜型 EL 元件的结构

思　考　题

1. 什么是电子材料化学品？按功能分为哪几类？
2. 半导体材料可分为哪几类？
3. 电子工业中，常用的打印材料化学品有哪些？
4. 当前，塑料在电子工业中有哪些应用？电子工业用塑料产品开发又有哪些趋势？
5. 经过本章学习和查阅相关资料后，你认为电子材料化学品今后的发展趋势应该是怎样的？

第十二章 油田化学品

第一节 导 言

一、油田化学品的定义及种类

在石油勘探、开采、储运以及油品消费等各个环节中,需要使用各种各样的化学品,以提高采油率、改进生产工艺、改善燃料油和润滑油的质量。这些化学品也属于精细化学品的范畴,统称为油田化学品。

油田化学品的种类繁多,包括通用化学品、钻井用化学品、油气开采用化学品、提高采收率用化学品、水处理用化学品等。随着石油工业的迅速发展及对石油产品需求的不断增长,迫切要求提高石油产品质量和改变产品结构,因此对油田化学品的需求也在不断增长。

二、油田化学品的工业现状及发展趋势

随着石油工业的发展,油田化学品耗量越来越大,现已有70多类3000多个品种。北美是世界消费油田化学品最多的地区,约占总量的一半,其中美国又是该地区消耗量最大的国家。世界采油用化学品每年耗量为450万吨,价值37亿美元,占油田化学品总用量的1/3。据世界120个公司统计,仅用于采油的化学品就有988种。

自20世纪70年代以来,我国油田化学品的研制、开发和应用取得了很大成绩,在石油勘探和开发中发挥了重要作用,在品种、数量和质量上均已达到相当的水平。据有关数据分析,近十多年以来,我国油田化学技术发展迅速,形成了较广阔的油田化学品市场。据不完全统计,1995年国内油田化学品用量为102.9万吨,而到2009年,全行业使用量已达到147万吨。15年间,油田化学品的使用量增加了42%以上,市场规模增长超过180%。其中,钻井用化学品用量最大,占油田化学品总用量的45%~50%;采油用化学品技术含量高,占总销量的30%以上。

在钻井液处理剂方面与国外的差距相对较小,随着各类处理剂的发展,聚合物钻井液、钾基防塌钻井液、饱和盐水钻井液、定向井防卡防塌钻井液、油包水钻井液、低密度水包油钻井液等已接近或达到国际水平;且各类钻井液添加剂已配套形成系列,基本上满足了我国各种类

型钻井作业的需要,但在产品质量方面还有待进一步提高。此外,在水平井、定向井、深井和超深井的处理剂方面尚待完善配套;有效的防腐蚀处理剂品种还少,有待于进一步开发。

中国新发现油田储量有限,老油田挖潜任务艰巨,特别是针对我国油田特点,加强油田勘探开发,提高油田采收率,加强环境保护,需要更多的新型、高效、降低污染的油田化学品。

第二节 采油输油添加剂

一、钻浆添加剂

石油和天然气开采的第一步就是钻井,在钻井中钻浆起着重要的作用。钻浆有两种:一种是泥浆,载体主要是水;另一种是油浆,载体主要是柴油或原油。泥浆和油浆在使用过程中均需加入大量的化学品以控制它们的各项性能,且要求随石油矿区的岩层结构、环境以及钻探条件的不同而不同。目前钻浆中主要是泥浆,用于泥浆的化学品主要有:基质黏土;增加相对密度的重晶石;增加黏性的膨润土;降低黏度的木质素磺酸盐、单宁;提高泥浆流动性、降低失水量的纯碱、氢氧化钠;降低泥浆失水量的淀粉、羧甲基纤维素(CMC)、聚丙烯酸;抑制黏土膨胀的氯化钙、氯化钾、石膏、石灰石。

近几十年来,低固相泥浆发展迅速并被广泛使用,这是一种固体含量很低的泥浆,具有能提高进尺、保护油层、降低成本的优点。其配制方法是用絮凝剂除去原有泥浆中的固体,絮凝剂一般是高分子化合物,如聚丙烯酰胺、聚丙烯酸钠、羧甲基纤维素、聚丙烯腈、乙烯-马来酸共聚物等。

二、清蜡防蜡剂

原油从地层流出后,随着温度和压力的下降会不断地析出石蜡,造成出油通道堵塞,影响正常生产,采用机械方法清蜡既笨重,效率又不高。为防止石蜡凝结需使用化学品,这类化学品有化学防蜡剂和化学清蜡剂。

1. 化学防蜡剂

常用的有如下三种类型。

(1) 稠环芳香烃型防蜡剂 如萘、菲、蒽、芘等,以及它们的衍生物甲基萘、萘酚、萘甲酸、蒽酚等。

(2) 表面活性剂型防蜡剂 使用表面活性剂进行油田防蜡、清蜡,既简便又可以大大提高生产效率。表面活性剂能在管壁或蜡晶上定向吸附,形成极性表面层,使原油中析出的石蜡不能附着于管壁上,从而达到防蜡的目的。用于防蜡的表面活性剂有:石油磺酸钙、石油苯磺酸钙、环烷酸钠、烷基三甲基氯化铵、聚氧乙烯$C_{12} \sim C_{18}$烷基胺、平平加 O、吐温、聚醚、α-烯烃衍生物、磷酸酯类和烷基酚聚氧乙烯醚等。

在含蜡石油的输送中,添加碱金属硅酸盐与吐温 85 的复配物或烷芳基聚醚,均能防止石蜡沉积和堵塞。

(3) 聚合物型防蜡剂 通过蜡在聚合物上析出而达到防蜡目的。该类型防蜡剂都是油溶性的,为具有石蜡结构链节的支链线形高聚物。主要有高压聚乙烯、乙烯-醋酸乙烯酯共聚物、烯烃-顺丁烯二酸酯共聚物等。

2. 化学清蜡剂

(1) 油基清蜡剂 实际上是一类蜡溶解量大的溶剂,如 CS_2、CCl_4、$CHCl_3$、苯、甲苯、二甲苯、汽油、柴油、煤油等。

(2) 水基清蜡剂 以水作分散介质,其中溶有表面活性剂、互溶剂和碱性物质等。可利用的表面活性剂有水溶性磺酸盐、季铵盐、聚醚、吐温、平平加 O 等；互溶剂的作用是增加油（包括蜡）与水的相互溶解度，主要是醇和醇醚，如甲醇、乙醇、异丙醇、异丁醇、乙二醇丁醚等；碱可与蜡中的沥青质等反应，生成易分散于水中的产物，主要有 NaOH、KOH、硅酸钠、磷酸钠等。

(3) 水包油型清蜡剂　水包油型清蜡剂是清蜡剂的发展方向，以水基清蜡剂作连续相，油基清蜡剂作分散相，以非离子表面活性剂作乳化剂，如烷基酚聚氧乙烯醚、四烷醇聚氧乙烯醚等。该类型清蜡剂具有良好的清蜡效果，同时又有防蜡作用。

清除石蜡可以采用酸化法，在石蜡堵塞处喷入质量分数为 15% 的盐酸溶液，而在盐酸溶液中加入 0.05% 的壬基酚聚氧乙烯醚作润湿剂，可提高酸的渗透能力。

三、强化采油添加剂

从含油层中采油可分为几个阶段，第一次采油率仅 15%～30%。经过二次回采（注水或注气），可将采收率提高到 40%～50%，但仍有一半以上的原油留在地下。第三次回采为化学方法采油，强化了采油措施，可使原油采收率提高到 80%～85%。油田生产的二次回采及三次回采总称为强化回采法。

目前采用的强化回采法主要有热驱法、气驱法和化学驱法。其中化学驱法是在注入水中加入化学品，降低油水界面张力，提高驱油能力。化学驱油可分为表面活性剂驱油、碱水驱油、微乳状液驱油、泡沫驱油、增稠水驱油、正向异常液驱油及其他驱油方法等。

1. 表面活性剂驱油剂

表面活性剂驱油是往油层中注入表面活性剂水溶液采油的方法，所采用的表面活性剂具有亲水性，其 HLB=8～13。优先采用的应是耐碱性好的表面活性剂，如非离子表面活性剂、磺酸盐型和硫酸盐型阴离子表面活性剂以及表面活性剂复配物等。已被采用的有木质素亚硫酸盐、脂肪酸皂、石油磺酸盐、脂肪醇聚氧乙烯醚磺酸钠、烷基酚聚氧乙烯醚磺酸盐以及复配的表面活性剂，如 50% OP-10 与 50% Sulfonol NP-1（阳离子表面活性剂）的复配物等。

2. 碱水驱油剂

碱水驱油是使原油中的环烷酸类与碱作用形成皂类表面活性剂。采用的碱主要有 NaOH、Na_2CO_3、Na_2SO_3 等。这种采油方法成本低，但一般还需加入一些辅助的表面活性剂才更有效。为了提高注入水的黏度，有时采用水溶性高分子与表面活性剂的混合物，以达到更高的驱油效率。例如使用的表面活性剂混合物有磺酸盐与 C_4～C_6 脂肪醇混合物；非离子型和阴离子型表面活性剂混合物。

3. 微乳状液驱油剂

微乳状液驱油是一种较先进的方法，可使原油采收率提高到 80%～90%，但成本较高。它是将表面活性剂溶于水中，加入一定量的油，形成乳状液，然后在搅拌下逐渐加入辅助的表面活性剂，至一定量后可得到透明液体。微乳状液驱油效果好是由于其能和水或油混溶，消除了油水间的界面张力，洗油效力极大地提高。该方法是提高采油收率幅度最大的方法，但耗费的表面活性剂量大，每生产 1 桶原油约耗 4.4～7.2kg 表面活性剂。用于驱油剂配方中的表面活性剂主要有石油磺酸盐或石油磺酸盐与聚氧乙烯醚磺酸盐的复配物，合成脂肪酸钠或树脂酸钠、聚醚与聚丙烯酰胺复配物，OP 与烷基苯磺酸钠或烷基磺酸钠、烷基磺酸铵复配物。所用的辅助表面活性剂为极性有机物，一般为高、低级脂肪醇类。

4. 泡沫驱油剂

利用表面活性剂的发泡性配成泡沫驱油剂进行采油的方法称为泡沫驱油。泡沫驱油剂的黏度比水高，有气阻效应，故驱油效果比水大。常用的泡沫驱油剂有：烷基磺酸钠、烷基苯磺酸钠、烷基萘磺酸钠、α-烯基磺酸盐、棕榈酸聚氧乙烯酯、氢化松香醇聚氧乙烯醚、脂肪醇聚氧乙烯醚硫酸钠（硫酸酯）等，根据不同地质情况采取复配技术，制备泡沫驱油剂。

5. 增稠水驱油剂

可以部分水解聚丙烯酰胺作注入水的增黏剂，也可采用脂肪醇聚氧乙烯醚硫酸盐或磺酸盐以及表面活性剂的混合物作增稠剂。例如磺酸盐与 $C_4 \sim C_6$ 脂肪醇复配物，非离子表面活性剂和阴离子表面活性剂复配物。注入含 0.25% 聚丙烯酰胺和 0.05% OP-10 的水溶液，可使原油采取率提高 30% 以上。

除上述几种方法外，利用吸附增黏液和剪切增黏液采油也是一种有效的采油方法，即先后注入两种液体：第一种是含吸附增黏剂的液体，它具有剪切稀释液的性质，应用部分水解聚丙烯酰胺配制；第二种是含剪切增黏剂和解吸剂的液体，使用长链脂肪酸碱金属盐，如油酸钠、棕榈酸钠、硬脂酸钠、聚乙烯醇-硼酸钠的配合物、十六烷基甲苯基醚磺酸钠等。液体中的解吸剂能优先吸附在岩石表面使吸附增黏剂解吸下来。然后注入推动液，使这些液体通过地层把油驱至采油井。

第三节 油田水处理化学剂

从油井采出的油通常夹带着大量可溶性气体、水、泥沙及各种杂质，这些物质在原油的输送、储存及加工过程中会引起一系列的问题。因此，原油在炼制前必须加入各种添加剂来控制其性能。

另外，目前多数油田通过注水井向油层注水补充能量，保持油田压力，延长自喷采油期，以此提高油田开发速度和提高采收率。在原油炼制、储运、加工及油田开发过程中加入油田水处理化学品，可以保证原油质量，提高开发效果，减少设备腐蚀。

一、破乳剂

在采油过程中，原油透过岩石窄隙与水混合，又经喷油嘴及输油泵的机械作用，形成了水/油乳液，水含量一般在 10%～50% 不等。因此必须加入破乳剂并在高压电场作用下使油水分离。经分离后的原油，水含量一般在 1% 以下。常用的破乳剂有石油磺酸钠、烷基萘磺酸钠、琥珀酸酯磺酸盐、烷基酚聚氧乙烯醚、环氧乙烷环氧丙烷嵌段共聚物、烷基酚聚氧乙烯醚甲醛缩合物、油脂衍生物、环烷酸盐、烷基咪唑等。上述都是表面活性剂，其中有的本身既是乳化剂，又是破乳剂。

二、缓蚀剂

能抑制或完全阻止金属在侵蚀介质中腐蚀的物质总称为缓蚀剂，又称为阻蚀剂、腐蚀抑制剂等。

原油含的水中往往溶有各种杂质，如 CO_2、H_2S 气体及无机盐类，它们对钢材都有明显的腐蚀作用。通常所用的缓蚀剂为直链脂肪二胺、季铵盐或咪唑啉衍生物，如咪唑啉胺。这些胺类的耐腐蚀作用在于它们能被金属表面所吸附形成单分子层的保护膜，从而起到缓蚀效果。

三、杀菌剂

原油中往往有细菌存在，其来源一方面是地层结构中本身就存在的，另一方面是在注入水时带入的。这些细菌会使硫化氢还原或促使硫化氢与铁反应生成不溶性硫化铁；另外，它们也会使乳化液中的细微悬浮体聚集起来形成污垢，造成液体流动困难。所以就必须用杀菌剂来抑制细菌的生长。常用的杀菌剂有季铵盐、烷基二胺盐、福尔马林、多氯苯酚等，其中季铵盐的效果最好。

四、阻垢剂

由于原油中含有一定数量的盐类，其在采油、输油以及原油处理设备中常会结垢，通常采用阻垢剂加以处理。常用的阻垢剂主要有：重铬酸盐、磷酸盐和缩聚磷酸盐、木质素磺酸盐、合成单宁衍生物、氨基乙烯基磷酸酯、多聚电解质（丙烯酸系高聚物、马来酸系高聚物和侧链带磺酸基的有机高聚物）。

第四节 油品添加剂

一、燃料油添加剂

燃料油是可以作为动力燃料的油品，包括汽油、煤油、柴油和重油等。除在石油炼制过程中不断改进生产工艺及产品结构以提高燃料油的内在质量外，应用添加剂是改进燃料油质量的另一重要手段。燃料油添加剂的种类很多，有抗震剂、抗氧化剂、清净分散剂、抗蚀剂、防表面着火剂、流动改性剂、抗静电剂、防结冰剂、助燃剂等。本节主要介绍以下几种燃料油添加剂。

（一）抗震剂

对汽油来讲，抗震剂又称辛烷值改进剂；对柴油来讲，抗震剂又称十六烷值改进剂。

1. 辛烷值改进剂

辛烷值是表示汽油在汽油发动机中燃烧时的抗震性指标。辛烷值的大小与汽油的组分有关。芳香烃的辛烷值最大，环烷烃和异构烷烃次之，烯烃再次之，正构烷烃最小。辛烷值是国际通用标准，将异辛烷的辛烷值定为100，正庚烷定为0。测定汽油辛烷值是用两者的混合液作为标准，通过特定装置的辛烷值机来标定汽油的辛烷值。直馏汽油的辛烷值一般在50～70。

提高辛烷值要采用抗震剂。最早使用的抗震剂是四乙基铅，在汽油中加入少量四乙基铅，辛烷值就会显著提高。由于四乙基铅及其混合液都有剧毒，不利于环保，绝大多数国家都制定了相应的法规，逐步减少和限制四乙基铅及其混合液的用量。新型无铅抗震剂主要是醇类和醚类，如甲醇、乙醇、异丙醇、叔丁醇（TBA）、异丙醚、叔丁基甲醚（MTBE）、新戊基甲醚（TAME）等。其中MTBE性能优良，可以利用石油化工中C_4馏分来合成。将醇类加入汽油中来代替四乙基铅作抗震剂的效果也很好，问题是合成甲醇和乙醇的成本都较高。

2. 十六烷值改进剂

十六烷值是表示柴油在柴油发动机中燃烧时的抗震性指标。以正十六烷的十六烷值为100、α-甲基萘的十六烷值为0来标定柴油的十六烷值。标准柴油样品是以正十六烷与α-甲基萘按不同比例配成的。欲测定的柴油与标准柴油在标准柴油发动机中进行比较，在燃烧性相等时，标准柴油中正十六烷的质量分数，即为待测柴油的十六烷值。当柴油的十六烷值低于工作要求时，会使燃烧延迟和不完全，以致产生爆震，发动机功率降低，耗油量增加；十六烷值过高，也会产生燃烧不完全而冒烟的现象，同时也增加耗油量。

一般常压蒸馏柴油的十六烷值高，可供高速柴油机使用；裂化柴油和焦化柴油的十六烷值低，必须添加十六烷值改进剂。改进十六烷值用的抗震剂主要为硝基酯类、二硝基化合物和过氧化物。以硝酸烷基酯应用最多，如硝酸异丙酯、硝酸戊酯、硝酸丁酯和硝酸异辛酯等。正常添加量（体积分数）一般为15%，十六烷值可提高12%～20%。

（二）防结冰剂

汽油发动机在潮湿寒冷气候下吸入的空气中含有一定量的水分，很容易在汽化器中和燃料管线中结冰,造成不易点火启动。高空飞行的飞机所接触的空气常低于零度,燃料油也会出现结冰现象。解决这一问题的主要方法是在燃料油中加入防结冰剂。添加防结冰剂的目的,一是降低燃料油中水分的冰点;二是防结冰剂在金属表面有疏水性基团存在,因而能防止水分结冰。

防结冰剂有两类:一类是冰点下降型的,另一类是表面活性剂型的。第一类是醇类,如甲醇、乙醇、异丙醇等。由于醇类具有水溶性,可与水以任何比例混合,加入后可降低冰点,使水不能结冰。除醇类外,也常用一些多元醇,如乙二醇及其醚(乙二醇醚、二乙二醇醚)等。第二类防结冰剂有磷酸铵、脂肪胺、脂肪酰胺、烷基琥珀酸亚胺等。目前最广泛使用的是乙二醇单甲醚。国外菲利浦公司生产的 PFA-55MB 产品是著名的抗冰剂,其组成为:90%乙二醇单甲醚,10%丙三醇。

(三)抗静电剂

燃料油在管线中输送,如果输送速度很高,则可能由于油品的摩擦而产生静电。由于石油的导电率很低,静电不能及时释放而积累,会酿成火灾和爆炸事故。在油品中加入少量抗静电剂,就能大幅度提高油品的导电性。

抗静电剂通常多为表面活性剂,常用的抗静电剂有硬脂酸铬、$C_{18}\sim C_{20}$脂肪酸铬、环烷酸铬、油酸铬、亚油酸铬、环烷酸钴、烷基水杨酸铬等油溶性盐类以及聚氧化乙烯的衍生物和多元脂肪醇酯。美国壳牌公司生产的 ASA-3 抗静电剂含以下三种成分:单和双烷基水杨酸铬、丁二酸二辛酯磺酸钙、2-甲基-5-乙烯基吡啶和甲基丙烯酸十二酯的共聚物。

(四)抗氧化剂

燃料油在储存和使用中通常要与金属接触,由于空气和水的存在,会对金属产生锈蚀。燃烧后产生的氧化物又为腐蚀创造了条件。石油产品氧化后能产生酸性,使油品黏度增大,容易产生泡沫、油泥、沉淀和漆膜(漆状薄膜),这不仅影响其使用性能,而且会造成机器效率的降低、设备的损坏,使其不能继续运转。因此,人们非常重视油品的抗氧化能力。常用的燃料油抗氧化剂有两类:烷基酚类和胺类。

1. 烷基酚类

最常用的有 2,6-二叔丁基酚、2,4-二甲基-6-叔丁基酚、2,6-二叔丁基对甲苯酚(BHT)、叔丁基羟基茴香醚(BHA)。有时也采用上列化合物的混合物。

2. 胺类

主要品种有 N,N'-二仲丁基对苯二胺、N,N'-二异丙基对苯二胺、2-萘胺等。

二、润滑油添加剂

合成润滑油通常是指以石油、煤、动植物油脂等为原料,通过一系列化学反应而制得的基础油或稠化剂,再配以必要的改善性能的添加剂所组成的产品。润滑油的主要性能指标有黏度、闪点、倾点、相对密度和黏度指数。润滑油添加剂是针对润滑油的性能指标和使用性能添加到润滑油中的物质,如黏度指数改进剂、倾点抑制剂、清净分散剂、缓蚀剂与防锈剂、抗氧化剂、消泡剂等。

(一)黏度指数改进剂

同一种润滑油的黏度是温度的函数,温度高时黏度小,温度低时黏度大。一般要求润滑油黏度变化的幅度要小,即黏度指数要高,通常为 95~110。添加必要的黏度指数改进剂,以提高润滑油的黏度指数。黏度指数改进剂的主要作用是使油品黏度不因气温等环境不同而发生变化,主要用于变速器油、机械油、液压油、内燃机油,近年来在齿轮油中也有应用。目前世界上广泛使用的黏度指数改进剂品种有:聚甲基丙烯酸酯、聚异丁烯、聚乙烯基丁基醚、乙烯丙烯共聚物、苯乙烯共聚物。这些高分子化合物能调节润滑油黏度的原理是：在低温下，高聚物分子卷曲起来，其中大多数是胶体微粒，对润滑油黏度几乎没有影响；而在高温下，高聚物分子伸展开来，长链分子间相互缠绕，使润滑油黏度相对地增大。这样可使润滑油的黏度不因温度变化而发生变化。常用的黏度指数改进剂如表 12-1 所示。

表 12-1　常用的黏度指数改进剂

常用黏度指数改进剂	结　构　式	平均相对分子质量
1. 聚甲基丙烯酸酯	$-(CH_2-\underset{\underset{COOR}{\mid}}{\overset{\overset{CH_3}{\mid}}{C}})_n-$ 　　R=C_1~C_{18}烷基	2万~15万
2. 甲基丙烯酸酯与极性单体共聚物	$-(CH_2-\underset{\underset{COOR^1}{\mid}}{\overset{\overset{CH_3}{\mid}}{C}})_m(CH_2-\underset{\underset{X}{\mid}}{\overset{\overset{R^2}{\mid}}{C}})_n-$ $R^1=C_1$~C_{18}烷基；R^2=H；CH_3；X 为极性基团	5万~150万
3. 聚异丁烯	$-(CH_2-\underset{\underset{CH_3}{\mid}}{\overset{\overset{CH_3}{\mid}}{C}})_n-$	20万~30万
4. 烯烃共聚物	$-(CH_2-CH_2)_m-(CH_2-\underset{\underset{CH_3}{\mid}}{CH})_n-$	2万~20万
5. 聚烷基苯乙烯	$-(CH_2-\underset{\underset{\text{〔R〕}}{\mid}}{CH})_n-$　　R=C_8~C_{12}烷基	1万~30万
6. 苯乙烯共聚物	$-(CH_2-CH_2)_m(CH_2CHCH_2)_n-$ 　　　　　　　　　　R R=H，CH_3	2万~20万

（二）倾点抑制剂

倾点是液体在指定的条件下可保持流动状态的最低温度，它随润滑油中石蜡含量的变化而变化。油品在温度下降到一定程度时，就会发生凝固，而燃料油和润滑油一旦凝固就无法使用。为了降低油品的凝固温度，通常采取两种方法：一是把其中所含的蜡脱除，这样可以有效地降低油品的凝固温度，但是大量地脱除蜡既浪费油品资源，又会使油品的某些性能变差；另一种方法是添加倾点抑制剂，增加润滑油抗凝固能力的物质称为倾点抑制剂，其作用就是与石蜡共结晶，将微晶石蜡吸附，控制微晶进一步生长，这样在低温下石蜡只形成很小的微晶，而不会把油夹带在结晶中使之不能流动。一般在油品中加入 0.1%~1% 的倾点抑制剂就可以使油品凝固温度降低很多，且不使油品遭受损失。随着添加量的增加，效果也增加，但其添加量是有限度的。常用的倾点抑制剂有以下几种：聚甲基丙烯酸酯、聚丙烯酸酯、烷基萘、氯化石蜡与萘的缩聚物、氯化石蜡与苯酚的缩聚物、醋酸乙烯酯共聚物、聚氧乙烯脂肪胺等。

（三）清净分散剂

在润滑油添加剂中清净分散剂的用量较大，发动机用的润滑油常由于高温氧化，生成一些不溶性的油泥并产生沉积。为了及时清除这些污垢，需加入清净分散剂以保持润滑油良好的润滑性能。常用的清净分散剂有聚异丁烯（丁）二酰亚胺、石油磺酸盐、烷基水杨酸钙等。

聚异丁烯二酰亚胺类型的分散剂，燃烧后没有灰分，故为无灰添加剂。加入无灰分散剂，不仅可以提高气缸油的清净分散性，而且可减少高碱性金属清净剂的用量。聚异丁烯二酰亚胺适用于活塞式航空发动机油、小型两冲程汽油机油、天然气发动机油以及转子发动机油。聚异丁烯二酰亚胺可由聚异丁烯与异丁烯二酸酐加热合成烯基丁二酸酐，烯基丁二酸酐与四乙烯五胺在二甲苯存在下脱水，可制得单聚、双聚和多聚异丁烯丁二酰亚胺。其添加量在1.5%～4%。

烷基水杨酸钙具有较好的清净性和酸中和能力，并兼有较强的抗氧化性和抗腐蚀性。通常用作内燃机油清净剂，与聚异丁烯丁二酰亚胺、磺酸盐和二烷基二硫代磷酸锌复合使用。

石油磺酸盐是内燃机油清净剂中的一大类。具有原料易得、成本较低、使用性能可以适合各种不同要求的特点。低碱性磺酸盐的分散作用较好，高碱性磺酸盐具有较强的中和能力及高温清净性，常用的碱金属盐是钡盐、钙盐、镁盐。由于钡盐的毒性及其灰分较大，所以使用逐渐减少。镁盐是为适应高档汽油机油要求降低灰分而发展起来的，价格较贵。目前应用较多的是高碱性磺酸钙盐，它不仅清净性好，而且具有较好的中和性和防锈性能，是调制各种汽油机油、柴油机油的主剂，其油溶性好，能与很多添加剂复配，调制各档内燃机油。

（四）防锈剂和腐蚀抑制剂

防锈剂是防止因水分侵入造成金属生锈而加入的添加剂。腐蚀抑制剂是防止在使用条件下金属被腐蚀而加入的添加剂。许多添加剂往往兼具有防腐、防锈功能，无论是在透平油、发动机油、液压油、齿轮油、循环油、主轴油，还是其他工业润滑油中，都用到防锈剂和腐蚀抑制剂。

防锈剂大都是油溶性表面活性剂，其作用是在金属表面形成疏水性皮膜。主要有以下几种类型：①磺酸盐类，如石油磺酸钡、二壬基萘磺酸钡；②羧酸及其盐类或酯类，包括各种烯基丁二酸、各种脂肪酸、烯酸、环烷酸、胺酸、苯氧乙酸、环氧酸锌、硬脂酸镁、硬脂酸锌、萘甲酸镁、蓖麻酸铅、油酸钙、甘油单油酸酯、失水山梨醇单油酸酯和三油酸酯、聚乙二醇二油酸酯或二硬脂酸酯；③磷酸盐或酯类，以五氧化二磷和各种醇生成的各种磷酸酯为主；④有机含氮化合物，有烷基胺、烷基芳胺、烷基多胺、酰胺、烷基醇酰胺、咪唑啉、苯三唑、嗪亚硝酸铵和各种酸的二环己胺盐、松香胺环氧乙烷加成物、高碳烷基胺环氧乙烷加成物；⑤醚类，如烷基酚或壬基酚聚氧乙烯醚。

腐蚀抑制剂的防腐机理也是在金属表面形成保护性皮膜。腐蚀抑制剂的类别很多，可根据不同的金属和腐蚀介质分别选用二硫代磷酸锌、巯基苯并噻唑、苯并连三唑和有机硫化物。

（五）抗磨剂

抗磨剂是最早使用的添加剂。抗磨剂可分为油性剂（减摩剂）、抗磨剂和抗极压剂三种类型，广泛应用于切削油、齿轮油、内燃机油、透平油、液压油和变压器油等各种润滑油中。

各种天然动植物油脂、硫化油脂、氯化油脂以及脂肪胺、醇胺、酰胺等均为优良的油性剂，长链烯烃也有明显的减摩作用。

抗磨剂主要是通过其本身吸附于金属表面而起作用。在重负荷下，它们提供了化学界面，使金属与金属之间不是表面的直接接触。这样可以减少磨损和防止金属表面之间的擦伤。抗极压剂是在高负荷下使用的添加剂。其作用类似于抗磨剂，也是在金属表面形成黏附膜。它们的作用类似于固体润滑剂，防止在高负荷、高温度下金属与金属直接接触。抗极压剂对金属表面有很大的亲和力，这是和抗磨剂不同的地方。实际上抗磨剂和抗极压剂很难区分开来，常常是一种物质兼有两种性能，只是其侧重点不同，因此一般称为极压抗磨剂或抗磨极压剂。很多含硫、磷、氯的油溶性化合物都可作为极压抗磨剂。主要的极压抗磨剂如表 12-2 所示。

表 12-2 主要的极压抗磨剂

类 型	化 学 名 称
含硫化合物	烷基黄原酸酯、硫化烯烃、硫化油脂、二苄基二硫醚
含氯化合物	氯化石蜡、五氯联苯、六氯环戊二烯
含磷化合物	烷基磷酸酯、二烷基亚磷酸酯、磷酸三甲酚酯、亚磷酸三甲酯、α-乙基己基磷酸酯胺盐
含多种活性元素的化合物	硫氯化烯烃、烷基酚硫代磷酸酯、三氯甲基磷酸二丁酯、氯甲基烷基硫代亚磷酸酯

磷系极压抗磨剂按其活性元素的不同可分为磷型、硫磷氮型和磷氮型。使用较早的是磷型极压抗磨剂，如磷酸三甲酚酯和亚磷酸二烷基酯；性能较好的硫磷氮型极压抗磨剂有硫代磷酸酯胺盐、羟基取代硫代磷酸的衍生物和硫代酰胺等；磷氮型极压抗磨剂一般是磷酸酯胺或磷酰胺。近年来，又陆续开发出油溶性和配合性均较好的多效新型磷氮型极压抗磨剂，如二氨基磷酸酯、氨基磷酸单烷基聚乙二醇酯、双磷酰胺、苯三唑有机磷衍生物、亚磷酸酰胺与不饱和酯的缩合产物、烷基磷酸酯和咪唑啉生成的盐等。磷氮型和硫磷型与磷型极压抗磨剂相比具有较高的承载能力，较好的防锈和抗氧化性质。氮磷型比硫磷型的生产工艺简单，三废少，是很有发展前途的一类添加剂。

（六）抗氧化剂

润滑油被空气氧化生成少量的有机酸会增加油的黏度，同时也会促使在与油接触的金属表面上沉积漆状薄膜。抗氧化剂的作用就是避免大气中的氧在高温下与油起化学反应，同时减缓油变稠以及油泥和腐蚀物的生成。

抗氧化剂按其作用机理可分为两类：过氧化物分解剂和自由基链终止剂。过氧化物分解剂有二烷基二硫代磷酸锌、二烷基二硫代氨基甲酸锌等；自由基链终止剂有二辛基二苯胺、2,6-二叔丁基对甲苯酚（BHT）等。

二烷基二硫代氨基甲酸锌 $\begin{bmatrix} R^1 & S \\ R^2-N-C-S \end{bmatrix}_2 Zn$ 具有抗氧化和抗极压性能，作为抗氧化剂可在 160℃以上应用，甚至在 200～250℃以上也能发挥作用。其他金属盐，如铅盐、锑盐、钼盐都具有抗氧化的作用，它们在润滑油、液压油中作为抗氧化剂，其添加量为 0.5%～1.0%。另外硫磷酸盐、烷基酚硼酸酯和吩噻嗪也是润滑油、润滑脂用的抗氧化剂。

（七）消泡剂

润滑油的表面张力必须低才能起润滑作用，但表面张力低的润滑油又很容易起泡，特别是在有水、添加剂及其他杂质存在时就更容易发泡。当溶入空气时，会在液压及自动传感系统中产生海绵状泡沫，使润滑油的使用性能下降，虽然在添加清净分散剂后可以消除部分泡沫，但是为了得到较好的使用性能，仍必须添加少量的消泡剂。常用的消泡剂有两种：一种是消除润滑油表面的泡沫，多用甲基硅油；另一种是消除润滑剂层内的泡沫，一般采用聚丙烯酸酯。

第五节 抗氧化剂——2,6-二叔丁基对甲苯酚的合成方法及应用

2,6-二叔丁基对甲苯酚为白色结晶，遇光颜色变黄，逐渐变深。熔点 70℃，沸点 257～265℃，闪点 126.7℃。溶于多种有机溶剂中，不溶于水及稀烧碱溶液中，无毒。

2,6-二叔丁基对甲苯酚是重要的通用型酚类抗氧化剂之一。广泛用于石油制品、高分子材料和食品加工业中。它是各种石油产品的优良抗氧化剂，油溶性好，加入后不影响油品的颜色。在一些高分子材料中也是有效的抗氧化剂，广泛用于橡胶、塑料中。另外，用于含油脂较

多的加工食品中，可以防止由于氧和热而引起的变色、变味等氧化腐败现象。

对甲苯酚在浓硫酸催化下与异丁烯反应即得本产品。其反应原理及生产工艺流程简图如下：

$$HO-\text{C}_6H_3(CH_3) + 2\ CH_2=C(CH_3)_2 \longrightarrow HO-\text{C}_6H_2(CH_3)(C(CH_3)_3)_2$$

```
    硫酸      乙醇              乙醇
     ↓        ↓                 ↓
  对甲苯酚、
   异丁烯
     ↓
   烷化 → 结晶 → 熔化 → 重结晶 → 过滤、干燥 → 成品
```

思 考 题

1. 油田化学品有哪几大类？
2. 采油输油添加剂有哪几种？主要作用分别是什么？其中强化采油添加剂有哪几种？
3. 燃料油添加剂有哪几种？主要作用分别是什么？
4. 汽油和柴油的抗震剂分别有哪些？
5. 辛烷值和十六烷值分别表示什么指标？
6. 润滑油添加剂有哪几种？主要作用分别是什么？
7. 原油处理添加剂都包括哪些？各有什么作用？
8. 哪些物质可作为防结冰剂？
9. 燃料油抗氧化剂有哪几种？
10. 高分子化合物为什么能改进润滑油的黏度？常用的黏度指数改进剂使用哪些高分子化合物？

第十三章 皮革化学品

第一节 导 言

一、皮革化学品的定义、种类及作用

将裸皮制成革称为制革，制革工艺复杂繁琐，需要经过多道工序。在鞣制之前需要进行浸水、浸灰、脱灰、酶软化、浸酸和去酸、脱脂等一系列处理，鞣制之后还要进行染色、加脂、整饰等加工。整个加工过程都要使用各种不同的化学品，以使各工序中的物理、化学作用和进程得以完成，缩短生产周期，提高成革质量。将上述加工过程所使用的化学品统称为皮革化学品。皮革化学品包括的范围极广，可分为基础化学品（如酸、碱、盐等）和制革专用化学品。后者又可分为脱毛剂、脱灰剂、脱脂剂、软化剂、浸酸剂、鞣剂、合成鞣剂、染料、加脂剂、涂饰剂、防腐剂、防水剂等。其中以鞣剂、合成鞣剂、加脂剂和涂饰剂等对皮革的性能和质量有显著影响，而且用量也较大。本章将重点介绍合成鞣剂、金属鞣剂和涂饰剂。

凡能与生皮结合，使之改性变成皮革的物质，统称为鞣剂。鞣剂是制革的重要化学品。生皮在鞣剂的作用下，裸皮中的蛋白质产生化学交联，性质发生变化：耐湿稳定性大为提高，强度也有所提高，并能耐化学品和微生物的作用。鞣剂有植物鞣剂、合成鞣剂和金属鞣剂三大类。

植物鞣剂指含有丰富单宁，并可用于鞣革的植物性物料。有主成分为儿茶类单宁的凝缩类鞣剂和主成分为没食子类单宁的水解类鞣剂。植物鞣剂主要用于鞣制重革。特点是鞣期长，成革组织紧密，厚实丰满，表面致密，厚度和面积涂率都较高；但抗张强度、耐水性、耐磨性和延展率方面不如使用合成鞣剂的效果好。

皮革涂饰是皮革加工中至关重要的工艺，其目的在于增加革面的美观、提高皮革耐用性、修正皮革表面缺陷、扩大成革花色品种。涂饰剂是实际生产上用于革面涂饰（揩、刷、淋、喷）的各色浆液的总称。

皮革加脂的目的是改善皮革的物理机械性能，使其具有适当的柔软、丰满、坚韧、防水、抗磨、耐疲劳等特性。皮革加脂剂主要有以下三种：①天然油脂，如蓖麻油、鱼油、牛蹄油等；②天然油脂加工品，如土耳其红油、亚硫酸鱼油等；③合成加脂剂，如氯化烃类和磺氯化烃类。

目前，对皮革制品的质量要求越来越高，天然油脂在某些方面已远不能满足，皮革加脂剂也已由天然原料转向合成原料，所以合成加脂剂发展得较快。

二、皮革化学品工业的现状及发展趋势

皮革产品主要分为轻革和重革两大类。轻革在皮革生产中产量最大、品种最多，是主要的消费用品，占市场的主要地位，主要品种有鞋面革、汽车革、服装革、手套革、沙发革等，由于其制造过程较重革复杂，要求具有较高收缩温度和良好的柔软、丰满、弹性和适当的延伸性，因此业内往往将轻革产量作为皮革行业发展的重要指标。

皮革工业是我国传统的优势产业之一，近年我国皮革、毛皮及其制品和鞋类的产量居世界第一位，已经形成了较为完整的皮革产业链，行业就业人员达1100万人。据中国皮革学会统计，2012年我国轻革产量为7.5亿平方米。2013年，全国规模以上制革企业轻革产量5.5亿平方米，皮革主体行业销售收入11682.7亿元，出口829.3亿美元，出口贸易顺差744.6亿美元，占我国贸易顺差总额的28.7%，是我国重要的出口创汇行业。制革原料皮在加工成皮革的过程中需要使用大量的化学助剂，如鞣剂、涂饰剂、染料、加脂剂等，调查显示常用的基本和专用化学品超过2000种。皮革化学品行业的市场容量与下游制革行业皮革生产量及单位皮革所需皮革化学品呈正相关关系，皮革生产量越大，单位皮革所需皮革化学品越多，皮革化学品行业的市场容量越大。我国皮革化学品经历了从无到有、从少到多、从产品单一到相对多样化、从质量低下到质量较高的发展历程，在鞣剂、加脂剂、染料、涂饰剂几大类皮革化学材料中，都成功地开发出诸多优秀新产品，如丙烯酸树脂复鞣剂、加脂剂、丙烯酸树脂涂饰剂、无酪素颜料膏、皮革专用染料等，其中不少新产品已达到国际先进或领先水平。我国基本有了一系列性能优良的生产软革的皮革化学品，奠定了发展生产皮革化学品的良好基础，但产量和质量仍有很大差距。目前，国内尚缺乏具有特异性能的产品，如防水、防油、防污、低雾多功能加脂剂，特软、特滑、有蜡感的涂饰手感剂等。

国产皮革化学品在产品的研究开发、品种构成、生产销售、推广应用等方面与国外相比明显存在着差距，主要表面在下述几方面：老产品较多，质量不稳定，开发研究周期长，品牌意识淡薄，产品缺乏明显功能性优势，配套性差，基础理论研究薄弱，产品开发研究经费投入不足，皮革化学品生产与制革的结合不紧密，推广应用皮革化学品材料的技术服务差。

加大技术含量，提高产品质量和档次，加速皮革化工精细化、商品化、规模化进程，是我国皮革化工行业的当务之急。

要加快我国皮革化工技术精细化过程，主要是重点研制当前市场需求的高档皮化材料，如耐汗、耐干洗、耐光等多功能复鞣剂，特殊功能的加脂剂，功能齐全的涂饰剂，专用无致癌芳香胺染料及各种专用助剂等。同时，要提高加工设备机械化程度，提高产品质量的稳定性。

要加快我国皮革化工产品商品化进程，主要是指对皮化产品的分离纯化、复配增效、剂型改造，以及产品的商标、包装等方面，它是提高产品质量至关重要的环节。分离纯化对提高产品质量等级非常重要，提高原材料的纯度，可减少杂色染料，避免色泽发暗的现象。复配增效技术是用两种或两种以上的产品，或主产品与助剂复配出来的，其产品应用效果优于单一产品。剂型改造也是商品化的一个重要方面。根据染料的粒度、溶解性，可由粉末状产品改制成液状或微胶囊包封的产品等，增强使用效果。

要加快我国皮革化工企业规模化进程。通过重组、改组、兼并，实现强强联合，发挥各自所长，发展其技术领先的精细化工领域。

要推广皮革化工与制革的清洁工艺。皮革化学品发展不仅要在自身生产中减少环境的污染，同时要为皮革加工的清洁化提供高效环保型的皮革化工产品。如高吸收铬鞣剂、无磺脱毛

剂、无致癌皮革专用染料、皮革染色高效固色剂、皮革涂层高效交联剂等。

今后皮革化学品的研究重点及发展趋势主要是：①高吸收铬鞣助剂；②与少铬鞣制或无铬鞣制工艺配套使用的新型鞣剂；③功能性加脂剂（如防水加脂剂、耐洗加脂剂、低雾性加脂剂、天然磷脂加脂剂以及可生物降解的加脂剂等）；④色谱齐全的安全染料及耐洗染料；⑤高性能涂饰助剂（如替代甲醛的交联剂、水基性光油、涂层手感改善剂等）；⑥制革准备工段用新型高效助剂（如浸水助剂、脱毛助剂、浸灰助剂、脱灰助剂、浸酸助剂以及多品种多用途酶制剂等）。

第二节 合 成 鞣 剂

合成鞣剂是用化学方法合成的具有鞣革性能的高分子有机化合物，又称合成单宁。合成鞣剂具有分散、增溶、中和、漂白、匀染、促进铬鞣液良好吸收等作用，并能改善植物鞣剂的性质，调整鞣液的 pH 值和溶解固体栲胶。目前大多用于轻革复鞣，经复鞣后的革可提高其粒面平滑性、丰满柔软性、染色均匀性等。

一、合成鞣剂的分类

1. 按化学结构分类

合成鞣剂按化学结构可分为三类：①芳香族合成鞣剂，包括不含酚羟基的合成鞣剂、酚类合成鞣剂、木质素磺酸鞣剂；②脂肪族合成鞣剂，包括烷基磺酰氯和脂肪族醇、硫酸盐等；③合成树脂鞣剂，包括聚羟甲基盐、二异氰酸盐、丙烯酸酯、苯乙烯聚合物及双氰胺甲醛缩合物。

2. 按应用分类

制革工业中为便于选择应用，将合成鞣剂按应用性质分为三类：①辅助性合成鞣剂，它不能单独鞣革，主要是加快鞣制速度，提高鞣液的利用率，防止鞣液沉淀，改善植物鞣制革的颜色，并可用来调节 pH 值，辅助性合成鞣剂中有效鞣性基团为磺酸基和酚羟基；②混合性合成鞣剂，可与植物鞣剂或其他鞣剂混合用于鞣革，加快鞣制速度，增加填充性能，改善颜色，促进油脂的吸收，增进耐光性能，混合性合成鞣剂中有效鞣性基团为磺酸基、羧基和酚羟基；③代替性合成鞣剂，具有单独鞣革的性能，可增加革的坚牢度，提高革的柔软、填充、耐光等性能，并可改善成革的颜色，利用率高，其性质接近植物鞣剂，代替性合成鞣剂中有效鞣性基团为亚胺基的氢原子和酚羟基。

二、酚醛类合成鞣剂

酚醛类合成鞣剂是芳香族合成鞣剂中的一种，也是最重要并广泛使用的一种。它是由酚类（苯酚、甲酚、多元酚等）和醛类（甲醛、乙醛、糠醛等）缩合而制成的。酚醛类合成鞣剂的合成反应包括缩聚和磺化。缩聚的结果是生成高分子化合物；磺化则是在苯环上引入亲水的磺酸基，使化合物易溶于水。但具有鞣剂作用的是羟基而不是磺酸基，因此，磺化程度越低、缩聚程度越高，则鞣制作用就越强。由于磺化和缩合的条件不同，酚醛合成鞣剂主要有三个品种：亚甲基桥型酚醛合成鞣剂、磺甲基化合成鞣剂、砜桥型合成鞣剂。这三个品种在应用上各有不同的特点，均属于代替性合成鞣剂。

亚甲基桥型合成鞣剂是红棕色浆状液体，带弱酸性，灰分极低，能溶于水，适用于重革、轻革、羊面革、皱纹革和服装革的填充漂洗及鞣制，可单独使用。它能使成革色浅而艳，具有漂白和扩散能力；能助溶红粉和天然栲胶，加快鞣制速度，减少沉淀。用该鞣剂处理的皮革在加脂时不会产生油斑，特别是与铬鞣剂结合使用时能代替栲胶而且色泽鲜艳。

磺甲基化酚醛合成鞣剂是在碱性条件下缩合而成的芳香族酚醛鞣剂，为红棕色黏稠液体，易溶于水，能代替进口栲胶。鞣制山羊鞋面革，成革丰满，颜色浅，耐光性能比只用亚甲基的好。

砜桥型鞣剂是一种比较好的鞣剂，外观颜色与荆树皮栲胶相似。能无限制地溶于冷水或热水中，与铬或铝鞣液混合不产生沉淀，因此可用于结合鞣制或混合鞣制，对植物鞣剂有防霉作用，使用时可用碳酸钠和氢氧化钠调节 pH 值。砜桥结构有还原作用，用其鞣制的革耐光、耐老化性能较好，成革柔软丰满，色泽淡而艳。该鞣剂与锆鞣液结合鞣制或混合鞣制均能增强革的撕裂强度，降低重革的吸水率，可用于底革、鞋面革、带革、箱包革、皱纹革等的鞣制。

三、萘醛类合成鞣剂

萘及萘的衍生物经硫酸磺化，再与甲醛缩合制成的鞣剂称萘醛合成鞣剂。目前国内生产的两个主要品种是精萘甲醛缩合物和萘的衍生物萘酚与甲醛的缩合物。

精萘甲醛合成鞣剂是精萘经硫酸磺化生成萘磺酸，再进一步和甲醛缩合而成的，习惯上称之为萘磺酸甲醛缩合物。本品为棕色黏稠液体，能溶于水，是一种辅助性合成鞣剂，具有使单宁沉淀扩散的作用，可以溶解植物鞣剂中的不溶物。由于萘磺酸的酸性强，与硫酸相似，所以可用来调节鞣液的 pH 值，效果比用有机酸好。用于底革的干复鞣，能使栲胶吸收均匀，也用于底革漂洗。另外，萘磺酸甲醛缩合物的钠盐是一种扩散剂，能扩散单宁与染料，起中和作用，提高革的 pH 值，改变革的表面电荷。

萘酚甲醛合成鞣剂是以萘的衍生物——乙萘酚经磺化、再和甲醛缩合反应而制成的。目前，在制革工业中应用的萘酚甲醛合成鞣剂大多是以萘酚为主的混合制剂，如乙萘酚和部分苯酚混合、再与甲醛缩合的产物，属代替性的合成鞣剂，为黑棕色的黏稠液体，低温下为棕黑色的固体，易溶于温水，适用于各种皮。单独使用，鞣出的革丰满而有弹性，该鞣剂具有良好的渗透性，可缩短鞣制时间。萘酸甲醛合成鞣剂可用于轻革的填充和复鞣。在鞣制底革时可以单独使用，也可与植物鞣剂混合使用。单独使用与一般植物鞣剂一样；混合使用时，用量至少在30%以上。该类鞣剂对减少鞣剂中的沉淀和提高鞣革质量效果显著。

四、木质素合成鞣剂

亚硫酸盐纸浆废液中副产定量的磺化木质素系线形高分子化合物，是一种黄褐色的固体，具有良好的扩散性，可用作皮革工业的鞣剂、印刷工业的扩散剂、橡胶工业的耐磨剂和塑料原料。磺化木质素用作皮革鞣剂时，分布在侧链上的磺酸基与裸皮作用能产生鞣剂效能，用以鞣革其渗透较快，但鞣性较差，不宜单独使用，一般可以通过下列途径用于鞣革：①与植物鞣剂结合使用，选择的植物鞣剂应含非鞣质少、收敛性较强，用量不超过植物鞣剂的 30%；②与铬盐鞣剂结合使用，木质素磺酸与铬盐结合成复盐，鞣性良好；③与酚类缩合（以甲醛为缩合剂），制成代替性的合成鞣剂，可以单独鞣革。

五、合成树脂鞣剂

合成树脂鞣剂的种类很多，主要有氨基树脂中的脲醛树脂、苯乙烯-马来酸酐的共聚物、丙烯酸树脂类鞣剂等。用合成树脂鞣剂鞣革，通常是先用单体水溶液或单体分散体浸透裸皮，然后在酸催化剂作用下使之在裸皮的基皮纤维上聚合，生成不溶性的高聚物，并排除皮纤维间的水分，从而达到鞣革的目的。

合成树脂鞣剂的特点是能制取白色或浅色革，且制品的耐光性优良，耐酸碱性好，可用酸性或直接染料染色；其缺点是吸水性大。树脂鞣剂与锆鞣剂相似，鞣剂的 pH 值较低。可作铝、锆、铬等鞣剂的复鞣剂，也可先用树脂鞣剂鞣革后，再用铝、锆、铬等复鞣剂复鞣。同样亦可用植物鞣剂或芳香族合成鞣剂进行复鞣。

1. 脲醛树脂鞣剂

脲醛树脂是以尿素、双氰胺、三聚氰胺、硫脲和甲醛为原料制得的。脲醛树脂鞣剂的特点是不仅能用于白色革和浅色革的鞣制，而且成品革还可以用酸性染料和直接染料染色；其缺点是革制品的吸水率高。三聚氰胺树脂鞣剂可单独使用，但一般只用作铬鞣剂中的漂白剂和填料。用三聚氰胺鞣制的革是浅色的，且耐光性好。为了提高树脂稳定性，可用醇进行醚化。国产三聚氰胺树脂鞣剂 RN 就是一例，该鞣剂能增加白色革的白度，不泛黄；能使革增厚，可提高二层革得率；能提高成革质量，增加丰满度；可用于预鞣和复鞣，能代替部分红矾，减少污染。

双氰胺与甲醛的聚合物多为水溶性树脂，鞣性极微，单独鞣革意义不大。但可以利用阴离子表面活性剂，使其与不溶性的树脂均匀分散，或与其他鞣剂结合，使之转为不溶解状态，从而在鞣制时固定在皮革组织中，起到鞣制和填充作用。一般用于铬鞣革的复鞣，效果好。

2. 苯乙烯-顺丁烯二酸酐共聚树脂鞣剂

这是由苯乙烯和顺丁烯二酸酐共聚而成的热塑性树脂。除可用作纸张增强剂、保护胶外，利用其增稠和乳化的性能，用作助鞣剂与铝、锆和铬鞣剂进行复鞣，最终形成不溶性的共聚物重金属盐。

3. 丙烯酸酯鞣剂

这类鞣剂均系丙烯酸酯乳液树脂，是 20 世纪 70 年代开始大量推广到皮革工业中的优良鞣剂和修饰剂。具有鞣制效率高、成革稳定性好、丰满厚实、韧性强度高、抗汗渍、耐光、防水、透气性好的特点。

用丙烯酸树脂复鞣的革，填充性好，厚度增加，特别是对革松软部分的填充效果更好，其处理牛二层皮和山羊革，可使厚度增加 10%～30%。另外，在荆树皮鞣剂中加入 1% 左右的丙烯酸树脂复鞣，革的耐光性和耐氧化性都有提高；对坚木、栗木鞣剂也有同样的效果。用丙烯酸树脂处理革，可降低吸水性 10%～20%，用丙烯酸单体处理革，可降低吸水性 10%～40%。用丙烯酸树脂复鞣的革，抗张强度牛二层皮增加 10%～40%，山羊革增加 1%～55%，撕裂强度牛二层皮增加 20%～85%，山羊革增加 5%～40%。

4. 异氰酸酯和聚氨酯鞣剂

二异氰酸酯鞣出的革，纯白、耐光、耐酸碱、耐油、耐洗涤，抗张强度比铬鞣革好，但成本高，有毒性，故在生产上未用。

由于异氰酸酯毒性大，不适用于生产，一般是先行聚合，使之成为两端带异氰酸的共聚物，其聚合度为 2～20，它无鞣性，不易深入裸皮，相对分子质量在 1500 以上的则完全没有鞣性，但它能改善皮革填充性和柔软性，可作复鞣用，并可用于二层革和修面革的填充。

聚氨酯作预鞣或复鞣剂，必须使其分散在水中，形成水溶液分散液。聚氨酯的水分散体具有弱阳离子性和弱阴离子性，若用含有阳离子的聚氨酯复鞣铬革，则革对酸性或直接染料有良好的染色性。

N-羟甲基化聚氨酯（简称 MPUR）也是阳离子聚氨酯之一，具有同甲醛类似的鞣性。该鞣剂用于复鞣，可使带负电荷的植物鞣革向带正电荷方向转移；作为染色助剂，使色调鲜艳，提高染料的吸收量。

5. 脲环树脂鞣剂

尿素和甲醛在碱性条件下进行加成反应，随原料的摩尔比、温度和 pH 值的不同，而生成一羟甲基脲、二羟甲基脲、三羟甲基脲和四羟甲基脲。国产脲环 1 号树脂鞣剂就是四羟甲基脲与聚乙烯醚进行醚化的产物，又称为聚乙烯醇基脲环树脂。该树脂单独鞣制的革丰满柔软，不松面，粒面光滑。它亦可与其他鞣剂结合鞣。脲环树脂为无色透明、微黏性液体，如与铬结合鞣，能节约红矾，减少污染。可鞣制猪正面革、猪修面革等猪轻革品种。

六、磺酰氯鞣剂

脂肪族的磺酰氯化物即为磺氯化石蜡，是合成油鞣剂。R—SO_2Cl 能与皮胶原的氨基以主价结合，生成磺酰胺化合物，产生鞣制作用：

$$RSO_2Cl + H_2NRCOOH \longrightarrow RSO_2NHRCOOH + HCl$$

反应生成的 HCl 用碳酸钠或碳酸氢钠中和，除去 HCl，将有利于上述缩合过程，加强鞣制作用。

同样，在无水存在或升温的情况下，也有利于鞣制进行。因此，用磺酰氯鞣革必须很好脱水或选用适当的表面活性剂。

磺酰氯鞣剂可用于铬鞣黄牛正面革、铬鞣猪正面革、油鞣革和耐洗涤革的预、复鞣，效果较好。另外，磺酰氯也可作为皮革加脂剂的中间体或制革助剂。

利用石油磺酰氯可以制成类似油鞣革的产品，而操作要比油鞣法简单。制成的革是白色的，可利用酸性及碱性染料染色，亦可用硫化染料染色。革上沾染的污泥很容易用溶剂洗去，同时也能用碱水洗，且不降低革的柔软性和抗张强度。

第三节 金属鞣剂

一、金属鞣剂的特征

金属鞣剂有两个基本特征：一是都为络合物；二是其盐类都具有水解性，能形成碱性络盐，从而具有与皮质蛋白结合的性能。金属鞣剂一般有单金属鞣剂和多金属络合鞣剂。

二、单金属鞣剂

1. 铝鞣剂

铝鞣剂是指碱性的铝盐，主要品种有碱性氯化铝 $[Al_2(OH)_3Cl_3]$ 和碱性硫酸铝 $[Al_2(OH)_4SO_4、Al_4(OH)_6(SO_4)_3]$。它可以单独用于鞣制各种皮革，也可以与铬、铁等鞣剂配成异金属多核络合鞣剂，用于轻革鞣制或作"铝-铬"、"铝-铬-铁"结合鞣剂，其中尤以与铬结合鞣制的各种皮革效果最佳。近年来，铝鞣剂大多用于轻革的复鞣，如鞋面革、服装革、苯胺革、山羊手套革、绒面革等。复鞣后的革，粒面细致、紧密，革面丰满有弹性，色泽鲜艳。铝鞣能加强染色效果，并且能帮助皮革吸收铬，节约红矾，降低鞣制后废液中铬含量。

由于铝鞣剂具有固定阴离子型物质的作用，所以很适用于植物鞣剂预鞣革的复鞣。因为铝鞣剂本身是阳离子型的，不适于和阴离子加脂剂一起使用，而适合于与阳离子加脂剂或助剂一起使用。

2. 锆鞣剂

锆鞣剂的主要化学成分为硫酸锆和硫酸钠带结晶水的复合盐：$Zr(SO_4)_2 \cdot Na_2SO_4 \cdot 4H_2O$。锆盐鞣革的研究在我国始于 20 世纪 30 年代，主要用于鞣制白色革，其性能介于植物鞣剂和铬鞣剂之间，其鞣性超过铝盐。它既可以用于轻革，也可用于重革，而大多采用结合鞣制，用于鞣制重革，可以缩短鞣制周期，同时可以提高革的耐磨性。

锆鞣剂若和矾桥型鞣剂配合，可代替栲胶生产植鞣里革，色泽美观。也可用于生产猪鞋面革、家具革，其粒面细致、丰满而有弹性，还有较好的填充性能。

3. 铬鞣剂

铬鞣剂的化学成分为 $Cr_2(OH)_m \cdot Na_2(SO_4)_n \cdot xH_2O$（$m,n,x$ 均为整数）。铬鞣剂是制

革生产中所用的典型矿物鞣剂，沿用已久，目前为了节约资源，减少铬污染，正在研究和寻找节约、代用铬鞣剂的种种方法和途径。

铬鞣剂主要用于轻革的鞣制，成革质轻而薄，抗水性、抗张强度、耐磨性、耐热性和伸长率都较好，但厚度和面积涂率较低。铬鞣革的可塑性较小，加工成型不方便。

4. 钛鞣剂

我国研究钛盐制革是从20世纪70年代开始的，长期以来，钛被误认为是稀有金属，其实，地壳中钛的藏量比铬还多，仅次于铝、铁等金属，在地壳中约占0.61%。我国西南地区蕴藏大量钛磁铁矿，是发展钛鞣剂的主要原料基地。

用于制革的钛盐，主要是氧化钛为+4价的化合物。钛盐不稳定，极易水解，水解产物为偏钛酸H_2TiO_3或H_4TiO_4沉淀。为了提高钛鞣液的稳定性和改善其鞣革性能，一般加入有机酸（如蚁酸、醋酸、草酸、柠檬酸、酒石酸等）来提高鞣液的稳定性，用量为TiO_2：有机酸＝（0.25～0.50）：1（摩尔比）。加入硫酸也可使钛鞣液的稳定性提高。

钛鞣剂具有良好的鞣性，在对革的收缩温度要求不高时，可作为主鞣剂用于制革生产，也可与其他金属盐作结合鞣制，特别是当钛盐与铬盐、锆盐结合鞣制时，鞣性得到改善，成革的性能提高，坚实耐用。例如，采用铬、锆、钛络合鞣剂结合鞣内底革，可提高成革的耐磨、耐汗、耐氧化性能。应用钛鞣剂，对减少铬污染和提高成革质量很有意义。

三、金属络合鞣剂

金属络合鞣剂主要是由金属铬、铝、锆、铁等盐类和有机酸反应而制成的络合物。大体上有三种形式：由单一金属盐与有机酸反应形成的螯合剂型的合成鞣剂；多金属盐类与有机酸形成的多金属络合型的合成鞣剂；金属盐类与芳香族鞣剂组成的复合型鞣剂。

制备金属络合鞣剂采用的有机酸很多，常用的主要是含1～3个碳原子的一元羧酸。如甲酸、乙酸、乳酸、柠檬酸等。也有用乙二胺四乙酸、三氰基乙酸等来制取螯合物的。

目前金属络合鞣剂制造比较成熟的是铬-铝络合鞣剂。该鞣剂主要用于轻革预鞣和复鞣。用其鞣制的皮革，不仅具有铝鞣剂的丰满、粒面致密、清晰的特点，而且优于纯铝和纯铬鞣制。纯铝鞣革，与革结合的铝不耐水洗，而用铬-铝络合鞣剂鞣制的皮革能耐沸水；且用它处理的革染色后的色调比纯铬鞣的颜色要鲜艳光泽。

多金属的铬-铝络合鞣剂主要原料是氯化铬（$CrCl_3 \cdot 6H_2O$）、结晶氯化铝（$AlCl_3 \cdot 6H_2O$）和甲酸、柠檬酸、碳酸钠等。在制作过程中由于铬、铝的用量不同，可制得两种不同性能、不同用途的产品。铬的用量大于铝时所得产品用于主鞣；铝含量大的可用作复鞣剂。

第四节 涂饰剂

用来修饰皮革的化学品称为皮革涂饰剂。涂饰的目的是使革面光泽润滑、颜色均一，修饰革面的残伤和缺陷，同时在革面形成保护膜，提高皮革的防水、耐磨等实用性能。

一、涂饰剂的组成和分类

皮革涂饰剂的类型和品种繁多，其组成也根据不同用途而有所差异，但一般来讲，每种涂饰剂均由如下成分组成：成膜物质（黏合剂），包括蛋白质（如乳酪素）、丙烯酸树脂、聚氨酯、硝化纤维及其他，着色材料，光泽剂，增塑剂，防腐剂，固定剂，介质（水和其他溶剂）。

涂饰剂是一个多成分的混合体系，是由成膜物质为主体，与着色材料以及其他组分按一定比例混合而成的浆状胶体溶液。成膜物质又称黏合材料，是涂饰剂的成膜组分，又能黏合涂饰剂中的其他组分，使之构成涂饰系统，它是涂饰剂的最基本组分。

涂饰剂目前没有正式的系统分类方法，一般按使用习惯对其分类。按涂饰剂中的成膜物质进行分类，可以分成如下几种：

$$涂饰剂\begin{cases}蛋白质涂饰剂\begin{cases}乳酪素\\改性乳酪素\end{cases}\\丙烯酸树脂涂饰剂\begin{cases}改性丙烯酸树脂\\丙烯酸树脂乳液\end{cases}\\硝化纤维涂饰剂\\聚氨酯涂饰剂\end{cases}$$

也有按涂饰剂的形态进行分类的，有如下几种：

$$涂饰剂\begin{cases}胶体型（如蛋白质涂饰剂）\\乳液型（如丙烯酸树脂、硝化纤维、聚氨酯乳液）\\溶剂型（如聚氨酯涂料）\end{cases}$$

二、乳酪素涂饰剂

乳酪素涂饰剂是以乳酪素为成膜物质所配制成的制革专用涂饰剂。属蛋白质类涂饰剂，其典型产品是揩光浆和颜料膏。

揩光浆又称刷光浆，是以乳酪素、颜料和油料等配制成的水溶性浆状物。主要用于革面涂饰，其特点是遮盖力强，涂层牢固，透气性好，是一种传统的涂饰剂。因其组分中含有乳酪素等物，故对皮革还有一定的填充效果。

揩光浆的制法较多，一般是将硫酸化蓖麻油和颜料一起磨成油浆，再混入一定比例的乳酪素溶液调和而成。乳酪素属于磷蛋白质，易溶于碱中，使用时溶于氨水或硼砂溶液中，并加入少量防腐剂，如苯酚。揩光浆所用颜料有时拼用少量染料，视所需颜色而选用。

乳酪素成膜的缺点是薄膜脆硬易裂，不耐湿擦。以己内酰胺为改性剂，开环后与乳酪素缩聚，致使乳酪素分子链上具有改性剂己内酰胺分子链的嵌段，从而使乳酪素获得改性。改性乳酪素的性能优于乳酪素，除保持乳酪素成膜的优点外，还改善了乳酪素成膜坚硬易脆裂等缺点，使薄膜柔韧而有弹性，耐寒、耐湿擦性提高。可用之代替乳酪素涂饰或填充。应用时，一般与揩光浆或颜料膏调和混用为宜。

颜料膏与揩光浆的区别是颜料膏中乳酪素含量低，必须加丙烯酸乳液作为主成膜物质。颜料膏具有遮盖力强、颜色鲜艳、修饰后革面光亮、柔软的特点。

三、丙烯酸涂饰剂

丙烯酸树脂涂饰剂是以成膜物质聚丙烯酸酯乳液为基料、与着色材料颜料膏以及乳酪素溶液等配制而成的，适用于轻革的各层涂饰。具有涂层薄而柔软、富有弹性、黏着性好、耐光性好、耐老化、耐干湿擦的特点，是目前常用的皮革涂饰剂。其缺点是冷脆、热黏、不耐有机溶剂。具体使用的配方因皮革种类、气候和地区条件的不同而有所不同，一般以成膜较软的树脂作底层涂饰，成膜较硬的作上层涂饰。

改性丙烯酸树脂是由丙烯酸酯与甲基丙烯酸酯、丙烯腈、苯乙烯等单体经乳液共聚而形成的高分子化合物。产品因共聚单体的不同而各异。

改性丙烯酸树脂的性质与丙烯酸树脂相似，经过改性后所形成的薄膜具有轻度交联的网状结构，故涂层平滑、细致、光亮，对温度的敏感性降低，耐寒、耐热、耐干湿擦，明显改善了丙烯酸树脂冷脆、热黏的现象。用其涂饰皮革可以适应气温的变化，是一种较理想的皮革涂饰剂。可以代替丙烯酸树脂用于正面革、修饰面革的各层涂饰。

四、硝化纤维涂饰剂

皮革涂饰用的硝化纤维涂饰剂主要是乳液型的，一般用于颜料层（中间层）和光亮层（面层）涂饰。产品亦称硝化纤维乳液或硝化棉乳液涂饰剂。

这类乳液涂饰剂，根据乳化组分和方式可分成水包油型和油包水型两类。常用的硝化纤维乳液，多为水包油型。一般油相组分为硝化纤维、增塑剂、溶剂及稀释剂；水相组分为水、乳化剂、稳定剂。

实际中应用的是改性的硝化纤维乳液，根据不同用途，可分别用丙烯酸甲酯、聚氨酯、醇酸树脂、乙基纤维等加以改性。这类涂饰剂具有成膜薄而光亮，耐寒、耐折、耐干湿擦、耐油等优点。可作为猪、牛、羊面革的光亮剂。其缺点是耐老化性能稍差。

五、聚氨酯涂饰剂

聚氨酯涂饰剂用于皮革涂饰的分溶剂型和乳液型两类。溶剂型主要用于漆革涂饰；乳液型则可用于猪、牛、羊面革各层涂饰，可代替乳酪素、丙烯酸树脂涂饰剂，并能显著提高涂饰层的耐干湿擦性能。

1. 溶剂型聚氨酯涂饰剂

溶剂型聚氨酯涂饰剂亦称聚氨酯漆。制革上主要用于生产漆革。聚氨酯漆是以聚氨酯为成膜物质，再加入一定比例的溶剂、稀释剂或合成树脂、颜料膏等所构成的。生产漆革的涂饰剂一般属湿固型，即在室温下，利用涂饰剂中游离的异氰酸基（—NCO）与空气中的湿气（H_2O）反应，产生交联键而成膜。

聚氨酯漆成膜具有良好的黏着力，耐寒、耐折、柔软平滑、光亮，适宜制造假面革；缺点是涂层薄膜的透气性、透水汽性差，使用有机溶剂，成本高，易污染。

2. 乳液型聚氨酯涂饰剂

乳液型聚氨酯涂饰剂亦称聚氨酯乳液。按其制法可分为两大类：一类是"外乳化法"，即利用乳化剂将聚氨酯在乳化作用下分散于水中形成乳液；另一类是"内乳化法"，即采用高分子合成技术，如共聚，将成盐亲水基团引入聚氨酯分子结构中，使之形成"聚氨酯盐"，然后借助机械作用而形成水乳液。两种类型的乳化液，均可分别制成阳离子型、阴离子型和非离子型等若干品种。由于外乳化法的乳液不如内乳化法的乳液稳定，所以一般多采用内乳化法制备。

乳液型聚氨酯涂饰剂与丙烯酸树脂、硝化纤维乳化液相似，可用水稀释，属于水包油乳液，一般可与同种电荷性质的其他材料混用。其具有薄膜干燥快、黏着力强、防水、革面光滑、细致、耐干湿擦、耐折、耐寒的优点；缺点是涂层薄膜耐光性差，日久变黄，不宜涂饰白色革。适用于底、中层涂饰。

第五节 酚醛鞣剂的合成方法及应用

一、砜桥型酚醛鞣剂

砜桥型酚醛鞣剂为紫玫瑰色膏状物，溶于水，在水中呈鹅卵黄色，具有还原作用，其鞣制的革耐光、耐老化性能好，成革柔软、丰满、色泽浅淡鲜艳，对酸性和直接染料有良好的吸收性。可与铬鞣液或锆鞣液混合使用，能增强皮革的撕裂强度，降低重革的吸水率。其主要用于箱包革、带革、鞋里革、底革、皱纹革的鞣制。其反应原理及生产工艺流程简图如下。

磺化反应

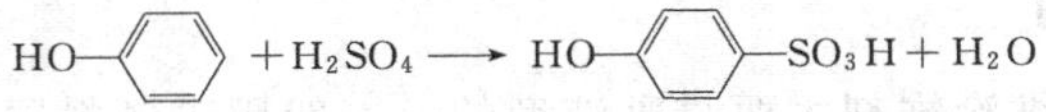

$$HO-C_6H_5 + H_2SO_4 \longrightarrow HO-C_6H_4-SO_3H + H_2O$$

成砜反应

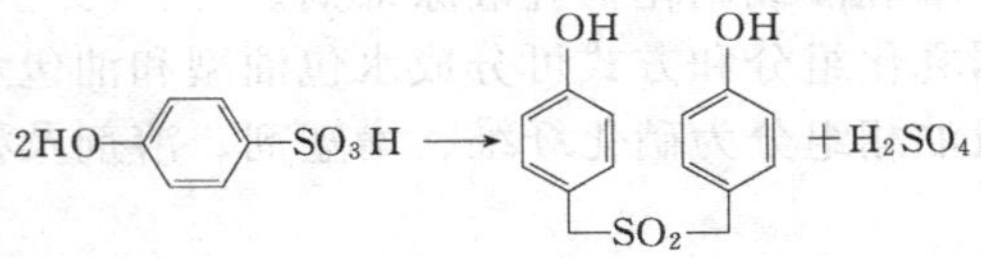

$$2\,HO-C_6H_4-SO_3H \longrightarrow (HO-C_6H_4-CH_2-)_2SO_2 + H_2SO_4$$

缩合反应

酚+酚磺酸+酚磺酸+HCHO⟶缩合产物+H_2O

苯酚 甲醛
硫酸

磺化反应 → 成砜反应 → 缩合反应 → 成品
98～100℃   145～150℃   98～100℃

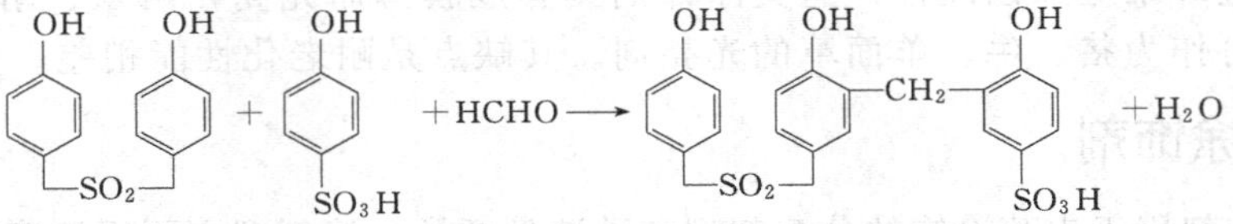

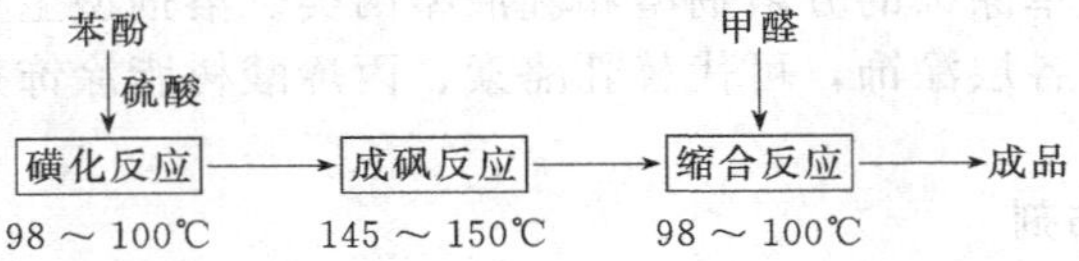

二、亚甲基桥型酚醛鞣剂

亚甲基桥型酚醛鞣剂是一种红棕色的浆状液体，呈弱酸性，能溶于水。具有漂白和扩散作用，能帮助红粉和栲胶溶解，加速鞣制，减少沉淀。用该鞣剂处理的皮革能多加脂而不会出现油斑，成品色泽浅而鲜艳。其主要用于轻革、重革、羊面革、皱纹革和服装革的填充、漂洗和鞣制。其反应原理及生产工艺流程简图如下。

缩合

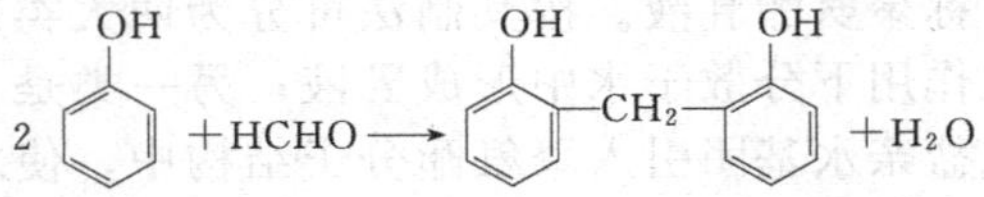

$$2\,C_6H_5OH + HCHO \longrightarrow (HO-C_6H_4-)_2CH_2 + H_2O$$

磺化

$$(HO-C_6H_4-)_2CH_2 + H_2SO_4 \longrightarrow (HO)(SO_3H)C_6H_3-CH_2-C_6H_4OH + H_2O$$

甲醛   醋酐 水
         硫酸

苯酚→熔化→缩合→脱水→磺化→稀释→成品

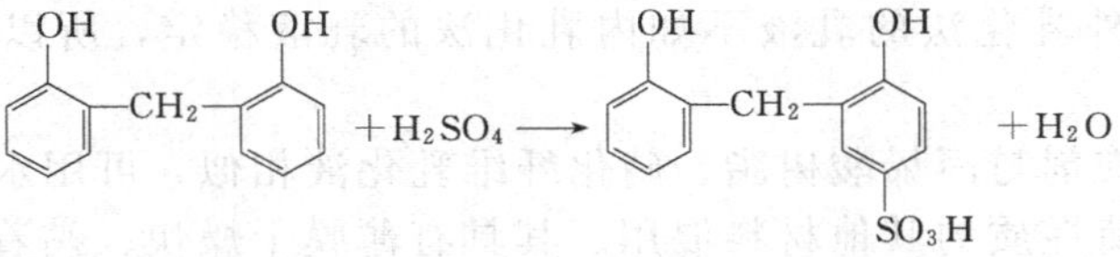

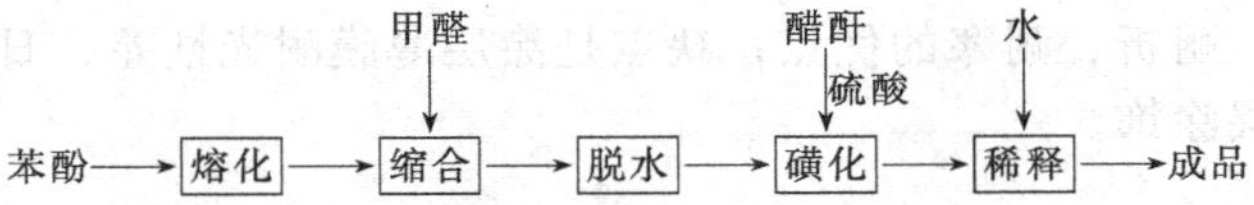

思 考 题

1. 何谓鞣剂？合成鞣剂按应用可分为哪几大类？分别有哪些作用？
2. 酚醛合成鞣剂主要有哪三个品种？砜桥型酚醛鞣剂鞣制的皮革有何特点？主要用于鞣制哪些皮革？
3. 合成树脂鞣剂有何特点？主要有哪几种？
4. 金属鞣剂的基本特征是什么？
5. 常用的单金属鞣剂有哪几类？分别适用于鞣制什么皮革？
6. 涂饰剂是由哪些成分组成的？主体成分是什么？
7. 常用的涂饰剂有哪几种？各有何特点？
8. 金属络合鞣剂有哪几种？常用的是什么？

第十四章 水处理剂

第一节 导 言

一、水处理剂的定义和分类

水是人类生存和工农业生产领域中极其宝贵的物质资源。随着世界工农业生产的迅速发展，工业用水量日益增多，占总用水量的80%以上。因此，合理利用工业用水，大力开展节约用水，做好工业用水的处理是极其重要的工作。

工业用水中，冷却水的用量占工业用水总量的80%以上，为了节约水资源，工业冷却用水正朝着循环使用方向发展；同时为了减少金属腐蚀，提高设备利用率，节约能源、水源，防止环境污染，在工业用水中需要添加各种性能优良的水处理剂。随着经济的发展和环保意识的提升，我国目前水处理剂的应用和需求量很大。水处理剂是工业用水、生活用水、废水处理过程中所必须使用的化学药剂。水处理剂的主要作用是控制水垢、污泥的形成，减少泡沫，减少与水接触的材料的腐蚀，除去水中的悬浮固体和有毒物质，除臭脱色，软化和稳定水质等。水处理剂大体可分为工业循环水处理药剂（给水处理剂），污水、废水处理药剂，油水分离剂三大类。在水处理化学品市场中，缓蚀剂是市场份额最大的品种，约占18%；其他主要品种依次分别为有机絮凝剂、无机絮凝剂、阻垢剂、氧化剂、杀菌剂、pH调节剂、气味控制剂、离子交换剂、活性炭、螯合剂及消泡剂。目前使用的水处理剂以复合配方为好，以便利用各种药剂之间的协同效应，使每种药剂的各自功能都得以充分发挥，提高药效，减少用量，节约费用，减少药剂排放和环境污染。

二、水处理剂的工业现状及发展趋势

我国水处理剂是在20世纪70年代引进大化肥装置后才引起重视和逐步发展起来的，此后自行研制开发了一系列水处理剂。目前，国内需求量较大的水处理剂为阻垢剂、缓蚀剂、杀菌灭藻剂、无机絮凝剂和有机絮凝剂。国内水处理剂品种齐全，基本能满足工业发展和基本生活的要求，生产能力大，但我国水处理剂在产量、品种、质量、应用与技术服务等方面同国外相比存在一定差距。预计2014～2019年中国将成为全球水处理化学品市场需求增长最快的国家。

缓蚀剂主要有钝化膜型、沉淀型和有机吸附膜型3种，发展方向是重点开发具有多功能、高效无毒、低价格的品种。在缓蚀剂中，最有发展前途的钨酸盐已开发出来，其性能优于磷系，常与锌盐、葡萄糖酸钠和聚丙烯酸类组成复合配方。另外用有机膦系列代替无机磷系列，具有毒性小、稳定性好、不易水解、缓蚀性能好的优点。

阻垢剂和除垢剂又分为分散剂和螯合剂。在阻垢剂和除垢剂中，销量最大的是聚丙烯酸及其衍生物。今后将重点开发各种专用的聚合物阻垢剂（如聚丙烯酸盐）和分散剂（如阴离子型的二辛基磺基琥珀酸钠），特别是一些螯合型阻垢剂和除垢剂。最有发展前途的是苯乙烯磺酸钠与其他烯类共聚的化合物。另外采用异丁烯-马来酸酐共聚物与氨基二羧酸反应制成的季铵盐，其阻垢效果好，而且还有抑制微生物的作用。

絮凝剂包括无机、有机和微生物絮凝剂三大类。无机絮凝剂主要有铝盐和铁盐两种。有机絮凝剂主要是有机高分子絮凝剂。微生物絮凝剂是微生物产生的具有絮凝功能的生物大分子，近年来成为国内外研究的热点，并取得了一定的进展。

杀菌灭藻剂主要有氧化型、非氧化型以及重金属化合物类药剂。目前各国普遍使用的仍以氯和漂白粉为主。氯的主要特点是杀菌效率高，价格低廉，操作方便，但其处理后的水中含氯，造成二次污染。在欧洲，许多国家目前广泛使用的是臭氧杀菌，它的优点是氧化还原电位超过氯，溶解性能好于氧，不存在过量有害的残留物质。今后杀菌灭藻剂的发展方向是杀菌灭藻效率高，使用范围广泛，毒性低，溶剂易降解，使用pH值范围宽，对光、热和酸性物质具有较好的稳定性。

酸洗剂可以防止和减轻金属在酸洗中的腐蚀，其发展方向是开发毒性小，价格便宜，除垢、除锈率高，化学稳定性好的复合配方。

常用的消泡剂有天然植物产品，醇、酸、酰胺与胺类物质以及酮与醚类化合物。消泡剂的发展方向是质量优良，价格低廉，毒性小，消泡速度快，作用时间长，本身不参与化学反应，溶解度尽量要小，对气泡有较好的扩散性，同时还要易于储存。目前多功能水处理剂的开发和研究越来越引起人们的重视，即尽量减少水处理剂中的混配成分，要求水处理剂既分散性好、去垢能力强，又不繁殖微生物，甚至还能杀菌灭藻。

在混凝理论、材料合成、微生物驯养等领域不断创新的坚实基础上，国内水处理剂的研发应用将向绿色水处理药剂、多元复合水处理药剂和纳米材料、微生物絮凝剂等新型高效水处理剂的方向高速发展。

第二节　给水处理剂

一、阻垢剂及分散剂

水垢的成分是碳酸钙、硫酸钙、碳酸镁、硫酸镁、碳酸钡等物质。结垢的主要原因是压力或温度的改变，蒸发或两种质地不同的水相混合，使原来以离子状态存在于水中的无机盐达到过饱和状态，超过了它们在水中的溶解度而结晶出来，成为水垢。水的pH值增大，温度升高，都会使水中的无机盐溶解度降低。

为了防止水垢的产生或清除已产生的水垢，通常要加入一些化学试剂进行处理。能控制水垢和污垢产生的化学品称为阻垢剂；能清除水垢和污垢的化学品称为除垢剂。阻垢剂和除垢剂都是复配而成的，它们的主要成分为螯合剂和分散剂。

螯合剂是一种含有氮、氧、硫等原子的能与金属结合成特殊配价键的物质。如螯合剂中含有羟基、羧酸基、磷酸基、磺酸基、氨基和硫醇基等，能与水中的钙、镁、铁、铜、铝等金属离子进行螯合。有机多元膦酸是目前广泛使用的螯合剂，具有许多优点，且具有缓蚀性能。

分散剂是一种能包围胶体颗粒的物质。最常用的分散剂有木质素、单宁、淀粉、纤维素及其衍生物等，近年来合成的分散剂有聚马来酸酐、聚多元醇、聚丙烯酸及其酯类、聚苯乙烯磺酸以及其他共聚物等。

1. 木质素磺酸盐

木质素磺酸盐是由木材纸浆与二氧化硫和亚硫酸盐的水溶液反应制得的。也可由木材中的木质素经亚硫酸盐蒸煮，在苯丙烷结构的 α 位上引入磺酸基制取。木质素磺酸盐是一种线形高聚物，为黄褐色固体粉末或黏稠浆液，具有良好的扩散性，易溶于水。

木质素磺酸盐具有良好的分散性，它是有效的金属清洗剂。在锅炉清洗方面，用木质素磺酸盐有较好的效果。在废水处理中它还可以作为絮凝剂，尤其对含蛋白质的废水，效果优良。另外，木质素磺酸盐还可以用作钻井泥浆的稀释剂，窑业胶黏剂和分散剂，水泥减水剂，肥料和土壤的改良剂，农药乳化剂、分散剂、造粒剂，制革工业中的鞣剂和电镀工业中的光亮剂。

2. 丙烯酸-丙烯酰胺共聚物

丙烯酸-丙烯酰胺共聚物是由丙烯酸和丙烯酰胺两种单体共聚制得的。其结构式为：

$$-\!\!\left(\!CH_2\!-\!CH\!\right)_{\!m}\!\!\left(\!CH_2\!-\!CH\!\right)_{\!n}\!\!- $$
$$\qquad\quad\;\;|\qquad\qquad\;\;|$$
$$\qquad\;\;COOH\qquad\;C\!=\!O$$
$$\qquad\qquad\qquad\qquad\;\;|$$
$$\qquad\qquad\qquad\qquad\;NH_2$$

另外，它也可以由聚丙烯腈水解制得。工业方法是将丙烯腈在过硫酸铵溶液引发剂存在下，逐步升温聚合，得到聚丙烯腈。然后用氢氧化钠溶液水解，水解的聚合物中含有一定量的羧基和酰胺基。

低相对分子质量的丙烯酸-丙烯酰胺共聚物具有较强的螯合性、热稳定性和分散性，可用作水系统的阻垢剂。它不仅能螯合已成垢的钙、镁等物质，而且能螯合水中可溶性的硬度物质。在锅炉硬水中，使用 $6\sim 7mg/kg$ 该共聚物，可使阻垢率达 100%。另外，该共聚物能有效地分散水中的有机物、无机物微粒，具有优良的分散性、防沉降性和防结块性，且能够长时间有效分散粒径范围很宽的无机物和有机物粉末，使之悬浮在水中，避免形成沉积物，即使有少量沉积物形成，也很容易将其再分散。在油田注水中加入该共聚物，能分散水中的硬度物质、泥浆，防止泥浆失水结块，阻垢效果好。

3. 苯乙烯磺酸-马来酸酐共聚物

苯乙烯磺酸-马来酸酐共聚物的结构式为：

平均相对分子质量为 $4000\sim 6000$，具有水溶性好、耐热性好的特点，是广泛用于冷却水系统中控制水垢、淤泥沉积物形成的水处理剂。在中、低压操作和高热流条件的锅炉水系统中，用来抑制磷酸钙、碳酸盐、硅酸盐及铁的氧化物等物质的形成与沉积，效果十分显著。

苯乙烯磺酸-马来酸酐共聚物有两种合成方法：一种是苯乙烯与马来酸酐共聚后直接磺化或将共聚物转化为水溶性盐后再磺化；另一种方法是先将苯乙烯磺化后，再与马来酸酐共聚，该方法所制得的产品中，磺酸基所占比例大，分布均匀，水溶性和螯合性更好。

该共聚物用于锅炉水系统，根据水质不同，其用量为 $0.2\sim 100mg/kg$。与水溶性有机膦酸盐配合使用时，特别是对使用硬水的锅炉有明显的增效作用。此外，该共聚物与多价金属螯合剂配合使用，也有明显的增效作用。该共聚物在其他行业中可用作增稠剂、吸湿剂、清洗剂和发泡剂。

4. 马来酸-丙烯酸共聚物

马来酸-丙烯酸共聚物的结构式为：

$$-(CH-CH)_m-(CH_2-CH)_n-$$
$$\ \ \ |\ \ \ \ \ \ \ |\ \ \ \ \ \ \ \ \ \ \ \ \ \ \ \ \ |$$
$$\ COOH\ COOH\ \ \ \ \ \ \ COOH$$

其中马来酸（摩尔分数）结构单元占 50%～95%，丙烯酸（摩尔分数）结构单元占 50%～5%。平均相对分子质量为 4000 左右。该共聚物为白色易粉碎的固体，可溶于水，其水溶液略带浅黄色。

该共聚物的制法是将马来酸和丙烯酸两种单体溶在有机溶剂中，在自由基引发剂存在的条件下，于溶剂沸点温度以下进行溶液共聚。

低相对分子质量的该共聚物是一种多价螯合剂，可螯合水中的钙、镁、铁等离子，因此用作冷却水、锅炉水等水系统中的阻垢剂，特别是对硫酸钙垢十分有效，该共聚物还能在具有很高浓度的钙离子体系中，有效地抑制碳酸钙垢沉淀。碳酸钙一般在 pH 值达 8 以上的溶液中极易析出，例如，工业上用高质量浓度（10%～30%）碳酸钙水溶液作为冷冻盐水使用时，pH 值在 9～10 范围内极易生成碳酸钙沉淀。通常，用于冷却水、锅炉水系统的阻垢剂，如各种磷酸盐和聚丙烯酸钠等都会在此条件下与钙离子反应，生成白色沉淀，因此，不能用于氯化钙盐水体系。而本品用在氯化钙盐水系统中却能有效地抑制沉积物形成。

5. 其他阻垢分散剂

除上述共聚物阻垢分散剂外，还有衣康酸-丙烯酸共聚物在水处理的阻垢和除垢方面有新的用途。如用于海水脱盐系统，低相对分子质量共聚物对防止碱性钙、镁结垢十分有效；还可清除冷却水系统和锅炉中的老垢。

由丙烯酸和 α,β-烯烃不饱和酯共聚成的共聚物对磷酸钙、磷酸镁、磷酸锌、硅酸盐、碳酸盐以及水系统中的悬浮粒子都具有良好的阻垢作用。这种阻垢分散剂适用于各种冷却水系统。由于该共聚物无毒，还用于牛奶杀菌及果汁生产中。

膦酸化的马来酸（酐）-丙烯酸共聚物是以马来酸（酐）-丙烯酸共聚物为母体，与亚磷酸作用而得到的。该改性共聚物具有优异的螯合性。它同碱土金属元素、过渡金属元素及稀有金属元素在较宽的 pH 值范围内都能形成稳定的螯合物。此外，该共聚物还具有优良的分散性，用在水处理中能长期地发挥作用。

膦羧酸和聚合膦羧酸复配而成的阻垢分散剂适用于各种水系统中，对抑制硫酸钙特别有效，对硫酸钙的阻垢率达 99%。

二、缓蚀剂

缓蚀剂是一种将其加入到腐蚀性介质中，能有效地阻止、减少和预防金属与介质发生反应而腐蚀的化学物质。按缓蚀机理分类，缓蚀剂有 3 种类型，即钝化膜型缓蚀剂、沉淀型缓蚀剂和有机吸附膜型缓蚀剂。

（一）钝化膜型缓蚀剂

钝化膜型缓蚀剂一般是无机盐类，这类缓蚀剂在金属表面上进行氧化，生成具有抗腐蚀性的钝化膜。这类缓蚀剂主要有以下几种。

1. 铬酸盐

铬酸盐是最早使用的缓蚀剂。它使钢铁表面生成一层连续而致密的含有 $\gamma\text{-}Fe_2O_3$ 和 Cr_2O_3 的钝化膜，膜的外层主要是高价铁的氧化物，膜的内层是高价铁和低价铁的氧化物。常用的铬酸盐有重铬酸钠、铬酸钠等，其中重铬酸盐的缓蚀效果最好，能与铁、铝等金属生成稳定的钝化膜。但是，由于铬酸盐的毒性较大，国外除少数密闭循环冷却水系统使用外，已严禁使用。

2. 亚硝酸盐

亚硝酸盐与重铬酸盐的缓蚀性能相似，其也是一种氧化性缓蚀剂。常用的是亚硝酸钠，它能使钢铁表面生成一层主要成分是 $\gamma\text{-}Fe_2O_3$ 的钝化膜，保护钢铁免于腐蚀。亚硝酸盐比铬酸盐类缓蚀剂的毒性低，但因为其容易被微生物分解，所以不宜用在开式循环冷却水系统上，而在密闭式循环冷却水系统中，由于充分采取了抑制微生物的措施，所以可以使用亚硝酸盐作缓蚀剂。

3. 钼酸盐

与铬酸盐相反，钼酸盐自身没有能力氧化金属表面，它是一种非氧化性缓蚀剂，但其可以借助其他的氧化剂，在金属表面上形成一层保护膜。如在敞开式循环冷却水中，现成而又丰富的氧化剂是水中的溶解氧；在密闭式的循环冷却水系统中，则需要诸如亚硝酸钠一类的氧化性盐类。使用单一的钼酸盐作缓蚀剂效果不好，一般采用复合配方，如用钼酸钠、葡萄糖酸钠、聚丙烯酸钠复合配方作为水处理剂，其缓蚀效果良好。

4. 钨酸盐

钨化合物几乎无毒，含钨的冷却水对周围环境、人体和作物不会造成污染，也不引起微生物滋生。钨酸盐和钨杂多酸盐的性能优于强氧化性缓蚀剂，与锌盐、葡萄糖酸钠和聚丙烯酸钠复配使用，提高协同效应，其缓蚀效率可达 90% 以上，对高氯高盐水有较好的缓蚀阻垢效果，还可以解决钨酸盐单独使用浓度高的缺点，降低处理成本，是一种具有广阔应用前景的水处理化学品。

在无机缓蚀剂的应用中，由于铬酸盐、亚硝酸盐的环境毒性，它们的应用早已受到限制，甚至在密闭系统也很少应用，而代之以环境友好的化学品。如钼酸盐可添加到冷却系统、汽车防冻系统以及金属切削系统，代替铬酸盐，毒性远远低于后者。其他可代替铬酸盐的还有肼类、锂盐、锌盐和钨酸盐系列的复合缓蚀剂。

（二）沉淀型缓蚀剂

沉淀型缓蚀剂是在大量溶解氧存在下，缓蚀剂在金属表面上形成沉淀膜。这类缓蚀剂有磷酸盐、硅酸盐、锌盐、硼酸盐和有机膦酸盐。

1. 磷酸盐

磷酸盐对碳钢的缓蚀作用主要是依靠水中的溶解氧，溶解氧与钢反应生成 $\gamma\text{-}Fe_2O_3$ 氧化薄膜，这种膜不是迅速生成的，而是需要相当长的时间。另外由于磷酸盐易与水中的钙离子生成磷酸钙垢，所以很少单独用它作冷却水处理剂。无机磷酸盐的优点是无毒，价格低廉；缺点是需要与专用的共聚物联合使用，本身缓蚀效果不强，易促进冷却水中藻类生长。一般是与其他缓蚀剂配合使用，常用的磷酸盐有正磷酸盐、聚磷酸盐（焦磷酸盐、二聚磷酸盐、六偏磷酸盐等）。聚磷酸盐是通过磷酸、正磷酸盐、碱等混合物加热，使其脱水聚合制成的，它具有如下的基本结构：

$$MO-\overset{\overset{\displaystyle O}{\|}}{\underset{\underset{\displaystyle O}{|}}{P}}-O-\left[\overset{\overset{\displaystyle OM}{|}}{\underset{\underset{\displaystyle O}{\|}}{P}}-O\right]_n-\overset{\overset{\displaystyle OM}{|}}{\underset{\underset{\displaystyle O}{\|}}{P}}-OH \qquad M \text{ 代表 } Na、K、NH_4、H \text{ 等}; \quad n \text{ 为整数}$$

这类磷酸盐根据聚合度、对金属离子的结合力以及金属盐的溶解度不同，作为缓蚀剂的效果也有所不同。

2. 硅酸盐

硅酸盐多用作饮用水处理的缓蚀剂。它既可在清洁的金属表面上，也可在有锈的金属表面上生成多孔性的保护膜。硅酸盐的优点是无毒，价格低廉，对钢、铜、铝都有一定的保护作用；缺点是建立保护膜作用的时间太长，缓蚀效果不理想，在硬度高或 pH 值过高的水中会产生硅酸镁积垢并发生腐蚀，使用时还应加以注意。

3. 锌盐

在冷却水处理中，锌盐是常用的阴极缓蚀剂。由于金属表面腐蚀时形成的微电池中，阴极区附近溶液中的局部 pH 值升高，锌离子与氢氧根离子生成的氢氧化锌沉积在阴极区，抑制了腐蚀过程的阴极反应而起到缓蚀作用。锌盐的优点是能迅速形成保护膜，成本较低；缺点是形成的膜不够坚牢，单独使用时缓蚀效果差，通常，它与其他缓蚀剂混用。由于锌盐有一定的毒性，使用时还应加以注意。当 pH 值高时，锌离子易从水中析出，以致降低或失去缓蚀作用。

4. 硼酸盐

硼酸盐缓蚀剂具有价格低、毒性小的优点，是一种颇有发展前途的缓蚀剂。将二乙醇胺与五聚硼酸钠进行缩聚，制成水溶液树脂，然后与亚硝酸钠、巯基苯并噻唑混合，作为钢铁、铝、铜及铜合金的缓蚀剂，其缓蚀率可达 90%。

5. 有机膦酸盐

有机膦酸盐 $[RPO(OH)_2]$ 是目前在水处理中用得较多的沉淀型缓蚀剂。它的分子中有两个或两个以上的膦酸基团直接与碳原子相连。其能使钙离子和镁离子稳定在冷却水中而不析出。这类缓蚀剂的主要优点是毒性小，化学稳定性好，不易水解，缓蚀性能好，用量少，并有阻垢作用，特别适用于高硬度、高 pH 值和在高温下运行的冷却水系统。下面介绍一些在水处理剂中常用的有机多元膦酸。

(1) 氨基三亚甲基膦酸　别名 ATMP，其结构式为：$N[CH_2PO(OH)_2]_3$。含量 50% 的为淡黄色液体，相对密度为 1.3~1.4；含量在 95% 以上为无色晶体，熔点 212℃。该物质溶于水、乙醇、丙酮、醋酸等极性溶剂。

ATMP 主要用于循环冷却水、油田注水和含水输油管线、印染用水的除垢以及锅炉系统软垢的调节剂，用量以 3~10mg/kg 为佳。它可以与多种缓蚀剂或阻垢剂配合用于水处理中。例如冷却水处理剂 TS-206，主要含 ATMP 5 mg/kg，聚丙烯酸类 3 mg/kg，巯基苯并噻唑 2 mg/kg。另外，ATMP 还可作为金属清洗剂用来除去金属表面油垢，用作清洗剂的添加剂、金属离子的掩蔽剂、无氰电镀添加剂、稀有金属萃取剂、棉织纤维漂白促进剂等。

工业上一般通过曼尼茨反应来制取 ATMP，即用氨水或铵盐、甲醛或多聚甲醛、三氯化磷或亚磷酸为原料，在 110~130℃ 下反应，然后减压浓缩、冷却结晶。

$$3H_3PO_3 + NH_4Cl + 3HCHO \longrightarrow N[CH_2PO(OH)_2]_3 + HCl + 3H_2O$$

(2) 羟基亚乙基二膦酸　别名 HEDP，其结构式为：$CH_3COH[PO(OH)_2]_2$。含量在 50% 左右为淡黄色透明黏稠液体，相对密度为 1.5~1.6。水合结晶体为无色透明状，80℃ 可熔融，100~110℃ 脱水后可得玻璃状的结晶体。

HEDP 为阴极型缓蚀剂，与无机聚磷酸盐相比，缓蚀率约高 4 倍。在水溶液中，HEDP 离解成 5 个正、负离子，可与金属离子形成六元环螯合物，尤其是与钙离子形成胶囊状大分子螯合物，因此，常用作阻垢剂。

HEDP 作为缓蚀剂用于钢铁的较多，缓蚀效果好。与其他缓蚀剂、阻垢剂配合使用，具有协同效应。在循环冷却水系统和锅炉系统所采用的低磷药剂配方中多用 HEDP。HEDP 与氨基三亚甲基膦酸一样，主要应用于循环冷却水、锅炉水、油田注水、输油管线防腐、防垢。也可用作稀有金属萃取剂、双氧水稳定剂、电镀添加剂、棉织物和纸浆的漂白促进剂等。

合成 HEDP 的方法很多，工业上主要采用三氯化磷、醋酸和水反应来制取。

(3) 乙二胺四亚甲基膦酸　别名 EDTMP，其结构式为：$[(HO)_2POCH_2]_2NCH_2CH_2N[CH_2PO(OH)_2]_2$。含量在 30%~40% 为黄色透明黏稠液体，相对密度为 1.3~1.4，pH=2~3，含量在 95% 以上为无色透明晶体，熔点 214℃。溶于水和低级醇。

EDTMP 对钢铁的缓蚀效果优于 ATMP，常用于锅炉、油田输水管线及脱水器和水管线、循环冷却设备的防蚀、阻垢。用作金属清洗剂时，不仅能处理金属表面的油脂和锈斑，还可获得清洁而无腐蚀的金属表面。EDTMP 也可用于印染行业作为固色剂，在其他方面的应用类似于 ATMP。

（三）有机吸附膜型缓蚀剂

有机吸附膜型缓蚀剂本身具有吸附基和疏水基。吸附基能在金属表面上定性吸附，而疏水基能将金属表面和腐蚀性离子隔离开，起缓蚀作用。该类缓蚀剂有有机胺类、硫醇类、长链脂肪酸类等。

1. 有机胺类

其在金属表面上吸附基为氨基，而疏水基为烷基。如二环己胺、十二胺、十八胺、吗啉、乙基吡嗪、三乙烯二胺、季铵盐等。在胺盐类的缓蚀剂中，亚硝酸二环己胺是一种优良的钢铁缓蚀剂，但由于含有可能致癌的亚硝酸盐而受到限制。为此，人们研究了不同脂肪酸的二环己胺和十二胺反应形成胺盐型的缓蚀剂。其中，十个碳的脂肪酸二环己胺在中性水溶液中具有与亚硝酸二环己胺同样的效果，而己酸十二烷胺、辛酸十二烷胺及癸酸十二烷胺等是钢铁在盐酸溶液中的优良腐蚀抑制剂。

2. 硫醇类

硫醇类缓蚀剂多用于铜和铜合金。缓蚀剂上的巯基和金属起化学吸附作用，形成保护膜。这类缓蚀剂有巯基苯并噻唑、β-巯基丙酸、巯基马来酸、巯基琥珀酸等。

3. 木质素

木质素是一种天然纤维素，被吸附在金属表面上可起到缓蚀作用。木质素磺酸钠具有良好的溶解性和分散性，且价格低廉，可与其他有机化合物混合使用。

4. 葡萄糖酸盐

葡萄糖酸钠对钙、镁等阳离子具有较好的络合作用，一般将其与钼酸锌、水杨酸、聚丙烯酸混合使用，可以提高其缓蚀性能。

5. 磺酸盐

由石油副产品制成磺化石油，再制成钾、钙、钡、铵盐作为缓蚀剂。为了提高其缓蚀效率，可向磺化石油中加入芳香醇、羟基醋酸、烯基丁二酸、蓖麻醇酸酯、季戊四醇油酸酯、山梨糖醇油酸酯等，以提高其渗透性和流动性。

三、复合水处理剂

复合水处理剂是由具有螯合、清洗、分散作用的药剂复合而成的，具有缓蚀和清洗（阻垢）的双重作用，在应用过程中具有清洗速度快、清洗效果好、腐蚀率低等优点，在化工生产过程中得到了大量的应用。

1. 锅炉专用缓蚀阻垢剂

锅炉专用缓蚀阻垢剂是由有机磷酸和聚羧酸等高聚物组成的复合品，主要靠螯合与分散作用将炉内形成的水垢剥离分散到水中，对锅炉炉体及附件的损害小，不会因为加药量多或清洗时间长而造成过洗，不同于通常的盐酸清洗，不受水中铁、铜等有害离子的干扰，具有很高的缓蚀和阻垢性能，其耐温性特别好，可有效地应用于水暖、蒸汽、机车等锅炉的清洗。锅炉专用缓蚀阻垢剂也可用于海水淡化、蒸馏及汽车水箱等系统的缓蚀防垢。

2. 一般缓蚀阻垢剂

缓蚀阻垢剂主要由高效螯合分散剂组成，利用螯合剂在金属表面形成的保护膜起到缓蚀作用，同时对水中的碳酸钙、硫酸钙等成垢因子具有晶格畸变作用，使垢不易牢固地吸附在器壁上，显示出优良的阻垢作用，具有耐高温、阻垢率高、不易分解等特点。缓蚀阻垢剂不含亚硝酸钠等致癌物质，为全有机配方，生物降解性好。缓蚀阻垢剂可直接用于自来水，无须软化除盐，可以极大地降低成本，为企业创造良好的经济和社会效益。

第三节 废水处理剂

一、絮凝剂

凡是用来使水溶液中的溶质、胶体或者悬浮物颗粒产生絮状物沉淀的物质均称作絮凝剂。在同一水溶液中，使用两种或两种以上的物质使其产生絮状沉淀时，把这两种以上的物质称作复合絮凝剂。通过向水体中加入絮凝剂，使水中的胶体和悬浮物颗粒絮凝成较大的絮凝体，以便于从水中分离出来，从而达到水质净化的目的。常用的絮凝剂可分为无机絮凝剂、有机絮凝剂和微生物絮凝剂三类。

(一)无机絮凝剂

无机絮凝剂有铝盐和铁盐两种。铝盐有硫酸铝、明矾、碱式氯化铝；铁盐有硫酸亚铁、硫酸铁、三氯化铁等。

1. 铝盐

(1) 硫酸铝 $Al_2(SO_4)_3 \cdot 18H_2O$，呈白色粉末状或块状，有涩味。一般情况下，使用的pH值范围为6.0～7.8。当pH=4～7时，以去除水溶液中的有机物为主；当pH=5.7～7.8时，以去除水溶液中的悬浮物为主；当pH=6.4～7.8时，可以处理高浊度废水和低色度废水。通常的用量为15～100mg/L。

(2) 明矾 又叫硫酸钾铝，分子式为$Al_2(SO_4)_3 \cdot K_2SO_4 \cdot 24H_2O$。使用条件与硫酸铝相同。因为含有硫酸钾，使能够起絮凝作用的$Al_2(SO_4)_3$的含量降低。但由于其中的硫酸钾浪费了，所以使用明矾不如使用硫酸铝更为合理，现在一般都使用硫酸铝。

(3) 碱式氯化铝 又叫聚合氯化铝，其化学通式为：$[Al_2(OH)_mCl_{6-m}]_n$，式中$n \leqslant 10$，$m=1 \sim 5$。它是无机高分子化合物。使用的pH值范围是5～9，比硫酸铝的用量小，絮凝效果好，易于过滤，设备简单，操作方便，腐蚀性小，成本低，水温对其使用的影响不大。

2. 铁盐

(1) 硫酸亚铁 别名绿矾，其分子式为$FeSO_4 \cdot 7H_2O$，呈蓝绿色，含铁20%。有颗粒状、粉末状、晶体状，溶于水，具有还原作用。使用的pH值范围为5.5～9.6，水温对其絮凝作用影响较小。适用于浓度大、碱性强的废水。絮凝作用稳定，形成絮凝体的速度快，絮凝效果良好。但有较大的腐蚀作用。

(2) 三氯化铁 分子式为$FeCl_3 \cdot 6H_2O$，呈片状和块状，六方晶系。吸湿性强，溶于水，同时水解生成棕色絮状的氢氧化铁沉淀。是强氧化剂，能溶于乙醇、乙醚、苯胺等有机溶剂。使用的pH值范围为6.0～11.0，最佳的pH值范围是6.0～8.4。可用于活性污泥脱水，通常的用量是5～1000mg/L。形成的絮凝体粗大，沉淀速度快，不受温度的影响。用其处理高浊度的废水，效果更显著。但腐蚀性大，比硫酸亚铁的腐蚀性强。能腐蚀混凝土，会使某些塑料变形。当溶解于水时，产生氯化氢气体，对环境有污染。

(3) 碱式硫酸铁 又叫聚合硫酸铁，其化学通式为$[Fe_2(OH)_m(SO_4)_{3-m/2}]_n$，使用的pH值范围是5.0～8.5，适合的水温为20～40℃，用量少，絮凝效果良好，絮凝体沉淀速度快。在水溶液中，残留的铁比氯化铁少。在无机絮凝剂中，它对COD（化学需氧量）的去除率和脱色效果是最好的。其腐蚀性也比氯化铁小。

无机高分子絮凝剂作为一类新型的水处理药剂发展迅速，目前主要品种有聚合氯化铝（PAC）、聚合硫酸铝（PAS）和聚合硫酸铁（PFS）等。复合型无机高分子凝聚剂的开发是近年来发展的明显趋势，开发的复合品种很多，如阴离子复合型（如PAC中引入SO_4^{2-}、PFS

中引入 Cl^- 等)，阳离子复合型 (如 PAC 中引入 Fe^{3+} 等)，多种离子复合型 (Fe^{3+}、SO_4^{2-}、Cl^- 的复合)，还有无机-有机复合型，如 PAC 与聚丙烯酰胺复合 (PACM)、聚合铝-甲壳素 (PAPCh)、聚合铝-有机阳离子 (PCAT) 等。

(二)有机絮凝剂

有机高分子絮凝剂可分为人工合成有机高分子絮凝剂和天然改性有机高分子絮凝剂两类。

人工合成有机高分子絮凝剂是利用高分子有机物相对分子质量大，分子链官能团多的结构特点经化学合成的一类有机絮凝剂，具有产品性能稳定，容易根据需要控制合成产物相对分子质量等特点。根据有机絮凝剂所带基团能否离解及离解后所带离子的电性，可将其分为以下几类。

1. 阴离子型絮凝剂

本身带有负电荷，能吸附带正电荷的固体悬浮微粒。这类絮凝剂有藻朊酸钠、羧甲基纤维素钠盐、聚丙烯酸钠、聚丙烯酰胺部分水解物、马来酸酐共聚物等。

2. 阳离子型絮凝剂

本身带有正电荷，能吸附带负电荷的固体悬浮微粒。常用的阳离子基团有季铵盐基、吡啶鎓离子基或喹啉鎓离子基。产品有聚二烯丙基二甲基氯化铵 (PDMDAAC)、环氧氯丙烷与胺的反应产物、胺改性聚醚和聚乙烯吡啶等。其中，聚二烯丙基二甲基氯化铵是一种高效阳离子型高分子絮凝剂，它在油田污水、含油污水和除浊处理中显示出优异的性能。

3. 非离子型絮凝剂

本身不具有电荷，在水溶液中借质子化作用产生暂时性电荷，其凝集作用是以弱氢键结合，形成的絮体小且易遭受破坏。产品有非离子型聚丙烯酰胺、聚氧化乙烯 (PEO)、水溶性尿素树脂、醋酸乙烯酯-马来酸共聚物、甲基纤维素等。

4. 两性型絮凝剂

自身兼有阴、阳离子基团的特点，在不同介质条件下，其离子类型可能不同，适于处理带不同电荷的污染物，特别是对于污泥脱水，它不仅有电性中和，吸附架桥，而且有分子间的"缠绕"包裹作用，使处理的污泥颗粒粗大，脱水性好。同时，其适应范围广，酸性、碱性介质中均可使用，抗盐性也较好。丙烯腈或腈纶废丝 (PAN)-双氰双胺 (DCD) 类两性有机絮凝剂在国外已得到迅速发展。

天然改性类高分子有机絮凝剂是一类生态安全型絮凝剂，具有基本无毒，易生化降解，不造成二次污染的特点，且分子结构多样，分子内活性基团多，可选择性大，易于根据需要采用不同的制备方法进行改性。目前，天然改性类高分子有机絮凝剂包括淀粉衍生物、天然胶衍生物、木质素衍生物和甲壳素衍生物等化学天然改性类高分子絮凝剂。

与无机絮凝剂相比，有机高分子絮凝剂具有用量少、pH 适用范围广、受盐类及环境条件影响小、污泥量少、处理效果好等优良性能。由于无机、有机絮凝剂各有优点，同时也都存在不尽如人意之处，所以无机/有机复合絮凝剂的研制受到人们的关注。

(三)微生物絮凝剂

化学合成絮凝剂效果好、价格低，但是很难降解，容易对环境造成二次污染。因此具有生物分解性和安全性的微生物絮凝剂，成为国内外的研究热点。

微生物絮凝剂是由微生物产生的具有絮凝能力的大分子物质，包括机能性蛋白质和机能性多糖类物质，是一种新型的生物絮凝剂，是利用生物技术通过微生物的发酵、抽提和精制得到的。褐藻细胞壁是目前广泛利用的絮凝剂，酵母菌细胞壁的葡聚糖、甘露聚糖、蛋白质及 N-乙酰葡萄糖胺等成分也可作絮凝剂；微生物细胞分泌到细胞外的荚膜和黏液质主要成分为多糖及少量多肽、蛋白质、脂类及其复合物，都可用作絮凝剂；还可以直接利用微生物细胞制成的絮凝剂，如以酱油曲霉 AJ7002 产生的絮凝剂，利用红平红球菌制成的微生物絮凝剂，由杆状细菌产生的 DP-152 絮凝剂。

2006 年，哈尔滨工业大学历经 10 年研究，利用廉价农业废弃物秸秆和生物技术，规模化生产出一种生物水处理剂，破解了水处理领域的世界性难题，开发成功一种复合型生物絮凝剂。这种生物絮凝剂对不同水质都表现出很好的脱色能力、除浊能力和有机物去除能力，并且没有二次污染。目前，这一产品的年生产能力约为 1 万吨。

二、杀菌灭藻剂

在工业用水中含有大量的细菌和藻类，当这些微生物在设备的管壁上生成和繁殖时，不仅大大增加了水流的摩擦阻力，引起管道的堵塞；而且还严重地降低了换热器的热交换速率。同时还会造成点腐蚀，以致使设备管道穿孔。为了控制这些微生物所造成的危害，就必须在使用前在水系统中投加杀菌剂等药物对水进行杀生处理，以杀灭和抑制微生物的生长和繁殖。杀菌剂一般分为氧化型杀菌剂和非氧化型杀菌剂。

(一)氧化型杀菌剂

氧化型杀菌剂一般是较强的氧化剂，利用它们所产生的次氯酸、原子态氧等，使微生物体内一些和代谢有密切关系的酶发生氧化而使微生物被杀灭。该类杀菌剂一般是无机化合物，如氯、漂白粉、氯胺、次氯酸、二氧化氯、过氧化氢、高铁酸钾、过氧醋酸和臭氧等。用得较普遍的是氯气，氯气在消毒过程中，能使微量有机化合物氯化，这些氯化了的有机化合物的毒性能使微生物中毒。由于它具有杀菌力强、原料易得、使用简单的优点，现在仍被广泛使用。

另一种无机化合物二氧化氯，它是比氯气氧化能力强 2.6 倍的强氧化剂，它在冷却水中作为杀菌剂，与氯相比，具有用量低、作用快、效果好、不受 pH 影响和不与氨反应的优点。因此近年来一些合成氨厂、石油化工厂、炼油厂等都用二氧化氯来控制工业冷却水系统的微生物生长。二氧化氯的杀生周期比较长，0.5mg/kg 的二氧化氯在 12h 内，对厌氧菌的杀菌能力达 99.9%。二氧化氯同氯相似，对人体极为有害，刺激眼睛和呼吸器官，当浓度高时，刺激中枢神经而使人致死。

(二)非氧化型杀菌剂

非氧化型杀菌剂主要是有机化合物类，如醛类化合物、硝基化合物、含硫化合物、咪唑啉等杂环化合物、长链胺类化合物、季铵盐类以及含卤素的有机化合物。其中应用最广泛的是五氯酚钠、2,2′-二羟基-5,5′-二氯苯基甲烷、2,2′-二溴-3-次氨基丙酰胺、二硫氢酸甲酯和季铵盐类等。

(1) 2,2′-二羟基-5,5′-二氯苯基甲烷　别名 DDM，结构式为：

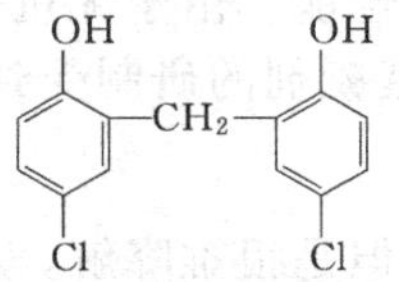

为无色或白色结晶，熔点 178℃，对细菌、真菌、酵母菌及藻类均有较高的活性，因而大量地用作杀菌灭藻剂。使用时，一般在 DDM 中加入一定量的氢氧化钠，使其以单钠盐形式存在。在冷却水中加入 50～100mg/kg DDM，作用 24h，杀菌效果优良，杀菌率超过 99% 以上，且药效长，适用于各冷却水系统的杀菌灭藻。

(2) 2,2′-二溴-3-次氨基丙酰胺　别名 DBNPA，结构式为 $NCC(Br)_2CONH_2$，为白色结晶，熔点 125℃，溶于一般有机溶剂。它的水溶液在酸性条件下较为稳定，在碱性条件下容易水解。DBNPA 是一种高效杀菌剂，它的分子能迅速穿透微生物的细胞膜，并作用于一定的蛋白基团，使细胞正常的氧化还原中止，从而引起细胞死亡。另外，它还可以选择性地溴化或氧化微生物体内的特殊酶代谢物，最终导致微生物死亡。因而用作杀菌灭藻剂，用来防止细菌和藻类在工业用水、工业冷却水中的生长。

合成 DBNPA 的方法较多，可用氯乙酸、氰乙酸、二烷基氨基丙烯醛、氨基缩醛二醇和氰乙酸甲酯为起始原料，先制取氰乙酰胺，然后进行溴化反应即得产品。

(3) 季铵盐　是应用较多的杀菌剂。一般是十二烷基二甲基苄基氯化铵（或溴化铵），在工业水处理应用中，它具有毒性小，无累积性毒性，可溶于水，使用方便，不受水硬度影响，而且具有强烈剥离作用等优点。因而特别适用于大型化工装置中循环冷却水的杀菌灭藻，或作软泥剥离剂，用来控制循环冷却水系统积累污垢和污垢下滋生的硫酸盐还原菌。

第四节　合成方法及应用示例

一、聚合氯化铝

别名碱式氯化铝和羟基氯化铝，系一种无机高分子化合物。聚合氯化铝有液体和固体两种产品。液体产品为淡褐色透明液体，有时因含杂质而呈灰黑色黏液；固体产品为易碎的无色或黄色树脂状固体，在空气中吸湿性很强。

聚合氯化铝是一种新型净水剂，吸附能力强，絮凝效果好，沉降速度快，使用方便，用量少，效率高，不需要碱等助剂，使用的 pH 值范围广。能除铁、镉等重金属，除氟、除放射性污染，除浮油。可以缩短搅拌、混合和沉淀的时间。浊度越高，处理药费越低。因此，主要用于水质净化、净化饮用水；还用于工业用水和废水的处理。此外，在医药、造纸、制革和铸造等方面也有广泛的应用。

聚合氯化铝的制法较多，其中综合利用含铝和氧化铝物质较为经济合理，生产工艺常采用盐酸法和沸腾热解法。其特点是流程、设备较简单，原料成本低廉，生产易于掌握和控制。

沸腾热解法是将结晶氯化铝（$AlCl_3 \cdot 6H_2O$）在一定温度下加热，分解析出一定量的氯化氢气体和水分，变成粉末状的产物，即为碱式氯化铝（或称聚合铝单体、熟料）。将熟料加适量水搅拌，在短时间内固化，形成树脂状产物，即为聚合氯化铝。其生产工艺流程简图如下：

结晶氯化铝 → 沸腾热解 → 聚合（水）→ 固化 → 干燥 → 破碎 → 成品

二、马来酸酐-丙烯酸共聚物

马来酸酐-丙烯酸共聚物为白色易碎的固体，可溶于水，水溶液呈微黄色，平均相对分子质量在 4000 左右。它是一种低剂量的多价螯合剂，可螯合水中钙、镁、铁等离子，对抑制硫酸钙沉淀非常有效。主要用于冷却水、锅炉水的阻垢剂，也可用于污水处理中。其反应原理及生产工艺流程简图如下：

$$n\text{CH}_2=\underset{\text{COOH}}{\text{CH}} + m\underset{\text{CH}-\text{C}}{\overset{\text{CH}-\text{C}}{\parallel}}\overset{O}{\underset{O}{\diagdown}}\hspace{-0.3em}O \longrightarrow -[\text{CH}_2-\underset{\text{COOH}}{\text{CH}}]_n[\underset{\text{COOH}}{\text{CH}}-\underset{\text{COOH}}{\text{CH}}]_m-$$

```
                  丙烯酸，甲苯，
                  过氧化苯甲酰
                        ↓
         马来酸酐    ┌──────┐
           甲苯      │ 溶解 │
            ↓       └──────┘
         ┌──────┐      ↓
         │ 溶解 │ → 聚合 → 过滤 → 干燥 → 成品
         └──────┘
```

思 考 题

1. 水垢一般是由哪些物质组成的？结垢的原因是什么？
2. 请写出苯乙烯磺酸-马来酸酐共聚物的合成反应式？该物质主要有哪些用途？还有哪些高聚物可作阻垢剂？
3. 缓蚀剂的作用是什么？缓蚀剂主要有哪几大类？
4. 杀菌灭藻剂主要有哪两类？季铵盐杀菌剂有何特点？非氧化型杀菌剂主要是哪些物质？
5. 絮凝剂的作用是什么？有机絮凝剂一般有哪几种？无机絮凝剂都包括哪些？
6. 聚合氯化铝用作水处理剂有何特点？
7. 木质素磺酸盐有哪些用途？
8. 钝化膜型缓蚀剂都有哪些？它如何起缓蚀作用？
9. 沉淀型缓蚀剂都包括哪些？常用的有机膦酸盐都有哪些？
10. 有机吸附膜型缓蚀剂都包括哪些？

第十五章 感光材料

第一节 导　言

感光材料指在光或射线照射下能发生物理或化学变化，经过适当的显影、定影处理，能够形成影像的材料。广义的感光材料还包括对热和压力敏感，通过热敏、压敏成像的材料。随着科学技术的发展，不仅可见光可作为影像记录的辐射源，紫外线、红外线、X射线、γ射线和电子束等均可作为影像记录的辐射源。如通常用的照相胶片、影像纸、X射线胶片、感光树脂、光致抗蚀剂等；此外，在印刷制版、电子工业、遥感、全息照相、医疗诊断、工业探伤等领域也有广泛应用。感光材料是记录、存储、复制图文信息的重要材料。

根据所用光敏物质的不同，感光材料一般分为银盐感光材料和非银盐感光材料。银盐感光材料的主要光敏物质是悬浮在明胶中的卤化银（氯化银、溴化银、碘化银）微晶，卤化银微晶在吸收光子后发生光解，形成由银原子族构成的潜影，潜影能催化整个微晶的还原，因此在显影时可与未曝光微晶区分开来，形成与景物亮度相反的底片。卤化银感光材料具有感光度高、像质好、可以彩色化等优点，在照相、拍摄电影、医疗诊断、无损检测、印刷制版、缩微复制等方面有着广泛的应用。但卤化银感光材料制造工艺复杂，一般需要湿法冲洗，不能实时显示。非银盐感光材料种类繁多，主要有重氮感光材料、感光树脂、光致变色材料、自由基感光材料、微囊感光材料和静电复印材料。非银盐感光材料的感光度比卤化银感光材料低得多，但其分辨率高，制造工艺简单，无须暗室操作，能干法加工、实时显示，广泛用于对影像或信息进行记录、存储、显示和加工。

银盐感光材料生产的关键技术是卤化银乳剂的制备。近代银盐感光材料的发展主要是逐步改进和完善作为光敏物质的卤化银微晶体的尺寸、结构、晶形的调控手段，开发各种功能性有机添加剂，从而不断提高卤化银乳剂的制备技术和性能。1982年美国伊斯曼柯达公司采用乳剂新技术研制成VR1000彩色胶卷，这种胶片的乳剂采用扁平形状的卤化银颗粒（T颗粒），可以在不提高用银量的情况下捕捉更多的光量；同时，由于晶体表面积增大，有利于吸附更多增感染料及其他添加剂，极大地提高了胶片的感光度，改变了乳剂在速度、颗粒、清晰度三者之间相互依存而又相互矛盾的关系。具有大、薄、匀三大特点的T颗粒乳剂，被认为是感光材料的新突破。1986年日本小西六公司推出樱花彩色SR-3200胶卷，采用了"多重结构颗粒"，为目前感光度最高的产品。国外银盐系感光材料的各类产品，尤其是彩色产品，已发展成熟。我国乐凯胶片集团公司跟踪世界银盐感光材料先进水平，自行开发出了扁平颗粒、多重颗粒的感光乳剂，以及新型成色剂，制造出新一代乐凯黑白SHD系列、超金100等胶卷。但与世界先进水平仍存在较大差距，尤其在感光度、画面质量、保存性、系列化和换代率等方面较为突出。

世界非银盐体系感光材料的发展也很迅速（目前对银盐系感光材料冲击最大的是电子成像体系和非银盐记录体系材料），不断涌现出新型的感光材料，如光敏变色感光材料、热敏变色感光材料等，而且已有的感光材料也在不断增加新品种，并在成像性能与成像质量方面都有了很大的改进，例如微泡感光成像体系就是在重氮成像体系的基础上发展起来的。发展非银盐感光材料，除了可以节省大量贵金属银以外，还具有其独特的优点，如：不需要暗室操作；不需要湿法显影、定影；加工速度快；有的可重复使用；解像力高等。在应用方面，非银盐感光材料应用于电子工业作光敏抗蚀剂，已成为生产集成电路及大规模集成电路所不可缺少的技术。在印刷工业中，非银盐感光材料大量应用于制版，另外还在明室拷贝、静电照相、自动照排、盲文印刷等方面得到应用，并有逐渐取代银盐感光材料的趋势。在复印、缩微照相、电子工业、遥感、全息照相等领域非银盐感光材料也得到了广泛的应用。例如，在缩微照相中，重氮缩微胶片正在取代银盐缩微胶片；在复印技术中，光导体感光材料基本上取代了银盐复印材料。目前世界各国企业对非银盐感光材料越来越重视，正向着银盐和非银盐感光材料并重，感光材料-磁性材料-电子材料合为一体的方向发展。

第二节 常见感光材料简介

一、银盐感光材料

1. 银盐感光材料的分类与应用

银盐感光材料种类繁多，可以有多种分类方法，如按应用范围分类，按照相性能分类，按反差系数分类，按感色性能分类，按形成影像的性质分类，按支持体的不同分类，按色彩分类等。下面仅对按应用范围分类加以简介。

(1) 民用胶片　主要是指用于人物、风景及产品等拍摄用的各种胶卷、胶片和相纸。

(2) 电影胶片　专供影视摄影和拷贝用的感光片。主要有电影底片、电影正片、电影中间片等。

(3) X射线感光片　在医学上，主要用于医疗诊断，例如X射线透视片、X射线缩微片、医用CT片等；在工业上，用于飞机、管道、铸件、原子反应堆等无损检测的X射线胶片。

(4) 印刷制版感光材料　专用于印刷照相制版的感光片，例如照相排字软片、激光照相排字软片、传真制版软片、电子分色软片等。

(5) 航空遥感感光材料　主要用于从飞机、卫星对地球大气圈、水圈、人与生物圈等进行资源调查、科学研究和军事侦察，例如红外线感光片。

(6) 缩微感光材料　它是高解像力感光材料，能将大量的图文信息进行高度压缩、存储和显示，广泛用于雷达显示、数据处理、文献检索等辅助机器的缩微体系。

(7) 特种感光材料　主要用于科学研究和军事侦察，例如天文摄影胶片、电子显微镜照相软片、分光照相胶片、水中摄影胶片及核子照相干板等。

2. 银盐感光材料的结构

银盐感光材料的基本结构主要由乳剂层和支持体组成。乳剂层主要成分是明胶和卤化银，卤化银中的氯化银、溴化银和碘化银是制造感光材料的重要原料。卤化银以微晶体的形式均匀地分散在明胶中，明胶起保护体的作用，限制卤化银颗粒聚结，是乳剂层的成膜物质，卤化银晶体大小与分布状态对照相性能有很大影响。在乳剂层中还含有多种微量助剂，如各种增感剂，主要是菁类染料；稳定剂，如双四氮唑、苯亚磺酸钠等；坚膜剂，如铬矾、甲醛、乙二醛、丁二酮等；防灰雾剂，如苯并三唑、6-硝基苯并咪唑硝酸盐、3,5-二硝基苯甲酸等；抗氧剂，主要是酚类化合物，如邻苯二酚、1-萘酚等，用来提高乳剂层的照相性能和物理强度。乳剂层必须依附在具有一定透明度、平整度和机械强度的支持体上。支持体起着支持乳剂层和其他辅助层的作用，它决定了感光材料的物理机械性能。

根据使用目的和性能的不同，支持体有纸基、片基和玻璃板基三种。纸基是将照相原纸经表面加工得到的洁白、坚固度高的支持体，用于制造照相纸和放大纸。纸基主要有两种：一种是硫酸钡地纸，是在原纸表面涂布硫酸钡层经加工制成的，一般无防水层；另一种是涂塑纸基，是在原纸两面涂覆聚乙烯保护层，其防水性好，而且改进了照片的挺度。为适应现代高温及快速冲洗的要求，大部分的彩色相纸已改用了涂塑纸基。片基是一种透光率大、化学性能稳定、机械强度高、几何尺寸稳定的塑料薄膜，用片基为支持体的感光材料称为软片或胶片，主要用作照相胶卷、电影胶片、X射线胶片。片基主要有三醋酸纤维素（CAT）片基和聚对苯二甲酸乙二醇酯（PET）片基。玻璃板基是一种硬而透明的平板玻璃，用它作支持体的感光材料称为硬片或干板，具有平面性好、影像不弯曲、尺寸稳定、耐久性好的优点，目前在科学测定及地图制作中仍在使用。不同的感光材料在结构上有差别，图15-1为三种不同基材的结构。

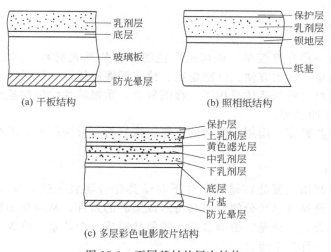

图 15-1　不同基材的层次结构

干板由乳剂层、底层、玻璃板和防光晕层组成。底层的作用是使乳剂层牢固地黏附在支持体上，防止乳剂层剥离脱落，防光晕层的作用是使感光材料在曝光时防止反射光引起光晕而造成影像不清晰。照相纸是由保护层、乳剂层、钡地层和纸基组成的。保护层是一层透明的明胶薄膜，使乳剂层不受摩擦产生所谓"摩擦灰雾"，涂钡地层使纸基表面光滑洁白，从而提高影像质量。彩色电影胶片由保护层、上乳剂层、黄色滤光层、中乳剂层、下乳剂层、底层、片基和防光晕层组成，上乳剂层感光度高，反差系数较低，下乳剂层与此相反，这样可以相对提高底片的感光度，缩小卤化银颗粒度，增强防光晕效果，降低乳剂层含银量，提高曝光宽容度。

3. 感光材料的照相性能

（1）密度　是指感光材料在曝光后，经显影还原为黑色不透明银粒的黑化程度。曝光量越强，银颗粒堆积越多，其密度越大、画面越黑。增加到最大曝光量得到的密度称为最大密度。

（2）感光度　是感光材料对光的敏感程度。在同等曝光量下，感光度越高，需要曝光时间越短。

(3) 反差和反差系数 被摄物体的明暗差别叫作反差。实际上被摄物体的反差与胶片上影像的反差总是有差异的,影像反差与被摄物体反差之比值称为反差系数,用 r 表示。

$$r = 影像反差/被摄物体反差$$

(4) 宽容度 是指感光材料能容纳的被摄体的反差。用 L 表示,胶片的宽容度越大,拍摄反差大的被摄物体所得影像的层次就越丰富。

(5) 感色性 是指感光材料对不同颜色光波作用敏感的特性。只对蓝、紫光敏感的胶片叫盲色片,对黄、绿、青、蓝、紫光敏感的胶片叫分色片,对全部可见光敏感的胶片叫全色片;另外还有红外线片和紫外线片等。

(6) 颗粒性、颗粒度 卤化银是颗粒状微晶体,悬浮在乳剂中,显影后还原为颗粒银。人们用放大镜观察影像中的银粒状态时,主观意识上产生的对颗粒均匀程度的感觉或印象,称为颗粒性。对颗粒直径的平均尺寸和颗粒分布状态的客观量度叫颗粒度。

(7) 解像力和清晰度 解像力是指感光材料分辨被摄体细部的能力,以每毫米宽度内能记录可分辨的平行线条的最大数目来计算。清晰度是指影像边缘是否清晰,黑白是否分明,有没有灰色过渡等,如果黑字看起来模糊,则清晰度就差。

(8) 灰雾 感光材料未受曝光,在显影加工中仍有银还原出来,称之为灰雾。原材料不纯,操作不善,保存条件不良或时间过长以及有害气体的影响都能引起灰雾。灰雾超过一定限度则使感光材料报废。

二、重氮感光材料

重氮感光材料是一种开发较早、使用最广泛的非银盐感光材料。其发明于 20 世纪 30 年代,具有制作工艺简单、加工方便、性能稳定、价格低廉的优点,广泛用于缩微、复制和印刷等领域。例如,重氮纸代替铁蓝体系用于工程图复制,重氮胶片代替银盐胶片用于缩微,重氮 PS 版代替平凹版用于印刷等。

重氮感光材料种类繁多,而用于照相的重氮影像材料可分为两种,即染料影像材料和微泡影像材料。

1. 染料影像材料

染料影像材料是利用重氮盐在碱性条件下与酚类化合物发生偶合反应生成白色的偶氮染料,而光照部分由于重氮盐已经分解不再具备形成染料的条件,从而显出影像。染料影像型重氮材料通常又分成两类:一种是将酚偶合剂与重氮盐组成一个体系,称为双组分;另一种是将重氮盐与偶联剂分开,称为单组分。

(1) 双组分体系 双组分重氮影像材料是将重氮盐、偶合剂及一些助剂配成感光液后涂在纸基或塑料片基上形成的。为了使材料在存储过程中不发生偶合,通常选用偶合活性较小的重氮盐和酚偶合剂,同时还要在材料中加入少量酸,降低材料的 pH 值,以保证在氨熏前不发生偶联反应。双组分材料的成像过程一般分为曝光和显影两步。曝光用紫外灯,见光部分的重氮盐发生分解。显影只需用氨气熏蒸即可。氨气熏蒸是给材料提供碱性条件,使未见光部分尚存的重氮盐和偶合剂发生偶合反应,生成有色的染料,得到一个阳图影像。所得到影像取决于生成的染料结构。氨气熏蒸的缺点是有令人难以忍受的刺激味,但可用加热显影的方法加以克服,即预先在材料中加入一些遇热可释放出氨气或其他碱性化合物的无机或有机铵盐,如碳酸铵、碳酸氢铵、苯甲酸铵等。双组分材料的最大优点是干法显影,操作简单;缺点是重氮盐和偶合剂放在一起,稳定性不好,不利于材料的保存和成像质量的稳定。

(2) 单组分体系 将双组分体系中的偶合剂、酸等分出来就得到单组分材料。由于它只含有重氮盐,因此稳定性好,而且选择重氮盐和偶合剂时,不用顾虑偶合活性的高低问题。单组分材料的成像过程也分为曝光和显影两步。曝光的方式和作用与双组分材料相同；显影则不大相同，因为单组分材料的偶合剂要在显影时加入，要用显影液进行湿法显影，即将显影液薄薄地涂在曝光后的材料上。

2. 微泡影像材料

微泡照相是重氮照相的一个重要分支，它是近年来才发展起来的新型照相法。微泡影像型重氮材料是利用重氮盐见光分解产生出氮气，通过物理作用在热塑性树脂层中形成气泡，利用这些气泡对光的散射来形成影像。微泡影像材料通常是将重氮盐和热塑性树脂及一些添加剂配成感光乳剂，然后涂在聚酯片基上制成的。重氮盐多用二乙基苯胺重氮盐、二乙氧基对吗啉苯胺重氮盐等，热塑性树脂多用偏二氯乙烯、乙酸乙酯或偏二氯乙烯与丙烯腈的共聚物等。微泡照相的感光性能比一般银盐照相低约100倍，但要比一般重氮复印材料高3～5倍，其解像力高达1000线/mm。

微泡影像材料的成像过程一般包含三个步骤：曝光、显影和定影。对同样的材料，采用不同的次序进行成像，就可得到不同图形的微泡影像。如以透射光观看为准，当按曝光→显形→定影的次序进行成像时，就可得到阴图微泡影像；当按曝光→定影→显影的次序进行成像时，则得到一个阳图微泡影像。

(1) 阴图成像过程　包括以下几步。

① 曝光。将原图（底片）放在微泡胶片上，在紫外线的作用下，感光的重氮盐分解出氮气微小的核（潜影）。

② 显影。加热数秒钟，使热塑性树脂软化，将潜影膨胀成直径为 $0.5\sim5.0\mu m$ 的气泡。

③ 二次曝光。用紫外线全面照射感光片，使第一次曝光未感光的重氮盐见光分解。

④ 定影。在较低的温度或室温下放置一段时间，使二次曝光产生的氮气从胶片中扩散逸出。阴图微泡影像的成像过程就完成了。

(2) 阳图成像过程　阳图与阴图的成像过程相似，只是成像次序相反。曝光后先定影，在定影时，使感光部分生成的潜影中的氮气逸出；二次曝光时使未感光的重氮盐形成潜影，再在高温下显影形成微泡影像。其图像明暗层次正好与(1)相反。

三、光致变色成像材料

某些物质在一定波长光的照射下会发生颜色变化；然后又会在另一波长光的照射下或热的作用下，恢复原来的颜色。物质的这种色的可逆变化现象称为"光致变色"。利用某些物质光致变色的特性制成感光材料，可用于成像、光的控制和调变、信号显示、计算机记忆元件及防护眼镜等方面。

物质的光致变色过程分为两步：成色和消色。所谓成色是指物质在一定波长的光照射下发生颜色变化；所谓消色则指已变色的物质经加热或利用另一波长光照射，恢复原来的颜色。

具有光致变色特性的物质很多，目前用于制造感光材料的主要是一些无机和有机的光致变色物质，它们的变色机理不同。

1. 无机光致变色材料

无机光致变色材料通常是将一些具有光致变色特性的无机化合物作为杂质掺入某些离子型晶体中制成的。具有光致变色特性的无机化合物种类很多，例如卤化物、碱土化合物、铜、汞、氧化钛、硫化锌等，都可用作无机光致变色材料，其特点是寿命长、重复使用次数多。

2. 有机光致变色材料

有机光致变色材料一般是将可进行光致变色的有机物质与一些添加剂配成感光液，然后涂到支持体上制成的。由于有机物质的结构差异比较大，因而光致变色机理也各不相同，可分为光化学过程和光物理过程两类，而光化学过程又可分为同分异构反应和氧化还原反应两种。

有机光致变色物质的同分异构变色反应主要有三种类型：顺反异构、价键异构和氢转移异构。偶氮染料、靛类化合物及取代乙烯衍生物都是通过顺反异构来实现光致变色的。价键异构反应是有机物发生光致变色最重要的途径，最主要的有机光致变色物质螺吡喃类化合物就是通过价键异构来实现光致变色的。另外有些有机物质在光作用下，发生 C—H 或 N—H 键断裂，氢原子转移到分子内邻近的原子上，而生成颜色不同的结构。

有些有机物和氧化剂共存时，可在光的作用下发生氧化还原反应来实现光致变色，如噻嗪染料。有些有机物可吸收光而发生分子激发，形成分子激发态并可进一步跃迁产生颜色。许多稠环芳烃及杂环化合物通常是通过这种光物理过程来实现光致变色的。

光致变色材料成像过程比较简单，只有曝光一步，不需显影和定影，因而成像速度快，可进行实时记录和显示。另外光致变色材料的颜色是可逆变化的，因而可重复使用，适宜作显示和记忆材料。

目前光致变色材料主要应用于：①光调制装置中作滤波器；②缩微复制；③掩膜；④全息照相用记录材料；⑤屏幕显示；⑥计算机的记忆元件；⑦辐射剂量；⑧颜色伪装；⑨防护包装材料；⑩模拟生物过程和研究与生物能量有关的一些分子模型等。

四、自由基成像材料

自由基成像是指在光照或离子辐射下感光层中产生自由基，且在自由基的作用下生成染料或破坏染料而成像的方法。前者称为成色型，后者称为漂白型，作为自由基成像材料的光反应物质多为有机卤化物。

自由基照相体系很多，其成像过程可分为如下三种：①染料负性成像；②染料正性成像；③自由基光聚合正性成像。

自由基成像材料除了具有一般非银盐成像材料的高解像力和操作简单等优点外，由于成像是自由基链机理，甚至某些材料还具有显影放大作用，从而有很高的感光度，一般用于复制、缩微等领域，还可用于航空复制、彩色复制和照相机照相等方面。目前，国外采用自由基感光材料作航空复制片。另外自由基感光材料还能用于全息照相记录、照相机照相、彩色复制、高能粒子辐射、电子束记录、X 射线、α 粒子、γ 射线、β 射线等记录。与此同时，自由基照相体系对于低分子含卤化合物来说，其毒性及稳定性的问题尚未很好解决，而对于高分子含卤化合物来说，其灵敏度不如低分子。

五、光聚合成像材料

1945 年 Gates 采用光和热相结合的聚合方法，首次从甲基丙烯酸甲酯制得了浮雕像。光聚合成像法是非银盐照相体系中的一门重要分支。光聚合成像法不仅适用于半导体工业中用的光刻胶，也适用于印刷工业中的感光印刷版，同时在快速存储和大屏幕显示领域也有广泛应用。

根据光化学反应不同，光聚合成像方法主要分为以下三种。

1. 光聚合反应

光聚合反应是在光照下，引发剂引发具有化学活性的液态物质迅速转变为固态的链式反应。与传统的热聚合反应类似，一旦引发开始，反应就以很快的聚合速度进行下去。它是由于反应体系中的一种分子吸收了光能后被激发，使分子中某个键断裂并生成自由基，这个自由基作为引发剂使单体分子进行自由基聚合而生成高分子物质。

2. 光分解反应

由于重氮基高分子材料受光后极易分解，且分解后对水和碱性溶液的溶解度发生显著的变化，因此可将其用作感光材料。目前应用最为广泛的是将具有感光性的叠氮重氮化合物加入环化橡胶、辛二烯和丁二烯橡胶，曝光后变成不溶解的硬化树脂。

3. 光交联反应

2个或者更多的分子（一般为线形分子）相互键合交联成网络结构的较稳定分子（体型分子）的反应。这种反应使线形或轻度支链型的大分子转变成三维网状结构，以此提高强度、耐热性、耐磨性、耐溶剂性等性能，可用于发泡或不发泡制品。光交联应用最典型的例子是光刻胶。

光聚合是一个链增长过程，其量子效率高，因此它比光色互变、微泡照相、重氮感光材料等的感光度要高。光聚合成像适用于全息照相、快速信息存储及大屏幕显示、光刻集成电路、印刷版、工程制图等方面。

六、静电复印材料

利用光导体的光电导作用和光导体与显影剂表面的静电吸附作用而制成的材料称为静电复印材料。静电复印是现代图像信息复制的一种重要技术。静电复印材料包括光导体、显影剂和复印纸。

1. 光导体

光导体是具有受光照而增加电导率特性的材料，其功能是获得电荷潜像。常用的光导体有元素型，如非晶态硒、硅；合金型，如非晶态硒砷合金、硒碲合金等；无机化合物，如氧化锌、硫化镉等；有机化合物，如酞菁颜料、双偶氮颜料、菱形烷系颜料等；高分子化合物，如聚双炔烃、聚苯乙炔、聚乙烯蒽等。不同的光导体具有不同的光敏性和光谱响应。

2. 显影剂

显影剂的功能是通过表面静电吸附，将光导体表面上已形成的电荷潜像变成有色图像。显影剂由载体和色谱剂组成。载体是一种磁性材料，在磁刷的滚动下，与色调剂接触摩擦，使色调剂产生与电荷潜像极性相反的电荷，并吸附在潜像处，从而达到显影目的。色调剂由热塑性树脂、颜料和电荷制剂等组成，实际上是一种被染了色的热塑性树脂。

3. 复印纸

复印纸是所复印图像的信息载体。在光导鼓上经显影后由色调剂构成的图像转印到纸上，经加热，色调剂中的热塑性树脂熔化，冷却后凝固在纸上获得永久性图像。

思 考 题

1. 什么是感光材料？感光材料一般分为哪几大类？
2. 银盐感光材料的关键技术是什么？请简述近代银盐感光材料的发展。
3. 银盐感光材料的基本结构是什么？请简述其基本组成。
4. 银盐感光材料的照相性能受哪些因素的影响？
5. 重氮感光材料种类繁多，其中哪些是可应用于照相技术的？
6. 请简述微泡影像材料的成像过程及基本原理。
7. 光致变色成像过程的变色机理是什么？它的成像有哪些特点？
8. 自由基成像主要应用在哪些方面？其具有什么优点？
9. 光聚合成像主要应用在哪些方面？
10. 静电复印材料有哪些基本组成？

第十六章 纸张化学品

第一节 导 言

世界造纸工业原料结构中植物纤维原料占主导地位，约占89%，其余如填料/颜料约占8%，化学品约占3%。后两者国外称为非纤维添加剂或造纸化学品。国内习惯称为造纸化学品。在非纤维物料中，填料/颜料用量占第一位。

造纸工业属于纤维原料化学加工业。造纸用化学品一般是指在制浆、抄纸及纸板的加工制造过程中所使用的所有化学品，除了常用的酸、碱等无机化工原料，滑石、碳酸钙、白土等无机填料以及松香等天然胶料外，还有为提高改进产品质量或使产品具有某些特殊性质，以及控制或消除生产过程中可能发生的困难（如树脂障碍、泡沫和腐浆等），所使用的多种造纸助剂。造纸用化学品按其用途大致可分为：

① 制浆用化学品，包括蒸解用化学品及蒸解助剂；
② 漂白用化学品，包括漂白用化学品及漂白助剂；
③ 废纸回收用化学品，包括解离促进剂、脱墨剂及黏着物处理剂；
④ 抄纸用添加剂，分过程添加剂和功能性添加剂两大类，前者主要有助滤剂、助留剂、消泡剂、防腐剂、絮凝剂及沉积物抑制剂；后者主要有浆内施胶剂、干增强剂、湿增强剂及表面处理剂；
⑤ 涂布助剂，包括基料、分散剂、润滑剂、防水剂及黏度调节剂；
⑥ 功能纸用化学品，包括热敏纸用化学品、脱臭剂、隔离剂及阻燃剂。

纸的消费被视作是衡量一个国家文化水准的标志。如今纸的功能高低及纸的质量更是一个国家工业技术和文化水平的重要标志。现在纸的应用已扩展到各个领域，纸的品种也在迅速增加，如静电记录纸、热敏记录纸、光敏记录纸、力感型记录纸、无碳复写纸、特种工业滤纸、防锈纸、荧光夜航地图纸、真空镀铝包装纸、保护性各种包装纸和多种装饰用纸等。造纸用化学品对造纸的质量和性能起决定性的作用。

近几年，我国造纸工业持续快速发展，到2001年我国纸和纸板产量仅次于美国，已居世界第二位，2005年产量接近5500万吨。我国造纸化学品产能约80万吨/年，年产值70亿元，生产39个品种约400多个牌号，2010年预计需求100万～120万吨。但从造纸化学品的品种、质量和用量上，我国与国外存在较大差距。全球制浆造纸化学品产值占造纸工业产值的6%，而我国尚不足1%；2002年全球造纸专用化学品的消费额约为106亿美元，其中美国占30亿美元，我国不到4亿美元；2003年全球造纸专用化学品的销售额为109.98亿美元，其中美国、西欧和日本三地的销售额合计为87.46亿美元，中国约为3.4亿美元。

今后造纸化学品的发展重点如下：为草浆和竹浆纸配套的增强剂、增白剂、施胶剂；废纸回收利用所需的废纸脱墨剂、增强剂和施胶剂；随着造纸工业由酸性施胶向中性施胶工艺的转变，发展中性施胶剂，利用我国的松香资源，发展乳液松香及近中性乳液松香胶；发展适应纸张轻量化和印刷高速化要求的新型填料和助留系统。

落实科学发展观，建立资源节约型、环境友好型、循环经济型的造纸产业。这就使得造纸添加剂和最佳应用技术成为了今后的工作重心，也是需要努力研发的工作方向。

第二节 纸张用添加剂

一、功能性添加剂

1. 淀粉

世界造纸工业年消耗淀粉约在500万吨以上，在非纤维物料中占第二位。变性淀粉应用领域十分广泛，可用于表面施胶、湿部添加（增加、助留、助滤）、层间喷淋、涂布胶黏剂等。其中表面施胶用量最大，约占65%以上。湿部添加美国约30万吨，欧洲19万吨，东南亚13.2万吨，湿部淀粉中最主要的是阳离子淀粉。淀粉占涂布胶黏剂总量的28%。

2. 施胶剂

施胶剂是为防止液体向纸中渗透而添加的化学品。施胶剂排在非纤维物料第三位。随着市场需求和技术进步，造纸施胶剂市场呈现多元化。施胶是指在纸浆中，在纸或纸板上施加胶料的一种工艺技术。施胶有两种不同方法：一种是把胶料直接加到打浆机中对纸浆施胶，称为内部施胶；另一种是将干纸通过胶料溶液施胶，或在研光机辊上施胶，称为表面施胶或槽法施胶，下面就浆内施胶剂加以简述。

施胶剂一般具有亲水基团和疏水基团，可赋予纸张耐水性、耐油性及强度等各种特性。浆内施胶剂可分为三大类：松香系施胶剂、合成施胶剂和中性施胶剂。

（1）松香系施胶剂 系指以天然松香或焦油松香为主要原料经化学加工而制得的一类施胶剂。松香皂是最老的施胶剂，它是由松香经氢氧化钠皂化而制得的，目前国外已淘汰不用。强化松香是用顺酐或富马酸使松香改性，然后再将改性松香皂化制成水溶液，该产品目前仍在广泛使用。乳液型松香胶是将马来酸或富马酸等改性松香采用高压匀质器等强力分散设备制成高稳定度的乳液，它是一种新型施胶剂，属分散体型，符合最新的施胶理论。用这种分散胶料代替前面两种皂化型胶料，可以大大地降低使用量，用较少的施胶剂就可达到较高的施胶度，减少了明矾的用量，可适应的pH值范围较广，对湿度干扰小，可用碳酸钙填料施胶，降低草浆纤维抄纸的脆性，对纸的白度和强度影响较小，是一种很有发展的新品种。

（2）合成施胶剂 指以石油化工产品为原料制成的施胶剂。早期产品是石油树脂施胶剂，但因其全面性能不如其他的新施胶剂，目前只在特殊情况下使用。新产品烯基丁二酸型合成施胶剂，具有添加量少而施胶效果好的特点，而且成纸的白度、耐候性、耐碱性、耐醇性等方面均优于松香系施胶剂，目前用量正迅速扩大。

（3）中性施胶剂 中性施胶剂也称为中性抄纸。分为与纤维直接起反应的反应性施胶剂和本身具有留着性的阳离子型施胶剂。主体仍然是反应性施胶剂，特别是烷基烯酮二聚体（AKD），约占中性施胶剂的65%；其次是同属反应性施胶剂的链烯基琥珀酸酐（ASA）约占

30%。国外大量采用中性抄纸技术,不仅应用于抄造特种纸,还用于抄造文化用纸。目前使用的中性施胶剂尚不完善,还需同时对增强剂、助留剂等有关助剂进行综合开发,才能使中性抄纸技术迅速地代替历史悠久的使用松香明矾的酸性抄纸工艺。

中性施胶剂具有较高的施胶度,同时可提高纸的强度、不透明度、白度、手感和印刷性能。由于可在弱碱性介质中打浆,减少了设备腐蚀、降低了能耗。

3. 增强剂

用某种化学品使纸在干燥或潮湿状态下保持一定强度的工艺过程称为增强,所用的化学品称为增强剂。纸张增强剂按使用方法可分为内添加型纸张增强剂和表面添加型纸张增强剂。前者又可分为干增强剂和湿增强剂两种。最初的干增强剂是天然高分子化合物——淀粉和植物胶,具有原料易得、价格低的优点,是纸张干增强剂的主流,目前需发展PAM阴离子与阳离子并用的配方,以及PAM两性化和阳离子化的技术。在纸张湿增强剂方面,已逐渐地用环氧聚酰胺(EPAM)树脂代替脲醛树脂(UF)和三聚氰胺甲醛树脂(MF),在应用技术方面又确定了以EPAM树脂与阴离子性PAM树脂并用的新型技术。另外由于聚亚乙基亚胺(PEI)具有独特的性能,仍需给予重视。表面添加型纸张增强剂主要使用氧化淀粉,对于需要特殊强度的纸张,则是用淀粉和PAM树脂或淀粉和聚乙烯醇(PVA)合用。

二、过程添加剂

1. 助滤剂

助滤剂是为提高从抄纸网部来的湿纸的滤水性和脱水速度而添加的化学药品。助滤剂的主要功能是使细微纤维在纤维表面上絮凝,减少湿纸孔目堵塞的可能性,增加透过性。助滤剂主要有聚乙烯亚胺、聚丙烯酰胺、聚氨基酰胺及阳离子乙烯系列的聚合物等。目前主要以聚丙烯酰胺为主。

2. 消泡剂

消泡剂是一种能有效抑制或消除泡沫的化学品。由于造纸过程是个化学成分及消泡要求多变的过程,所以要针对各个工段物料的性质及消泡要求,使用相应的消泡剂,才能取得预期的效果。消泡剂主要有矿物油类、油脂类、脂肪酸酯类、醇类、胺类与酰胺类、磷酸酯类、金属皂类及有机硅类等。造纸消泡剂一直是以油基型消泡剂为主的,近年来由于原油价格的上涨,采用了其他类型的消泡剂来取代油基型消泡剂,由此水基型消泡剂应运而生。造纸用消泡剂的发展趋势是消泡强、速度快、毒性小、本身不参加化学反应、无副作用、对气泡膜有较大的扩散性、溶解度尽量小。这使得水基型消泡剂、有机硅类消泡剂和氧化物消泡剂成为今后的主要发展方向。

3. 助留剂

在抄纸施胶工段中,为减少添加的填料和微细纤维的流失而使用的化学药品称为助留剂。添加的纤维、填料,其初期添加量与纸上保留量的比例,称为留差率。所以助留剂在造纸工业中能提高填料和细纤维的留差率,加速浆料滤水速度。目前由于对留差率的重视,助留剂的品种较多,按助留剂本身的结构和物性划分有三大类:无机物、有机高分子聚合物和表面活性剂。无机物助留剂主要以无机金属盐为主,还有酸、碱、金属电解产物,其中以硫酸铅为代表。有机高分子聚合物助留剂主要以有机胺(铵)盐的衍生物为主,另外还有聚氧乙烯(PEO)淀粉等,其中以聚丙烯酰胺为代表。表面活性剂型助留剂有阴离子性和阳离子性的,阴离子性主要以钠盐为主,阳离子性的主要以醋酸盐为主。目前,助留系统已能够同时改善留着、滤水、纸页匀度,并增强,且这类产品已系列化,可适应多重原料的纸种。

三、涂布剂

用于防止液体或气体渗入纸和防止纸氧化褪色的涂料称为涂布剂。

1. 基料

涂布加工纸是一种高档印刷纸，基料是涂布加工纸的助剂，其在涂料液中的作用是使颜料相互黏结，并黏附原料，改善颜料的流动性和稳定性，改进印刷性能。基料分为天然和合成两大类，天然基料主要有淀粉及其衍生物和干酪素；合成基料主要有丁苯胶乳、羧基丁苯胶乳、丙烯酸胶乳和聚醋酸乙烯类胶乳等。天然基料是链状聚合物，而合成基料则是有少量长支链的一种黏料，具有良好的流动性和结合力。与天然基料相比，合成基料具有流动性好，可调制高浓度的涂料液，黏结力强，耐水性好，可提高纸的干湿强度，减少纸的变形性，热可塑性，压光效果好，适印性强，使纸柔软性好，光泽度高，卷曲少等优点。

良好的基料必须具有较高的固着力及良好的颜色，而不破坏颜料性质，且有适当的黏度，对油墨有高度的接受力，与颜料配成的涂料有一定的稳定性。一般单一的基料难以达到这些使用要求，所以较多的情况是混合使用两种或两种以上的基料。

2. 分散剂

分散剂的主要作用是防止颜料凝聚和沉降，提高涂料的流动性及颜料与基料的混合性。分散剂主要有以下几类：

① 多磷酸盐，如焦磷酸钠、偏磷酸钠；
② 碱硅酸盐，如硅酸钠；
③ 碱类，如碱金属氢氧化物或碳酸盐；
④ 阴离子聚合物，如聚丙烯酸钠；
⑤ 非离子聚合物，如环氧乙烷系聚合物。

其中聚丙烯酸盐是较有发展前途的分散剂。因为分散效果较好，适合配制高浓度涂料，具有成膜性好、涂层均匀、保水性好、液膜光亮、价格低廉等优点。由于高分子分散剂具有许多活性基团，分散效果好，所以特别适用于高分子分散体系。其他高分子分散剂也将受到重视。

3. 润滑剂

使用润滑剂的主要目的是提高涂布纸的平滑性，改进纸张质量，提高适印性和纸张的柔软度以及防止超级压光时掉粉。常用的润滑剂有蜡乳液和硬脂酸钙等。目前趋向于使用硬脂酸钙润滑剂，其用于淀粉、蛋白质或合成乳胶类涂料，可改善涂料的流动性及流平性，使涂层光滑平整，但价格偏贵。

4. 防水剂

随胶版印刷的普及，为防止胶版印刷时润湿药剂所引起的污版和掉毛现象，提高纸的抗水能力，在涂料中需要加入防水剂。防水剂有以下4种类型：

① 架桥反应型，如甲醛、乙二醛、多聚甲醛等；
② 不溶反应型，如Fe、Al、Zn等+2、+3价金属盐；
③ 憎水作用型，如石蜡乳液、金属皂等；
④ 抗水性物质，如丁苯胶乳、丙烯酸胶乳等。

防水剂的选用是由基料的种类决定的。如淀粉的防水剂有尿素、三聚氰胺等，它们可与亲水的羟基反应，从而提高防水性能；而对于蛋白质类基料，可采用甲醛及其衍生物，也可用Fe、Zn等+2、+3价金属盐；丙烯酸类胶乳其本身就具有一定的抗水作用，但对羟甲基类来讲乙醛或乙醛衍生物对含羟甲基类的乳胶都有良好的防水作用。

5. 黏度调节剂

加入黏度调节剂的目的是使涂布所用的涂料具有一定的流动特性，以使特种纸张达到质量标准。黏度调节剂有两大类，即减黏剂和增黏剂。

减黏剂有尿素、双氰胺和硅酸氢三钠等，其中尿素常用于淀粉涂料液中，影响涂料触变指数，从而改变表观黏度；对酶化淀粉、氧化淀粉宜采用双氰胺来调整黏度，但使用胺类化合物来降低黏度，易使涂料发生胀流；对蛋白质类涂料一般使用硅酸氢三钠，也可用双氰胺，其能稳定蛋白质的分散体系及降低黏度。

增黏剂主要有羧甲基纤维素钠、藻酸钠及藻酸铵等，使用这些助剂时，要全面考虑它的主要特性、对涂料液中各成分之间的相容性以及 pH 值的影响。

黏度调节剂的发展方向是在一般涂料中添加合成树脂，以此改变涂料的黏度，目前涂布纸涂料一般要求是高浓度、低黏度，因此增黏剂已很少使用。

四、废纸处理用化学品

废纸处理用化学品有两大类：专用处理剂和一般用纸浆处理剂。前者有解离促进剂、脱墨剂、黏着物处理剂等；后者主要有漂白剂及腐浆控制剂等。下面仅就脱墨剂加以简述。

利用废纸脱墨造纸是解决纸原料来源的好方法，其优点是成本低、能耗低、解决污染问题，且再生纸不透明度高、柔软性好；其缺点是再生浆纤维短、过程中滤水性差。

脱油墨是指从废纸上除掉因印刷而附着在纤维上的着色、印字、记录用油墨符号及其他污染等。可用机械和化学的方法从废纸纤维上使油墨剥离、分散、悬浮，并把分散、悬浮的油墨及污垢等排至系统外。能使废纸纤维和油墨分离的化学药品称为脱墨剂。

废纸脱墨是个复杂的过程，一般分两个阶段：化学过程阶段和物理过程阶段。化学过程阶段使用脱墨剂破坏油墨与纤维的黏着力，降低油墨的表面张力，乳化油墨中的树脂成分，并与炭黑或颜料粒子形成胶体溶解或分散于水中；物理过程阶段是在上述过程的基础上通过机械摩擦使纸纤维和油墨分离的过程。

脱墨剂有有机物和无机物两大类。无机物主要有碱剂、漂白剂、螯合剂。碱剂主要有氢氧化钠、硅酸钠、碳酸钠、亚硫酸钠、消石灰等；漂白剂主要有过氧化氢、次氯酸钠及次亚硫酸盐，前者主要用于处理新闻废纸，后者用于处理高级废纸；螯合剂主要有乙二胺四乙酸钠（EDTA）、二乙胺五乙酸钠（DTPA）、亚氨基三乙酸钠（NTA）及羟乙基乙二胺三乙酸钠（HEDA）等，其中 DTPA 的螯合作用较强。有机物主要是表面活性剂，在脱墨剂中用得最多的是阴离子型和非离子型表面活性剂，阴离子表面活性剂以烷基苯磺酸盐为主；非离子型以烷基酚乙氧基化合物为主。脱墨剂的发展趋势是研制多组分、多功能的剂型，趋向于无机物和有机物并用，加以辅助药品的复配型脱墨剂。

五、功能纸用化学品

利用纸的多孔性、适度的刚性、耐热和耐冲击等性能，把纸和除纸之外的其他材料复合起来，使纸具备新的功能。纸的新功能可分为三大类：①存储信息用纸；②包装保护物品用纸；③擦拭、吸收液体用纸。凡赋予纸新功能所使用的化学品称为功能纸用化学品。

下面仅就阻燃剂和隔离剂加以简述。

1. 阻燃剂

造纸用阻燃剂概括起来分为含磷、含卤、含硫和无机类阻燃剂四类。另外，还利用氢氧化铅、氢氧化镁、硬硅钙石等带结晶水的无机类阻燃剂作填料。其中含磷阻燃剂包括水溶性氨类磷酸盐和含磷有机物；含卤阻燃剂包括含卤有机物、含卤氨化合物（氯化胍、溴氢酸胍）及含卤高聚物；含硫阻燃剂包括硫酸胍、磺胺酸胍；无机类阻燃剂包括铵盐、碱金属盐和金属化合物。

阻燃剂在实际使用时，除了阻燃性外还要求具备其他性能，如：①随火焰而产生的气体和烟不危害人体；②有耐水性；③热处理时不变黄且强度降低小；④尺寸稳定性好；⑤不增加纸的吸湿性；⑥不生锈等。目前能完全满足上述要求的阻燃剂还没有。

2. 隔离剂

隔离剂是制隔离纸、压敏胶带所必不可少的化学品。隔离纸用隔离剂应具有以下性能：①隔离性；②不影响增黏剂和胶黏剂；③能与基材密接；④能涂覆增黏剂、胶黏剂；⑤耐溶剂、耐水和耐热性好；⑥适于涂布；⑦经时稳定性和耐老化性。压敏胶带用隔离剂除应具备以上性能外还应具有以下几点特性：重复粘贴性、书写性、印刷性和防滑性。

常用的隔离剂有聚硅氧烷、含长链烷基的聚合物、聚烯烃、醇酸树脂、氟化物、聚硅氧烷与丙烯酸酯或醇酸的共聚物以及聚硅氧烷与聚乙烯醇等其他聚合物的混合物等。其中聚硅氧烷是最具代表性的隔离剂，含有长链烷基的聚合物多用作PP胶带、布胶带及玻璃纸胶带的隔离剂。

思 考 题

1. 造纸用化学品按其用途可分为哪几类？分别是什么？
2. 浆内施胶剂分为哪三类？分别有什么优缺点？
3. 在造纸过程中添加助滤剂有何作用？
4. 涂布时为何要加入润滑剂？其主要成分是什么？
5. 根据涂布纸涂料的发展方向，纸张涂料黏度调节应达到什么质量要求？
6. 为适应现今社会的发展需求，纸张可提供哪些特殊功能？
7. 造纸用阻燃剂应具有哪些性能？哪些物质可作阻燃剂？

第十七章 药物和农药

第一节 导 言

一、药物的定义、起源及分类

药物是指用以防治及诊断疾病的物质,在理论上,凡能影响机体器官生理功能及(或)细胞代谢活动的化学物质都属于药物范畴,也包括避孕药及保健药。

人们对药物的应用是源于天然物,特别是植物,例如:我们中国的中药更是源于天然物。19 世纪初至中叶,人们从天然物中分离出高纯度的药物活性成分。如从鸦片中分离出吗啡,从金鸡纳树皮中分离得到奎宁,从颠茄中提取到阿托品。20 世纪,化学制药技术的发展和药物结构与效应关系的阐明,使人工合成化合物以及改造天然药物有效成分的分子结构成为新的药物来源,化学药物的发展进入黄金时代。磺胺药物、抗生素、合成的抗疟药、镇痛药、抗高血压药、抗精神失常药、抗癌药、激素类药物以及维生素类中的许多药物纷纷问世。进入 20 世纪 80 年代以后,计算机的应用使药物设计更合理、可行。组合化学方法的发展,使快速、大量合成化合物成为可能;自动化筛选技术的应用,缩短了药物发现的时间,大大加速了新药寻找过程;生物技术,特别是分子克隆技术、人类基因组学、蛋白组学的形成和发展,为新药研究提供了更多靶点。这些新技术的出现为药物的研究和开发打开了一个崭新的局面。

药物的分类历来无统一的标准,有按化学结构分的,如甾类药物;有按药理作用分的,如麻醉药;有按作用机制分的,如抗组胺药物;有按治疗的疾病种类分的,如抗肿瘤药物;有按治疗疾病的部位分的,如心血管系统药物;有按来源分的,如抗生素、维生素。

二、医药工业的现状及发展趋势

医药工业是世界贸易增长最快的朝阳产业之一。2004 年全球实现药品销售额 5180 亿美元,北美地区占世界总销售额的 47.8%,欧盟和日本分列第二、三位。

我国医药工业经过 60 多年的建设发展,尤其是近二十几年的努力,取得了巨大成就,过去十几年,我国医药工业总产值保持快速增长,医药工业总产值从 2010 年的 12350 亿元增长到 2014 年的 25798 亿元,年复合增长率达到 15.87%。2010~2014 年我国医药工业总产值见

图 17-1。

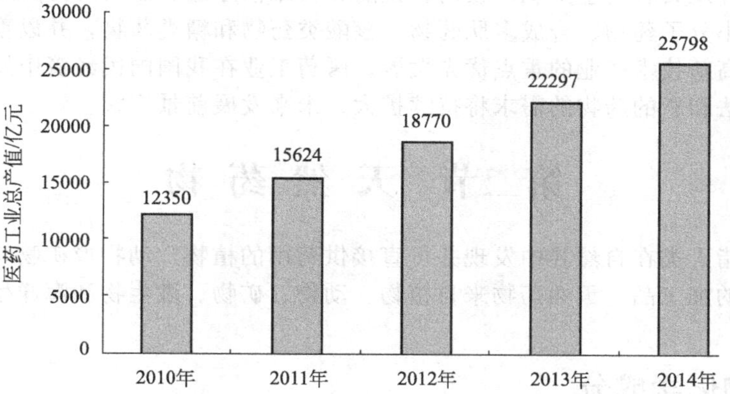

图 17-1 2010～2014 年医药工业总产值

我国医药行业属于朝阳行业，市场增长快于诸多传统行业。医药产品需求具有刚性，而且会随着经济的发展而逐步提高，我国医药行业将在今后的一定时期内继续较快增长，据 IMS 预测，到 2020 年我国将成为世界第一大药品消费国。

从目前现状看，中药也得到越来越多患者的认可和接受，中成药工业总产值由 2010 年的 2614 亿元增长至 2014 年的 6141 亿元，年复合增长率达到 18.63%。2010～2014 年我国中成药工业总产值如图 17-2 所示。

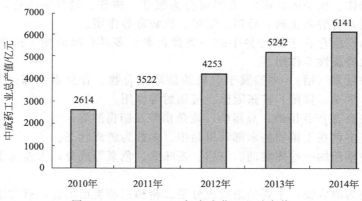

图 17-2 2010～2014 年中成药工业总产值

我国药品生产能力非常强，可以生产原料药 24 大类，1400 多种，原料药产量仅次于美国居全球第二，占整个国际原料药市场贸易量的 25%；抗生素、维生素 C 等产量和出口量居世界第一位；制剂加工能力居世界第一位。

此外，我国的传统中药总产量已达 37 万吨，还能生产疫苗、抗血清、血液制品、体内外诊断试剂等各类生物制品 300 余种，其中现代生物工程药品 20 种。

当前世界合成创新药物研究的基本现状是发现新的药物单体化合物的速度在减缓，研发费用在增加。世界各大制药公司药物研究机构均加大投资力度，借助于高新技术寻找新药物的分子本体。近年上市的新产品以抗感染药物、心血管药物、中枢神经系统用药和抗癌药物占主导地位。国际上新药设计的趋向是：①酶抑制剂的研究。许多药物能与酶结合，改变了酶的特性，使之不能再起类似的催化作用，干扰了有关的生化反应，从而产生了药物的效应。②受体拮抗剂。根据受体结构、功能的不同，设计各种具有不同专一性功能的药物。③已知药物的结构改造。根据先导化合物，进一步优化，即通过化学结构的修饰、简化而获得实用的药物。

我国将重点开发具有自主知识产权的、预防和临床治疗迫切需要的且疗效突出的新型化学合成药物、手性小分子药物、合成多肽药物、核酸类药物和糖类药物，并以重大疾病防治药物的合成研究作为高新技术产业的重点优先发展。医药工业在我国国民经济中发展态势良好，我国对新的治疗方法和新的药物的需求将持续扩大，未来发展前景广阔。

第二节 天然药物

天然药物是指人类在自然界中发现并可直接供药用的植物、动物或矿物，以及基本不改变其物理化学属性的加工品。天然药物来自植物、动物、矿物、微生物和海洋生物，以植物来源为主，种类繁多。

一、天然药物化学成分

植物性天然药物（植物药）在天然药物（包括中药）中占较大比例，它的化学成分一直受到人们的注意，较重要的植物药化学成分如下。

（1）生物碱　是一类含氮的碱性有机物质，具有相当强烈的生理作用。一些重要的生物碱如吗啡、咖啡因、阿托品、可卡因。

（2）多聚糖（简称多糖）　常由几百甚至几千个单糖通过苷键连接而成。许多中草药中的多糖具有免疫促进作用，如黄芪多糖。香菇多糖具有明显的抑制实验动物肿瘤生长的作用。鹿茸多糖则可抗溃疡。

（3）苷（配糖体、糖杂体、甙）　苷类可分为氧苷、硫苷、氮苷和碳苷，其中氧苷最为常见。各种氧苷分别具有解痉止痛、导泻、镇咳、抗病毒等作用。

（4）黄酮　为广泛存在于植物界中的一类黄色素。多具有降血脂、扩张冠脉、止血、镇咳、祛痰、减低血管脆性等作用。

（5）内酯和香豆素（精）　内酯属于含氧的杂环化合物。香豆素系邻羟基桂皮酸的内酯，可有镇咳、祛痰、平喘、抑菌、扩张冠脉、抗辐射等作用。

（6）甾醇　主要有 β-谷甾醇、豆甾醇、麦角甾醇及胆甾醇等。

（7）木脂素　多存在于植物的木部和树脂中，多数为游离状态。

（8）萜类　中草药的一些挥发油、树脂、苦味素、色素等成分，大多属于萜类或含有萜类成分。

（9）树脂　均为混合物，主要的组成成分是二萜和三萜类衍生物，有的还包括木脂素类。

（10）树胶　是由树干渗出的一种固胶体，为糖类的衍生物。能溶于水，但不溶于醇，例如阿拉伯胶、西黄芪胶等。

（11）鞣质（单宁）　生药中含此成分较多的是五倍子、茶、大黄、石榴皮，临床上用于止血和解毒。

（12）有机酸　本成分广泛存在于植物中，未熟的果实内尤多，往往和钙、钾等结合成盐，常见的有枸橼酸、苹果酸、蚁酸、乳酸、琥珀酸、酒石酸、草酸、罂粟酸等。

二、天然药物分离提取

传统的各种提取方法，包括溶剂提取法（如煎煮法、回流法、浸渍法、渗滤法等）、水蒸气蒸馏法、升华法等在保留有效成分，去除无效成分方面，存在着周期长、消耗大、操作繁杂、提取率低等缺点。随着天然药物的不断开发和利用，近年来，一些相关的天然药物的提取分离新技术被广泛采用。

1. 超临界流体萃取技术

超临界流体萃取技术是一种对环境友好的"绿色"化工技术,已广泛应用于天然药用植物中有效成分的萃取。用超临界 CO_2 流体萃取,可在低温条件下通过控制操作压力和选择夹带剂等手段,调节有效成分在超临界 CO_2 流体中的溶解度。其具有有效成分保留全、提取效率高、产品无污染的优点。目前,应用 CO_2 超临界流体萃取技术已成功地从中药中提得挥发油、生物碱、苯丙素、黄酮类、有机酸类等。

2. 分子蒸馏技术

分子蒸馏技术是一种在高真空度下进行分离精制的连续蒸馏过程,不同物质分子由于运动平均自由能的差别而在液-液状态下得到分离。广泛用于芳香油的精制,天然维生素 E、维生素 A 的提纯等。该法提取温度低,受热时间短,能较好地保护中药有效成分,尤适宜于热敏性、易氧化药效成分的提取分离。提取效率高,操作简便,无污染。

3. 大孔树脂吸附分离技术

大孔树脂吸附分离技术是采用特殊的吸附剂有选择地吸附其中的有效部分,除去无效部分的新工艺,其吸附作用主要通过表面吸附、表面电性或形成氢键等来实现。该技术已在国内广泛用于纯化苷类、黄酮类、生物碱类成分。

4. 微波萃取技术

由于微波产生的电磁场加速了被萃取部分的成分向萃取溶剂界面扩散的速度从而提高萃取效率。该法与传统萃取法相比具有溶剂用量少,低耗能,反应萃取快,产率高,对萃取物具有高选择性,安全、无污染等优点。广泛用于苷类、黄酮类、多糖、生物碱等成分的提取。

5. 超微粉碎技术

超微粉碎技术是近年来迅速发展起来的一项高新技术,主要是利用超声粉碎、超低温粉碎等技术把原材料加工成微米甚至纳米级的微粉,细胞破壁率达 95% 以上。超微粉碎以剪切为主,得到超细粉体再进行提取。该法优点是能提高药物的吸收率、生物利用度,增强靶向性。超微粉碎技术近年来主要用于一些贵重药材及稀有药材的粉碎,如人参、珍珠、三七、天麻、全蝎等。

6. 膜分离技术

膜分离技术是利用有选择性的薄膜,以压力为推动力实现混合物组分分离的技术,可将溶液中的物质按相对分子质量大小进行分离,从而达到分离、分级、纯化、浓缩的目的。膜分离技术是现代分离技术领域先进的技术之一,具有明显的优越性,可在原生物体系环境下实现物质分离,具有有效膜面积大、滤速快、无二次污染、富集产物或滤除杂质效率高的优点,无须加热浓缩,适用于热敏性成分。

7. 超声提取技术

超声提取技术是以超声波辐射压强产生的骚动效应、空化效应引起机械搅拌,加速扩散溶解的一种新型提取方法,能够加速所提取成分的扩散并与溶剂充分混合,大大提高了有效成分的提取效率。目前超声提取技术主要应用于单味药的提取。

8. 中药絮凝分离技术

中药絮凝分离技术是将絮凝剂加到中药的水提液中通过絮凝剂的吸附、架桥、絮凝作用以及无机盐电解质微粒和表面电荷产生凝聚作用,使许多不稳定的微粒如蛋白质、黏液质、树胶、鞣质等连接成絮团沉降,经过滤达到分离纯化的目的。使用絮凝剂能在较大程度上保留有效成分,安全无毒,操作简便。

9. 酶工程技术

酶工程技术是近年来用于中药工业的一项生物工程技术。酶提取的原理是利用酶反应的高度专一性,将细胞壁的组成成分水解或降解,破坏细胞壁,从而提高有效成分的提取率。利用恰当的酶,无需高温即可将淀粉、蛋白质、果胶等杂质除去,加速有效成分的提取。

10. 高效逆流色谱技术

高效逆流色谱技术是一种不用任何固态载体或支撑体的液-液色谱技术，其原理是基于组分在旋转螺旋管内的相对移动而互不混溶的两相溶剂间分布不同而获得分离，其分离效率和分离速度可以与高压液相色谱相媲美。它具有分离效率高，产品纯度高；不存在载体对样品的吸附和污染；制备量大和溶剂消耗少等特点。已在分离纯化生物碱、黄酮、木脂素、香豆素、多糖等成分的研究中获得成功。

此外，还有动态循环阶段连续逆流提取技术、高效毛细管电泳技术等分离分析技术。随着这些新技术、新方法的运用，天然药物中活性成分的提取及分离效率将大大提高，从而加快中药现代化的步伐。

第三节 人工合成药物

一、化学合成制药

化学合成制药是由化工原料通过化学合成的方法制取各种药物。化学药物具有品种多、应用广、起效快、疗效确切的特点，在医药工业中占极重要的位置，总体上以化学药物为主，天然药物为辅，生物药物为补充。但是，化学药物也会附带引发较大的副作用，如治疗癌症的化疗药物。

化学药物的合成依赖一定的合成路线来实现。单元合成反应的有机组合构成合成路线。在设计合成路线时，首先利用逆向合成分析法，对目标分子进行结构剖析，以找出不同步骤中的合成子，以构成不同的前体。同时，综合考虑骨架的形成、基团的形成和转化、反应活性的控制、位置控制和空间结构控制等，并结合单元反应的特点以及反应机理，可以得到多条设计路线。然后，对其进行初步评价，主要原则是反应步骤少，最好是多步连续反应；各步收率高；反应条件温和；反应时间短；产物易分离纯化；原料廉价易得。还需进行充分的文献检索，并与设计路线进行对比，获得试验路线。通过小试、中试、大生产，采用单因素平行试验优选法、多因素正交设计优选法、均匀设计优选法和单纯形优选法等，研究各步反应条件（反应的温度、压力、时间、催化剂、介质、反应物的配料比、浓度、搅拌状况及设备情况等）对反应速率和收率的影响及反应终点的控制和产物的后处理，找到最佳的生产条件，确定工业化生产的工艺路线。目前，药品生产的一切活动必须遵守 GMP（药品生产质量管理规范）的要求。

化学药物按其自身特点和作用范围可分为中枢神经系统药物、外周神经系统药物、循环系统药物、消化系统药物、解热镇痛药物、抗肿瘤药物等。

1. 中枢神经系统药物

中枢神经系统药物包括镇静催眠药、抗癫痫药物、抗精神病药、抗抑郁药、镇痛药、中枢兴奋药等。

苯巴比妥（鲁米那，Luminal）为长效巴比妥类，具有镇静、催眠、抗惊厥作用，并可抗癫痫，对癫痫大发作与局限性发作及癫痫持续状态有良效。其结构式为：

$$O=C\begin{matrix}NH-CO\\ \\ NH-CO\end{matrix}C\begin{matrix}C_2H_5\\ \\ C_6H_5\end{matrix}$$

丙戊酰胺（丙缬草酰胺、二丙基乙酰胺、癫健安）为一种抗癫痫谱广、作用强、见效快而毒性较低的新型抗癫痫药。用于治疗各种类型的癫痫，其结构式为：

$$\begin{matrix}CH_3CH_2CH_2\\ \\ CH_3CH_2CH_2\end{matrix}CHCONH_2$$

2. 外周神经系统药物

溴新斯的明为二甲氨甲酸酯类抗胆碱酯酶药，其化学名称为溴化-N,N,N-三甲基-3-[(二甲氨基)甲酰氧基]苯胺，用于重症肌无力、手术后功能性肠胀气及尿潴留，其结构式为：

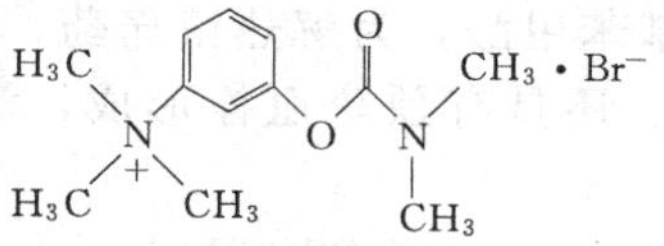

普鲁卡因（奴佛卡因，Novocaine）为芳酸酯局部麻醉药，毒性低，临床主要用于浸润麻醉、传导麻醉及封闭疗法等，其结构式为：

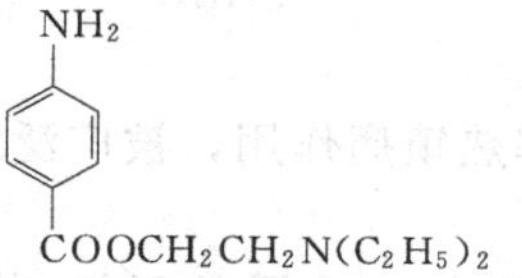

3. 循环系统药物

循环系统药物包括 β-受体阻滞剂、钙通道阻滞剂、钠钾通道阻滞剂、血管紧张素转化酶抑制剂及血管紧张素 II 受体拮抗剂、NO 供体药物、强心药、调血脂药、抗血栓药等。

硝酸甘油用于冠心病、心绞痛的预防和治疗，也可用于降低血压或治疗充血性心力衰竭，其结构式为：

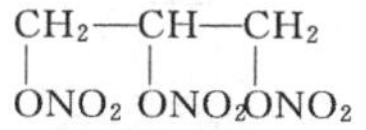

氯吡格雷为抗血栓药，适用于有过近期发作的中风、心肌梗死和确诊外周动脉疾病的患者，其结构式为：

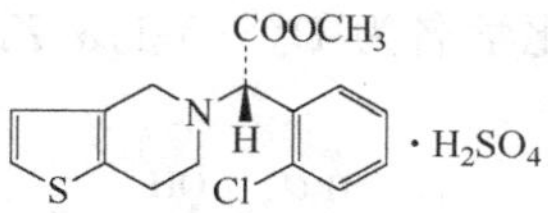

4. 消化系统药物

消化系统药物包括抗溃疡药、止吐药、促动力药、肝胆疾病辅助治疗药物等。

奥美拉唑（渥米哌唑、奥克、洛赛克、沃必唑、Losec、Moprial）为抗溃疡药物，适用于胃溃疡、十二指肠溃疡、应激性溃疡、反流性食管炎和卓-艾综合征（胃泌素瘤），其结构式为：

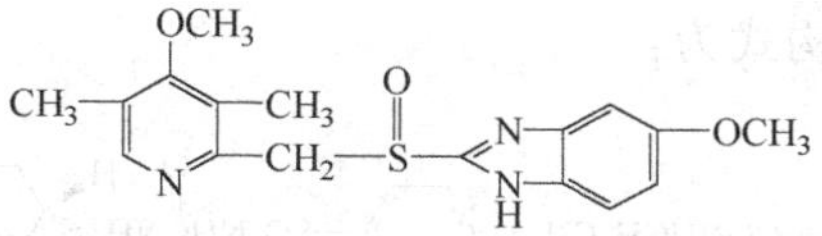

多潘立酮（哌双咪酮、吗丁啉、胃得灵、Motilium、Dompeidone）是苯咪唑类促胃肠动力药。可以缓解由胃排空延缓、胃肠道反流、食管炎引起的消化不良症状。用于治疗功能性、器质性、感染性、饮食性、放射性治疗或化疗所引起的恶心、呕吐，其结构式为：

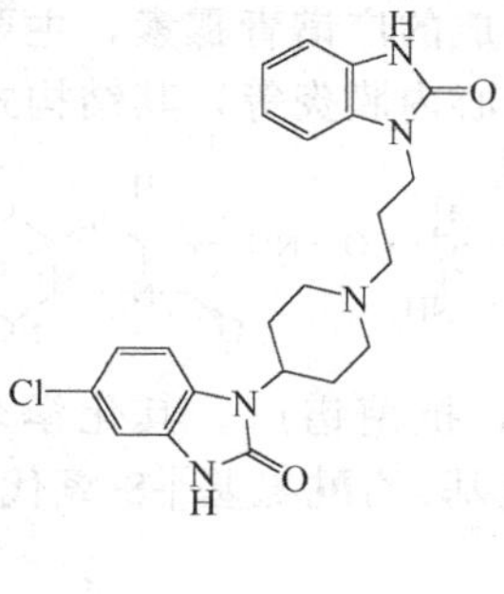

5. 解热镇痛药

解热镇痛药系指既能使发热病人的体温降至正常，又能缓解中等程度疼痛的一类药物，其中多数兼有抗炎和抗风湿作用。

阿司匹林，化学名 2-乙酰氧基苯甲酸，为解热镇痛药，用于治疗伤风、感冒、头痛、发烧、神经痛、关节痛及风湿病等。还具有预防血栓形成，治疗心血管疾患等作用，其结构式为：

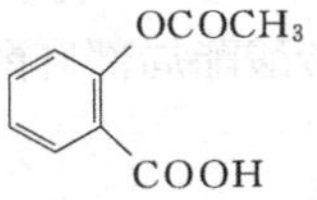

6. 非甾体抗炎药

非甾体抗炎药具有较好的消炎解热镇痛作用，被广泛地用于治疗关节炎和各种炎症引起的疼痛。常见药物如布洛芬。

布洛芬别名芬必得，化学名 2-甲基-4-(2-甲基丙基)苯乙酸，用于缓解各种慢性关节炎关节肿痛症状，治疗非关节性的各种软组织风湿性疼痛，急性的轻、中度疼痛如手术后、创伤后、劳损后、原发性痛经、牙痛、头痛等。对成人和儿童的发热有解热作用，其结构式为：

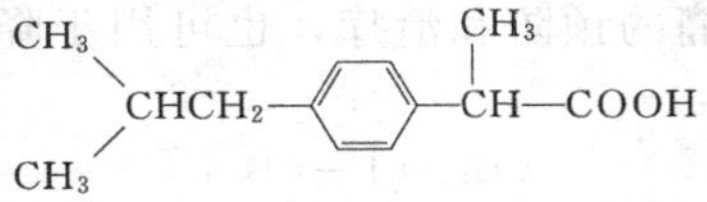

7. 激素类药物

临床上常用的激素及其有关药物有脑垂体激素、肾上腺皮质激素及促肾上腺皮质激素、性激素及促性激素、胰岛素、甲状腺素类药物及避孕药。

炔诺孕酮为短期女用避孕药，化学名为 D(−)-17α-乙炔基-17β-羟基-18-甲基雌甾-4-烯-3-酮，其结构式为：

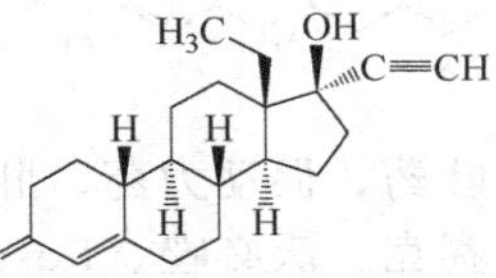

格列美脲为第二代磺酰脲类口服降血糖药，化学名 1-{4-[2-(3-乙基-4-甲基-2-氧代-3-吡咯啉-1-甲酰胺基)-乙基]-苯磺酰}-3-(反式-4-甲基环己基)-脲。用于单纯饮食控制和锻炼未能控制血糖的Ⅱ型糖尿病患者，其结构式为：

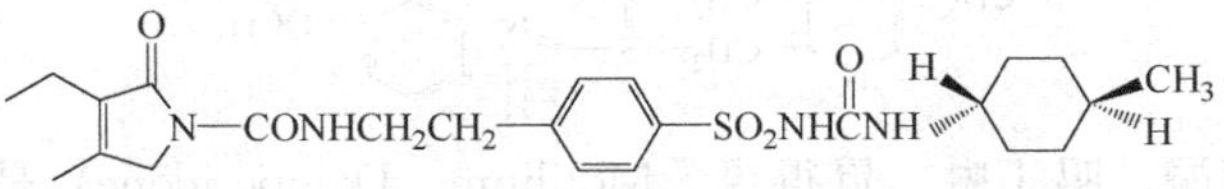

8. 抗病原体药物

抗病原体药物主要包括抗生素、抗病毒药、抗菌药、抗结核药、抗真菌药等。

氨苄西林（氨苄青霉素）为半合成的广谱青霉素，主要用于敏感菌所致的泌尿系统、呼吸系统、胆道、肠道感染以及脑膜炎、心内膜炎等，其结构式为：

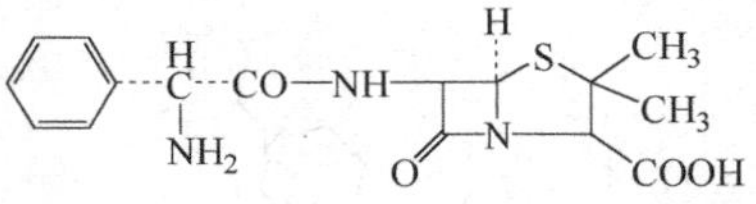

头孢噻肟钠为第三代头孢菌素，抗菌谱广。其化学名称为 (6R,7R)-3-[(乙酰氧基)甲基]-7-[(2-氨基-4-噻唑基)-(甲氧亚氨基)乙酰氨基]-8-氧代-5-硫杂-1-氮杂双环[4.2.0]辛-2-烯-

2-甲酸钠盐。适用于敏感细菌所致的肺炎及其他下呼吸道感染、尿路感染、脑膜炎、败血症、腹腔感染、盆腔感染、皮肤软组织感染、生殖道感染、骨和关节感染等。其结构式为：

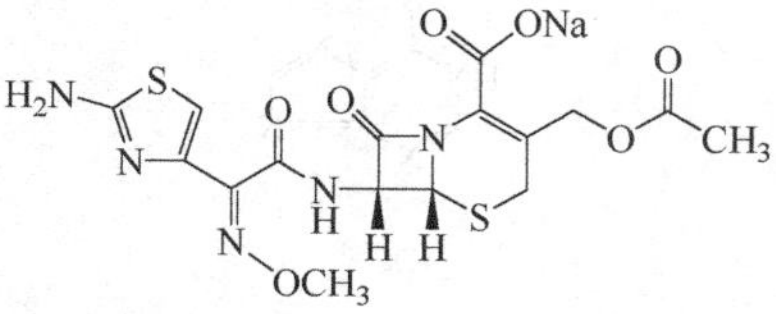

磺胺醋酰钠为磺胺类抗菌药，化学名为 N-[(4-氨基苯基)-磺酰基]-乙酰胺钠水合物，属局部应用药物，主要用于结膜炎、沙眼等眼部感染。其结构式为：

诺氟沙星（氟哌酸）为第三代喹诺酮类药物，化学名为 1-乙基-6-氟-1,4-二氢-4-氧代-7-(1-哌嗪基)-3-喹啉羧酸，具广谱抗菌作用，适用于敏感菌所致的尿路感染、淋病、前列腺炎、肠道感染、伤寒及其他沙门菌感染。其结构式为：

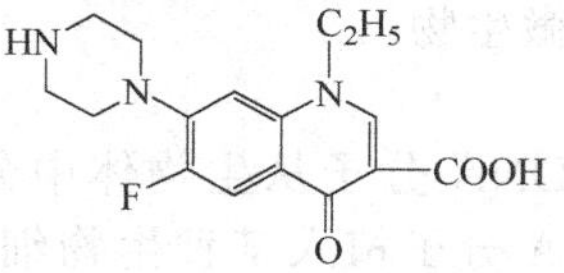

9. 抗寄生虫药物

抗寄生虫药是指能杀灭、驱除和预防寄生于人和动物体内各种寄生虫的一类药物。主要包括抗疟药、抗阿米巴病药、抗滴虫病药、抗血吸虫病药、抗肠道寄生虫药等。

枸橼酸哌嗪用于蛔虫和蛲虫感染，其结构式为：

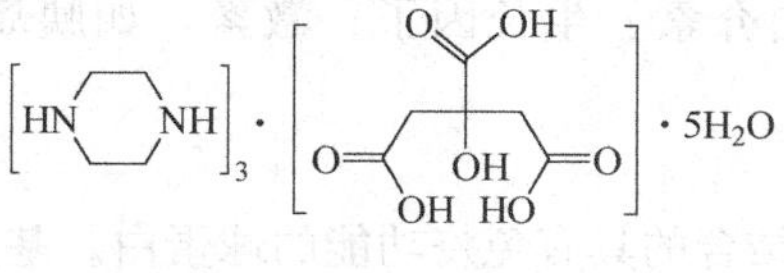

10. 抗肿瘤药物

抗肿瘤药是指用于治疗恶性肿瘤的药物，又称抗癌药。按其作用原理可分为直接作用于 DNA 的药物、干扰 DNA 合成的药物、抗有丝分裂药、肿瘤血管生长抑制剂等。

氟尿嘧啶化学名称为 5-氟-2,4($1H$,$3H$)-嘧啶二酮，是第一个根据一定设想而合成的抗代谢药，在临床上是目前应用最广的抗嘧啶类药物，抗瘤谱较广，主要用于治疗消化道肿瘤，亦常用于治疗乳腺癌、卵巢癌、肺癌、宫颈癌、膀胱癌及皮肤癌等。其结构式为：

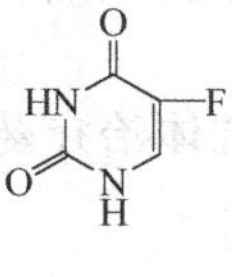

11. 影响免疫系统的药物

影响免疫系统的药物主要包括免疫抑制剂、免疫兴奋剂和细胞因子等。

硫唑嘌呤化学名称为 6-[(1-甲基-4-硝基-$1H$-咪唑基-5-)硫代]-$1H$-嘌呤，是巯嘌呤的衍生物，为细胞代谢抑制剂，在体内转变为巯嘌呤而发挥抗肿瘤作用；也是一种免疫抑制剂，临床用于急性白血病、自身免疫性疾病等。现主要用于器官移植时抑制免疫排斥。其结构式为：

二、生物技术制药

生物技术制药是指采用现代生物技术人为地创造一些条件，借助某些微生物、植物或动物来生产所需的医药品。广义的生物技术是指人类对生物资源（包括动物、植物、微生物）的利用、改造的相关技术。其发展经历了三个阶段：以酿造为代表的传统生物技术；以微生物发酵为代表的近代生物技术；以基因工程、细胞工程、酶工程和蛋白质工程为代表的现代生物技术。

生物药物来源可以进行如下分类：
① 人体组织来源，如人血液制品类、人胎盘制品类、人尿制品类；
② 动物组织来源，如动物脏器；
③ 植物组织来源，如中草药、酶、蛋白质、核酸；
④ 微生物来源，如抗生素、氨基酸、维生素、酶；
⑤ 海洋生物来源，如动植物、微生物。

1. 基因工程制药

基因工程技术就是把遗传物质 DNA 分子从生物体中分离出来，进行剪切、组织、拼装，合成新的 DNA 分子。再将新的 DNA 分子植入某种生物细胞中，使遗传信息在新的宿主细胞或个体中得到表达，以达到定向改造或重建新物种的目的。基因工程制药的主要程序是目的基因的克隆；构建 DNA 重组体；将 DNA 重组体转入宿主菌构建工程菌；工程菌的发酵；外源基因表达产物的分离纯化；产品的检验等。

利用基因工程生产的药物主要是医用活性蛋白和多肽：免疫性蛋白，如各种抗原和单克隆抗体；细胞因子，如干扰素、白介素、生长因子；激素，如胰岛素、生长激素；酶类，如尿激酶、链激酶、超氧化物歧化酶。

2. 抗体制药

抗体是能与相应抗原特异性结合的具有免疫功能的球蛋白。基因工程抗体就是完全用基因工程技术制备人源性抗体，而且还能利用基因转移和表达技术，通过细菌发酵或转基因动物、植物大规模生产抗体。

抗原和抗体的特异性结合在体内和体外都可呈现某种反应。在体内可表现为溶菌、杀菌、促进吞噬或中和毒素等作用，可作为药物用于治疗；在体外可发生凝集或沉淀等反应，可用已知抗体来鉴定抗原，作病原学的诊断和血型测定。

抗体诊断用药有：血清学鉴定用的抗体类试剂、免疫标记技术用的抗体类试剂、导向诊断药物。

抗体治疗用药有：放射性核素标记的抗体治疗药物、抗癌药物偶联的抗体药物、毒素偶联的抗体药物。

3. 细胞工程制药

细胞工程是以细胞为单位，按人们的意志，应用生物学、分子生物学的理论和技术，有目的地进行精心操作，使细胞的某些遗传特性发生改变，从而达到改良或产生新品种的目的，以及使细胞增加或重新获得产生某种特定产物的能力，从而在离体条件下进行大量培养、增殖，并提取出对人类有用的产品。

动物细胞工程制药主要涉及细胞融合技术、细胞器移植尤其是核移植技术、染色体改造技术、转基因技术和细胞大规模培养技术等。主要医药产品有狂犬病疫苗、乙肝疫苗、组织纤溶原激活剂等。

植物细胞工程技术包括细胞培养、细胞遗传操作和细胞保藏三个步骤，以及生物产品的生产过程。有些药用植物已实现工业化生产，如从黄连细胞培养物中生产黄连碱，从人参根细胞中生产人参皂苷等；有些药用植物细胞大量培养已达到中试水平，如长春花生产吲哚生物碱，丹参生产丹参酮，青蒿生产青蒿素等。

4. 酶工程制药

酶是生物催化剂，大多数酶的本质是蛋白质，有些酶是核酸。酶分为六大类：氧化还原酶类、转移酶类、水解酶类、裂合酶类、异构酶类、合成酶类。酶工程从应用的目的出发研究酶，是应用酶的特异催化功能，并通过工程化将相应原料转化成有用物质的技术。

酶在疾病预防和治疗方面的主要应用如下。

① 蛋白酶是临床上使用最早、用途最广的药用酶之一。如消化剂用于治疗消化不良和食欲不振；消炎剂对各种炎症有很好的疗效；蛋白酶经组织注射可治疗高血压。

② α-淀粉酶为消化药。

③ 脂肪酶，如假单胞菌脂肪酶可用于预防和治疗高血脂病。

④ 右旋糖苷酶对龋齿有显著的预防作用。

⑤ 溶菌酶具有抗菌、消炎、镇痛作用。

⑥ 超氧化物歧化酶对红斑狼疮、皮肤炎、结肠炎、白内障、风湿性关节炎等疾病有显著疗效，对辐射有防护作用。

⑦ 乳糖酶治疗乳糖缺乏症。

⑧ 链激酶可使血栓溶解。

⑨ 尿激酶可溶解血栓。

第四节 药物制剂

一、定义、作用及分类

任何一种药物在临床使用前都必须制成适合于患者使用的安全、有效、稳定的给药形式，即剂型。

剂型是为适应诊断、治疗或预防疾病的需要而制备的不同给药形式，是临床使用的最终形式。剂型是药物的传递体，将药物输送到体内发挥疗效。一般来说一种药物可以制备多种剂型，药理作用相同，但给药途径不同可能产生不同的疗效，应根据药物的性质、不同的治疗目的选择合理的剂型与给药方式。各种剂型中的具体药品称为药物制剂，简称制剂，如阿司匹林片、胰岛素注射剂、红霉素眼膏剂等。

常用剂型有40余种，其分类方法有多种。

1. 按给药途径分类

这种分类方法将给药途径相同的剂型作为一类，与临床使用密切相关。

经胃肠道给药剂型，如常用的散剂、片剂、颗粒剂、胶囊剂、溶液剂、乳剂、混悬剂等。

非经胃肠道给药剂型，主要有：①注射给药剂型，如注射剂，包括静脉注射、肌内注射等多种注射途径；②呼吸道给药剂型，如喷雾剂、气雾剂、粉雾剂等；③皮肤给药剂型，如外用洗剂、搽剂、软膏剂、贴剂等；④黏膜给药剂型，如滴眼剂、滴鼻剂、眼用软膏剂、含漱剂等；⑤腔道给药剂型，如栓剂、泡腾片、滴剂等。

2. 按形态分类

① 液体剂型，如芳香水剂、溶液剂、注射剂、合剂、洗剂、搽剂等。
② 气体剂型，如气雾剂、喷雾剂等。
③ 固体剂型，如散剂、丸剂、片剂、膜剂等。
④ 半固体剂型，如软膏剂、栓剂、糊剂等。

二、液体制剂

液体制剂系指药物分散在适宜的分散介质中制成的液体形态的制剂。通常是将药物以不同的分散方法和不同的分散程度分散在适宜的分散介质中制成的液体分散体系，可供内服或外用。液体制剂的品种多，临床应用广泛。

1. 液体制剂的分类

（1）按分散系统分类

① 均相液体制剂。药物以分子状态分散在介质中，形成均相液体混合物，如溶液剂、高分子溶液剂等。
② 非均相液体制剂。药物以微粒状态分散在介质中，形成非均相液体制剂，如溶胶剂、乳剂、混悬剂等。

（2）按给药途径分类

① 内服液体制剂。如合剂、糖浆剂、乳剂、混悬液、滴剂等。
② 外用液体制剂。如搽剂、洗耳剂、灌肠剂等。

2. 液体制剂的溶剂

液体制剂中的溶剂，对于均相制剂来说可称为溶剂，对于非均相制剂来说称作分散介质。液体制剂的制备方法、稳定性及所产生的药效等，都与溶剂有密切关系。选择溶剂的条件是：①对药物应具有较好的溶解性和分散性；②化学性质应稳定，不与药物或附加剂发生反应；③不应影响药效的发挥和含量测定；④毒性小、无刺激性、无不适的臭味。

溶剂按介电常数大小分为极性溶剂、半极性溶剂和非极性溶剂。

（1）极性溶剂

① 水。水是最常用溶剂，配制水性液体制剂时应使用蒸馏水或精制水，不宜使用常水。
② 甘油。含甘油30%以上有防腐作用，可供内服或外用，其中外用制剂应用较多。
③ 二甲基亚砜。溶解范围广，亦有万能溶剂之称。能促进药物透过皮肤和黏膜的吸收作用。但对皮肤有轻度刺激。

（2）半极性溶剂

① 乙醇。一般乙醇指95%（体积分数）乙醇，20%以上的乙醇即有防腐作用。乙醇有一定的生理活性，有易挥发、易燃烧等缺点。
② 丙二醇。药用一般为1,2-丙二醇，可作为内服及肌内注射液溶剂。能延缓许多药物的水解，增加稳定性，对药物在皮肤和黏膜的吸收有一定的促进作用。
③ 聚乙二醇。液体制剂中常用聚乙二醇300～600，为无色澄清透明液体。溶解性好，对一些易水解的药物有一定的稳定作用。在洗剂中，能增加皮肤的柔韧性，具有一定的保湿作用。

（3）非极性溶剂

① 脂肪油。如麻油、豆油、花生油、橄榄油等植物油，能溶解油溶性药物，如激素、挥发油、游离生物碱和许多芳香族药物，多用于外用制剂，如洗剂、搽剂、滴鼻剂等。
② 液体石蜡。能溶解生物碱、挥发油及一些非极性药物等。在肠道中不分解不吸收，能使粪便变软，有润肠通便作用。可作口服制剂和搽剂的溶剂。

③ 醋酸乙酯。能溶解挥发油、甾体药物及其他油溶性药物。常作为搽剂的溶剂。

3. 液体制剂常用附加剂

（1）增溶剂　常用的增溶剂为聚山梨酯类和聚氧乙烯脂肪酸酯类等。

（2）助溶剂　助溶剂系指难溶性药物与加入的第三种物质在溶剂中形成可溶性分子间的络合物、复盐或缔合物等，以增加药物在溶剂（主要是水）中的溶解度。这第三种物质即为助溶剂。如在碘的水溶液中加入碘化钾可明显提高碘的溶解度，原因是 KI 与碘形成分子间的络合物 KI_3。

（3）潜溶剂　为了提高难溶性药物的溶解度，常使用混合溶剂。在混合溶剂中各溶剂达到某一比例时，药物的溶解度出现极大值，这种现象称潜溶，这种溶剂称潜溶剂。如甲硝唑在水中的溶解度为 10%（质量/体积），如果使用水-乙醇混合溶剂，则溶解度提高 5 倍。

（4）防腐剂

① 常用防腐剂。对羟基苯甲酸酯类，如对羟基苯甲酸甲酯、乙酯、丙酯、丁酯，亦称尼泊金类；苯甲酸及其盐；山梨酸；苯扎溴铵，又称新洁尔灭，为阳离子表面活性剂；醋酸氯己定，又称醋酸洗必泰，为广谱杀菌剂。

② 其他防腐剂。如邻苯基苯酚、桉叶油、桂皮油、薄荷油等。

（5）矫味剂

① 甜味剂。包括天然的和合成的两大类。天然甜味剂有甜菊苷，合成的甜味剂有糖精钠。阿司帕坦也称蛋白糖，又称天冬甜精，适用于糖尿病、肥胖症患者。甘油、山梨醇、甘露醇等也可作甜味剂。

② 芳香。天然香料有柠檬、薄荷挥发油等，以及它们的制剂如薄荷水、桂皮水等。人造香料如苹果香精、香蕉香精等。

③ 胶浆剂。胶浆剂具有黏稠缓和的性质，可以干扰味蕾的味觉而矫味，如阿拉伯胶、羧甲基纤维素钠、琼脂、明胶、甲基纤维素等的胶浆。

④ 泡腾剂。有机酸与碳酸氢钠一起，遇水后产生大量二氧化碳，二氧化碳能麻痹味蕾起矫味作用。对盐类的苦味、涩味、咸味有所改善。

（6）着色剂　着色剂能改善制剂的外观颜色，可用来识别制剂的浓度、区分应用方法和减少病人对服药的厌恶感。尤其是选用的颜色与矫味剂能够配合协调，更易为病人所接受。

① 天然色素。常用的着色剂中植物性色素有红色的甜菜红、黄色的胡萝卜素、蓝色的松叶蓝、绿色的叶绿酸铜钠盐、棕色的焦糖等。矿物性的如氧化铁（棕红色）。

② 合成色素。我国批准的内服合成色素有苋菜红、柠檬黄、胭脂红、胭脂蓝和日落黄，外用色素有伊红、品红、美蓝、苏丹黄 G 等。

（7）其他附加剂　在液体制剂中为了增加稳定性，有时需要加入抗氧剂、pH 调节剂、金属离子络合剂等。

三、固体制剂

固体制剂与液体制剂相比，物理、化学稳定性好，生产制造成本较低，服用与携带方便。常用的固体剂型有散剂、颗粒剂、片剂、胶囊剂、滴丸剂、膜剂等，在药物制剂中约占 70%。

固体制剂的常用辅料系指药剂内除药物以外的一切附加物料的总称。不同辅料可提供不同功能，即填充作用、黏合作用、吸附作用、崩解作用和润滑作用等，根据需要还可加入着色剂、矫味剂等，以提高患者的顺应性。根据其作用，可将辅料分为五大类。

1. 稀释剂

稀释剂的主要作用是增加片剂的质量或体积，亦称为填充剂。稀释剂的加入不仅保证一定的体积大小，而且减少主要成分的剂量偏差，改善药物的压缩成形性等。如玉米淀粉、蔗糖粉、糊精、α-乳糖、可压性淀粉、微晶纤维素、无机盐类、糖醇类等。

2. 润湿剂与黏合剂

润湿剂系指本身没有黏性，但能诱发待制粒物料的黏性，以利于制粒的液体。在制粒过程中常用的润湿剂有蒸馏水和乙醇。

黏合剂系指对无黏性或黏性不足的物料给予黏性，从而使物料聚结成粒的辅料。常用黏合剂如下：淀粉浆、纤维素衍生物、聚维酮、明胶、聚乙二醇、50%～70%的蔗糖溶液、海藻酸钠溶液等。

3. 崩解剂

崩解剂是促使片剂在胃肠液中迅速碎裂成细小颗粒的辅料，主要作用是消除因黏合剂或高度压缩而产生的结合力，从而使片剂在水中瓦解。常用崩解剂有干淀粉、羧甲基淀粉钠、低取代羟丙基纤维素、交联羧甲基纤维素钠、交联聚维酮。

泡腾崩解剂是专用于泡腾片的特殊崩解剂，最常用的是由碳酸氢钠与枸橼酸组成的混合物。遇水时产生二氧化碳气体，使片剂在几分钟之内迅速崩解。

4. 润滑剂

广义的润滑剂包括三种辅料，即助流剂、抗黏剂和润滑剂（狭义）。常用的润滑剂有硬脂酸镁、微粉硅胶、滑石粉、氢化植物油、聚乙二醇类、月桂醇硫酸钠（镁）等。

5. 色、香、味调节剂

加入一些着色剂、矫味剂等辅料以改善口味和外观，色素的最大用量一般不超过0.05%，常把色素先吸附于硫酸钙、三磷酸钙、淀粉等主要辅料中可有效地防止颜色的迁移。香精的常用加入方法是将香精溶解于乙醇中，均匀喷洒在已经干燥的颗粒上。近年来开发的微囊化固体香精可直接混合于已干燥的颗粒中压片，效果较好。

四、其他制剂

以西药为原料的制剂经历了四个时期、四代制剂的发展历程：第一代为一般常规制剂；第二代为一般缓释长效制剂；第三代为控释制剂；第四代为靶向制剂。新剂型与新技术的发展使制剂具有了功能性，如微囊化技术、固体分散技术、包合技术、脂质体技术、球晶制粒技术、包衣技术、纳米技术等，为新剂型的开发和制剂质量的提高奠定了技术基础。与传统的片剂、胶囊、溶液剂、注射剂等普通制剂相比，缓释、控释和靶向制剂等新剂型可以有效地提高疗效，满足长效、低毒等要求。特别是患部的靶向制剂，甚至病变细胞的靶向制剂，可提高局部病灶的药物浓度，降低全身的毒副作用是目前新剂型研究的热点之一。

中医药是中华民族的宝贵遗产，在继承和发扬中医中药理论和中药传统制剂（丸、丹、膏、散等）的同时，运用现代科学技术和方法开发新剂型，对提高药效具有重要的意义。已上市的中药制剂类型很多，如注射剂、颗粒剂、片剂、胶囊剂、滴丸剂、栓剂、软膏剂、气雾剂等20多个新的中药剂型。近年来中药缓释制剂和中药靶向给药的微球制剂等也在开发或研究中，丰富和发展了中药的新剂型和新品种。

第五节 农 药

一、定义、作用及分类

农药是指能够防治危害农、林、牧、渔业产品和环境卫生等方面的害虫、螨、病菌、杂草、鼠等有害生物以及调节植物生长的药物及加工制剂。利用农药进行化学防治具有作用迅速、效果显著、方法简便等优点，对农业生产有重大作用。

按化学结构分类：可分为有机磷类、有机氯类、拟除虫菊酯类。按作用对象分类：可分为杀虫剂、杀菌剂、杀螨剂、杀鼠剂、除草剂、特异剂和植物生长调节剂等。按农药来源分类：可分为矿物农药、植物性农药、有机农药、微生物农药。按剂型分类，可分为：老剂型乳油、悬浮剂、水乳剂即浓乳剂和微乳剂、可湿性粉剂、水性化剂型及水分散粒剂等。

二、杀虫剂

用于杀灭或控制害虫危害水平的农药，统称为杀虫剂（insecticide）。这类药剂使用广泛，品种较多，按作用对象分为杀虫剂、杀螨剂、杀线虫剂、杀鼠剂、杀软体动物剂等。按结构分为有机氯杀虫剂、磷酸酯类杀虫剂、氨基甲酸酯类杀虫剂和拟除虫菊酯杀虫剂等。

1. 有机氯杀虫剂

有机氯杀虫剂是指一类含氯原子的、用于防治害虫的有机合成杀虫剂，由碳、氢、氯三种元素组成。这类杀虫剂主要是以苯或环戊二烯为原料合成的系列多氯化合物，又称多氯联苯杀虫剂。有机氯杀虫剂主要包括 DDT、DDD、三氯杀螨醇、艾氏剂、狄氏剂、氯丹、七丹、毒杀芬等。但由于长期使用过程中，昆虫易对其产生抗性，且大多数有机氯杀虫剂中含有 C—C、C—H 和 C—Cl 键，具有较高的化学稳定性，在正常环境中不易分解，造成土壤、水域和空气污染，甚至通过食物链在人、畜体内积累，威胁健康，世界上许多国家或地区已经严禁使用这类农药。目前，在我国登记有效期内的有机氯类农药原药的品种有：百菌清、三氯杀螨醇、硫丹、四螨嗪、四氯苯酞、林丹和三氯杀虫酯。其中，百菌清、三氯杀螨醇产量较大，约占有机氯类农药原药的 90% 以上。

2. 有机磷杀虫剂

具有杀虫效能的含磷有机化合物叫作有机磷杀虫剂，中文通用名绝大部分均用"磷"字作后缀，如甲胺磷、甲基异硫磷、辛硫磷等，少数则用"畏"字作后缀，如敌敌畏、毒虫畏等。

根据有机磷杀虫剂化学结构的不同分为以下三类：

① 磷酸酯类，如敌敌畏、对氧磷、二氯磷、磷胺、绿芬磷（毒虫畏）等；

② 硫代磷酸酯类，如对硫磷（1605）、内吸磷（1059）、硫特普（苏化 203）、乐果（4049）、甲拌磷（3911）、马拉硫磷、亚胺硫磷、敌百虫、稻温净、甲基对硫磷、克瘟散等；

③ 焦化磷酸酯类，如特普、八甲磷等。

有机磷杀虫剂属于磷酸酯类化合物，分子中含有可以水解的 C—O—P 键，一般易于水解，稳定性差，不宜与碱性药剂混用，除个别品种外，在水中的溶解度都很小，所以大多数都可加工成乳剂。因为磷酸酯易溶于有机溶剂及油脂中，增加了它与昆虫体内脂肪组织的亲和力，杀虫效果较好，且不少品种有内吸作用，容易在自然条件下降解，是我国目前最广泛、用量最大的一类杀虫剂。据统计，我国有机磷杀虫剂的产量占杀虫剂总产量的 70% 左右。

3. 氨基甲酸酯类杀虫剂

20 世纪 40 年代中后期，第一个真正的氨基甲酸酯类杀虫剂地麦威在瑞士的嘉基（Geigy）公司合成成功并于 1951 年进行商业登记。1953 年，Union Carbide 公司合成了西维因并于 1957 年正式公布生产，后来成为市场上产量最大的农药品种之一。1954 年，Metcalf 和 Fukuto 等合成了一系列脂溶性、不带电荷的毒扁豆碱类似物，成为研究此类化合物结构与活性关系的典范。后来，这些化合物中的害扑威、异丙威、二甲威、速灭威被开发成为杀虫剂。自此，确定了 N-甲基氨基甲酸芳基酯在杀虫剂中的地位，也为后来大量的新的氨基甲酸酯杀虫剂的出现奠定了基础。

随后，Union Carbide 公司的化学家们又将肟基引入，促使具有触杀和内吸活性的高效杀虫、杀螨和杀线虫剂出现，如涕灭威和杀线威等。氨基甲酸酯类杀虫剂以其作用迅速，选择性高，有些品种还具有强内吸性以及没有残留毒性等优点，到 20 世纪 70 年代已发展成为杀虫剂中的一个重要方面。

根据取代基的变化，可以将氨基甲酸酯类杀虫剂划分为四种类型：
① 二甲基氨基甲酸酯；
② 甲基氨基甲酸芳香酯；
③ 甲基氨基甲酸肟酯；
④ 酰基（或羟硫基）N-甲基氨基甲酸酯。

4. 拟除虫菊酯类杀虫剂

拟除虫菊酯类杀虫剂（pyrethroid insecticides）是根据天然除虫菊素的化学结构而仿制成的一类超高效杀虫剂，它是合成农药杀虫剂发展史上继有机氯杀虫剂、有机磷杀虫剂、氨基甲酸酯类杀虫剂后，于20世纪70年代由国外公司开发的一类仿生杀虫剂，它的开发是杀虫剂农药的一个新的突破，是杀虫剂历史上的第三个里程碑。近几年，在拟除虫菊酯中导入氟原子，提高了杀虫活性，而且对螨也表现出高毒效。

根据应用范围，拟除虫菊酯类杀虫剂可分为农用拟除虫菊酯和卫生用拟除虫菊酯两大类。农用拟除虫菊酯包括氯氰菊酯、溴氰菊酯、甲氰菊酯、氰戊菊酯、氯氟氰菊酯、氟氯氰菊酯、联苯菊酯等；卫生用拟除虫菊酯包括丙烯菊酯、胺菊酯、丙炔菊酯、氯菊酯、苯醚菊酯等。在我国，农用菊酯类杀虫剂主要用在棉花、蔬菜、果树、茶叶、烟草以及油料、糖料和部分粮食作物上，是国家提倡推广的农药产品。

5. 其他类型杀虫剂

（1）氮杂环杀虫剂 当前化学农药的开发热点是杂环化合物，尤其是含氮原子杂环化合物。杂环化合物的优点是对温血动物毒性低；对鸟类、鱼类比较安全；药效好，特别是对蚜虫、飞虱、叶蝉、蓟马等个体小和繁殖力强的害虫防治效果好；用量少，一般用量为0.05～0.1g/m²；在环境中易于降解，有些还有促进作物生长的作用。含氮杂环新杀虫剂的品种较多，其中包括吡啶类、吡咯类、嘧啶类、吡唑类、三唑类、酰肼类、烟碱类等杂环化合物。典型品种有下列三种：吡虫啉、锐劲特、噻嗪酮。

（2）含氟杀虫剂 由于氟原子半径小，又具有较大的电负性，它所形成的C—F键键能比C—H键键能要大得多，明显地增加了有机氟化合物的稳定性和生理活性，另外含氟有机化合物还具有较高的脂溶性和疏水性，促进其在生物体内的吸收与传递速度，使生理作用发生变化。所以很多含氟农药具有用量少、毒性低、药效高等特点，目前含氟农药开发成为当今新农药的创制主体，在世界上千种农药品种中，含氟农药约占15%，据不完全统计，近十年来所开发的农药新品种中，含氟化合物更高达50%以上，含氟杀虫剂已成为农药行业开发与应用的主导品种之一。含氟杀虫剂主要有拟除虫菊酯类和苯甲酰脲类。目前国内能够生产的品种有四氟菊酯、五氟苯菊酯、七氟菊酯、氟氯苯菊酯、氟氯氰菊酯、氯氟氰菊酯、联苯菊酯等。苯甲酰脲类杀虫剂目前已成为杀虫剂重要品种之一，而且大部分为含氟化合物，主要品种有除虫脲、氟铃脲、氟幼脲、伏虫隆、氟虫脲、杀虫隆、啶蜱脲、氟酰脲、氟螨脲等。

6. 生物杀虫剂

生物农药是用来防治病、虫、草等有害的生物活体及其代谢产物和转基因产物，选择性强、效率高、成本低、不污染环境、对人畜无害，可以制成商品上市流通的生物源制剂，包括细菌、病毒、真菌、线虫、植物生长调节剂和抗病虫草害的转基因植物等。生物农药主要分为植物源、动物源和微生物源三大类型。

植物源农药以在自然环境中易降解、无公害的优势，现已成为绿色生物农药首选之一，主要包括植物源杀虫剂、植物源杀菌剂、植物源除草剂及植物光活化霉毒等。

动物源农药主要包括动物毒素，如蜘蛛毒素、黄蜂毒素、沙蚕毒素等。

微生物源农药是利用微生物或其代谢物防治农业有害物质的生物制剂。最常用的细菌是苏云金杆菌（B.t.），它是目前世界上用途最广、开发时间最长、产量最大、应用最成功的生物杀虫剂，药效比化学农药高55%；而病毒杀虫剂则可有效防治斜纹夜蛾核多角体病毒（SLN-PV）等难症。

三、杀菌剂

能够抑制病菌生长、保护植物不受侵害，或能够渗进植物内部杀死病菌的化学药剂统称为杀菌剂（fungicid），主要包括杀真菌剂和杀细菌剂。杀菌剂可根据有机化学组成进行分类。

① 有机硫杀菌剂：如代森铵、敌锈钠、福美锌、代森锌、代森锰锌、福美双等。
② 有机磷、砷杀菌剂：如稻瘟净、克瘟散、乙磷铝、甲基立枯磷、退菌特、稻脚青等。
③ 取代苯类杀菌剂：如甲基托布津、百菌清、敌克松、五氯硝基苯等。
④ 唑类杀菌剂：如粉锈宁、多菌灵、恶霉灵、苯菌灵、噻菌灵等。
⑤ 抗菌素类杀菌剂：井冈霉素、多抗霉素、春雷霉素、农用链霉素、抗霉菌素120等。
⑥ 复配杀菌剂：如灭病威、双效灵、炭疽福美、杀毒矾M8、甲霜铜、DT杀菌剂、甲霜灵·锰锌、拌种灵·锰锌、甲基硫菌灵·锰锌、广灭菌乳粉、甲霜灵-福美双可湿性粉剂等。
⑦ 其他杀菌剂：如甲霜灵、菌核利、腐霉利、扑海因、灭菌丹、克菌丹、特富灵、敌菌灵、瑞枯霉、福尔马林、高脂膜、菌毒清、霜霉威、喹菌酮、烯酰吗啉-锰锌等。

四、除草剂

用于除草的化学药剂叫除草剂（herbicide），也叫除莠剂。化学除草具有效果好、效率高、省工省力的优点，适应农业现代化的需要，因此备受重视。自1944年美国科学家成功研制出选择性激素类除草剂2,4-D以来，各种用途的除草剂便不断问世。

目前，按其在植物体内的移动性可分为触杀型除草剂和内吸型除草剂。触杀型除草剂被植物吸收后，不能在植物体内移动或移动范围很小，因而主要在接触部位发生作用。这类除草剂只有喷洒均匀，才能收到较好的除草效果，一般用于叶面处理，以杀死杂草的地上部分。内吸型除草剂被茎叶或根系吸收后，能在植物体内输导，因而对地下根茎类杂草具有较好的除草效果，既可叶面喷施，也可土壤处理。

在除草剂中，习惯上又常分为选择性除草剂和灭生性除草剂。选择性除草剂是在一定的浓度和剂量范围内杀死或抑制部分植物（如杂草）而对另外一些植物（作物）安全的药剂，如只杀稗草不伤害稻苗的敌稗；只杀野燕麦而不伤麦苗的燕麦敌；只杀双予叶杂草而不伤害禾谷类作物的2,4-D等。灭生性除草剂又称非选择性除草剂，在常用剂量下可以杀死所有接触到药剂的绿色植物体（包括作物和杂草），如五氯酚钠。灭生性除草剂在播种前处理土壤，可以杀死所有的地面杂草，但因药剂进入土壤后很快就失效，因此用药后3~4天即可播种或移栽。选择性与灭生性是相对而言的，有些选择性除草剂在高剂量应用时也可成为灭生性除草剂。如应用于棉田、玉米地和果园中的选择性除草剂敌草隆，当高剂量应用时，可作为路边和工业场地的灭生性除草剂。

除草剂的功能与其成分是密切相关的，根据除草剂的化学成分进行分类，也是常用的分法。除草剂的不同化学结构类型及同类化合物上的不同取代基对除草剂的生物活性具有规律性的影响。现有的除草剂大致分为酚类、苯氧羧酸类（如二甲四氯）、苯甲酸类、二苯醚类、联吡啶类、氨基甲酸酯类（燕麦灵等）、硫代氨基甲酸酯类、酰胺类、取代脲类（如绿麦隆、敌草隆、异丙隆等）、均三氮苯类（西玛津、扑草净、阿特拉津等）、二硝基苯胺类、有机磷类（草甘膦）、苯氧基及杂环氧基苯氧基丙酸酯类（如盖草能、禾草灵、稳杀得等）、磺酰脲类（巨星、农得时等）、咪唑啉酮类以及其他杂环类等。

五、植物生长调节剂

植物生长调节剂（plant growth regulator）是指人工合成（或从微生物中提取）的，由外部施用于植物，可以调节植物生长发育的非营养的化学物质。植物内源激素是在20世纪20年代开始相继发现的，它们是吲哚乙酸、赤霉素、细胞激动素、脱落酸、乙烯等。细胞的分裂、生长、分化，叶子的衰老、脱落，种子或芽的休眠等生理过程，都受激素的控制。激素是植物体内广泛存在的化合物，虽然它的含量只有百万分之几，但是作用却十分巨大。自从知道了激素的化学结构之后，用人工方法模拟合成出数量更多、效力更强的化合物，它们促进或抑制植物的生长发育，有不少在农业生产上已广泛应用。

植物生长调节剂具有调节植物某些生理机能、改变植物形态、控制植物生长的功能，最终达到增产、优质或有利于收获和储藏的目的。因此，不同的植物生长调节剂作用于不同的作物可分别达到增进或抑制发芽、生根、花芽分化、开花、结实、落叶或增强植物抗寒、抗旱、抗盐碱的能力，或有利于收获、储存等目的。

植物生长调节剂的种类有：类生长素、类赤霉素、乙烯类、类细胞分裂素、类细胞激动素、生长抑制剂和生长延缓剂。

思 考 题

1. 什么是药物？药物有哪些分类方法？
2. 植物药有哪些主要化学成分？
3. 天然药物有哪些分离提取方法？
4. 化学合成制药的一般过程是什么？
5. 什么是生物技术制药？

参 考 文 献

[1] 李春燕,陆辟疆. 精细化工装备. 北京:化学工业出版社,1996.
[2] 殷宗泰. 精细化工概论. 北京:化学工业出版社,1987.
[3] 陆辟疆,李春燕. 精细化工工艺. 北京:化学工业出版社,1996.
[4] 藤本武彦. 新表面活性剂入门. 高仲江,顾德荣译. 北京:化学工业出版社,1989.
[5] 范成有. 香料及其应用. 北京:化学工业出版社,1990.
[6] 曹维孝,洪啸吟等. 非银盐感光材料. 北京:化学工业出版社,1994.
[7] 宋启煌. 精细化工工艺学. 北京:化学工业出版社,2004.
[8] 曾繁涤. 精细化工产品及工艺学. 北京:化学工业出版社,1997.
[9] 宋航. 制药工程技术概论. 北京:化学工业出版社,2006.
[10] 汪茂田,谢培山,王忠东. 天然有机化合物提取分离与结构鉴定. 北京:化学工业出版社,2004.
[11] 张劲. 药物制剂技术. 北京:化学工业出版社,2005.
[12] 张铸勇. 精细有机合成单元反应. 上海:华东化工学院出版社,1993.
[13] 姚蒙正,程侣柏等. 精细化工产品合成原理. 北京:中国石化出版社,1992.
[14] 广东工学院精细化工教研室. 精细化工基本生产技术及其应用. 广州:广东科技出版社,1995.
[15] 陈金龙. 精细有机合成原理与工艺. 北京:中国轻工业出版社,1996.
[16] 程铸生. 精细化学品化学. 上海:华东化工学院出版社,1993.
[17] 钱国坻. 染料化学. 上海:上海交通大学出版社,1988.
[18] 刘程等. 表面活性剂应用大全. 北京:北京工业大学出版社,1992.
[19] 程侣柏,胡家振等. 精细化工产品的合成及应用. 大连:大连理工大学出版社,1993.
[20] 丁学杰. 精细化工新品种与合成技术. 广州:广东科技出版社,1993.
[21] 唐岸平,邹宗柏. 精细化工产品配方500例及生产. 南京:江苏科学技术出版社,1993.
[22] 孙履厚. 新兴化工讲座. 精细石油化工,1993(1):6.
[23] 塞默 ET. 香味与香料化学. 陈祖福,林丽英等译. 北京:科学技术出版社,1989.
[24] 张俊甫. 精细化工概论. 北京:中央广播电视大学出版社,1991.
[25] 刘茉娥. 新型分离技术基础. 杭州:浙江大学出版社,1993.
[26] 秦启宗. 化学分离法. 北京:原子能出版社,1984.
[27] 陈茂萍. 制革化工材料. 北京:中国轻工业出版社,1992.
[28] 温祖谋. 制革工艺及材料学. 北京:中国轻工业出版社,1981.
[29] 李广平. 皮革化工材料的生产及应用. 北京:中国轻工业出版社,1979.
[30] 唐培堃. 精细有机合成化学及工艺学. 天津:天津大学出版社,1993.
[31] 黄可龙. 精细化学品技术手册. 长沙:中南工业大学出版社,1994.
[32] 陈金龙. 精细有机合成原理与工艺. 北京:中国轻工业出版社,1992.
[33] 李培元. 水处理工艺学. 武汉:华中理工大学出版社,1989.
[34] 王玮瑛. 药物化学. 北京:人民卫生出版社,2003.
[35] 程侣柏. 精细化工产品的合成及应用. 大连:大连理工出版社,2007.
[36] 吴雨龙等. 精细化工概论. 北京:科学出版社,2009.
[37] 李冬梅等. 化妆品生产工艺. 朱传荣,段质美,王泳厚译. 北京:化学工业出版社,2009.
[38] Calbo LJ. 涂料助剂大全. 上海:上海科学技术文献出版社,2000.
[39] 徐帮学. 最新涂料配方创新设计与产品检验检测技术标准规范实施手册. 长春:银声音像出版社,2004.
[40] 姬德成. 涂料生产工艺. 北京:化学工业出版社,2010.
[41] 虞莹莹. 涂料工业用检验方法与仪器大全. 北京:化学工业出版社,2007.
[42] 涂料工艺编委会. 涂料工艺. 第4版. 北京:化学工业出版社,2010.
[43] 周强. 涂料调色. 北京:化学工业出版社,2012.
[44] 刘其红. 包装色彩. 北京:印刷工业出版社,2012.
[45] 周世生. 印刷色彩学. 第2版. 北京:印刷工业出版社,2008.
[46] 王慧敏等. 高分子材料概论. 北京:中国石化出版社,2010.
[47] 高俊刚等. 高分子材料. 北京:化学工业出版社,2002.
[48] 周达飞等. 高分子材料成型加工. 北京:中国轻工业出版社,2000.
[49] 吴培熙等. 聚合物共混改性. 北京:中国轻工业出版社,1996.

[50] 黄伯琴. 合成树脂. 北京：中国石化出版社，2000.
[51] 程曾越. 合成橡胶. 北京：中国石化出版社，2000.
[52] 王少春. 合成纤维. 北京：中国石化出版社，2000.
[53] 加藤顺. 功能性高分子材料. 陈桂富等译. 北京：烃加工出版社，1990.
[54] 崔春芳. 新型电子化学品生产技术与配方. 北京：化学工业出版社，2011.
[55] 录华，李璟. 精细化工概论. 第2版. 北京：化学工业出版社，2006.
[56] 李仲谨等. 精细化工原材料及中间体手册. 北京：化学工业出版社，2006.
[57] 宋启煌. 精细化工工艺学. 北京：化学工业出版社，2004.
[58] 周学良. 精细化工产品手册. 北京：化学工业出版社，2003.
[59] 徐克勋. 精细有机化工原料及中间体手册. 北京：化学工业出版社，1998.
[60] 王中华. 我国油田化学品开发现状及展望. 中外能源，2009，14（06）：36-47.
[61] 杨光海. 我国石油开采业可持续发展战略研究. 北京：中国地质大学（北京），2007.
[62] 邓从刚. 油田用水处理剂的绿色评价. 杭州：浙江大学，2002.
[63] 肖锦，尹华. 多功能水处理剂的研究现状与发展趋势//水处理药剂研究及应用学术研讨会论文集，1995.
[64] 于贵阳. 第五届中国油田化学品开发应用研讨会会议纪要（节录）. 精细化工，2009，(01)：32.
[65] 严瑞瑄. 水处理剂应用手册. 北京：化学工业出版社，2000.
[66] 熊蓉春，董雪玲，魏刚. 绿色化学与21世纪水处理剂发展战略//2001年全国工业用水与废水处理技术交流会论文汇编，2001.
[67] 永泽满，潼泽章. 高分子水处理剂. 陈振兴译. 北京：化学工业出版社，1985.
[68] 陆柱，蔡兰坤，陈中兴等. 水处理药剂. 北京：化学工业出版社，2002.
[69] 郑艳芬. 新型水质稳定剂的合成及其阻垢缓蚀性能试验研究. 广州：广东工业大学，2006.
[70] 毕松林，黄德裕. 国内外主要造纸化学添加剂概览. 江苏造纸，2005，(4)：2-8.